物联网工程开发与实战系列

嵌入式系统开发与实战

陈翠和　张国林　张佳锐　胡红武　陈文赫　编著

电子工业出版社
Publishing House of Electronics Industry
北京·BEIJING

内 容 简 介

随着物联网、无人飞行器、机器人等技术与产业的飞速发展，嵌入式系统的重要性愈发凸显。本书主要介绍 ARM Cortex-M3 结构的 STM32F103ZET6 应用开发技术。主要内容包括 Cortex-M3 与 STM32F103ZET6 的硬件架构，分层软件架构与设计方法，以及片上外设 GPIO、中断控制器、DMA、UART、TIMER、FSMC、I^2C、SPI 和 ADC 的编程技术。本书通过引入软件工程 UML，以及综合性项目的分析、设计案例，以综合性项目"智慧教室"的开发为主线，将 CPU 与外设之间的程序查询、中断和 DMA 通信方式，线程（或任务）之间的同步、互斥、消息和共享变量等通信技术，面向对象的类图、序列图、状态机的 UML 软件建模方法，以及将嵌入式编程中常用的一些软件设计技巧恰当地安排在项目实战或编程举例中，以拓展读者思维，丰富读者工程经验；通过分层架构、面向对象的设计思想和良好的编码规范，提升读者复杂工程的软件建模、设计与开发能力。

本书可以作为普通高等院校计算机工程、电子工程、通信工程、自动化工程、智能仪表、物联网、机器人等相关专业的教材，也可以作为相关领域的工程开发技术人员的参考用书。

未经许可，不得以任何方式复制或抄袭本书之部分或全部内容。
版权所有，侵权必究。

图书在版编目（CIP）数据

嵌入式系统开发与实战 / 陈翠和等编著. -- 北京：电子工业出版社, 2025. 6(2025.10重印). -- (物联网工程开发与实战系列). -- ISBN 978-7-121-50182-1

Ⅰ. TP332.021

中国国家版本馆 CIP 数据核字第 20255AX809 号

责任编辑：林瑞和
印　　刷：三河市君旺印务有限公司
装　　订：三河市君旺印务有限公司
出版发行：电子工业出版社
　　　　　北京市海淀区万寿路 173 信箱　　邮编：100036
开　　本：787×980　1/16　印张：23.75　字数：532 千字
版　　次：2025 年 6 月第 1 版
印　　次：2025 年 10 月第 3 次印刷
定　　价：79.00 元

凡所购买电子工业出版社图书有缺损问题，请向购买书店调换。若书店售缺，请与本社发行部联系，联系及邮购电话：（010）88254888，88258888。
质量投诉请发邮件至 zlts@phei.com.cn，盗版侵权举报请发邮件至 dbqq@phei.com.cn。
本书咨询联系方式：faq@phei.com.cn。

前　言

　　嵌入式系统已经渗透到现代社会的方方面面，日常生活中的家用电器、现代化交通工具、工厂里的自动化生产流水线，无不依赖于嵌入式系统发挥作用。随着物联网、无人飞行器、机器人等技术与产业的飞速发展，嵌入式系统的重要性愈发凸显，其应用领域也在不断扩展和深化，从智能家居中的温控系统到无人驾驶汽车中的感知与控制模块，从工业 4.0 中的智能生产线到医疗设备中的精准监测系统，从地面飞驰的动车监控系统到空中飞行的各种航空航天器控制系统，嵌入式系统正以其强大的功能、高效、可靠、灵活的特性，深刻改变着人们的生活和工作方式。

　　因此，学好嵌入式系统编程，是计算机类、电子信息类、自动化类等专业学生构建核心竞争力的关键路径，对于提升学生在物联网、智能制造、汽车电子、机器人、无人机、家用电器等高需求领域的就业竞争力有着重要意义，而且对于提升学生跨领域技术整合能力，以及在人工智能终端、工业互联网等新兴行业的职业发展优势有着不可替代的实践价值。

　　但是，由于嵌入式系统软硬件结合的特点，许多学生在学习嵌入式系统过程中备感困难，特别是当有多个外部设备需要监控时，更是"云里雾里"，厘不清程序流程，不能进行复杂工程的设计开发。

　　本书通过引入软件工程 UML，以及综合性项目的分析、设计案例，尝试解决学生的这些困惑，帮助学生系统地掌握嵌入式系统开发的核心知识和高阶实践技能。

　　本书有如下特色。

　　（1）以面向对象的编程思想阐述项目设计方法，利用软件工程 UML 将设计思想图形化，进行复杂系统的分析、建模，让读者能"看到"程序是如何运行的，以及各模块、各对象是如何协作完成所需要的功能的，方便读者理解、分析复杂的程序代码，提高读者的项目设计开发能力。

　　（2）以综合性项目——"智慧教室"为主线，将各知识点和开发技术分解到项目的各个功能模块中，让读者不仅能掌握基本原理，还能知道所学知识有何用及如何用，更加明确学习目标，提高学习兴趣。

（3）在每个项目实战案例中，都包含系统分析、系统设计和系统实现三部分内容，通过系统分析和系统设计，让读者学会如何基于需求去分析、设计系统，而且在系统设计中会给出多条技术路线，拓宽读者思路，使读者融会贯通。

（4）基于华为物联网操作系统 LiteOS 进行工程项目设计，让读者能够与时俱进，紧跟技术发展热点。

（5）在每个项目实战案例中都会给出设计要点，以提高读者的代码编写技巧。

（6）以熟悉寄存器编程技术为基础，以掌握库函数编程技术为进阶，以融会面向对象的设计思想为目标，让读者既能够理解嵌入式系统的底层逻辑，打牢基础，又能够应对企业对工程师开发能力的要求，提升读者就业竞争力。

本书共 13 章，分为两部分。

第一部分从系统层面介绍嵌入式系统，让读者从顶层对嵌入式系统的概念、软硬件组成与架构、发展、开发过程有一个总体认识，同时，介绍了面向对象的建模方法、系统对象的构成，为后面的项目设计打下基础。第一部分由第 1~3 章构成。第 1 章主要介绍嵌入式系统的概念、软硬件组成、应用领域和发展。第 2 章主要介绍嵌入式系统开发过程、分层架构。第 3 章介绍嵌入式系统开发基础，内容包括 CPU 与外设的通信方式、位运算、软件建模语言 UML、LiteOS 开发基础等。

第二部分讲述 ARM 架构的 STM32F103ZET6 嵌入式芯片的具体应用开发技术，由第 4~13 章组成。第 4 章介绍了 Cortex-M3，以及 STM32F103ZET6 架构。第 5 章介绍 GPIO 接口原理，以及利用 GPIO 实现开关量的输入和输出编程技术，并以智慧教室的"人走关扇熄灯"模块为例讲解软件设计方法。在第 5 章中，读者可以初步接触到如何利用 UML 类图、序列图进行软件建模的方法，同时还可以学习到人体红外检测传感器和直流电机的监控方法。第 6 章介绍了中断控制，通过"按键报警"项目实战案例讲解中断的编程技术，利用 UML 序列图，让读者更好地理解中断服务线程与应用层线程交换信息的过程。在第 6 章中，读者还可以学习到创建、挂起、恢复 LiteOS 任务的方法。第 7 章介绍 DMA 编程，并以内存之间的高速数据传送为例讲解中断与 DMA 的编程技术，为后续章节学习外设的 DMA 接口及其应用打下基础。第 8 章介绍 UART 通信，以智慧教室的"人机交互调试接口"模块为例讲解串口通信编程技术，从中读者还可以学习到缓冲区和消息队列的应用，以及寄存器编程时的线程同步/互斥方法。第 9 章介绍各类定时器的工作原理，并以智慧教室的"人体智慧检测"模块为例讲解定时器的编程技术，从中读者还可以学习到使用状态机进行复杂系统的建模技术，以及步进电机的控制方法。第 10 章介绍 FSMC 接口工作原理，以 IS62WV51216BLL 为例讲解利用 FSMC 进行 SRAM 存储器的读/写编程技术。第 11 章介绍 I^2C 接口原理，以智慧教室的"温度控制"模块为例讲解 I^2C 的 DMA 接口编程技术，从中读者还可以学习到利用 LiteOS 提供的信号量，实现应用层和中断服务线程之间的同步技术，以及温度传感器 AHT10 的应用技术。第 12 章介绍 SPI 接口技术，以智慧教室中的"OLED 显示教室温湿度"模块为例讲解其应用技术，这里可以学习到如何利用库函数提供的 SPI 查询通信接口实现发送数据的方法，以及 OLED SSD1306 的使用方法。第 13 章介绍模数转换器 ADC 的接口原理，以智慧教室的"光照强度控制"模块为例讲解 ADC 的 DMA 库函数接口应用技术，从中还可以学习到光敏传感器的工作原理与非线性传感器的数据拟合方法。

本书第 5 章的 GPIO 编程、第 6 章的中断控制和第 8 章的 UART 通信同时示范了寄存器编程方法和 LiteOS+库函数编程方法与代码，其他章节的外设编程，包括 TIM、DMA、I^2C、SPIT 和 ADC，只给出了 LiteOS+库函数编程方法，这样处理的目的与优点是既能够让学生学习嵌入式程序对外设接口监控的底层逻辑，又降低了学习难度，使学生能够把学习重点放在工作中所需要的库函数编程技术上。

总之，本书以综合性项目"智慧教室"的开发技术为主线，将 CPU 与外设之间的程序查询、中断和 DMA 通信方式，线程（或任务）之间的同步、互斥、消息和共享变量等各种通信技术，面向对象的类图、序列图、状态机的 UML 软件建模方法，以及嵌入式编程中常用的一些软件设计技巧适当地安排在项目实战或编程举例中，拓展读者思维，丰富读者工程经验，通过分层架构、面向对象的设计思想和良好的编码规范，提升读者复杂工程的软件建模、设计与开发能力。

本书为校企合作类教材，由宜春学院与北京安博大成教育科技有限责任公司合作编写，旨在加强学生实践能力的培养。北京安博大成教育科技有限责任公司为本教材提供了项目案例。

由于作者水平有限，书中难免会有疏漏之处，敬请同行专家和读者批评指正。

读者服务

微信扫码回复：50182

- 加入本书交流群，与作者互动
- 可获得本书配套的 PPT 等资料，院校老师可获得课程大纲等教学资源
- 获取【百场业界大咖直播合集】（持续更新），仅需 1 元

作者简介

陈翠和，副教授，江西省高水平本科教学团队（程序设计类课程群教学团队）负责人。主持或参与国家科技部"十二五"重大专项子课题 1 项、科技部"863"计划课题 1 项、江西省科技厅 03 专项与 5G 项目 1 项、江西省教育厅科技计划项目 1 项、企业项目 10 项。主要从事嵌入式、物联网应用技术的研发与教学工作，两次获江西省教育厅教学成果一等奖。

张国林，副教授，江西省高水平本科教学团队（程序设计类课程群教学团队）成员，主持或参与江西省教育厅教改项目和科技计划项目共 10 项、企业项目 10 项。主要从事计算机应用技术的研发与教学工作，获江西省教育厅教学成果一等奖 1 项。

张佳锐，江西省高水平本科教学团队（程序设计类课程群教学团队）成员，主持江西省教育厅科技项目 1 项，江西省高校教学改革 1 项，参与国家自然科学基金 1 项。主要从事嵌入式与物联网应用技术研发与教学工作。

胡红武，教授，江西省高水平本科教学团队（程序设计类课程群教学团队）成员。主持国家重点实验室课题 1 项、江西省教学改革项目 4 项、江西省教育厅科技计划项目 1 项、企业项目 3 项；参与国家自然科学基金项目 3 项。主要从事计算机网络、计算机组成原理、嵌入式技术的教学工作，获江西省教学成果二等奖 1 项。

陈文赫，主要从事嵌入式设备开发、工业物联网技术应用、车载传感器设计与实现等领域的教学与科研工作。在嵌入式单片机开发、车载传感器设备研发方向积累了丰富经验，致力于推动嵌入式技术与人工智能、物联网的交叉融合。

目　录

第1章　嵌入式系统概述　1
1.1　学习目标　1
1.2　嵌入式系统的概念　1
1.3　嵌入式系统的组成　2
  1.3.1　嵌入式系统的硬件组成　2
  1.3.2　嵌入式系统的软件组成　3
1.4　嵌入式系统的应用领域　4
1.5　嵌入式系统的发展　4
1.6　嵌入式系统的操作系统　5
  1.6.1　嵌入式系统的操作系统分类　5
  1.6.2　嵌入式系统的操作系统功能　6
1.7　常用嵌入式系统的操作系统介绍　7
  1.7.1　μC/OS　7
  1.7.2　VxWorks　7
  1.7.3　FreeRTOS　8
  1.7.4　RT-Thread　8
  1.7.5　Embedded Linux　8
  1.7.6　Android　9
  1.7.7　LiteOS　9
1.8　习题　9

第2章　嵌入式系统开发过程及分层架构　10
2.1　学习目标　10
2.2　嵌入式系统开发过程　10
2.3　软件系统分层架构　11
  2.3.1　为什么需要分层　11
  2.3.2　软件系统分层的概念　13
2.4　驱动层与应用层的交互　14
2.5　裸机工程结构与分层架构设计　14
  2.5.1　STM32CubeMX生成的裸机工程目录结构　14
  2.5.2　裸机工程的启动过程　15
  2.5.3　裸机工程的分层架构设计　16
2.6　基于LiteOS的嵌入式系统分层架构设计　17
2.7　分层架构实验　18
  2.7.1　寄存器编程　18
  2.7.2　LiteOS编程　21
2.8　习题　23

第3章　嵌入式系统开发基础　24
3.1　学习目标　24
3.2　CPU与外设的通信方式　24
  3.2.1　CPU与外设的接口　25
  3.2.2　外设寻址与外设寄存器变量　27
  3.2.3　单个外设寄存器变量的定义　27
  3.2.4　地址连续的多个外设寄存器变量定义　27

3.3	位运算	28
3.4	软件建模语言 UML	29
	3.4.1 类图	29
	3.4.2 用例图	32
	3.4.3 活动图	33
	3.4.4 序列图	34
	3.4.5 状态图	35
3.5	LiteOS 开发基础	36
	3.5.1 LiteOS 的内核架构	36
	3.5.2 LiteOS 的目录结构	37
	3.5.3 LiteOS 的启动过程	38
	3.5.4 LiteOS 任务及其创建	39
3.6	习题	41

第 4 章 Cortex-M3 与 STM32F103ZET6　42

4.1	学习目标	42
4.2	Cortex-M3 介绍	43
	4.2.1 Cortex-M3 的架构	43
	4.2.2 Cortex-M3 寄存器	43
	4.2.3 Cortex-M3 的工作模式和特权级别	44
	4.2.4 指令集	45
	4.2.5 指令流水线	45
4.3	STM32F103ZET6 介绍	46
	4.3.1 STM32F103ZET6 架构	46
	4.3.2 STM32F103ZET6 时钟	47
	4.3.3 STM32F103ZET6 存储器映射	51
	4.3.4 STM32F103ZET6 引脚定义	52
4.4	习题	59

第 5 章 GPIO 编程　60

5.1	学习目标	60
5.2	信号类型	60
5.3	STM32F103ZET6 GPIO 特性	61
5.4	GPIO 的端口结构	61
5.5	GPIO 的工作模式	63
5.6	GPIO 的复用功能 AFIO	63
5.7	GPIO 与 AFIO 相关寄存器	63
	5.7.1 工作方式配置寄存器 GPIOx_CRL 与 GPIOx_CRH	64
	5.7.2 输入数据寄存器 GPIOx_IDR	65
	5.7.3 输出数据寄存器 GPIOx_ODR	65
	5.7.4 位置位/复位寄存器 GPIOx_BSRR	66
	5.7.5 位复位寄存器 GPIOx_BRR	66
	5.7.6 锁定寄存器 GPIOx_LCKR	67
	5.7.7 事件控制寄存器 AFIO_EVCR	67
	5.7.8 外部中断控制寄存器 AFIO_EXTICRx	68
	5.7.9 引脚映射寄存器 AFIO_MAPR	69
	5.7.10 GPIO 寄存器映射	72
	5.7.11 AFIO 寄存器映射	72
5.8	GPIO 编程方法	73
	5.8.1 寄存器编程方法	73
	5.8.2 库函数编程方法	74
5.9	GPIO 编程举例	77
	5.9.1 寄存器编程举例	77
	5.9.2 库函数编程举例	79
5.10	项目实战——智慧教室：人走关扇熄灯	82

5.10.1	项目需求	82
5.10.2	实验环境	82
5.10.3	人体红外检测传感器的工作原理	83
5.10.4	系统分析	84
5.10.5	系统设计	85
5.10.6	LiteOS+库函数编程	87
5.10.7	系统实现	88
5.11	习题	96

第 6 章 中断控制 97

6.1	学习目标	97
6.2	中断的工作原理	97
	6.2.1 NVIC 中断控制器	98
	6.2.2 NVIC 中断相关寄存器	103
	6.2.3 EXTI 外部中断控制器	110
6.3	STM32F103ZET6 异常与中断向量表	114
6.4	裸机工程默认的中断设置	117
6.5	中断编程方法	118
	6.5.1 寄存器编程方法	118
	6.5.2 库函数编程方法	121
6.6	中断编程举例	128
	6.6.1 寄存器编程举例	128
	6.6.2 库函数编程举例	129
6.7	项目实战——按键报警	129
	6.7.1 项目需求	129
	6.7.2 实验环境	130
	6.7.3 系统分析	130
	6.7.4 系统设计	131
	6.7.5 系统实现	134
6.8	习题	144

第 7 章 DMA 编程 146

7.1	学习目标	146
7.2	DMA 的工作原理	146
7.3	DMA 的主要特性	147
7.4	DMA 处理	148
	7.4.1 通道	148
	7.4.2 数据宽度与数据对齐方式	149
	7.4.3 中断	150
	7.4.4 错误管理	150
	7.4.5 DMA 的工作模式	151
	7.4.6 DMA 请求的处理流程	151
7.5	DMA 寄存器	152
7.6	DMA 寄存器映射	152
7.7	DMA 的编程方法	153
	7.7.1 库函数接口	153
	7.7.2 库函数编程方法	154
7.8	DMA 编程举例	155
7.9	习题	160

第 8 章 UART 通信 161

8.1	学习目标	161
8.2	STM32F103ZET6 USART 概述	161
8.3	STM32F103ZET6 UART 的特性	162
8.4	STM32F103ZET6 UART 的工作原理	162
8.5	串行通信帧格式	163
8.6	波特率的生成	164
8.7	多处理器模式	165
8.8	USART 寄存器	166
8.9	USART 寄存器映射	171
8.10	UART 编程方法	172
	8.10.1 寄存器编程方法	172
	8.10.2 库函数编程方法	173

8.11 UART 编程举例 175
　8.11.1 寄存器编程举例 175
　8.11.2 库函数编程举例 178
　8.11.3 printf()输出重定向 184
8.12 项目实战——智慧教室系统人机交互调试接口 184
　8.12.1 项目需求 184
　8.12.2 实验环境 185
　8.12.3 系统分析 185
　8.12.4 系统设计 186
　8.12.5 系统实现 189
8.13 习题 199

第 9 章 定时器 200

9.1 学习目标 200
9.2 定时器的基本工作原理 200
9.3 计数模式 201
　9.3.1 上计数 201
　9.3.2 下计数 201
　9.3.3 上/下计数 202
9.4 定时事件 203
　9.4.1 溢出事件 203
　9.4.2 更新事件 203
　9.4.3 比较事件 203
　9.4.4 捕获事件 204
9.5 PWM 204
9.6 死区 204
9.7 STM32F103ZET6 的定时器类型 205
9.8 基本定时器（TIM6 和 TIM7） 205
　9.8.1 主要特性 206
　9.8.2 计数时序与更新事件 206
　9.8.3 自动重装载值的计算 207
　9.8.4 基本定时器寄存器 207
　9.8.5 基本定时器寄存器映射 210
9.9 高级定时器（TIM1 和 TIM8） 211
　9.9.1 主要特性 211
　9.9.2 重复计数器 212
　9.9.3 计数时钟源 212
　9.9.4 输入捕获 213
　9.9.5 输出比较 214
　9.9.6 生成 PWM 信号 214
　9.9.7 高级定时器寄存器 218
　9.9.8 高级定时器寄存器映射 218
9.10 通用定时器 219
9.11 系统节拍定时器 SysTick 220
　9.11.1 系统节拍定时器的工作原理 220
　9.11.2 系统节拍定时器寄存器 221
　9.11.3 系统节拍定时器寄存器映射 222
　9.11.4 裸机工程对系统节拍定时器的使用 222
9.12 看门狗定时器 223
　9.12.1 独立看门狗 IWDG 223
　9.12.2 窗口看门狗 WWDG 225
9.13 定时器编程方法 229
　9.13.1 库函数接口 229
　9.13.2 库函数编程方法 234
9.14 定时器编程举例 234
　9.14.1 基本定时器编程举例 234
　9.14.2 高级定时器编程举例 238
9.15 项目实战——人体智慧检测 243
　9.15.1 项目需求 243
　9.15.2 实验环境 244
　9.15.3 步进电机的工作原理与工作方式 244

9.15.4	系统分析	245
9.15.5	系统设计	247
9.15.6	系统实现	249
9.16	习题	256

第 10 章 FSMC 编程   257

10.1	学习目标	257
10.2	FSMC 控制概述	257
10.3	FSMC 功能框图	258
10.4	各类存储器地址映射	259
10.5	NOR Flash 和 PSRAM 控制器	260
	10.5.1 支持的存储器类型	260
	10.5.2 读/写时序	260
10.6	FSMC NOR/PSRAM 控制器寄存器	261
10.7	寄存器映射	261
10.8	FSMC 编程方法	262
	10.8.1 库函数接口	262
	10.8.2 库函数编程方法	263
10.9	FSMC 编程举例	264
	10.9.1 IS62WV51216BLL 芯片介绍	265
	10.9.2 利用库函数读/写 SRAM	267
10.10	习题	272

第 11 章 I²C 编程   273

11.1	学习目标	273
11.2	I²C 协议简介	273
	11.2.1 I²C 网络	274
	11.2.2 I²C 总线信号与时序	274
	11.2.3 I²C 设备地址格式	275
	11.2.4 I²C 数据传送过程	276
11.3	STM32F103ZET6 I²C 的工作原理	277
	11.3.1 主要特性	277
	11.3.2 功能结构	277
	11.3.3 工作方式	278
	11.3.4 通信故障	283
	11.3.5 SDA/SCL 控制	283
	11.3.6 中断	284
11.4	I²C 寄存器	284
11.5	I²C 寄存器映射	285
11.6	I²C 编程方法	285
	11.6.1 库函数接口	285
	11.6.2 库函数编程方法	287
11.7	I²C 编程举例	288
	11.7.1 AT24C02 EEPROM 介绍	288
	11.7.2 基于程序查询方式	289
	11.7.3 基于中断方式	292
11.8	项目实战——智慧教室：温度控制	298
	11.8.1 项目需求	298
	11.8.2 实验环境	298
	11.8.3 AHT10 温湿度传感器简介	299
	11.8.4 系统分析	300
	11.8.5 系统设计	301
	11.8.6 系统实现	303
11.9	习题	311

第 12 章 串行外设接口 SPI   312

12.1	学习目标	312
12.2	SPI 的功能及主要特性	312
12.3	SPI 的工作原理	313
	12.3.1 SPI 功能框图	313
	12.3.2 SPI 的工作模式	314
	12.3.3 SPI 用作主设备	315

12.3.4 SPI 用作从设备 315
12.3.5 状态标志 315
12.3.6 DMA 传输 316
12.4 寄存器 316
12.5 寄存器映射 317
12.6 SPI 编程方法 317
    12.6.1 库函数接口 317
    12.6.2 库函数编程方法 318
12.7 SPI 编程举例 319
12.8 项目实战——智慧教室：OLED 显示教室温湿度 320
    12.8.1 项目需求 320
    12.8.2 实验环境 320
    12.8.3 OLED SSD1306 介绍 321
    12.8.4 系统分析 324
    12.8.5 系统设计 324
    12.8.6 系统实现 325
12.9 习题 334

第 13 章 模数转换器 ADC 335

13.1 学习目标 335
13.2 ADC 的主要特性 335
13.3 ADC 的功能结构与基本概念 336
    13.3.1 ADC 转换的触发方式 337
    13.3.2 模拟信号输入通道 337
    13.3.3 通道序列/通道分组 337
    13.3.4 规则序列与注入序列 337
    13.3.5 自动注入 338
    13.3.6 序列的定义与转换结果的保存 338
13.4 ADC 的工作方式 338
13.5 注入序列转换的启动方式 339
13.6 中断和 DMA 339
13.7 ADC 的时钟与采样时间 340
13.8 ADC 的触发 340
13.9 数据对齐 342
13.10 校准 342
13.11 模拟看门狗 342
13.12 转换结果 343
13.13 ADC 寄存器 343
13.14 ADC 寄存器映射 343
13.15 ADC 编程方法 344
    13.15.1 库函数接口 344
    13.15.2 库函数编程方法 346
13.16 ADC 编程举例 346
    13.16.1 使用 STM32CubeMX 配置 ADC 347
    13.16.2 使用 STM32CubeMX 生成代码 349
    13.16.3 电位器驱动 351
13.17 项目实践——智慧教室：光照强度控制 353
    13.17.1 项目需求 353
    13.17.2 实验环境 353
    13.17.3 光照强度传感器——光敏电阻特性 353
    13.17.4 系统分析 355
    13.17.5 系统设计 356
    13.17.6 系统实现 359
13.18 习题 368

第 1 章 嵌入式系统概述

嵌入式系统是现代化社会的基石，日常生活中的家用电器、现代化交通工具、工厂里的自动化生产流水线，无不依赖于嵌入式系统发挥作用。本章讲述嵌入式系统的概念和软硬件组成，并介绍嵌入式系统的发展。

1.1 学习目标

本章的学习目标如下。
- 理解嵌入式系统的概念。
- 熟悉嵌入式系统的软硬件组成。
- 熟悉嵌入式系统的应用领域。
- 了解嵌入式系统的发展。
- 了解常见的嵌入式系统的操作系统。

1.2 嵌入式系统的概念

IEEE（Institute of Electrical and Electronics Engineers），即电气电子工程师学会，定义嵌入式系统是用于控制、监视或者辅助操作机器和设备的装置。

嵌入式系统也称为嵌入式计算机系统，国内普遍认同的定义是，以应用为中心，以计算机技术为基础，可裁剪软件和硬件，满足功能、可靠性、成本、体积和功耗等严格要求的专用计算机系统。

1.3 嵌入式系统的组成

嵌入式系统由硬件和软件两部分组成。硬件是软件的基础,用于数据的输入和输出,使嵌入式系统能够与外部世界进行交互,进而实现用户期望的功能。软件则对数据进行处理,并执行规定的算法,产生需要存储、输出的数据。

1.3.1 嵌入式系统的硬件组成

嵌入式系统的硬件组成如图 1-1 所示。嵌入式系统一般由嵌入式控制器、输入设备、输出设备、存储器和电源组成。

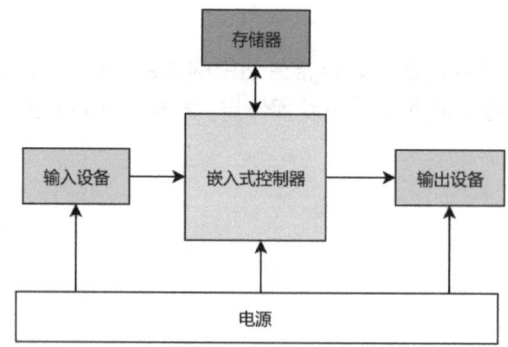

图 1-1 嵌入式系统的硬件组成

1)嵌入式控制器

嵌入式控制器是嵌入式系统的核心,它从输入设备获取输入数据,经处理后从输出设备输出各种控制信号或数据。

嵌入式控制器有多种类型,常见的有 51 系列单片机、ARM 微控制器(MCU)、DSP、FPGA、SOC 等,同一类型的控制器也有多个厂商生产的多种类型的芯片,用户应根据工程需求,综合考虑功能、性能、成本、功耗等方面的需求,选择符合要求的控制器。

2)输入设备

输入设备用于输入外部信息,包括按键、各类传感器和各种通信设备等。

3)输出设备

输出设备用于输出控制信号和数据,包括 LED、继电器、电机等。

4)存储器

存储器用于存储代码与数据。为了降低成本,在嵌入式控制芯片中一般都集成了 Flash 存储器和 SRAM 存储器,分别用于固化程序(包括常量数据)和存储程序运行时的变量。如果芯片内集成的存储器容量不足，则可以通过三总线或 IIC、SPI 通信方式对存储器进行扩展以满足容量需求。

1.3.2 嵌入式系统的软件组成

软件是嵌入式系统的灵魂，嵌入式系统各种复杂的功能都依赖于软件实现。

嵌入式系统的软件组成包括应用程序、操作系统（Operating System，OS）、组件和设备驱动，如图 1-2 所示。

1）应用程序

应用程序根据用户需求，执行业务的各种算法和算术逻辑运算，并利用操作系统、组件和设备驱动提供的服务，完成用户所需的功能。

2）组件

组件通常由系统厂商或第三方提供，是用于完成特定功能的公用模块，如 JSON 解析组件、循环队列组件、以太网通信组件等。组件一般经过了第三方的严格测试和验证，利用组件编程，可以大大节省开发时间，降低开发难度。

3）设备驱动

设备驱动是硬件设备的抽象，它为应用程序或组件提供接口，用于操作硬件设备。设备驱动应该根据工程的实际需要开发，在不同的工程中，同一个设备提供的驱动接口可能不同。例如，如果工程中需要 LED 灯闪烁报警，那么可以编写一个实现 LED 灯闪烁功能的函数，否则可以不开发这个功能函数。

4）操作系统

操作系统提供任务管理（创建、调度、销毁等）、内存管理、任务通信、中断管理、时间管理等功能。应用程序、组件和设备驱动都可以通过调用操作系统提供的接口取得操作系统服务。

在嵌入式系统中，操作系统不是必需的，在一些功能较简单或内存受限的系统中就没有操作系统。此时的工程项目称为裸机工程。

对于多任务系统，利用操作系统提供的任务管理、任务通信、内存管理等功能，可以大大降低系统开发的难度。

图 1-3 给出了大棚环境控制嵌入式系统的结构。图中的左侧部分是输入设备，即各种传感器，用于采集大棚作物的生长环境信息，包括大气温湿度、土壤墒情、光照、CO_2 浓度等。右侧部分是输出设备，包括各类电磁阀、灯和开关等。该嵌入式系统的控制器使用了 STM32F103RET6 芯片。LoRa 无线模块是通信模块，用于在嵌入式系统终端和远程服务器之间传输数据，从而实现远程监控。

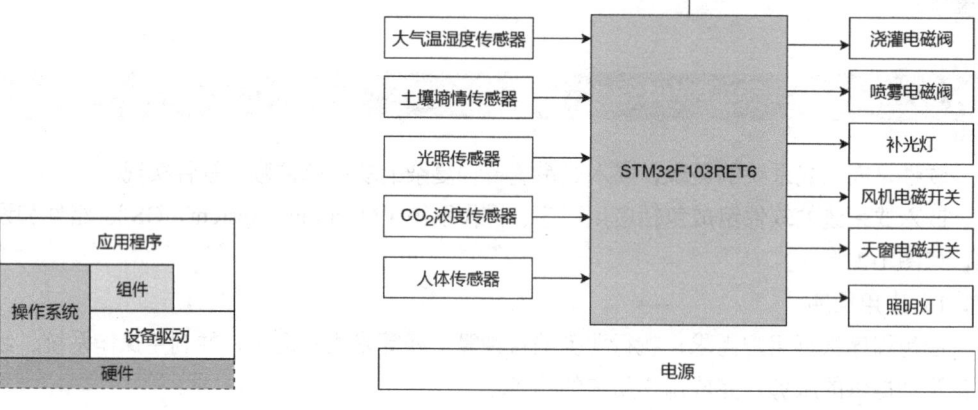

图 1-2 嵌入式系统的软件组成　　图 1-3 大棚环境控制嵌入式系统的结构

1.4　嵌入式系统的应用领域

随着科学技术的不断发展，嵌入式系统已经被广泛应用在多个领域中。

消费电子领域：嵌入式系统被用于智能手机、智能穿戴设备、智能家居设备、消费级无人机、智能家用机器人等产品。

工业控制领域：嵌入式系统被用于智能测量仪表、数控装置、可编程控制器、分布式控制系统、现场总线仪表、工业机器人和汽车电子设备等。

医疗设备领域：嵌入式系统被用于 CT、DR、MR、心电图等各类医疗检测设备，脉搏、血压等各类健康监测系统。

物联网（Internet of Things，IoT）领域：嵌入式系统是物联网设备的核心，其应用包括智慧家居、智慧城市、智慧交通等。

军工领域：各类军用机、导弹、卫星、军用车辆等都大量应用嵌入式系统以提供计算与控制功能。

1.5　嵌入式系统的发展

嵌入式系统的发展经历了四个阶段。

第一阶段：无操作系统阶段。这一阶段的发展时间从 20 世纪 60 年代末期到 20 世纪 70 年代末期，系统的核心硬件主要是可编程控制器（PLC），具有监测、伺服、设备指示等功能，通常应用于各类工业控制，以及飞机、导弹等武器装备中。这种系统的控制程序通过汇编语言编写，对系统进行直接控制，没有操作系统支持，只能执行一些单线程程序，其主要特点：系统结构和功能相对单一，处理效率较低，存储容量较小，几乎没有用户接口。

第二阶段：简单操作系统阶段。进入 20 世纪 80 年代，随着微电子工艺水平的提高，IC 制造商开始把嵌入式计算机应用中所需的微处理器、I/O 接口、A/D 转换器、D/A 转换器、串行接口、RAM、ROM 等部件全部集成到一个 VLSI（超大规模集成电路）中，从而制造出面向 I/O 设计的微控制器，即俗称的单片机。与此同时，应用系统的软件开发开始基于一些简单的操作系统，大幅缩短了开发周期，提高了开发效率。该阶段鲜明的特点是系统开销小，效率高，处理器种类繁多，通用性较差。

第三阶段：通用的嵌入式实时操作系统阶段。20 世纪 90 年代以后，受数字化通信、信息家电等产业的大力推动，嵌入式系统得到了飞速发展，同时出现了面向实时信号处理的 DSP 产品。随着对实时性要求的提高，软件规模不断扩大，简单操作系统逐渐发展为能够支持多任务并发处理的实时操作系统。这一阶段系统的典型特点是能够在不同类型的处理器上运行，兼容性好、内核小、效率高，具有高度的模块化和扩展化，有文件管理、目录管理、设备支持、多任务网络、支持图形窗口及用户界面等功能，具有大量的应用程序接口。

第四阶段：面向网络通信阶段。进入 21 世纪后，随着物联网技术的快速发展，对嵌入式系统的网络通信能力提出了更高要求。例如，要求嵌入式传感器能够构建自组织传感器网络，采集较为集中的区域内的环境或设备信息并传送到服务器中进行处理，如 ZigBee 网络；再如，要求采集相距较远、较分散的环境或设备信息并传送到服务器中进行处理，如低功耗广域网 NB-IoT（窄带物联网）。为了满足这些要求，一些厂商开始将网络通信模块直接集成到嵌入式芯片中，并提供网络通信 SDK 方便程序员开发应用系统。

随着人工智能（AI）、云计算、边缘计算的大量应用，嵌入式系统开始整合这些先进技术，以完成更复杂的智能决策、更广泛的感知和更自动化的任务执行。

1.6 嵌入式系统的操作系统

1.6.1 嵌入式系统的操作系统分类

按照系统对任务响应的实时性来分，嵌入式系统的操作系统可以分为非实时操作系统和实时操作系统（Real-Time Operating System，RTOS）。这两类操作系统的主要区别在于任务调度处理方式不同。

非实时操作系统是由分时操作系统发展而来的，大部分都支持多用户、多进程，属于不可抢占式操作系统。分时操作系统的基本设计原则：尽量缩短系统的平均响应时间并提高系统的吞吐率，在单位时间内为尽可能多的用户请求提供服务。由此可以看出，分时操作系统注重平均表现性能，不注重个体表现性能。典型的非实时操作系统有 Linux、iOS 等。

实时操作系统除了要满足应用的功能需求，还要满足应用的实时性要求，属于抢占式操作系统。实时操作系统采用各种算法和策略，始终保证系统行为的可预测性。可预测性是指在系统运行的任何时刻，在任何情况下，实时操作系统的资源调配策略都能为争夺资源（包括 CPU、内存、网络带宽等）的多个实时任务合理地分配资源，使每个实时任务的实时性要求都能得到满足。典型的实时操作系统有 μC/OS、VxWorks、FreeRTOS、RT-Thread、Embedded Linux、Android 和 LiteOS 等。

1.6.2 嵌入式系统的操作系统功能

嵌入式系统的操作系统一般包括任务管理、内存管理、中断管理、文件管理、任务及中断间的同步与通信机制等功能。

1）任务管理

任务管理是实时操作系统的核心和灵魂，决定了其实时性能。它通常包含多任务调度机制、时间的可确定性等部分。

（1）多任务调度机制。

任务调度主要是协调任务对计算机系统资源的争夺使用。多任务调度机制通常分为基于优先级抢占式调度和时间片轮转调度。基于优先级抢占式调度是指对系统中每个任务都设置一个优先级，内核总是将 CPU 分配给处于就绪态的优先级最高的任务运行，该方式可以保证重要的突发事件及时得到处理。时间片轮转调度是指让优先级相同的处于就绪状态的任务按时间片使用 CPU，以防止同优先级的某一任务长时间独占 CPU。

（2）时间的可确定性。

实时操作系统函数调用与服务的执行时间应具有可确定性，即系统服务的执行时间不依赖于应用程序任务的多少，系统完成某个确定任务的时间是可预测的。

2）内存管理

内存管理主要包括内存分配原则、存储保护和内存分配方式。

（1）内存分配原则。

内存分配原则包括快速性、可靠性和高效性。其中，快速性是指内存分配过程要尽可能快，所以一般采用简单快速的分配算法；可靠性是指内存分配的请求必须得到满足；高效性是指要尽可能地避免浪费，从而减小系统对内存容量的需求，降低成本。

（2）存储保护。

通常在操作系统的内存中既有系统程序又有用户程序，为了使两者都能正常运行，避免程序间相互干扰，需要对内存中的程序和数据进行保护。存储保护通常需要硬件支持，即内存管理单元（Memory Management Unit，MMU），并结合软件实现；但是，一些嵌入式系统受成本限制没有配置 MMU，此时系统程序和用户程序都在相同的内存空间中运行。

（3）内存分配方式。

内存分配方式可分为静态分配和动态分配。静态分配是在程序运行前一次性分配给相应内存，并且在程序运行期间不允许再申请或在内存中移动；动态分配则允许在程序运行整个过程中进行内存分配。静态分配使系统失去了灵活性，但对于实时性要求比较高的系统是必需的；而动态分配赋予了系统设计者更多自主性，可以更高效地使用内存。

3）中断管理

CPU 经常通过中断与外部设备（简称外设）交互，以提高系统响应的实时性。嵌入式系统通常都有几十至几百个中断源，在中断请求发生时，系统需要调用中断服务程序进行处理，它是整个软件系统中优先级最高的代码，可以中止任何任务级代码运行。因此，操作系统需要提供中断管理功能，以保障系统能够正确接收中断请求并执行中断服务。

4）文件管理

文件管理负责存取和管理文件信息，包括文件的建立、撤销、组织、读/写、修改、复制，以及对文件管理所需的其他资源实施管理。

5）任务及中断间的同步与通信机制

实时操作系统的功能一般要通过若干任务和中断服务程序共同完成。任务与任务之间、任务及中断服务程序之间必须协调动作，互相配合，这就涉及任务间的同步与通信问题。实时操作系统通常是通过信号量（同步信号量、互斥信号量、资源信号量）和事件来实现同步的，通过消息邮箱、消息队列、管道和共享内存来提供通信服务。

1.7 常用嵌入式系统的操作系统介绍

1.7.1 μC/OS

μC/OS 是一个基于优先级的、可裁剪的、可固化的、抢占式的开源多任务实时操作系统，包含了实时内核、任务管理、时间管理、任务间通信同步（信号量、邮箱、消息队列）和内存管理等功能。μC/OS-III是 μC/OS 第三代系统内核，它对任务的个数无限制。μC/OS-III提供了很多其他实时内核没有的功能，比如完备的运行时间测量、直接发送信号或者消息给任务、任务可以同时等待多个信号量和消息队列等。

1.7.2 VxWorks

VxWorks 是美国 Wind River 公司于 1983 年设计研发的一种实时操作系统。VxWorks 实时操作系统由 400 多个相对独立、短小精悍的目标模块组成，用户可根据需要选择适当的模块来裁剪和配置系统。系统提供基于优先级的任务调度、任务间同步与通信、中断处理、定时器和内存管理等功能，内建符合 POSIX（可移植操作系统接口）规范的内存管理，以及多处理器控制程序，具有简明易懂的用户接口，在核心方面甚至可以微缩到 8KB。

1.7.3　FreeRTOS

FreeRTOS 是一个轻量级的操作系统，具有任务管理、时间管理、信号量、消息队列、内存管理、记录、软件定时器和协程等功能，基本满足较小系统的需要。FreeRTOS 对系统任务的数量没有限制，既支持优先级调度算法也支持轮换调度算法，因此，FreeRTOS 采用双向链表而不是采用查任务就绪表的方法来进行任务调度。FreeRTOS 是完全免费的操作系统，具有源码公开、可移植、可裁剪、调度策略灵活等特点，可以方便地移植到各种单片机上运行。

1.7.4　RT-Thread

RT-Thread 是一款主要由中国开源社区主导开发的开源实时操作系统（v3.1.0 及以前版本遵循 GPLv2+ 许可协议，v3.1.0 以后版本遵循 Apache License 2.0 开源许可协议）。RT-Thread 不仅是一个单一的实时操作系统内核，也是一个完整的应用系统，包含 TCP/IP 协议栈、文件系统、libc 接口、图形用户界面等众多组件。RT-Thread 具备低功耗、安全、支持通信协议和具有云端连接能力的软件平台。RT-Thread 拥有一个嵌入式开源社区，被广泛应用于能源、车载、医疗、消费电子等多个行业。

1.7.5　Embedded Linux

Embedded Linux 是 Linux 系统经裁剪而成的以适应嵌入式设备特点的操作系统。Embedded Linux 继承了 Linux 的许多特点，包括免费、开源、稳定、可靠、可扩展等；同时，其具有体积小（可以裁剪到几千字节）、功耗低、实时性好等特点，这些特点对资源受限、应用场合特殊的嵌入式系统尤其重要。

Embedded Linux 通常由以下几个部分组成：Linux 内核、根文件系统、应用程序和驱动程序。开发 Embedded Linux 系统需要考虑以下几个方面。

（1）内核定制：对内核进行裁剪以包含所需的功能，尽可能减少资源占用以适应特定应用场景的需求。

（2）根文件系统构建和优化：根据需要构建并优化根文件系统，确保系统顺利引导并减少存储空间。

（3）应用程序开发：根据应用需求，利用 Linux 提供的进程管理、内存管理、文件管理、设备管理等功能开发应用程序。

（4）驱动程序开发：基于 Linux 驱动程序接口规则开发设备驱动程序，以实现对特定设备的操作。

1.7.6 Android

Android 是由 Google 公司和开放手机联盟领导及开发的，是一款基于 Linux 内核的开源移动操作系统，主要应用于移动设备，如智能手机和平板电脑。Android 由操作系统、中间件、用户界面和应用软件组成，是首个为移动终端打造的真正开放和完整的移动软件。

1.7.7 LiteOS

LiteOS 是华为技术有限公司面向物联网领域构建的万物感知、互联互通、智能化的物联网操作系统，可广泛应用于智能家居、个人穿戴、车联网、城市公共服务、制造业等领域。LiteOS 为开发者提供"一站式"完整软件平台，能够快速接入云端，有效降低开发门槛，缩短开发周期。同时，LiteOS 提供端云协同能力，集成了 LwM2M、CoAP、mbedtls、LwIP 全套物联网互联协议栈并提供了 AgentTiny 模块。AgentTiny 模块封装的接口可以简单、快速地实现与云平台安全、可靠地连接，使开发者只需关注自身的应用，而不必关注协议栈的实现细节。

LiteOS 是一款开源、轻量级操作系统，遵循 BSD-3 开源许可协议。自 LiteOS 开源社区发布以来，华为技术有限公司从技术、生态、解决方案、商用支持等多维度赋能合作伙伴，构建开源的物联网生态，目前已经聚合了 50 多家微控制器和解决方案合作伙伴，共同推出了一批开源开发套件和行业解决方案，帮助众多行业客户快速地推出物联网终端和服务，客户涵盖抄表、停车、路灯、环保、共享单车、物流等众多行业。

1.8 习题

1．什么是嵌入式系统？
2．嵌入式系统的硬件组成有哪些？
3．嵌入式系统的软件组成有哪些？
4．嵌入式系统有哪些应用领域？

第 2 章　嵌入式系统开发过程及分层架构

嵌入式系统的开发包括嵌入式硬件设计和嵌入式软件设计,涉及电子、计算机等多个领域的知识,需要用到不同的开发工具。软件是嵌入式系统的灵魂,良好的软件结构对产品的可靠性、可维护性有着重要影响。

2.1　学习目标

本章的学习目标如下。
- 熟悉嵌入式系统的开发过程及每个阶段的主要任务。
- 理解软件系统分层的概念。
- 熟悉裸机工程目录结构。
- 理解分层架构顶层对象,并掌握其实现方法。

2.2　嵌入式系统开发过程

嵌入式系统的开发过程可以大致分为以下几个阶段。
1)需求分析
此阶段需要与用户充分沟通,甚至到现场进行调研,明确系统使用的环境、系统的输入与输出、与其他系统的接口方式,确定系统的功能及需要满足的性能指标。
2)总体设计
需求分析完成后进行系统的总体设计,包括硬件和软件两个方面。

- 硬件系统总体设计

硬件系统总体设计包括系统总体结构、外设与 MCU 的接口方式，画出硬件系统总体结构图。根据功能、性能、应用场景与通信要求，对关键硬件选型，包括嵌入式控制器选型、传感器选型、执行器选型。

- 软件系统总体设计

软件系统总体设计首先要确定是否基于操作系统开发，如果基于操作系统开发，那么要确定操作系统类型。然后应用模块化编程思想或面向对象编程思想，按功能需求划分软件功能模块或对象，画出系统功能模块图和/或类图。根据业务逻辑，绘制主要功能的流程图或对象间的交互图。

3）详细设计

详细设计也包括硬件和软件两个方面。

硬件详细设计包括控制器芯片引脚的分配、引脚信号的定义、硬件电路设计、关键电路仿真测试。

软件详细设计包括确定合适的数据结构与算法。细化各功能模块/对象的接口；根据各功能模块的业务逻辑，画出流程图或对象交互图；确定调度策略和任务优先级以满足实时性要求。

4）系统实现

对于硬件系统，先需要根据详细设计文档，进行硬件电路原理图绘制、PCB 设计、制版、焊接；然后进行硬件系统测试，验证系统是否满足功能与性能要求。

对于软件系统，先要根据详细设计文档完成代码编写、调试，验证每个模块的功能和性能是否满足系统要求；然后完成各模块的集成与测试，验证系统是否满足功能与性能要求。

5）系统测试

将系统置于真实环境或模拟的真实环境中，对系统进行功能与性能测试，验证功能是否满足真实场景的应用需求。

6）部署与维护

将系统部署到目标环境中向用户提供应用服务，为用户提供培训和技术支持，确保用户能够正确使用系统。定期进行维护和更新，保证系统的稳定性和安全性。

注意：以上步骤并非严格线性进行，在实际开发中可能会有交叉和重叠。各步骤之间的界面并没有一个严格定义，比如有些工作设计可以放在总体设计中，也可以放在详细设计中。

2.3 软件系统分层架构

2.3.1 为什么需要分层

在软件开发中，为什么需要采用分层设计思想呢？为解答该问题，我们先考虑一个应用场景。

有一个 LED 连接在 PA0 端口上，用户希望 LED 能够按要求的次数闪烁。下面的 LedFlash() 是实现该业务功能的函数。

```
1 void LedFlash(int n){
2   int i;
3   for(i=0; i<n; i++){
4     PA_0=1;  //点亮 LED
5     delay(1000);
6     PA_0=0;  //关闭 LED
7     delay(1000);
8   }
9 }
```

从功能上看这个函数没有问题，但是当 LED 所在的端口变成 PA2 时，需要修改函数 LedFlash()，将其中的 PA_0 改为 PA_2。这样就不利于 LedFlash() 函数的重用，降低了代码的可维护性。出现这个问题的原因是在函数 LedFlash() 中直接操作了硬件，使业务代码与硬件紧密耦合，当硬件发生变化时，业务代码就要随之改变。

现在针对这个场景，站在用户的角度重新设计代码。用户只关心所需要的功能，并不关心硬件是怎样实现的。因此，我们考虑将系统分成两层：App 层（应用层）和 Driver 层（驱动层），如图 2-1 所示。

App 层也称为业务层，用于实现用户所需要的业务功能；Driver 层用于操作硬件，为 App 层提供硬件服务。

从用户的角度，实现 LED 闪烁功能的业务逻辑如图 2-2 所示。

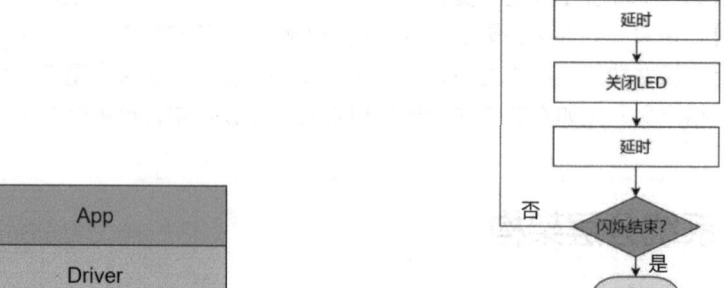

图 2-1　具有应用层和驱动层的两层系统架构　　图 2-2　实现 LED 闪烁功能的业务逻辑

为了避免 App 层直接操作硬件，我们将点亮 LED 和关闭 LED 的硬件代码从业务代码中分离出来，抽象出两个接口函数，分别为 drv_led_on()和 drv_led_off()，而将这两个接口函数的实现放到 Driver 层中。App 层的 LedFlash()代码重新设计如下。

```
1  void LedFlash(int n){
2    int i;
3    for(i = 0;  i < n;  i++){
4      drv_led_on();    // 调用接口点亮 LED
5      delay(1000);
6      drv_led_off();   // 调用接口关闭 LED
7      delay(1000);
8    }
9  }
10
```

Driver 层的 drv_led_on()和 drv_led_off()代码如下。

```
1  void drv_led_on(void){
2    PA_0 = 1;   // 操作硬件，点亮 LED
3  }
4
5  void drv_led_off(void){
6    PA_0 = 0;   // 操作硬件，关闭 LED
7  }
```

这样，经过分层处理后，如果硬件变化，那么只需要修改与硬件关联的 Driver 层代码，而 App 层代码如 LedFlash()则不需要修改，从而实现了 App 层与硬件的解耦，提高了软件的可重用性和可维护性。

2.3.2 软件系统分层的概念

本书采用分层架构设计软件系统。

分层架构是指将一个软件系统按层次关系分成多个层，每一层只专注本层所负责的功能，为上层隐藏细节，并且只通过接口为其相邻的上层提供服务。上层通过调用下层暴露的接口取得下层服务，但不关心该服务具体的实现过程。

通过分层，可以降低或解除系统各模块之间的关联度，即所谓的解耦。解耦后，只要接口不变，对某一层的修改就不会影响其他层的代码，从而提高代码的可维护性和可重用性，同时有利于开发团队分工合作。

层次关系在现实生活中随处可见，比如一个公司的组织机构，最高层是总经理，然后是部门经理，再下一层是普通员工。按照正常流程，总经理仅与部门经理沟通；部门经理对总经理负责，为总经理服务，同时与普通员工沟通；普通员工有事只能找部门经理。公司的分层组织结构如图 2-3 所示。

嵌入式软件系统的四层架构如图 2-4 所示。

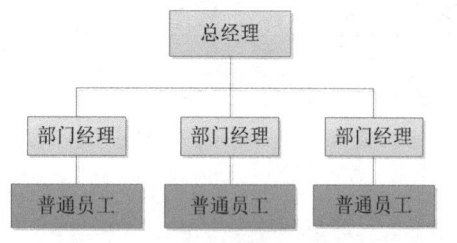

图 2-3 公司的分层组织结构

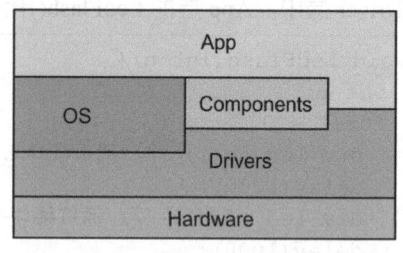

图 2-4 嵌入式软件系统的四层架构

- App：应用层，具有用户业务代码。
- OS：操作系统层（裸机工程没有本层），本书指的是 LiteOS。
- Components：组件层，实现层间通信、数据转换或特定功能。
- Drivers：驱动层，操作硬件设备。
- Hardware：硬件。

2.4 驱动层与应用层的交互

对于应用层来说，驱动层是低层，应用层可以直接调用驱动层的接口对硬件进行操作。而驱动层要将信息传递给应用层，可以采用以下方式之一。

（1）驱动层设置标志通知应用层，应用层循环检测该标志来判断硬件的工作状态，如忙碌或空闲、数据发送结束或正在发送等。

（2）通过事件或信号量通知应用层。在有操作系统的系统中可以采用此种方法。

（3）通过回调函数。回调函数由应用层提供，在初始化时将函数指针传递给驱动层，这样驱动层就可以通过函数指针调用应用层函数。所谓回调是指下层调用上层的函数。

（4）如果驱动层有数据要传递给应用层，那么可以通过共享全局变量或缓冲区的方式，或是利用消息队列将数据发送给应用层。采用共享全局变量或缓冲区的方式时，要注意该共享全局变量或缓冲区是否是临界资源，临界资源需要互斥访问。

2.5 裸机工程结构与分层架构设计

2.5.1 STM32CubeMX 生成的裸机工程目录结构

STM32CubeMX 是 STM32 系列单片机的一个开发工具，用于配置外设并自动生成外设初始化代码。本书将基于该工具生成的工程进行软件开发工作。

STM32CubeMX 生成的裸机工程目录结构如图 2-5 所示。裸机工程主要目录与文件说明如表 2-1 所示。

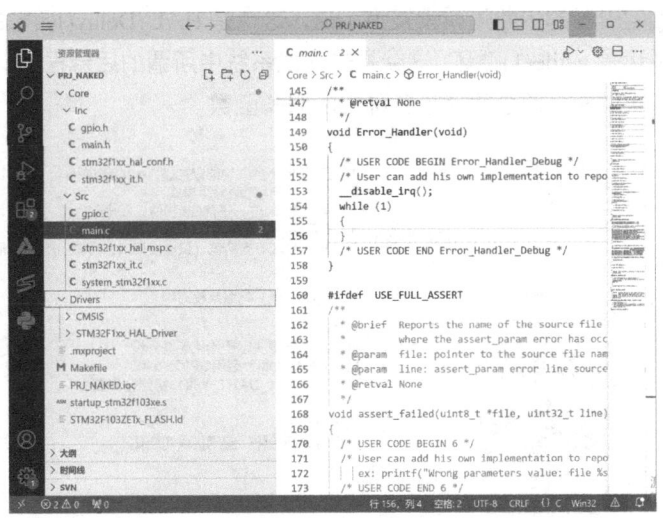

图 2-5　STM32CubeMX 生成的裸机工程目录结构

表 2-1　裸机工程主要目录与文件说明

一级目录/文件	二级目录	说明
Core		存放用户核心文件的目录
	inc	存放头文件
	Src	存放源代码。C 语言的主函数和中断服务函数分别在 main.c 和 stm32f1xx_it.c 中定义
Drivers		用于存放硬件驱动的目录
	CMIS	存放与 ARM CPU 操作相关的文件
	STM32F1xx_HAL_Driver	硬件抽象层文件，即硬件底层驱动
Makefile		工程编译脚本文件
startup_stm32f03xe.s		系统引导汇编源代码
STM32F103ZETx_FLASH.ld		代码加载链接脚本。链接器使用该脚本映射代码、符号与变量的内存位置

2.5.2　裸机工程的启动过程

图 2-6 所示为裸机工程启动过程（main 函数流程）。从图中可以看到：

- 在进入业务调度（第 5 步）前需要先完成系统初始化。
- STM32CubeMX 配置的外设在第 3 步初始化，这些初始化函数由工具自动生成。
- 用户定义的外设驱动初始化和应用模块初始化应放在第 4 步进行。
- 系统将节拍定时器的中断周期设置为 1ms，这也是 HAL_Delay()函数的最小延迟时间。
- 业务调度循环是 while(1)循环，这就是嵌入式系统中所谓的后台程序，这里的代码可以被任何中断请求中断。前台程序是各种中断服务函数。

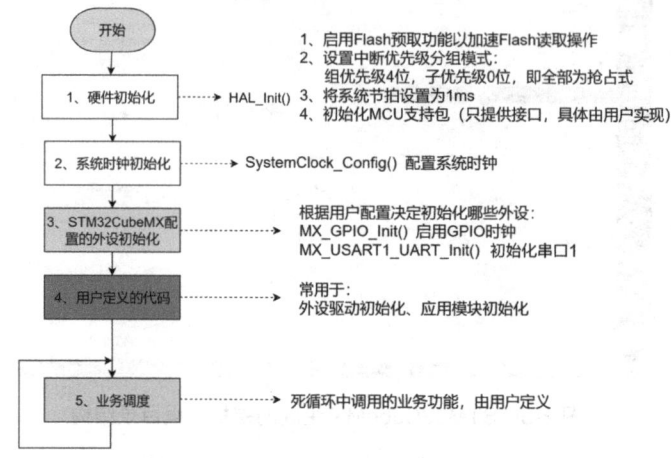

图 2-6　裸机工程启动流程（main 函数流程）

2.5.3　裸机工程的分层架构设计

2.5.3.1　系统对象

图 2-7 给出了两层（即应用层和驱动层）软件系统的裸机工程对象及其关系。对于包含组件的三层系统，可以把组件视为应用层的一个模块。

应用层设置了一个顶层对象 App，用于管理应用层各个模块。驱动层设计了一个顶层对象 Drivers，用于管理各个驱动模块。

App 对象和 Drivers 对象都包含了一个初始化函数和一个业务调度函数，分别负责本层模块的初始化和业务调度。

应用模块可以直接调用驱动模块功能以实现对硬件的操作，驱动模块可以通过回调实现与应用层的交互。回调是指下层通过函数指针调用上层函数并传递数据。

模块可以是主动对象（如图 2-7 中的 Module_1 和 Drv_1）或非主动对象。对于裸机工程来说，主动对象是指中断服务对象（中断调用）；在操作系统环境下，主动对象除了中断服务对象，还包括任务对象或线程对象。

第 2 章 嵌入式系统开发过程及分层架构 17

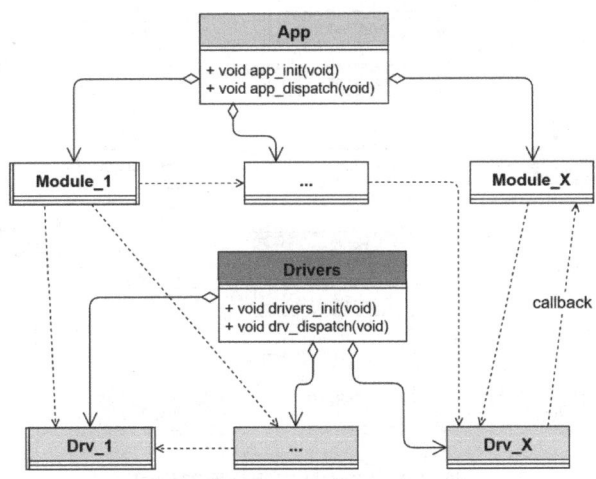

图 2-7 裸机工程分层架构图

2.5.3.2 目录结构

裸机工程目录结构如表 2-2 所示。

表 2-2 裸机工程目录结构

目录/文件	说明
App	存放 App 层源代码
App/app.c	App 对象源码文件，包括任务层初始化与业务调度源码
App/app.h	App 对象的头文件，用于包含其他应用对象的头文件，以便集中管理，方便引用
App/app_config.h	应用层配置文件，用于配置系统参数
Comm	存放组件、工具或公用功能源代码，如自定义库函数、数据格式转换函数等
Comm/comm_typedef.h	类型定义文件，用于定义公用符号、数据类型
Drivers	存放外设驱动源码
Drivers/drivers.c	Drivers 对象源码文件，包括驱动层初始化与业务调度源码
Drivers/drivers.h	Drivers 对象的头文件，用于包含其他驱动对象头文件，以集中管理，方便引用
Drivers/drivers_config.h	驱动层配置文件，可用于配置驱动层参数

2.6 基于 LiteOS 的嵌入式系统分层架构设计

图 2-8 所示为 LiteOS 工程分层架构图。与裸机工程不同的是，由于有了 LiteOS，应用层顶层对象是主动对象，即以任务的形式运行。

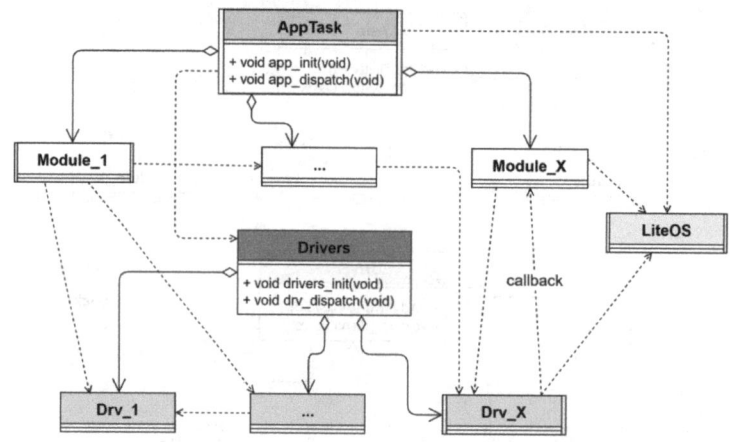

图 2-8　LiteOS 工程分层架构图

为了节省内存空间，这里的 Drivers 对象并非以独立的任务执行（任务堆栈需要消耗 RAM），而是寄生于 AppTask 对象的主函数实现其所需的功能，比如，周期性检测用户按键。

应用模块与驱动模块都可以调用操作系统功能以取得其服务。

2.7　分层架构实验

2.7.1　寄存器编程

在工程目录下创建 App/app.c、App/app.h、MyDrivers/drivers.c 和 MyDrivers/drivers.h 文件，如图 2-9 所示。

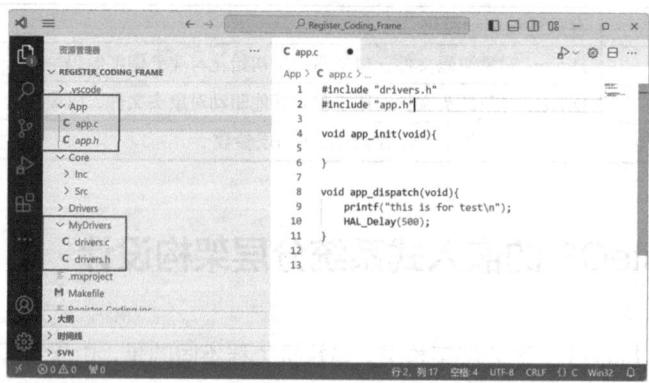

图 2-9　创建 App 对象和 Drivers 对象的相关文件

2.7.1.1 Drivers 对象实现

Drivers 对象实现的代码如下。

```
1   /*文件 MyDrivers/drivers.c */
2
3   #include "drivers.h"
4
5   void drivers_init(void){
6
7   }
8
9   void drivers_dispatch(void){
10
11  }
12
13  /*文件 MyDrivers/drivers.h */
14  #ifndef __DRIVERS_H__
15  #define __DRIVERS_H__
16
17  void drivers_init(void);
18  void drivers_dispatch(void);
19
20  #endif
```

2.7.1.2 App 对象实现

App 对象实现的代码如下。

```
1   /* 文件 App/app.c */
2   #include "drivers.h"
3   #include "app.h"
4
5   void app_init(void){
6
7   }
8
9   void app_dispatch(void){
10      printf("this is for test\n");
11      HAL_Delay(500);
12  }
13
14  /* 文件 App/app.h */
15  #ifndef __APP_H__
16  #define __APP_H__
```

```
17 #include <stdio.h>
18 #include "stm32f1xx.h"
19
20 void app_init(void);
21 void app_dispatch(void);
22
23 #endif
```

2.7.1.3 修改 main()函数

如下修改 main()函数以调用 App 和 Drivers 的初始化代码，并在 while 循环中调用 App 和 Drivers 的调度函数。

```
1  ......   //其他代码
2  /* USER CODE BEGIN Includes */
3  #include "drivers.h"
4  #include "app.h"
5  /* USER CODE END Includes */
6
7  int main(void)
8  {
9    ......   //其他代码
10   /* USER CODE BEGIN 2 */
11   drivers_init();
12   app_init();
13   /* USER CODE END 2 */
14
15   /* Infinite loop */
16   /* USER CODE BEGIN WHILE */
17   while (1)
18   {
19     drivers_dispatch();
20     app_dispatch();
21   /* USER CODE END WHILE */
22
23   /* USER CODE BEGIN 3 */
24   }
25   /* USER CODE END 3 */
26 }
```

设计要点如下。

（1）在 USER CODE BEGIN 2～USER CODE END 2 之间调用用户模块的初始化代码（此处为 drivers_init()和 app_init()，目的是让 STM32CubeMX 生成的初始化代码先得到调用。

（2）在 USER CODE BEGIN WHILE～USER CODE END WHILE 之间调用调度函数，这些函数就会被循环执行。

2.7.1.4 修改 Makefile

在 Makefile 文件中的 ASFLAGS 符号前加入如下脚本，以便编入源文件并加入搜索路径，如图 2-10 所示。

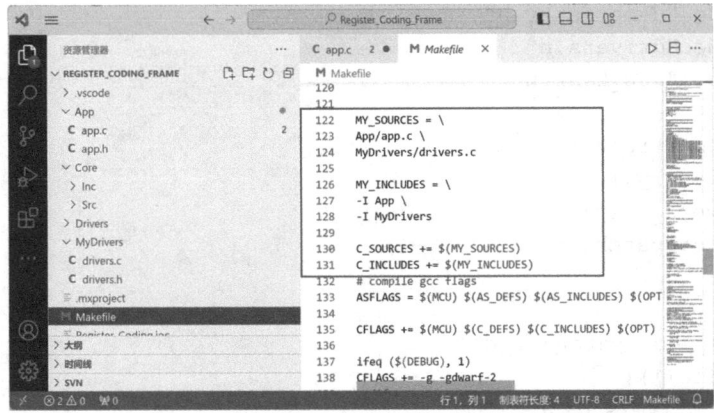

图 2-10 MY_SOURCES 和 MY_INCLUDES 变量与相关脚本定义

2.7.2 LiteOS 编程

在 "targets/STM32F103_ZET6" 目录下创建 App/app_task.c、App/app_task.h、Drivers/drivers.c 和 Drivers/drivers.h 文件，如图 2-11 所示。

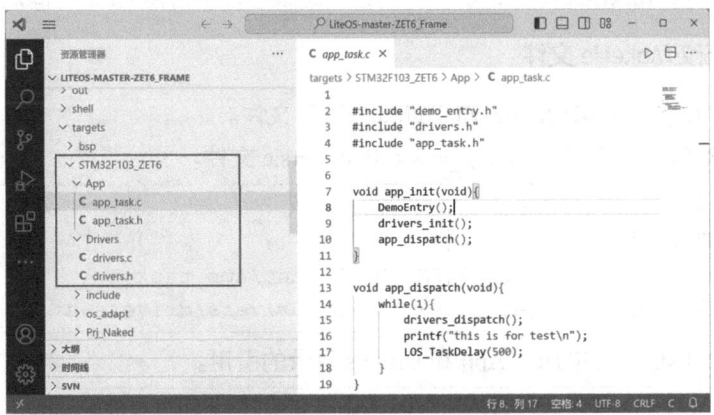

图 2-11 创建 App 对象和 Drivers 对象的相关文件

2.7.2.1 Drivers 对象实现

Drivers 对象实现的代码与寄存器编程的相同。

2.7.2.2 AppTask 对象实现

AppTask 对象实现的代码如下。

```
1  #include "demo_entry.h"
2  #include "drivers.h"
3  #include "app_task.h"
4
5  void app_init(void){
6      DemoEntry();
7      drivers_init();
8      app_dispatch();
9  }
10
11 void app_dispatch(void){
12     while(1){
13         drivers_dispatch();
14         printf("this is for test\n");
15         LOS_TaskDelay(500);
16     }
17 }
```

设计要点如下。

（1）DemoEntry()用于启动通过菜单配置的 LiteOS 组件。

（2）利用 LOS_TaskDelay()延时，任务将进入睡眠态，不占用 CPU 时间。

2.7.2.3 修改 Makefile 文件

如下修改"targets/STM32F103_ZET6/Makefile"文件。

- 在 USER_SRC 变量中加入 app_task.c 和 drivers.c 文件。

```
USER_SRC = \
......  #其他文件
 $(LITEOSTOPDIR)/targets/$(PRJ_NAME)/App/app_task.c \
 $(LITEOSTOPDIR)/targets/$(PRJ_NAME)/Drivers/drivers.c
```

- 在 USER_INC 符号中加入 App 和 Drivers 目录的引用。

```
USER_INC = \
 -I $(LITEOSTOPDIR)/targets/$(PRJ_NAME)/$(PRJ_NAKED_NAME)/Core/Inc \
```

```
-I App \
-I Drivers
```

2.8 习题

1. 简述嵌入式系统的开发过程。
2. 什么是软件系统分层架构?
3. 在裸机工程的分层架构中,有哪些顶层对象?

第 3 章

嵌入式系统开发基础

本章讲述嵌入式系统开发的基础知识,包括 CPU 与外设的通信方式、位运算、UML 和 LiteOS 开发基础等,为后面章节的学习做好知识储备。

3.1 学习目标

本章的学习目标如下。
- 熟悉 CPU 与外设的通信方式。
- 理解程序查询方式、中断方式、DMA 方式的概念与优缺点。
- 掌握 CPU 与外设的接口方法。
- 掌握外设寄存器变量的定义方法。
- 掌握位运算规则。
- 熟悉 UML 与建模工具。
- 了解 LiteOS 的内核架构与目录结构。
- 熟悉 LiteOS 的启动过程。
- 掌握 LiteOS 任务创建方法。

3.2 CPU 与外设的通信方式

在嵌入式系统中,CPU 与外设通信有三种方式。

1）程序查询方式

利用指令读取外设状态并判断外设是否准备好，只有外设准备好了才能进行 I/O 操作。由于 CPU 在查询外设状态时需要循环执行查询指令，直到外设准备好后才会继续执行后续指令，因此，程序查询方式又称为阻塞方式或同步方式。

2）中断方式

CPU 与外设并行工作，外设准备好后向 CPU 发出中断请求，CPU 响应中断，并通过中断服务程序进行 I/O 操作，或在中断服务程序中通知某个任务进行 I/O 操作。进行 I/O 操作时，需要利用 CPU 寄存器缓存数据。

3）直接存储器访问方式

CPU 与外设并行操作，外设准备好后向直接存储器访问（Direct Memory Access，DMA）控制器发出请求，由 DMA 控制器完成外设与存储器之间数据的直接传送，其间不需要 CPU 的干预，也不需要利用 CPU 寄存器缓存数据。数据传输完成后，DMA 控制器向 CPU 发出中断请求，在中断服务中对数据进一步处理。

在嵌入式系统软件设计中，三种通信方式都被广泛使用，其优缺点对比如表 3-1 所示。

表 3-1　程序查询方式、中断方式、DMA 方式的优缺点对比

通信方式	特点
程序查询方式	硬件成本低、编程简单；CPU 与外设不能并行工作；适用于对速度要求不高的场合
中断方式	需要中断控制器支持，编程较复杂；CPU 与外设可以并行工作；能快速响应；数据传输效率不高，适用于需要快速响应和少量数据传输场合
DMA 方式	硬件复杂，编程复杂；CPU 与外设可以并行工作；数据传输效率高，适用于需要快速响应和批量数据传输场合。DMA 需要以中断为基础

3.2.1　CPU 与外设的接口

为了让 CPU 能够以统一的方式与外设通信，在 CPU 与外设之间都设置了一个接口模块，即适配器，CPU 与外设的接口如图 3-1 所示。

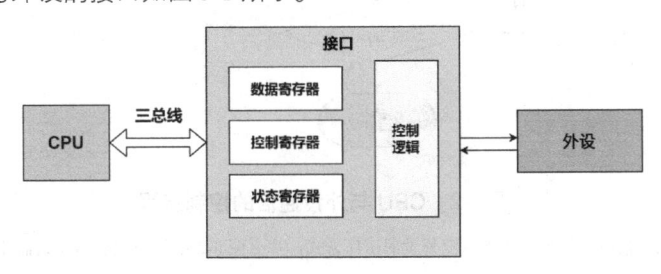

图 3-1　CPU 与外设的接口

适配器的主要功能如下。
- 数据格式转换：如数据的串并转换、模数转换等。
- 数据缓冲：暂存 I/O 数据，协调 CPU 与外设速度不匹配的矛盾。
- 状态反馈：检测并记录外设的工作状态，以便更有效地控制外设工作。
- 外设控制：根据给定的控制参数控制外设工作。
- 信号电平转换。

在适配器中，通常包含三种类型的寄存器。
- 数据寄存器：用于存放需要输入、输出的数据。
- 控制寄存器：存放控制参数。外设控制逻辑根据这些参数控制外设按指定方式工作。
- 状态寄存器：记录外设的工作状态，如外设是否忙碌、是否发生故障、是否完成操作等，驱动程序可以根据这些状态进行相应处理，实现对外设的有效控制。

CPU 通过三总线和统一的读/写指令对适配器的三种寄存器进行访问，实现与外设的通信。图 3-2 所示为 CPU 与外设通信的控制流程。

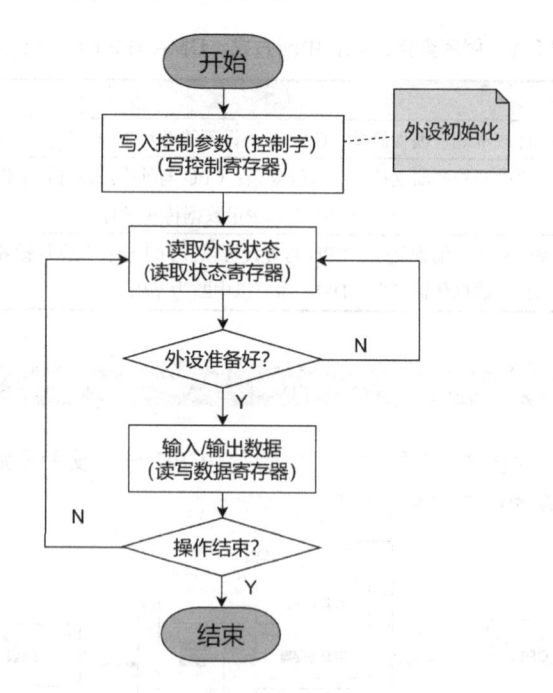

图 3-2 CPU 与外设通信的控制流程

（与外设通信时，如果不需要改变外设的工作方式，那么图 3-2 中的外设初始化只需要做一次）

3.2.2 外设寻址与外设寄存器变量

一个系统通常都有为数众多的外设，因此需要一种方法来识别不同的外设。

现代微控制器通常通过内存地址来访问不同的外设，也就是说，将外设适配器的寄存器视为内存单元并与内存单元统一编址。当外设适配器有多个寄存器时，通常为这些寄存器分配一块连续的地址空间。

在程序中一般使用变量或指针对内存进行操作。变量代表的内存单元的物理地址不需要程序员在编程时指定，而由链接器在链接时自动分配，也就是在程序编译链接前其地址是不确定的。但是外设寄存器的地址是确定的，因此，通过变量对外设寄存器进行访问需要将该变量定位到特定地址，为方便起见，将这种变量称为外设寄存器变量（区别于标准 C 语言中的寄存器变量类型）。

3.2.3 单个外设寄存器变量的定义

外设寄存器变量需要以特定方式进行定义才能正确使用，下面举例说明。

通用目的输入/输出端口 A，即 GPIOA 的数据寄存器（32 位）GPIOA_ODR 的地址为 0x4001080C，则 GPIOA_ODR 定义如下：

```
#define GPIOA_ODR    (*(volatile unsigned int *)0x4001080C)
```

定义外设寄存器变量的要点如下。
- 将常量地址强制转化为指针。
- 使用修饰符 volatile 禁止编译器优化对变量的操作，也就是对该变量的读/写操作代码都要生成硬件指令代码，而不会根据上下文被优化省略。

3.2.4 地址连续的多个外设寄存器变量定义

以 GPIOA 端口为例，其寄存器被组织在一片连续空间中，首地址为 0x40010800，GPIOA 寄存器地址偏移量如表 3-2 所示。

表 3-2 GPIOA 寄存器地址偏移量

地址偏移量	寄存器名	说明
00H	CRL	低 16 位引脚配置寄存器
04H	CRH	高 16 位引脚配置寄存器
08H	IDR	输入数据寄存器

续表

地址偏移量	寄存器名	说明
0CH	ODR	输出数据寄存器
10H	BSRR	位转位复位寄存器
14H	BRR	位复位寄存器
18H	LCKR	加锁寄存器

GPIOA 端口的定义如下。

```
1   typedef struct {
2       volatile uint32_t CRL;
3       volatile uint32_t CRH;
4       volatile uint32_t IDR;
5       volatile uint32_t ODR;
6       volatile uint32_t BSRR;
7       volatile uint32_t BRR;
8       volatile uint32_t LCKR;
9   }GPIO_st;
10  #define MYGPIOA_BASE 0x40010800
11  #define MYGPIOA ((GPIO_st *)MYGPIOA_BASE)
```

连续空间的外设寄存器的定义要点如下。
- 将寄存器组织在结构体中。
- 将常量首地址强制转化为结构体指针。
- 使用修饰符 volatile 禁止编译器优化对结构体属性的操作。

3.3 位运算

标准 C 语言中定义了 4 种位运算符，其运算规则如下。
- 位与：$0\&0=0$，$0\&1=0$，$1\&0=0$，$1\&1=1$。
- 位或：$0|0=0$，$0|1=1$，$1|0=1$，$1|1=1$。
- 位非：$\sim 0=1$，$\sim 1=0$。
- 位异或：$0\wedge 0=0$，$0\wedge 1=1$，$1\wedge 0=1$，$1\wedge 1=0$。

上述位与/位或/位异或运算的规则可以总结为：0 与 x 清零，1 或 x 置 1，1 异或 x 取反（$x=0$ 或 1）。

在嵌入式系统软件设计中，常常需要对寄存器的某些位进行位运算，熟练使用上述规则可以写出更优质的代码，使代码易于理解和维护，举例如下。

- 将 GPIOA_CRL 的 bit1、bit5 清零，bit10、bit11 清零，bit20~bit23 清零，其他位保持不变。

```
GPIOA_CRL &= ~(1<<1 | 1<<5);
GPIOA_CRL &= ~(3<<10);
GPIOA_CRL &= ~(0xF<<20);
```

- 将 GPIOB_CRH 的 bit0、bit21 置 1，其他位保持不变。

```
GPIOB_CRH |= (1<<0 | 1<<21);
```

- 将 GPIOB_ODR 的 bit3、bit5、bit6 取反，bit10~bit12 取反，其他位保持不变。

```
GPIOB_ODR ^= (1<<3 | 3<<5 | 7<<10);
```

- 将 GPIOC_CRL 的 bit0~bit3 设置为 0x5，将其中的 bit8~bit11 设置为 0x3，其他位保持不变。

```
GPIOC_CRL &= ~(0xF<<0 | 0xF<<8);    //先将对应位清零
GPIOC_CRL |= (0x5<<0) | (0x3<<8);   //然后利用"0 或不变"将对应位设置为需要的值
    //如果写在一条语句中，代码如下：
GPIOC_CRL = (GPIOC_CRL &~ (0xF<<0 | 0xF<<8)) |
            (0x5<<0 | 0x3<<8);    //通过&~操作将对应位清零
```

3.4 软件建模语言 UML

复杂的软件设计常常需要使用 UML（Unified Modeling Language）对软件进行建模，将软件系统的结构、行为可视化，方便程序员理解、交流和维护。

在嵌入式系统开发相关教材中，还未见到系统性使用 UML 对软件进行建模的教材，但教学实践证明，利用 UML 描述软件的行为，更有利于学生理解、学习和设计，且有利于写出更高质量的代码。

UML 提供了一套规范、丰富的图形符号，限于篇幅，这里仅介绍本书使用到的部分内容，更详细的 UML 内容请读者自行查阅。

3.4.1 类图

类图用于描述软件系统的结构，展示系统中的类或模块及其相互间关系。

3.4.1.1 类的图形符号

以温度传感器的驱动类为例。为了提高温度数据的精度，该对象利用超采样技术采集温度，将采集到的 7 个温度数据值先放到缓冲区中，然后进行均值滤波，将滤波后的结果保存到一个变量中。图 3-3 所示为温度传感器类的图形符号。

类的图形符号由三栏构成：最上一栏为类名，中间一栏为类的属性，最下面一栏为类的方法，即操作。

图中的"+"号表示该属性或方法是公用的，即类的接口可以供其他类引用（如果是方法，那么为调用）；"-"号表示该属性或方法是私有的，只能在本类的方法中使用；"#"号表示该属性或方法是受保护的，可以在子类或本类的方法中使用。

类分为主动类和被动类，主动类是指以线程形式存在的类，能够参与 CPU 的争夺。主动类的图形符号如图 3-4 所示，矩形的左右两边有两根竖线。

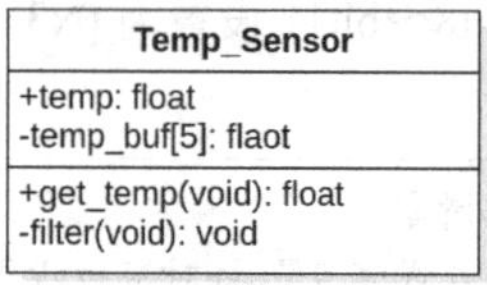

Temp_Sensor
+temp: float
-temp_buf[5]: flaot
+get_temp(void): float
-filter(void): void

App_Task
+app_init()
-app_dispatch()

图 3-3　温度传感器类的图形符号 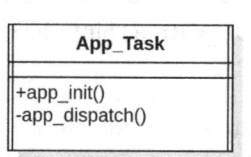　　　　图 3-4　主动类的图形符号

3.4.1.2　类的关系

类之间的关系有 6 种，即泛化、依赖、关联、实现、聚合、复合，下面说明各种关系的图形符号与表达方法。

- 泛化

泛化关系用于表示类之间的继承关系。子类继承父类的所有行为和属性，并可以新增自己的属性或方法。

图 3-5 所示的飞碟和直升机同属于飞行器，可以继承飞行器的相关属性与方法，如飞行和降落。

- 依赖

如果 A 类要使用 B 类提供的服务，即需要调用 B 类的方法，则 A 类与 B 类之间为依赖关系，即 A 依赖于 B。依赖关系又称为 use 关系。

图 3-6 所示的照明控制器依赖于光照强度传感器实现其功能，即需要调用光照强度传感器的 get_illum() 方法获取当前的光照强度。

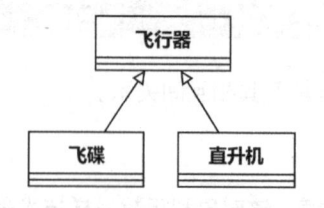

图 3-5　类之间的泛化关系示例 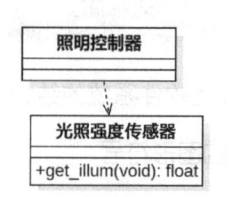　　　　图 3-6　类之间的依赖关系示例

- 关联

如果 B 类对象作为 A 类的属性，则其间为关联关系，即 A 关联 B。关联关系又称为 has 关系。

图 3-7 所示的串口接收器与循环队列是关联关系。串口接收器中需要使用循环队列存储接收到的数据包，因此，可将循环队列定义为串口接收器的一个属性。

- 实现

实现关系用于表示接口类及其实现类之间的关系。

图 3-8 所示的数据发送器为一个接口类，其中有一个抽象方法（没有具体的实现）send()，它的具体实现需要根据具体的通信设备确定。对于应用对象来说，只需要调用数据发送对象的 send()函数发送数据，而具体如何发送需要在执行时根据实际情况确定，可以从串口发送，也可以从无线窄带发送。

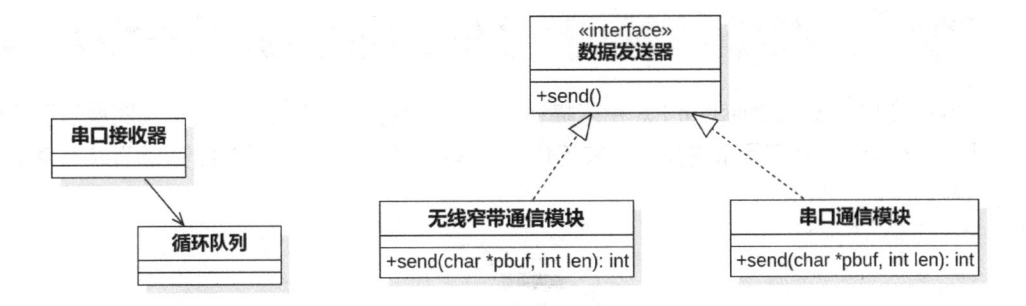

图 3-7 类之间的关联关系示例   图 3-8 类之间的实现关系示例

- 聚合

聚合用于表示整体与部分的关系，但关系较松散，双方都不依赖于对方而存在。

图 3-9 所示的智慧教室控制器由照明控制器、风扇控制器、窗帘控制器聚合而成。这三个控制器可以独立于智慧教室控制器工作。

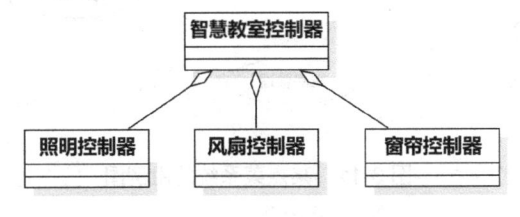

图 3-9 类之间的聚合关系示例

- 复合

复合也用于表示整体与部分的关系，但双方关系很紧密，如果整体对象（复合对象）不存在，则部分对象（被复合对象）也不存在。

图 3-10 所示的 360°人体探头由 120°红外感应器和步进电机控制器复合而成。通过步进电机带动 120°红外感应器旋转才能实现对人体的 360°探测。因此，缺少 120°红外感应器或步进电机控制器，都不能实现 360°人体探测。从代码层次来说，120°红外感应器和步进电机控制器对象由 360°人体探头对象初始化（创建）。

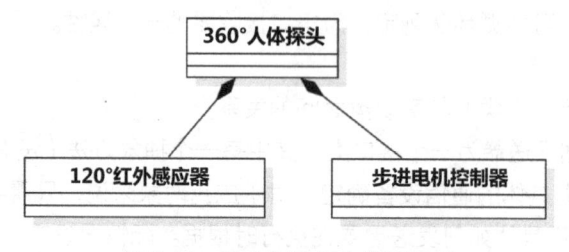

图 3-10　类之间的复合关系示例

3.4.2　用例图

用例图（Use Case Diagram）是用来描述系统功能需求的图形化工具。用例图展示了系统的各种行为和功能，特别是系统如何与其用户（或其他系统）交互。图 3-11 所示为某点菜系统的用例图。

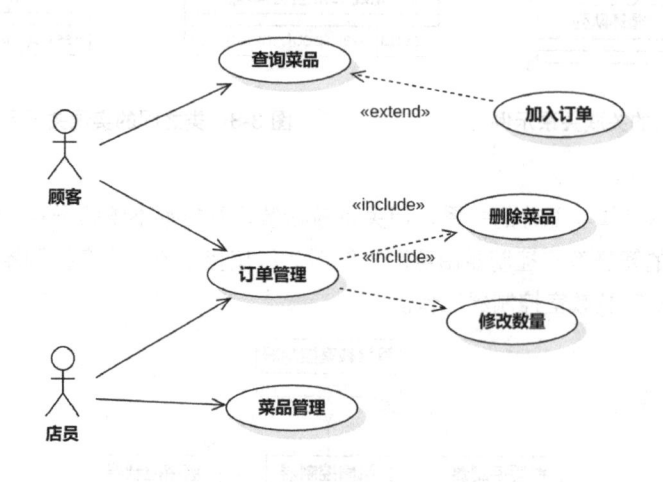

图 3-11　某点菜系统的用例图

用例图的元素如下。
- 参与者：是指使用系统的用户、设备或子系统，如图 3-11 中的"顾客"和"店员"。
- 用例：是指系统中的一个功能模块。
- 用例之间的关系。

其中，用例之间的关系有如下两种类型。

1）包含

有两种情况使用包含关系。

（1）两个或以上的用例（箭头起点）的公共行为提取出的用例（箭头终点），使用包含关系来表示它们。

（2）一个功能（箭头起点）拆分成多个子功能（箭头终点）时，使用包含关系。如图 3-11 中的"订单管理"与"删除菜品""修改数量"之间的关系。

2）扩展

如果一个用例（箭头终点）有多个分支功能（箭头起点），用户视情况执行不同分支功能，则用扩展关系表示。如图 3-11 中的"查询菜品"与"加入订单"之间的关系。

3.4.3　活动图

活动图（Activity Diagram）用于对业务流程进行建模，是一组由活动节点和变迁关系组成的图形。活动图不仅可以描述顺序活动，还可以描述并发活动，同时可以利用泳道区分活动所属的角色或对象。此外，活动图也可以用于代码实现建模。图 3-12 所示为自动柜员机取款过程的活动图。

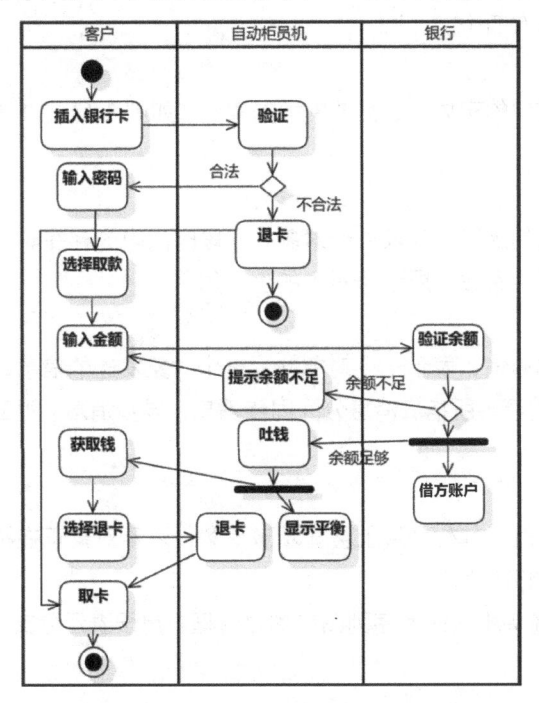

图 3-12　自动柜员机取款过程的活动图

3.4.4 序列图

序列图又称为时序图，用于描述对象之间按时间顺序发送消息的交互行为。图 3-13 所示的序列图描述了土壤墒情自动控制业务逻辑。

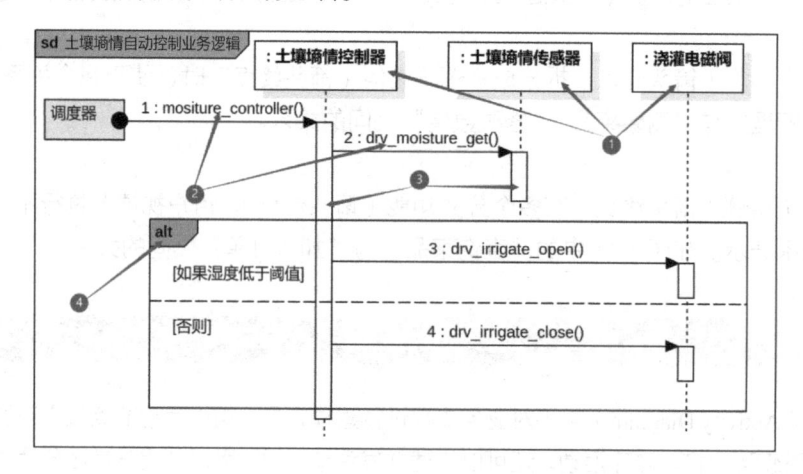

图 3-13 土壤墒情自动控制业务逻辑的序列图

序列图的基本元素有四个。

- 对象

对象用于表示系统中的实体，是类图中类的实例，如图 3-13 中 1 处的箭头所指。它们在序列图中通过矩形表示。

- 生命线

生命线是一条垂直的虚线，代表一个对象在一段时间内的存在。

每个对象都有一条生命线，展示了对象的生命周期。

- 消息

消息是对象之间的通信，表示一个对象向另一个对象发送的信息，如调用函数、触发中断等，如图 3-13 中 2 处的箭头所指。消息分为同步消息、异步消息、返回消息及自身消息，表示形式如图 3-14 所示。

- 激活条

当对象在处理消息时，其生命线上会显示激活条，表示对象正在执行相应的操作或处理消息，如图 3-13 中 3 处的箭头所指。

图 3-13 中 4 处的箭头所指的为序列图中的复合框，用于表示分支、循环、选项、打断、并行等操作。

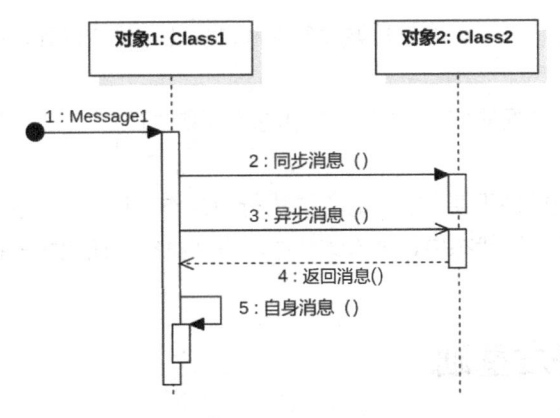

图 3-14　消息的表示形式

3.4.5　状态图

状态图（State Diagram），用于描述对象在其生命周期内随时间变化的状态、状态之间的转换和转换事件。通过状态图，人们可以清晰地看到对象的不同工作状态和触发状态切换的事件。图 3-15 所示为自动门开关控制过程的状态图。

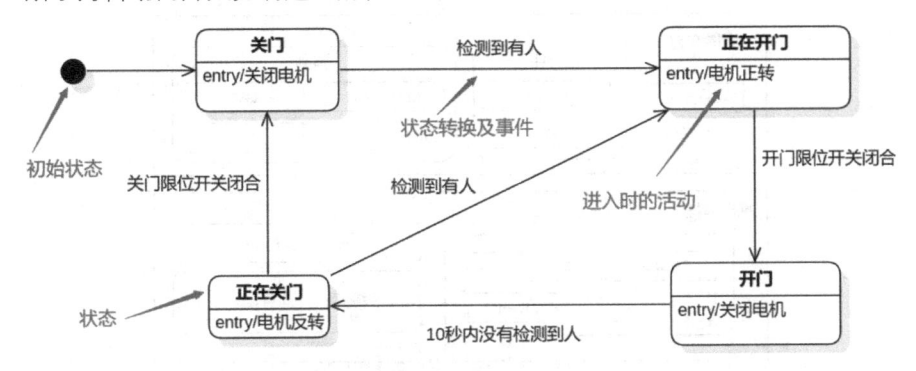

图 3-15　自动门开关控制过程的状态图

状态图的基本元素如下。
- 状态

状态是指对象在特定时间点或特定条件下的一种状况。状态机中至少有一个初始态，可以有零个或多个终止态。图 3-15 给出的门的状态有初始状态、关门、正在开门、开门和正在关门共 5 个。

- 状态转换

状态转换是指从一个状态切换到另一个状态的过程，通常由事件触发，用带箭头的线表示，箭头指向转换后的目标状态，可能包括触发条件和动作（如进入动作、退出动作）的描述。
- 事件

事件是指触发状态转换的信号，图 3-15 中的"检测到有人""开门限位开关闭合"等。
- 活动

活动是指状态转换或处于某个状态时需要执行的操作，包括进入、退出及处于该状态期间的特定操作，如在"关门"状态中，进入该状态时需要执行关闭电机的操作。

3.5 LiteOS 开发基础

3.5.1 LiteOS 的内核架构

图 3-16 所示为 LiteOS 内核架构，其基础内核包括不可裁剪的极小内核和可裁剪的其他模块。极小内核包含内存管理、任务管理、中断管理、异常管理和系统时钟管理。可裁剪的其他模块包括信号量、互斥锁、消息队列、事件、软件定时器等组件。LiteOS 支持 UP（单核）与 SMP（多核）模式，即支持在单核或者多核的环境上运行。

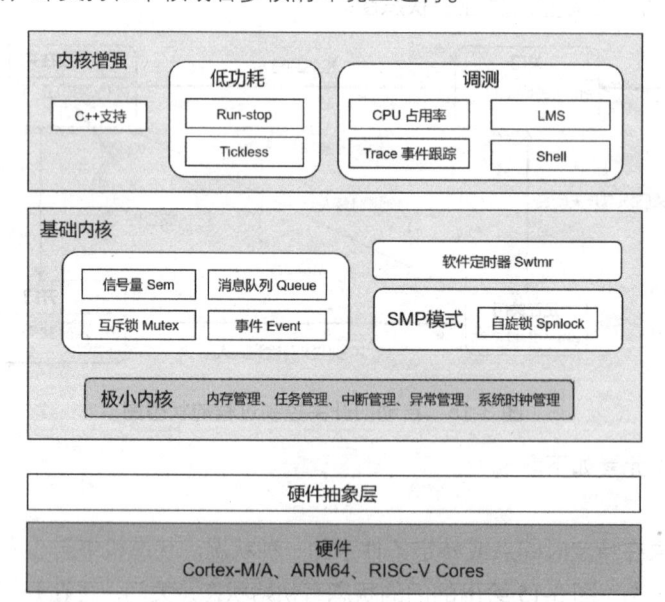

图 3-16 LiteOS 内核架构

LiteOS 提供了调测工具，可以方便地查看 CPU 占用率、系统运行的任务等。

3.5.2 LiteOS 的目录结构

LiteOS 的目录结构与用途如表 3-3 所示。

表 3-3 LiteOS 的目录结构与用途

一级目录/文件	二级目录	说明
arch		arm、arm64、cskey 和 riscv 等 CPU 架构的支持文件
build		系统编译需要的 make 文件及脚本
compat	cmsis	LiteOS 提供的 CMSIS-RTOS 1.0 和 2.0 接口
components	ai	ai（基于 mindspore）算子库
	connectivity	agent_tiny 端云互通组件；终端的 lwm2m 协议（含 coap 协议）/mqtt 协议实现组件；LiteOS 的窄带物联网 API
	fs	fatfs、kifs、littlefs、ramfs、spiffs、vfs 等文件系统
	gui	开源 LittlevGL 图形库
	language	语言相关组件，含 lua
	lib	C 语言 json 库
	log	日志等级控制
	media	媒体相关组件，含 libpng、openexif、opus、upup
	net	网络层组件，包括 AT 设备适配层、LiteOS AT 框架 API、ifconfig shell 命令实现、网络带宽测试工具、lwip 驱动及操作系统适配代码、lwip 协议实现、lwip 协议 ppp 端口支持、网络抓包工具、ping shell 命令实现、socket 通信支持、tftp 服务
	ota	固件远程升级代码
	security	mbed TLS 的操作系统适配代码，实现 SSL/TLS 的算法库
	sensorhub	传感器集线器组件，实现对传感器设备的硬件抽象、设备管理和数据分发，简化传感器的开发工作
	utility	各种解析工具，包含 bidireference、curl、fastlz、freetype、harfbuzz、iconv、iniparser、json-c、jsoncpp、libxml2、sqlite、thttpd、tinyxml2 等
demos		实现各种应用的样板工程
doc		LiteOS 的使用文档和 API 说明文档
driver		LiteOS 驱动框架，中断、定时器、串口驱动接口
include		components 各个模块所依赖的头文件
kernel		LiteOS 内核代码
lib	huawei_libc	LiteOS 自研 libc 库和适配的 posix 接口
	libc	LiteOS 自研 libc 库和适配的 posix 接口
	libsec	安全函数库
	zlib	安全函数库
osdepends		LiteOS 提供的部分操作系统适配接口

续表

一级目录/文件	二级目录	说明
shell		实现 shell 命令的代码，支持基本调试功能
targets		存放目标工程源码文件
tools		LiteOS 支持的开发板编译配置文件
Makefile		LiteOS Makefile
.config		开发板的配置文件

3.5.3 LiteOS 的启动过程

图 3-17 所示为 LiteOS 的启动过程（Prj_Naked/Core/Src/main.c 中的 main()函数）。从中可以看到，OsMain()函数会创建应用层主任务 AppTask，该任务的入口函数为 app_init()。任务一旦被创建，就会被 LiteOS 调度执行（需要先启动 LiteOS）。

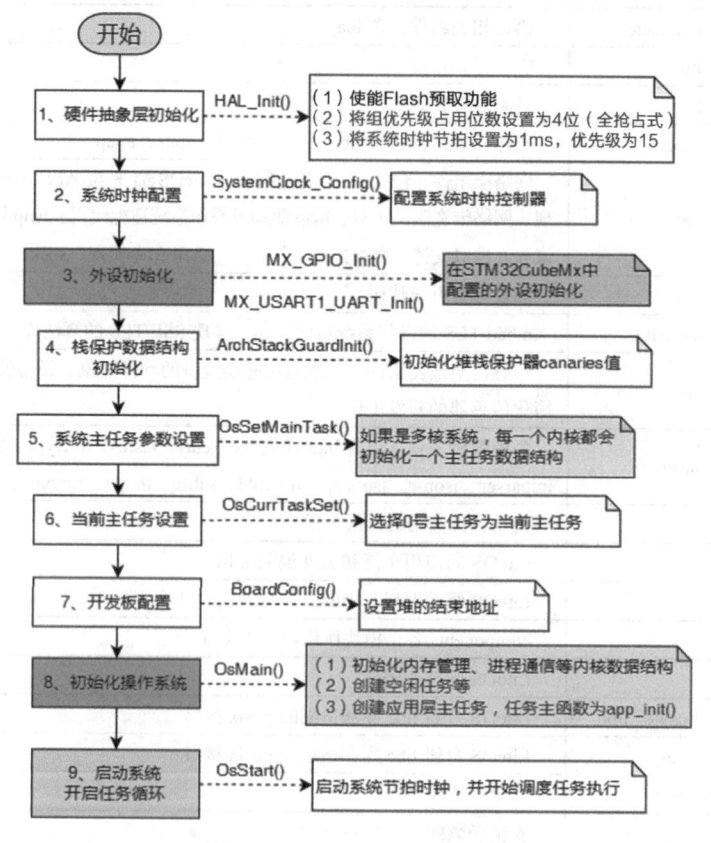

```
开始
  ↓
1、硬件抽象层初始化  —— HAL_Init() ——  (1) 使能Flash预取功能
                                       (2) 将组优先级占用位数设置为4位（全抢占式）
                                       (3) 将系统时钟节拍设置为1ms，优先级为15
  ↓
2、系统时钟配置  —— SystemClock_Config() —— 配置系统时钟控制器
  ↓
3、外设初始化  —— MX_GPIO_Init()
                 MX_USART1_UART_Init()  —— 在STM32CubeMx中配置的外设初始化
  ↓
4、栈保护数据结构初始化 —— ArchStackGuardInit() —— 初始化堆栈保护器canaries值
  ↓
5、系统主任务参数设置 —— OsSetMainTask() —— 如果是多核系统，每一个内核都会初始化一个主任务数据结构
  ↓
6、当前主任务设置 —— OsCurrTaskSet() —— 选择0号主任务为当前主任务
  ↓
7、开发板配置 —— BoardConfig() —— 设置堆的结束地址
  ↓
8、初始化操作系统 —— OsMain() —— (1) 初始化内存管理、进程通信等内核数据结构
                                  (2) 创建空闲任务等
                                  (3) 创建应用层主任务，任务主函数为app_init()
  ↓
9、启动系统 开启任务循环 —— OsStart() —— 启动系统节拍时钟，并开始调度任务执行
```

图 3-17　LiteOS 的启动过程

在 LiteOS 移植时，app_init()定义如下（位于 main.c 文件中）。

```
1   /* USER CODE BEGIN 0 */
2   __weak void app_init(void){
3       printf("\nthis is for app test.");
4   }
5   /* USER CODE END 0 */
```

由于没有使用死循环，该任务跑完一次后就被撤销，printf()只执行一次，因此，在大多数工程中，一般都要在该函数中加入 while(1)循环，在循环中进行业务调度。

app_init()使用了__weak 修饰，是一个弱函数，可以重新定义该函数将其覆盖。

3.5.4 LiteOS 任务及其创建

3.5.4.1 任务的概念与优先级

LiteOS 是一个支持多任务的操作系统。

一个任务就是一个线程，是竞争 CPU 的最小运行单位，多个任务可以并发执行。

LiteOS 的任务调度采用抢占式调度机制，同时支持时间片轮转调度方式。高优先级任务可以抢占低优先级任务的 CPU，从而中断低优先级任务，直到高优先级任务执行完成或阻塞后，被中断的任务才能被重新调度执行。

LiteOS 的任务一共有 32 个优先级（0～31），最高优先级为 0，最低优先级为 31。

LiteOS 提供的任务间通信方式包括同步、互斥、事件和消息队列。

3.5.4.2 任务创建接口

要使用任务，需要先创建任务。创建任务的接口函数原型如下。

```
UINT32 LOS_TaskCreate(UINT32 *taskId, TSK_INIT_PARAM_S *initParam)
```

参数如下。

- taskId：任务 ID 变量指针。创建任务时，LiteOS 会为任务分配一个唯一的 ID，利用此 ID 可以对任务进行操作，如挂起、删除等。一般设置一个全局变量保存任务 ID。
- initParam：任务参数结构体。

其中，TSK_INIT_PARAM_S 结构体类型定义如下。

```
1   typedef struct tagTskInitParam {
2       TSK_ENTRY_FUNC    pfnTaskEntry;    //任务入口函数指针，即任务代码入口地址
3       UINT16            usTaskPrio;      // 任务优先级
4       UINTPTR           auwArgs[4];      // 任务参数数组
5       UINT32            uwStackSize;     // 任务堆栈大小，需要 8 字节对齐
```

```
6       CHAR            *pcName;           // 任务名称字符串指针
7  #ifdef LOSCFG_KERNEL_SMP
8       UINT16          usCpuAffiMask;    // CPU 亲和力掩码，用于指定要使用的 CPU
9  #endif
10      UINT32          uwResved;         //保留
11
12 } TSK_INIT_PARAM_S;
```

注意：如果将 uwResved 设置为 LOS_TASK_STATUS_DETACHED，在任务停止后，系统将自动删除该任务以回收空间。

返回值：如果成功，返回 LOS_OK（值为 0），否则返回错误码。

3.5.4.3 任务创建举例

下面的代码创建了一个控制灯闪烁的任务。

```
1   static void led_flash_task_entry(void){    //任务函数
2       while(1){
3           drv_led_toggle();  // 翻转 LED 状态
4           LOS_TaskDelay(200);   // 任务睡眠 200ms
5       }
6   }
7
8   static uint32_t led_flash_task_id;
9   void led_flash_task_init(void){
10      UINT32 ret;
11      TSK_INIT_PARAM_S taskInitParam;
12
13    ret = memset_s(&taskInitParam, sizeof(TSK_INIT_PARAM_S), 0, sizeof(TSK_INIT_PARAM_S));
14      if (ret != EOK) {
15          printf("Failed to initialize led flash taskInitParam.\n");
16          return;
17      }
18      taskInitParam.pfnTaskEntry = (TSK_ENTRY_FUNC)led_flash_task_entry;
19      taskInitParam.uwStackSize = LOSCFG_BASE_CORE_TSK_DEFAULT_STACK_SIZE;
20      taskInitParam.pcName = "app-led-flash";
21      taskInitParam.usTaskPrio = 30;   //任务优先级
22      taskInitParam.uwResved = LOS_TASK_STATUS_DETACHED;
23      ret = LOS_TaskCreate(&led_flash_task_id, &taskInitParam);
24      if (ret != LOS_OK) {
25          printf("Create led flash task failed.\n");
```

```
26      }
27    }
```

3.6 习题

1. CPU 与外设的通信方式有哪些，各有什么优缺点？
2. CPU 如何识别不同的外设？
3. 简述 LiteOS 的启动过程。
4. UML 有哪些常用的图形工具用于软件建模？

第 4 章 Cortex-M3 与 STM32F103ZET6

微控制器是嵌入式系统的核心，熟悉、理解微控制器的内核与微控制器自身的架构，包括部件组成、时钟、总线、寄存器、工作模式、存储器映射、引脚等，才能从总体上理解、把握和正确应用微控制器以进行嵌入式系统开发。

4.1 学习目标

本章的学习目标如下。
- 熟悉 Cortex-M3 的架构。
- 熟悉 Cortex-M3 寄存器及其作用。
- 理解 Cortex-M3 处理器的工作模式。
- 理解指令流水线的概念及其优点。
- 熟悉 STM32F103ZET6 架构。
- 熟悉 STM32F103ZET6 时钟类型及其用途。
- 理解 STM32F103ZET6 存储器映射。
- 熟悉 STM32F103ZET6 引脚。
- 熟悉 STM32F103ZET6 时钟控制的库函数接口。

4.2 Cortex-M3 介绍

4.2.1 Cortex-M3 的架构

Cortex-M3 是一个 32 位微处理器内核，其内部的数据总线、寄存器和存储器接口都是 32 位的，能够对 32 位数据并行传输、计算，其架构如图 4-1 所示。

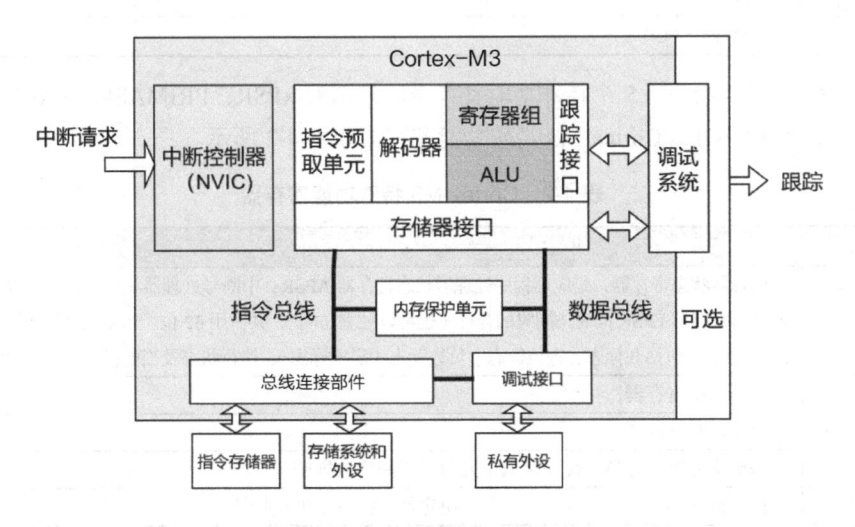

图 4-1 Cortex-M3 的架构

Cortex-M3 由中断控制器（NVIC）、ALU（算术逻辑部件）、指令预取单元、解码器、寄存器组、存储器接口、跟踪接口、内存保护单元（Memory Protection Unit，MPU）、总线连接部件、调试系统与调试接口组成。

Cortex-M3 采用哈佛结构，拥有独立的指令总线和数据总线，取指与数据访问操作可以并行进行，从而大幅提升系统性能。需要注意的是，在存储器层，指令和数据共用同一个存储空间。

Cortex-M3 支持的存储模式有两种，即小端模式和大端模式。所谓小端模式是指对于多字节的数据类型，其低权重的字节存储在低地址的内存单元，大端模式则相反。

Cortex-M3 支持多种调试组件，用于在硬件水平上支持调试操作，如指令断点、数据观察点等。

4.2.2 Cortex-M3 寄存器

Cortex-M3 拥有 R0～R15 共 16 个寄存器，Cortex-M3 内部寄存器如表 4-1 所示。

表 4-1 Cortex-M3 内部寄存器

寄存器名	功能
R0～R7	通用寄存器（低寄存器组）
R8～R12	通用寄存器（高寄存器组）
R13	堆栈指针寄存器。实际上有两个，分别为主堆栈指针（MSP）和进程堆栈指针（PSP）。任一时刻只有一个可见
R14	连接寄存器
R15	程序计数器（PC）

另外，Cortex-M3 还有 5 个特殊功能寄存器，分别为 xPSR、PRIMASK、FAULTMASK、BASEPRI 和 CONTROL，Cortex-M3 特殊功能寄存器如表 4-2 所示。

表 4-2 Cortex-M3 特殊功能寄存器

寄存器名	功能
xPSR	处理器状态寄存器，是应用程序处理器状态寄存器 APSR、中断号处理器状态寄存器 PSR、执行处理器状态寄存器 EPSR 同时访问时的合称（也可以独立访问），共占用 32 位。用于记录算术逻辑部件 ALU 标志（包括 0 标志、进位标志、负数标志、溢出标志）、执行状态及当前正在服务的中断号
PRIMASK	中断屏蔽寄存器
FAULTMASK	故障屏蔽寄存器
BASEPRI	基础优先级寄存器。优先级低于此值的中断将被屏蔽
CONTROL	控制寄存器。定义特权状态，并且决定使用哪一个堆栈指针

4.2.3 Cortex-M3 的工作模式和特权级别

Cortex-M3 支持两种工作模式和两个特权级别，Cortex-M3 工作模式和特权级别如表 4-3 所示。

表 4-3 Cortex-M3 工作模式和特权级别

分类方式	工作类型
工作模式	Handler 模式（异常/中断处理模式）、线程（Thread）模式
特权级别	特权级、用户级

特权分级是存储器的保护机制，处于特权级的代码程序可以访问所有范围的存储器（如果有内存保护单元，那么还要在内存保护单元规定的禁地之外），并且这些特权级程序可以执行所有指令。用户级的程序不能访问一些特殊的存储器空间，也不能执行一些与系统安全关系密切的特殊指令。

Cortex-M3 工作模式与特权级别切换状态图如图 4-2 所示。

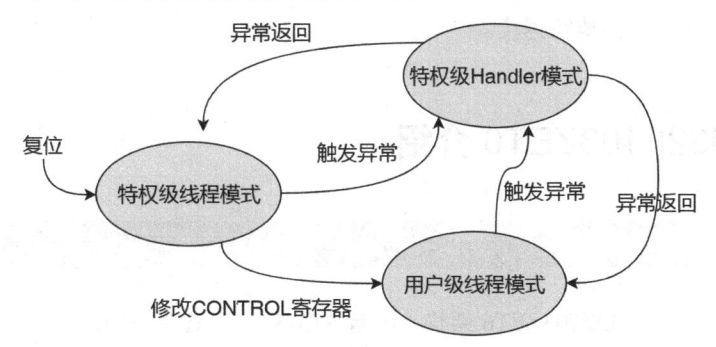

图 4-2 Cortex-M3 工作模式与特权级别切换状态图

系统初始化时会进入特权级线程模式。

4.2.4 指令集

传统 ARM 处理器有两套指令集，即 ARM 指令集（32 位）和 Thumb 指令集（16 位），这会增加指令集切换的开销和代码编译的难度。

Cortex-M3 没有 ARM 指令集，而只使用 Thumb-2 指令集，它允许 32 位指令和 16 位指令混合使用，兼顾了代码密度与处理性能。

4.2.5 指令流水线

指令流水线是指将指令的执行过程划分成多个步骤进行处理。Cortex-M3 使用 3 级指令流水线，分别是取指、译码和执行。

Cortex-M3 的 3 级指令流水线的工作原理如图 4-3 所示，在第 N 条指令译码时，可以同时进行第 $N+1$ 条指令的取指操作；在执行第 N 条指令时，可以同时对第 $N+1$ 条指令进行译码和对第 $N+2$ 条指令进行取指操作，此时，称为流水线充满。

图 4-3 Cortex-M3 的 3 级指令流水线的工作原理

在流水线充满后，就有 3 条指令同时执行，每一个时钟脉冲就可以执行完一条指令，可见，流水线大大加快了指令的执行速度。

4.3　STM32F103ZET6 介绍

4.3.1　STM32F103ZET6 架构

图 4-4 所示为 STM32F103ZET6 架构（出自 STM32F103xE 手册），其特性如下。

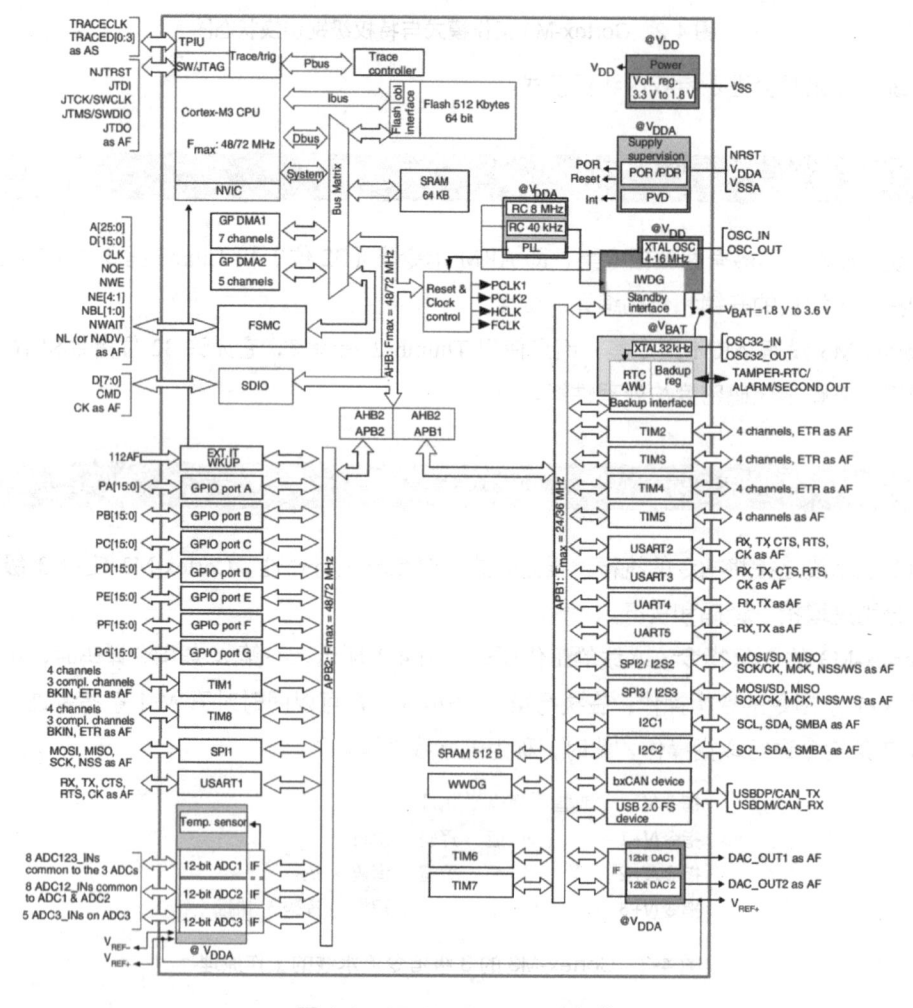

图 4-4　STM32F103ZET6 架构

- 采用 32 位 Cortex-M3，最高工作频率可达到 72MHz。计算能力为 1.25DMIPS/MHz（Dhrystone MIPS），具有单周期乘法指令和硬件除法器。
- 采用 512KB Flash 存储器和 64KB SRAM 存储器。
- 采用哈佛结构，指令总线 Ibus 和数据总线 Dbus 独立。
- 采用两种高级外设总线，APB2 和 APB1 分别连接不同速度的外设。APB2 最高工作速度为 72MHz，APB1 最高工作速度为 36MHz。
- 采用 2 个 DMA 控制器。DMA1 有 7 个通道，DMA2 有 5 个通道。
- 采用 3 个 12 位 ADC 和 2 个 12 位 DAC。
- 7 个 16 位 GPIO 端口，分别为 GPIOA~GPIOG。
- 集成 13 个外部通信接口：3 个同步异步收发器 USART、2 个异步收发器 UART、2 个集成块互联接口 I²C、3 个串行同步外设接口 SPI、1 个通用串行总线接口 USB2.0、1 个安全数字输入/输出接口 SDIO、1 个控制器局域网总线接口 CAN。
- 采用 8 个定时器 TIM、1 个实时时钟 RTC。
- 采用 1 个窗口看门狗 WWDG、1 个独立看门狗 IWDG。
- 具有睡眠、停机、待机三种低功耗模式。
- 采用 1.8~3.6V 单一电源。

4.3.2 STM32F103ZET6 时钟

4.3.2.1 时钟源逻辑

STM32F103ZET6 的时钟源逻辑如图 4-5 所示（出自 STM32F1xx 手册），其特性如下。

（1）STM32F103ZET6 有 4 个时钟源，如表 4-4 所示。

表 4-4 STM32F103ZET6 的时钟源

分类方法	时钟源
速度	2 个高速时钟源：HSI RC（8MHz）、HSE OSC（4~16MHz）
	2 个低速时钟源：LSI RC（40kHz）、LSE OSC（32.768 kHz）
位置	2 个片内阻容振荡器时钟源：HSI RC（8MHz）、LSI RC（40kHz）
	2 个片外晶体振荡器时钟源：HSE OSC（4~16MHz）、LSE OSC（32.768 kHz）

晶体振荡器时钟源比阻容振荡器时钟源的频率稳定性更好，能提供更精确的时钟信号。

（2）最高工作频率为 72MHz（仅当使用 4~16MHz HSE OSC 片外晶体振荡器时钟源且使用锁相环时）。

（3）经多路开关 SW 的选择形成系统时钟 SYSCLK，该信号经分频后提供 FCLK 供 CPU、

PCLK1 供低速外设（APB1 总线设备）、PCLK2 供高速外设（APB2 总线设备）、TIM*x* CLK 供定时器、ADCCLK 供 ADC 和 HCLK 供核心存储器等。

（4）通过 MCO 引脚可以对外输出时钟信号。

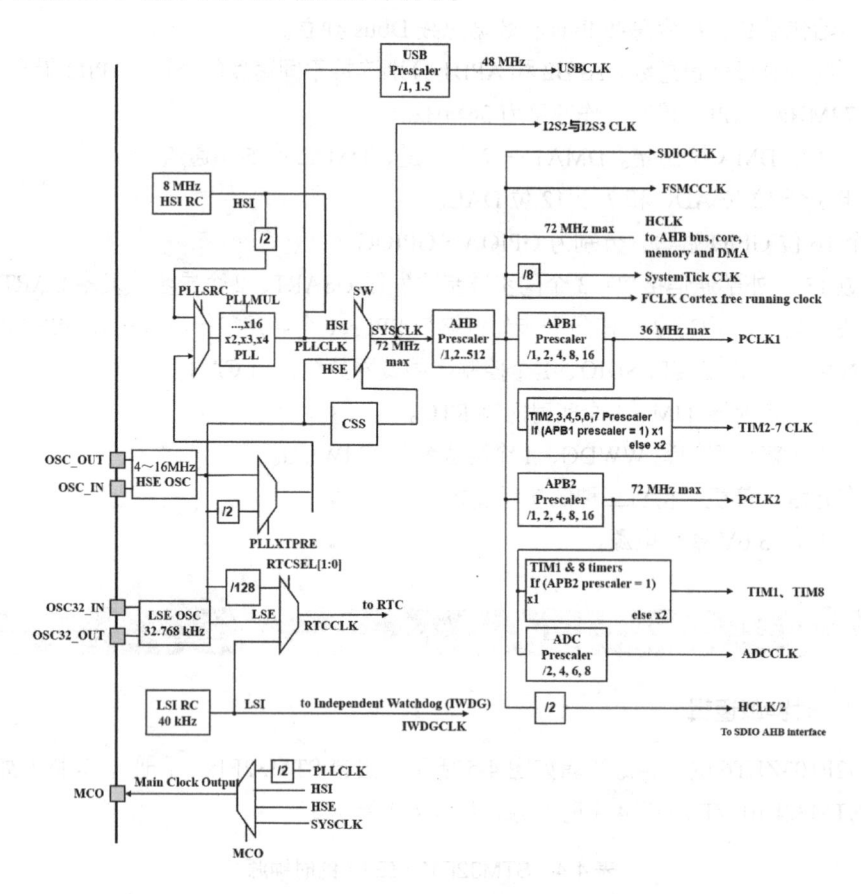

图 4-5 STM32F103ZET6 的时钟源逻辑

4.3.2.2 时钟相关寄存器

1）APB2 外设复位寄存器（RCC_APB2RSTR）

RCC_APB2RSTR 寄存器用于复位 APB2 外设，即当向某位写 1 时，将复位相应外设接口，写 0 无效，如图 4-6 所示。

例如，向 bit2 写 1 复位 IOPA。

2）APB1 外设复位寄存器（RCC_APB1RSTR）

RCC_APB1RSTR 寄存器用于复位 APB1 外设，即当向某位写 1 时，将复位相应外设接口，写 0 无效，如图 4-7 所示。

第 4 章 Cortex-M3 与 STM32F103ZET6

31…16	15	14	13	12	11	10	9
保留	ADC3 RST	USART1 RST	TIM8 RST	SPI1 RST	TIM1 RST	ADC2 RST	ADC1 RST
	rw	rw	rw	rw	rw	rw	rw

8	7	6	5	4	3	2	1	0
IOPG RST	IOPF RST	IOPE RST	IOPD RST	IOPC RST	IOPB RST	IOPA RST	保留	AFIO RST
rw	rw	rw	rw	rw	rw	rw	res	rw

图 4-6 APB2 外设复位寄存器（RCC_APB2RSTR）

31	30	29	28	27	26	25	24	23	22	21	20	19	18	17
保留		DAC RST	PWR RST	BKP RST	保留	CAN RST	保留	USB RST	I2C2 RST	I2C1 RST	UART5 RST	UART4 RST	USART 3RST	USART 2RST
		rw	rw	rw		rw		rw	rw	rw	rw	rw	rw	rw

16	15	14	13	12	11	10…6	5	4	3	2	1	0
保留	SPI3 RST	SPI2 RST	保留		WWDG RST	保留	TIM7 RST	TIM6 RST	TIM5 RST	TIM4 RST	TIM3 RST	TIM2 RST
	rw	rw			rw		rw	rw	rw	rw	rw	rw

图 4-7 APB1 外设复位寄存器（RCC_APB1RSTR）

例如，向 bit3 写 1 复位 TIM5。

3）AHB 外设时钟使能寄存器（RCC_AHBENR）

RCC_AHBENR 寄存器用于使能 AHB 外设时钟，即当向某位写 1 时，将开启相应外设接口时钟，写 0 关闭时钟，如图 4-8 所示。

31…11	10	9
保留	SDIO EN	保留
	rw	

8	7	6	5	4	3	2	1	0
FSMC EN	保留	CRC EN	保留	FLITF EN	保留	SRAM EN	DMA2 EN	DMA1 EN
rw		rw		rw		rw	rw	rw

图 4-8 AHB 外设时钟使能寄存器（RCC_AHBENR）

例如，向 bit1 写 1 开启 DMA2 时钟，写 0 关闭 DMA2 时钟。

4）APB2 外设时钟使能寄存器（RCC_APB2ENR）

RCC_APB2ENR 寄存器用于使能 APB2 外设时钟，即当向某位写 1 时，将开启相应外设接口时钟，写 0 关闭时钟，如图 4-9 所示。

31…16	15	14	13	12	11	10	9
保留	ADC3 EN	USART1 EN	TIM8 EN	SPI1 EN	TIM1 EN	ADC2 EN	ADC1 EN
	rw	rw	rw	rw	rw	rw	rw

8	7	6	5	4	3	2	1	0
IOPG EN	IOPF EN	IOPE EN	IOPD EN	IOPC EN	IOPB EN	IOPA EN	保留	AFIO EN
rw	rw	rw	rw	rw	rw	rw		rw

图 4-9 APB2 外设时钟使能寄存器（RCC_APB2ENR）

例如，向 bit3 写 1 开启 GPIOB 时钟，写 0 关闭 GPIOB 时钟。

5）APB1 外设时钟使能寄存器（RCC_APB1ENR）

RCC_APB1ENR 寄存器用于使能 APB1 外设时钟，即当向某位写 1 时，将开启相应外设接口时钟，写 0 关闭时钟，如图 4-10 所示。

31	30	29	28	27	26	25	24	23	22	21	20	19	18	17
保留		DAC EN	PWR EN	BKP EN	保留	CAN EN	保留		USB EN	I2C2 EN	I2C1 EN	UART5 EN	UART4 EN	USART 3EN	USART 2EN
		rw	rw	rw		rw			rw	rw	rw	rw	rw	rw	rw

16	15	14	13	12	11	10…6	5	4	3	2	1	0
保留	SPI3 EN	SPI2 EN	保留		WWDG EN	保留	TIM7 EN	TIM6 EN	TIM5 EN	TIM4 EN	TIM3 EN	TIM2 EN
	rw	rw			rw		rw	rw	rw	rw	rw	rw

图 4-10 APB1 外设时钟使能寄存器（RCC_APB1ENR）

例如，向 bit3 写 1 开启 TIM5 时钟，写 0 关闭 TIM5 时钟。

6）备份域控制寄存器（RCC_BDCR）

RCC_BDCR 寄存器用于控制备份域及其外设时钟，如图 4-11 所示。

31…17	16	15	14…10
保留	BDRST	RTCEN	保留
	rw	rw	

9	8	7…3	2	1	0
RTCSEL[1:0]		保留	LSEBYP	LSERDY	LSEON
rw	rw		rw	r	rw

图 4-11 备份域控制寄存器（RCC_BDCR）

RCC_BDCR 中的 LSEON、LSEBYP、RTCSEL 和 RTCEN 位处于备份域。这些位在复位后处于写保护状态，只有在电源控制寄存器（PWR_CR）中的 DBP 位置 1 后才能对这些位进行改动。这些位只能由备份域复位清除。任何内部或外部复位都不会影响这些位。

此寄存器的详细用法请参考芯片数据手册。

4.3.2.3 STM32F103ZET6 时钟控制的库函数接口

图 4-12 所示为 STM32F103ZET6 时钟控制 HAL 库函数接口。部分接口在后续章节的项目开发中会使用到。

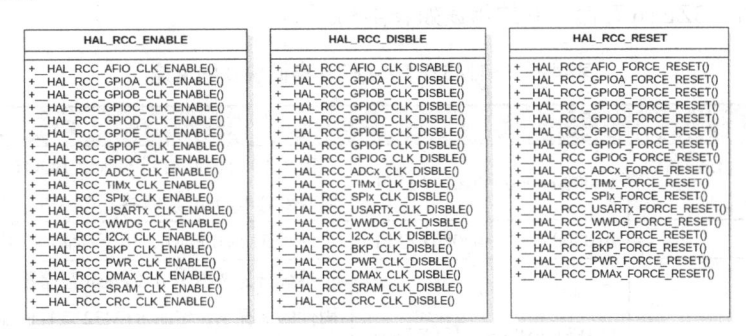

HAL_RCC_ENABLE	HAL_RCC_DISBLE	HAL_RCC_RESET
+__HAL_RCC_AFIO_CLK_ENABLE()	+__HAL_RCC_AFIO_CLK_DISABLE()	+__HAL_RCC_AFIO_FORCE_RESET()
+__HAL_RCC_GPIOA_CLK_ENABLE()	+__HAL_RCC_GPIOA_CLK_DISBLE()	+__HAL_RCC_GPIOA_FORCE_RESET()
+__HAL_RCC_GPIOB_CLK_ENABLE()	+__HAL_RCC_GPIOB_CLK_DISBLE()	+__HAL_RCC_GPIOB_FORCE_RESET()
+__HAL_RCC_GPIOC_CLK_ENABLE()	+__HAL_RCC_GPIOC_CLK_DISBLE()	+__HAL_RCC_GPIOC_FORCE_RESET()
+__HAL_RCC_GPIOD_CLK_ENABLE()	+__HAL_RCC_GPIOD_CLK_DISBLE()	+__HAL_RCC_GPIOD_FORCE_RESET()
+__HAL_RCC_GPIOE_CLK_ENABLE()	+__HAL_RCC_GPIOE_CLK_DISBLE()	+__HAL_RCC_GPIOE_FORCE_RESET()
+__HAL_RCC_GPIOF_CLK_ENABLE()	+__HAL_RCC_GPIOF_CLK_DISBLE()	+__HAL_RCC_GPIOF_FORCE_RESET()
+__HAL_RCC_GPIOG_CLK_ENABLE()	+__HAL_RCC_GPIOG_CLK_DISBLE()	+__HAL_RCC_GPIOG_FORCE_RESET()
+__HAL_RCC_ADCx_CLK_ENABLE()	+__HAL_RCC_ADCx_CLK_DISBLE()	+__HAL_RCC_ADCx_FORCE_RESET()
+__HAL_RCC_TIMx_CLK_ENABLE()	+__HAL_RCC_TIMx_CLK_DISBLE()	+__HAL_RCC_TIMx_FORCE_RESET()
+__HAL_RCC_SPIx_CLK_ENABLE()	+__HAL_RCC_SPIx_CLK_DISBLE()	+__HAL_RCC_SPIx_FORCE_RESET()
+__HAL_RCC_USARTx_CLK_ENABLE()	+__HAL_RCC_USARTx_CLK_DISBLE()	+__HAL_RCC_USARTx_FORCE_RESET()
+__HAL_RCC_WWDG_CLK_ENABLE()	+__HAL_RCC_WWDG_CLK_DISBLE()	+__HAL_RCC_WWDG_FORCE_RESET()
+__HAL_RCC_I2Cx_CLK_ENABLE()	+__HAL_RCC_I2Cx_CLK_DISBLE()	+__HAL_RCC_I2Cx_FORCE_RESET()
+__HAL_RCC_BKP_CLK_ENABLE()	+__HAL_RCC_BKP_CLK_DISBLE()	+__HAL_RCC_BKP_FORCE_RESET()
+__HAL_RCC_PWR_CLK_ENABLE()	+__HAL_RCC_PWR_CLK_DISBLE()	+__HAL_RCC_PWR_FORCE_RESET()
+__HAL_RCC_DMAx_CLK_ENABLE()	+__HAL_RCC_DMAx_CLK_DISBLE()	+__HAL_RCC_DMAx_FORCE_RESET()
+__HAL_RCC_SRAM_CLK_ENABLE()	+__HAL_RCC_SRAM_CLK_DISBLE()	
+__HAL_RCC_CRC_CLK_ENABLE()	+__HAL_RCC_CRC_CLK_DISBLE()	

图 4-12 STM32F103ZET6 时钟控制 HAL 库函数接口

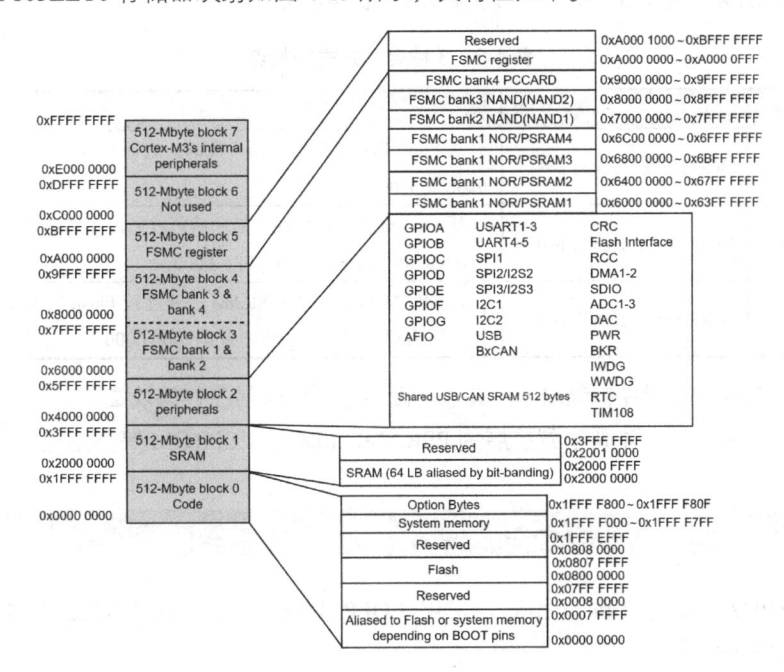

4.3.3 STM32F103ZET6 存储器映射

STM32F103ZET6 存储器映射如图 4-13 所示，其特性如下。

			Reserved	0xA000 1000 ~ 0xBFFF FFFF	
			FSMC register	0xA000 0000 ~ 0xA000 0FFF	
			FSMC bank4 PCCARD	0x9000 0000 ~ 0x9FFF FFFF	
0xFFFF FFFF	512-Mbyte block 7 Cortex-M3's internal peripherals		FSMC bank3 NAND(NAND2)	0x8000 0000 ~ 0x8FFF FFFF	
0xE000 0000			FSMC bank2 NAND(NAND1)	0x7000 0000 ~ 0x7FFF FFFF	
0xDFFF FFFF			FSMC bank1 NOR/PSRAM4	0x6C00 0000 ~ 0x6FFF FFFF	
0xC000 0000	512-Mbyte block 6 Not used		FSMC bank1 NOR/PSRAM3	0x6800 0000 ~ 0x6BFF FFFF	
0xBFFF FFFF			FSMC bank1 NOR/PSRAM2	0x6400 0000 ~ 0x67FF FFFF	
0xA000 0000	512-Mbyte block 5 FSMC register		FSMC bank1 NOR/PSRAM1	0x6000 0000 ~ 0x63FF FFFF	
0x9FFF FFFF		GPIOA	USART1-3	CRC	
0x8000 0000	512-Mbyte block 4 FSMC bank 3 & bank 4	GPIOB	UART4-5	Flash Interface	
0x7FFF FFFF		GPIOC	SPI1	RCC	
		GPIOD	SPI2/I2S2	DMA1-2	
0x6000 0000	512-Mbyte block 3 FSMC bank 1 & bank 2	GPIOE	SPI3/I2S3	SDIO	
0x5FFF FFFF		GPIOF	I2C1	ADC1-3	
		GPIOG	I2C2	DAC	
0x4000 0000	512-Mbyte block 2 peripherals	AFIO	USB	PWR	
0x3FFF FFFF			BxCAN	BKR	
				IWDG	
0x2000 0000	512-Mbyte block 1 SRAM		Shared USB/CAN SRAM 512 bytes	WWDG	
0x1FFF FFFF				RTC	
				TIM108	
0x0000 0000	512-Mbyte block 0 Code		Reserved	0x3FFF FFFF 0x2001 0000	
			SRAM (64 LB aliased by bit-banding)	0x2000 FFFF 0x2000 0000	
			Option Bytes	0x1FFF F800 ~ 0x1FFF F80F	
			System memory	0x1FFF F000 ~ 0x1FFF F7FF	
			Reserved	0x1FFF EFFF 0x0808 0000	
			Flash	0x0807 FFFF 0x0800 0000	
			Reserved	0x07FF FFFF 0x0008 0000	
			Aliased to Flash or system memory depending on BOOT pins	0x0007 FFFF 0x0000 0000	

图 4-13 STM32F103ZET6 存储器映射

- 支持 4GB 容量的存储器，共分为 8 块，每块 512MB。
- 只有配置了物理存储器的地址空间才能访问。
- 存储块 0 存储器包含了选项字节存储区、系统存储区、Flash 存储区、引导代码映射区，STM32F103ZET6 存储块 0 的用途如表 4-5 所示。

表 4-5　STM32F103ZET6 存储块 0 的用途

用途	地址空间	说明
Flash 或 System 存储器的别名存储器（引用）	0x0000 0000～0x0007 FFFF	BOOT0=0 时映射到 Flash，BOOT0=1 且 BOOT1=0 时映射到 System 存储器，无实体存储器
Flash	0x0800 0000～0x0807 FFFF	内置 512KB Flash，用于存储用户代码与数据
Option Bytes	0x1FFF F800～0x1FFF F80F	系统行为选项字节（Flash 存储器），允许在不改变固件的情况下，定制 STM32 微控制器的各种参数和特性，可以用于设置：存储器的读/写保护、启动方式、存储器大小等

- 系统启动方式

系统启动代码的存储位置有 3 个，从而有 3 种启动方式，即从 Flash 启动、从 System 存储器启动、从 SRAM 启动，3 种启动方式的特点如表 4-6 所示。

表 4-6　3 种启动方式的特点

启动方式	引脚配置	说明
Flash	BOOT0=0，BOOT1=*	从 Flash 启动，即启动用户代码，地址 0x0000 0000 被映射到 0x0800 0000
System 存储器	BOOT0=1，BOOT1=0	从 System 存储器启动，启动后可以通过串口下载代码，地址 0x0000 0000 被映射到 0x1FFF F000
SRAM	BOOT0=1，BOOT1=1	从 SRAM 启动，由于 SRAM 的速度较 Flash 快得多，因此可以加快系统启动速度，启动地址为 0x2000 0000

- FSMC 寄存器映射在存储块 5，其他外设寄存器均映射在存储块 2。
- 存储块 3 和存储块 4 映射到扩展的 PSRAM、Flash、EEPROM 等类型存储器。

4.3.4　STM32F103ZET6 引脚定义

STM32F103ZET6 有 144 个引脚，采用 LQFP 封装，其引脚分布如图 4-14 所示（出自 STM32F103ZET6 手册）。

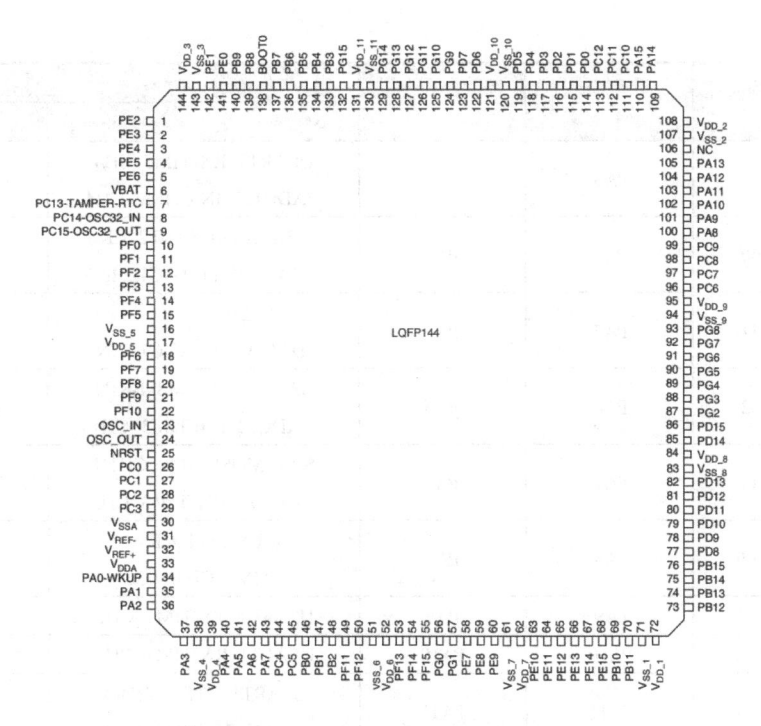

图 4-14 STM32F103ZET6 的引脚分布

STM32F103ZET6 的外设接口引脚除了可以用于通用输入、输出引脚，即 GPIO 引脚，还可以被片上外设使用（称为功能复用），甚至被多个片上外设使用（此时要使用"重映射"功能将其连接到特定外设上）。

STM32F103ZET6 引脚定义如表 4-7 所示。

表 4-7　STM32F103ZET6 引脚定义

序号	引脚编号	引脚名称	主功能	复用功能	
				默认	重映射功能
PA 端口					
1	34	PA0-WKUP	PA0	WKUP/USART2_CTS /ADC123_IN0 /TIM2_CH1_ETR /TIM5_CH1/TIM8_ETR	
2	35	PA1	PA1	USART2_RTS/ADC123_IN1 /TIM5_CH2/TIM2_CH2	
3	36	PA2	PA2	USART2_TX/TIM5_CH3 /ADC123_IN2/TIM2_CH3	

续表

序号	引脚编号	引脚名称	主功能	复用功能	
				默认	重映射功能
4	37	PA3	PA3	USART2_RX/TIM5_CH4/ADC123_IN3/TIM2_CH4	
5	40	PA4	PA4	SPI1_NSS/USART2_CK/DAC_OUT1/ADC12_IN4	
6	41	PA5	PA5	SPI1_SCK/DAC_OUT2/ADC12_IN5	
7	42	PA6	PA6	SPI1_MISO/TIM8_BKIN/ADC12_IN6/TIM3_CH1	TIM1_BKIN
8	43	PA7	PA7	SPI1_MOSI/TIM8_CH1N/ADC12_IN7/TIM3_CH2	TIM1_CH1N
9	100	PA8	PA8	USART1_CK/TIM1_CH1/MCO	
10	101	PA9	PA9	USART1_TX/TIM1_CH2	
11	102	PA10	PA10	USART1_RX/TIM1_CH3	
12	103	PA11	PA11	USART1_CTS/USBDM/CAN_RX/TIM1_CH4	
13	104	PA12	PA12	USART1_RTS/USBDP/CAN_TX/TIM1_ETR	
14	105	PA13	JTMS-SWDIO		PA13
15	109	PA14	JTCK-SWCLK		PA14
16	110	PA15	JTDI	SPI3_NSS/I2S3_WS	TIM2_CH1_ETR/PA15/SPI1_NSS
PB 端口					
17	46	PB0	PB0	ADC12_IN8/TIM3_CH3/TIM8_CH2N	TIM1_CH2N
18	47	PB1	PB1	ADC12_IN9/TIM3_CH4/TIM8_CH3N	TIM1_CH3N
19	48	PB2	PB2/BOOT1		
20	133	PB3	JTDO	SPI3_SCK/I2S3_CK	PB3/TRACESWO/TIM2_CH2/SPI1_SCK
21	134	PB4	NJTRST	SPI3_MISO	PB4/TIM3_CH1/SPI1_MISO

续表

序号	引脚编号	引脚名称	主功能	复用功能	
				默认	重映射功能
22	135	PB5	PB5	I2C1_SMBA/SPI3_MOSI/I2S3_SD	TIM3_CH2/SPI1_MOSI
23	136	PB6	PB6	I2C1_SCL/TIM4_CH1	USART1_TX
24	137	PB7	PB7	I2C1_SDA/FSMC_NADV/TIM4_CH2	USART1_RX
25	139	PB8	PB8	TIM4_CH3/SDIO_D4	I2C1_SCL/CAN_RX
26	140	PB9	PB9	TIM4_CH4/SDIO_D5	I2C1_SDA/CAN_TX
27	69	PB10	PB10	I2C2_SCL/USART3_TX	TIM2_CH3
28	70	PB11	PB11	I2C2_SDA/USART3_RX	TIM2_CH4
29	73	PB12	PB12	SPI2_NSS/I2S2_WS/I2C2_SMBA/USART3_CK/TIM1_BKIN	
30	74	PB13	PB13	SPI2_SCK/I2S2_CK/USART3_CTS/TIM1_CH1N	
31	75	PB14	PB14	SPI2_MISO/TIM1_CH2N/USART3_RTS	
32	76	PB15	PB15	SPI2_MOSI/I2S2_SD/TIM1_CH3N	
PC 端口					
33	26	PC0	PC0	ADC123_IN10	
34	27	PC1	PC1	ADC123_IN11	
35	28	PC2	PC2	ADC123_IN12	
36	29	PC3	PC3	ADC123_IN13	
37	44	PC4	PC4	ADC12_IN14	
38	45	PC5	PC5	ADC12_IN15	
39	96	PC6	PC6	I2S2_MCK/TIM8_CH1/SDIO_D6	TIM3_CH1
40	97	PC7	PC7	I2S3_MCK/TIM8_CH2/SDIO_D7	TIM3_CH2
41	98	PC8	PC8	TIM8_CH3/SDIO_D0	TIM3_CH3
42	99	PC9	PC9	TIM8_CH4/SDIO_D1	TIM3_CH4
43	111	PC10	PC10	UART4_TX/SDIO_D2	USART3_TX

续表

序号	引脚编号	引脚名称	主功能	复用功能 默认	重映射功能
44	112	PC11	PC11	UART4_RX/SDIO_D3	USART3_RX
45	113	PC12	PC12	UART5_TX/SDIO_CK	USART3_CK
46	7	PC13-TAMPER-RTC	PC13	TAMPER-RTC	
47	8	PC14-OSC32_IN	PC14	OSC32_IN	
48	9	PC15-OSC32_OUT	PC15	OSC32_OUT	
PD 端口					
49	114	PD0	OSC_IN	FSMC_D2	CAN_RX
50	115	PD1	OSC_OUT	FSMC_D3	CAN_TX
51	116	PD2	PD2	TIM3_ETR/UART5_RX/SDIO_CMD	
52	117	PD3	PD3	FSMC_CLK	USART2_CTS
53	118	PD4	PD4	FSMC_NOE	USART2_RTS
54	119	PD5	PD5	FSMC_NWE	USART2_TX
55	122	PD6	PD6	FSMC_NWAIT	USART2_RX
56	123	PD7	PD7	FSMC_NE1/FSMC_NCE2	USART2_CK
57	77	PD8	PD8	FSMC_D13	USART3_TX
58	78	PD9	PD9	FSMC_D14	USART3_RX
59	79	PD10	PD10	FSMC_D15	USART3_CK
60	80	PD11	PD11	FSMC_A16	USART3_CTS
61	81	PD12	PD12	FSMC_A17	TIM4_CH1/USART3_RTS
62	82	PD13	PD13	FSMC_A18	TIM4_CH2
63	85	PD14	PD14	FSMC_D0	TIM4_CH3
64	86	PD15	PD15	FSMC_D1	TIM4_CH4
PE 端口					
65	141	PE0	PE0	TIM4_ETR/FSMC_NBL0	
66	142	PE1	PE1	FSMC_NBL1	
67	1	PE2	PE2	TRACECK/ FSMC_A23	
68	2	PE3	PE3	TRACED0/FSMC_A19	
69	3	PE4	PE4	TRACED1/FSMC_A20	
70	4	PE5	PE5	TRACED2/FSMC_A21	

续表

序号	引脚编号	引脚名称	主功能	复用功能	
				默认	重映射功能
71	5	PE6	PE6	TRACED3/FSMC_A22	
72	58	PE7	PE7	FSMC_D4	TIM1_ETR
73	59	PE8	PE8	FSMC_D5	TIM1_CH1N
74	60	PE9	PE9	FSMC_D6	TIM1_CH1
75	63	PE10	PE10	FSMC_D7	TIM1_CH2N
76	64	PE11	PE11	FSMC_D8	TIM1_CH2
77	65	PE12	PE12	FSMC_D9	TIM1_CH3N
78	66	PE13	PE13	FSMC_D10	TIM1_CH3
79	67	PE14	PE14	FSMC_D11	TIM1_CH4
80	68	PE15	PE15	FSMC_D12	TIM1_BKIN
			PF 端口		
81	10	PF0	PF0	FSMC_A0	
82	11	PF1	PF1	FSMC_A1	
83	12	PF2	PF2	FSMC_A2	
84	13	PF3	PF3	FSMC_A3	
85	14	PF4	PF4	FSMC_A4	
86	15	PF5	PF5	FSMC_A5	
87	18	PF6	PF6	ADC3_IN4/FSMC_NIORD	
88	19	PF7	PF7	ADC3_IN5/FSMC_NREG	
89	20	PF8	PF8	ADC3_IN6/FSMC_NIOWR	
90	21	PF9	PF9	ADC3_IN7/FSMC_CD	
91	22	PF10	PF10	ADC3_IN8/FSMC_INTR	
92	49	PF11	PF11	FSMC_NIOS16	
93	50	PF12	PF12	FSMC_A6	
94	53	PF13	PF13	FSMC_A7	
95	54	PF14	PF14	FSMC_A8	
96	55	PF15	PF15	FSMC_A9	
			PG 端口		
97	56	PG0	PG0	FSMC_A10	
98	57	PG1	PG1	FSMC_A11	
99	87	PG2	PG2	FSMC_A12	
100	88	PG3	PG3	FSMC_A13	
101	89	PG4	PG4	FSMC_A14	

续表

序号	引脚编号	引脚名称	主功能	复用功能	
				默认	重映射功能
102	90	PG5	PG5	FSMC_A15	
103	91	PG6	PG6	FSMC_INT2	
104	92	PG7	PG7	FSMC_INT3	
105	93	PG8	PG8		
106	124	PG9	PG9	FSMC_NE2/FSMC_NCE3	
107	125	PG10	PG10	FSMC_NCE4_1/FSMC_NE3	
108	126	PG11	PG11	FSMC_NCE4_2	
109	127	PG12	PG12	FSMC_NE4	
110	128	PG13	PG13	FSMC_A24	
111	129	PG14	PG14	FSMC_A25	
112	132	PG15	PG15		
电源、复位与时钟相关引脚					
113	138	BOOT0	BOOT0		
114	23	OSC_IN	OSC_IN		
115	24	OSC_OUT	OSC_OUT		
116	6	VBAT	VBAT		
117	30	V_{SSA}	V_{SSA}		
118	33	V_{DDA}	V_{DDA}		
119	31	V_{REF-}	V_{REF-}		
120	32	V_{REF+}	V_{REF+}		
121	25	NRST	NRST		
122	71	V_{SS_1}	V_{SS_1}		
123	72	V_{DD_1}	V_{DD_1}		
124	107	V_{SS_2}	V_{SS_2}		
125	108	V_{DD_2}	V_{DD_2}		
126	143	V_{SS_3}	V_{SS_3}		
127	144	V_{DD_3}	V_{DD_3}		
128	38	V_{SS_4}	V_{SS_4}		
129	39	V_{DD_4}	V_{DD_4}		
130	16	V_{SS_5}	V_{SS_5}		
131	17	V_{DD_5}	V_{DD_5}		
132	51	V_{SS_6}	V_{SS_6}		
133	52	V_{DD_6}	V_{DD_6}		

续表

序号	引脚编号	引脚名称	主功能	复用功能	
				默认	重映射功能
134	61	V_{SS_7}	V_{SS_7}		
135	62	V_{DD_7}	V_{DD_7}		
136	83	V_{SS_8}	V_{SS_8}		
137	84	V_{DD_8}	V_{DD_8}		
138	94	V_{SS_9}	V_{SS_9}		
139	95	V_{DD_9}	V_{DD_9}		
140	120	V_{SS_10}	V_{SS_10}		
141	121	V_{DD_10}	V_{DD_10}		
142	130	V_{SS_11}	V_{SS_11}		
143	131	V_{DD_11}	V_{DD_11}		
144	106	NC（空引脚）			

注意：V_{SS_x} 为数字地；V_{DD_x} 为 2.0～3.6V 数字电源；VBAT 为 1.8～3.6V 电池电源，供 RTC 使用；V_{DDA} 为模拟电源；V_{SSA} 为模拟地；V_{REF+}、V_{REF-} 为 ADC 的模拟参考电压正负端；NRST 为复位信号，低电平有效。

4.4 习题

1．简述 Cortex-M3 寄存器及其作用。
2．简述 Cortex-M3 的工作模式。
3．什么是指令流水线，有何优点？
4．STM32F103ZET6 有几个时钟源？
5．STM32F103ZET6 有哪些启动方式？

第 5 章

GPIO 编程

在日常生活中，经常接触到一些具有两种状态的信号，如水阀的开/关，报警器的开/关，温度、压力是否超标，是否有人入侵等。这些信号可以统称为开关信号。本章介绍的 GPIO（General Purpose Input/Output）就用于输入、输出这类开关信号以实现系统状态监测或设备控制。

5.1 学习目标

本章的学习目标如下。
- 理解 GPIO 的概念。
- 熟悉 GPIO 的工作模式。
- 掌握 GPIO 的编程方法。
- 熟悉裸机工程中的 GPIO 寄存器编程。
- 掌握 STM32CubeMX 配置 GPIO 的方法。
- 熟悉 LiteOS 环境下利用库函数实现 GPIO 的操作。
- 掌握利用类图、序列图进行系统建模的方法。

5.2 信号类型

在信号处理领域，信号通常可以分为两种类型。
（1）模拟信号：是指信号的幅值在一定范围内连续变化的信号，如温度、压力等信号。模拟信号示意图如图 5-1 所示。

（2）数字信号：是指信号的幅值在一定范围内是不连续的（离散的），仅取一些固定的值。数字信号示意图如图 5-2 所示。

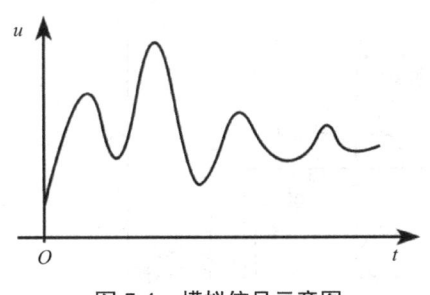

图 5-1　模拟信号示意图　　　　图 5-2　数字信号示意图

模拟信号不能在计算机中直接存储、处理，需要利用模数转换器（ADC）对模拟信号进行采样将其转换为数字信号。

开关信号可以认为是一种特殊的数字信号，只存在两种状态，即开/关、高电平/低电平等，可以用二进制的 0 和 1 来表示这两种状态。

模拟信号、数字信号、开关信号对应的数值，分别称为模拟量、数字量和开关量。

5.3　STM32F103ZET6 GPIO 特性

GPIO 即通用目的输入/输出，是开关量和模拟量的输入/输出接口。

STM32F103ZET6 具有 7 个 GPIO 端口，分别记为 GPIOA、GPIOB……GPIOG。每个 GPIO 端口有 16 个引脚与外部相连，用于输入或输出开关信号或模拟信号。

GPIO 引脚也可以供片上外设用于特定功能，称为功能复用。

本章讲述 GPIO 的开关量输入/输出功能。

5.4　GPIO 的端口结构

图 5-3 所示为 GPIO 端口功能逻辑图。

图中，信号的流向有两个：虚线上部为 MCU 从外部输入信号，下部为 MCU 向外部输出信号。

- 保护二极管

保护二极管用于保护内部电路不被损坏。当引脚上出现过高电压时，上面的保护二极管会迅速导通以吸收多余能量；当引脚上输入过低电压时，下面的保护二极管将迅速导通以吸收多余能量。

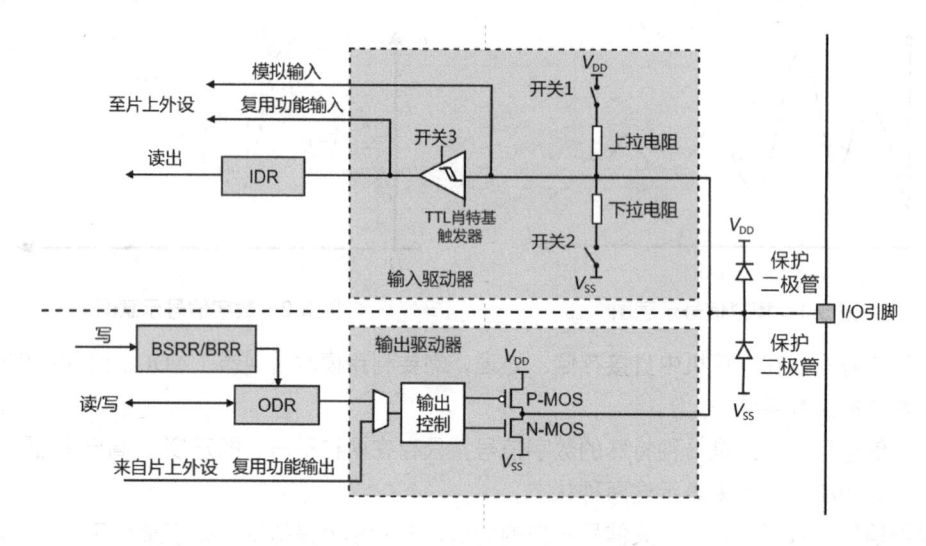

图 5-3 GPIO 端口功能逻辑图

- TTL 肖特基触发器

TTL 肖特基触发器用于信号整形，使输入的数字信号能被可靠地识别。

- P-MOS 管与 N-MOS 管

P-MOS 管导通（栅极加低电平）而 N-MOS 管关闭（栅极加低电平）时，将对外输出高电平（外设从 MCU 拉取电流，称为拉电流）；P-MOS 管关闭（栅极加高电平）而 N-MOS 管导通（栅极加高电平）时，将对外输出低电平（外设向 MCU 灌/推电流，称为灌/推电流）。

P-MOS 管与 N-MOS 管不能同时导通。P-MOS 管与 N-MOS 管交替工作的模式称为推拉模式。

- 输出控制

根据配置的工作方式，控制 P-MOS 管与 N-MOS 管的导通与关闭。

- 输入数据寄存器

输入数据寄存器（Input Data Register，IDR）用于暂存从引脚输入的电平状态。

- 输出数据寄存器

输出数据寄存器（Output Data Register，ODR）用于保存输出数据（1 或 0）。根据工作方式的不同，这些数据将决定引脚输出的电平状态。

- 位设置/清零寄存器

位设置/清零寄存器（Bit Set Reset Register/Bit Reset Register，BSRR/BRR）用于对 ODR 进行操作，只在写 1 时生效，也就是写 1 时，对 ODR 的对应位置 1 或清零，写 0 时无效。

5.5　GPIO 的工作模式

STM32F103ZET6 的 GPIO 支持 8 种工作模式。
- 上拉输入（开关 1 闭合，开关 2 打开，开关 3 闭合）。
- 下拉输入（开关 1 打开，开关 2 闭合，开关 3 闭合）。
- 悬空输入（开关 1 与开关 2 均打开，开关 3 闭合）。
- 模拟输入（开关 1、开关 2 与开关 3 均打开）。
- 开漏输出（写 1 时，输出控制逻辑关闭 P-MOS 管和 N-MOS 管，使输出信号线形成开路；写 0 时，输出控制逻辑关闭 P-MOS 管打开 N-MOS 管，对外输出低电平）。
- 推挽输出（写 1 时，输出控制逻辑打开 P-MOS 管关闭 N-MOS 管，对外输出高电平；写 0 时，输出控制逻辑关闭 P-MOS 管打开 N-MOS 管，对外输出低电平）。
- 复用功能开漏输出（引脚由片上外设使用，P-MOS 管与 N-MOS 管的开关控制方式参考输出开漏）。
- 复用功能推挽输出（引脚由片上外设使用，P-MOS 管与 N-MOS 管的开关控制方式参考推挽输出）。

5.6　GPIO 的复用功能 AFIO

为了优化引脚的使用，可以把 GPIO 引脚重新映射，使其供其他片上外设使用，称为功能复用。

GPIO 用作复用功能时，记为 AFIO（Alternate Function Input Output）。

AFIO 的复用功能通过 AFIO_MAPP、AFIO_EVCR、AFIO_EXTICRX 配置，同时，必须使能 AFIO 时钟（RCC_APB2ENR.AFIO 位置 1）。

5.7　GPIO 与 AFIO 相关寄存器

GPIO、AFIO 寄存器如图 5-4 所示，下面分别说明其功能定义。

```
┌─────────────────────────────────┐   ┌──────────────────────────────────────────┐
│           GPIO                  │   │              AFIO                        │
├─────────────────────────────────┤   ├──────────────────────────────────────────┤
│ +GPIOx_IDR    //输入数据R       │   │ +AFIO_EVCR      // AFIO事件配置R         │
│ +GPIOx_ODR    //输出数据R       │   │ +AFIO_MAPR      // AFIO映射R             │
│ +GPIOx_CRL    //低8位引脚配置R  │   │ +AFIO_EXTICR1   // AFIO外部中断配置R1    │
│ +GPIOx_CRH    //高8位引脚配置R  │   │ +AFIO_EXTICR2   // AFIO外部中断配置R2    │
│ +GPIOx_BSRR   //位置位/复位R    │   │ +AFIO_EXTICR3   // AFIO外部中断配置R3    │
│ +GPIOx_BRR    //位复位R         │   │ +AFIO_EXTICR4   // AFIO外部中断配置R4    │
│ +GPIOx_LCKR   //锁定R           │   │                                          │
└─────────────────────────────────┘   └──────────────────────────────────────────┘
```

图 5-4 GPIO、AFIO 寄存器

5.7.1 工作方式配置寄存器 GPIOx_CRL 与 GPIOx_CRH

GPIOx_CRL 与 GPIOx_CRH（x=A, B, …, G）为控制寄存器，均为 32 位，分别用于配置 GPIOx 端口低 8 位和高 8 位引脚的工作方式，即每个引脚的工作方式使用四位二进制数进行配置，如图 5-5 和图 5-6 所示。

31	30	29	28	27	26	25	24	23	22	21	20	19	18	17	16
CNF7		MODE7		CNF6		MODE6		CNF5		MODE5		CNF4		MODE4	
rw	rw	rw	rw	rw	rw	rw	rw	rw	rw	rw	rw	rw	rw	rw	rw

15	14	13	12	11	10	9	8	7	6	5	4	3	2	1	0
CNF3		MODE3		CNF2		MODE2		CNF1		MODE1		CNF0		MODE0	
rw	rw	rw	rw	rw	rw	rw	rw	rw	rw	rw	rw	rw	rw	rw	rw

图 5-5 端口配置低寄存器（GPIOx_CRL）

31	30	29	28	27	26	25	24	23	22	21	20	19	18	17	16
CNF15		MODE15		CNF14		MODE14		CNF13		MODE13		CNF12		MODE12	
rw	rw	rw	rw	rw	rw	rw	rw	rw	rw	rw	rw	rw	rw	rw	rw

15	14	13	12	11	10	9	8	7	6	5	4	3	2	1	0
CNF11		MODE11		CNF10		MODE10		CNF9		MODE9		CNF8		MODE8	
rw	rw	rw	rw	rw	rw	rw	rw	rw	rw	rw	rw	rw	rw	rw	rw

图 5-6 端口配置高寄存器（GPIOx_CRH）

端口位配置表如表 5-1 所示。

表 5-1 端口位配置表

配置模式		CNF1	CNF0	MODE1	MODE0	GPIOx_ODR 寄存器
通用输出	推挽	0	0	设置最大输出速率。00：保留 01：10MHz 10：2MHz 11：50MHz		用于输出数据 0 或 1
通用输出	开漏	0	1			用于输出数据 0 或 1
复用功能输出	推挽	1	0			不使用
复用功能输出	开漏	1	1			不使用
输入	模拟输入	0	0	00		不使用
输入	浮空输入	0	1	00		不使用
输入	下拉输入	1	0	00		0
输入	上拉输入	1	0	00		1

注意：当 GPIO 引脚用作输入功能时，GPIOx_ODR 寄存器此时用于设置上拉或下拉工作方式，而不能用作数据输出。

5.7.2 输入数据寄存器 GPIOx_IDR

输入数据寄存器 GPIOx_IDR（x=A, B, …, G）用于从引脚输入高/低电平信号。由于一个 GPIO 端口仅有 16 个引脚，因此，仅低 16 位有效，如图 5-7 所示。IDRx（x=0,1,…,15）保存引脚 x 的电平状态：1 为高电平，0 为低电平。

31	30	29	28	27	26	25	24	23	22	21	20	19	18	17	16
保留															

15	14	13	12	11	10	9	8	7	6	5	4	3	2	1	0
IDR15	IDR14	IDR13	IDR12	IDR11	IDR10	IDR9	IDR8	IDR7	IDR6	IDR5	IDR4	IDR3	IDR2	IDR1	IDR0
r	r	r	r	r	r	r	r	r	r	r	r	r	r	r	r

图 5-7 端口输入数据寄存器（GPIOx_IDR）

5.7.3 输出数据寄存器 GPIOx_ODR

输出数据寄存器 GPIOx_ODR（x=A, B, …, G）用于控制引脚输出电平状态（高电平、低电平或高阻态）。由于一个 GPIO 端口仅有 16 个引脚，因此，仅低 16 位有效，如图 5-8 所示。

ODRx（x=0,1,⋯,15）控制引脚 x 的输出电平状态。

31	30	29	28	27	26	25	24	23	22	21	20	19	18	17	16
保留															

15	14	13	12	11	10	9	8	7	6	5	4	3	2	1	0
ODR15	ODR14	ODR13	ODR12	ODR11	ODR10	ODR9	ODR8	ODR7	ODR6	ODR5	ODR4	ODR3	ODR2	ODR1	ODR0
rw	rw	rw	rw	rw	rw	rw	rw	rw	rw	rw	rw	rw	rw	rw	rw

图 5-8 端口输出数据寄存器（GPIOx_ODR）

开漏方式：写 1 为高阻态，写 0 为输出低电平。
推挽方式：写 1 为输出高电平，写 0 为输出低电平。

5.7.4 位置位/复位寄存器 GPIOx_BSRR

位置位/复位寄存器 GPIOx_BSRR（x=A, B, ⋯, G），当某位写 1 时，将置位或清零 GPIO_ODR 中的相应位，写 0 无效，如图 5-9 所示。

31	30	29	28	27	26	25	24	23	22	21	20	19	18	17	16
BR15	BR14	BR13	BR12	BR11	BR10	BR9	BR8	BR7	BR6	BR5	BR4	BR3	BR2	BR1	BR0
w	w	w	w	w	w	w	w	w	w	w	w	w	w	w	w

15	14	13	12	11	10	9	8	7	6	5	4	3	2	1	0
BS15	BS14	BS13	BS12	BS11	BS10	BS9	BS8	BS7	BS6	BS5	BS4	BS3	BS2	BS1	BS0
w	w	w	w	w	w	w	w	w	w	w	w	w	w	w	w

图 5-9 端口位置位/复位寄存器（GPIOx_BSRR）

BSx：写 1，将 ODRx 置位（x=0,1,⋯,15），写 0 无效。
BRx：写 1，将 ODRx 清零（x=0,1,⋯,15），写 0 无效。

5.7.5 位复位寄存器 GPIOx_BRR

位复位寄存器 GIOPx_BRR（x=A, B, ⋯, G），当某位写 1 时，将清零 GPIO_ODR 中的相应位，写 0 无效，如图 5-10 所示。

31	30	29	28	27	26	25	24	23	22	21	20	19	18	17	16
保留															

15	14	13	12	11	10	9	8	7	6	5	4	3	2	1	0
BR15	BR14	BR13	BR12	BR11	BR10	BR9	BR8	BR7	BR6	BR5	BR4	BR3	BR2	BR1	BR0
rw	rw	rw	rw	rw	rw	rw	rw	rw	rw	rw	rw	rw	rw	rw	rw

图 5-10　端口位复位寄存器（GPIOx_BRR）

BRx：写 1，将 ODRx 清零（$x=0,1,\cdots,15$），写 0 无效。

5.7.6　锁定寄存器 GPIOx_LCKR

锁定寄存器 GPIOx_LCKR（$x=A, B, \cdots, G$），用于锁定指定引脚的配置，避免意外修改，如图 5-11 所示。

31	30	29	28	27	26	25	24	23	22	21	20	19	18	17	16
保留															LCKK
															rw

15	14	13	12	11	10	9	8	7	6	5	4	3	2	1	0
LCK15	LCK14	LCK13	LCK12	LCK11	LCK10	LCK9	LCK8	LCK7	LCK6	LCK5	LCK4	LCK3	LCK2	LCK1	LCK0
rw	rw	rw	rw	rw	rw	rw	rw	rw	rw	rw	rw	rw	rw	rw	rw

图 5-11　端口锁定寄存器（GPIOx_LCKR）

LCKx：写 1，锁定引脚 x 的配置；写 0，解锁引脚 x 的配置。
LCKK：锁键（Lock Key）。该位用于反映和激活安全锁。锁激活后，被锁定引脚的配置不允许修改，从而可以避免程序运行过程中因误操作修改工作方式配置而引起系统故障，增加系统的安全性。读操作用于检查锁是否激活：为 1 表示锁激活，为 0 表示锁未激活。按如下序列操作 LCKK 位将激活安全锁：

写 1→写 0→写 1→读 0→读 1。

最后一个读可以省略，但可以用来确认锁是否被激活。

5.7.7　事件控制寄存器 AFIO_EVCR

事件控制寄存器 AFIO_EVCR 用于选择 Cortex EVENTOUT 事件信号的输出端口与引脚。

事件控制寄存器 AFIO_EVCR 各位域定义如表 5-2 所示。

表 5-2 事件控制寄存器 AFIO_EVCR 各位域定义

位域	名称	操作	说明
7	EVOE	rw	事件输出使能（Event Output Enable）。 1:Cortex 的 EVENTOUT 将连接到由 PORT 和 PIN 选定的 I/O 口。 0:Cortex 的 EVENTOUT 的输出不重映射到 GPIO 端口
6:4	PORT	rw	端口选择（Port Selectioin）。 用于选择输出 Cortext EVENTOUT 信号的端口:0～4 分别为选择 PA～PE
3:0	PIN	rw	引脚选择（Pin Selectioin）。 用于选择输出 Cortext EVENTOUT 信号的引脚:0～15 分别为选择引脚 0～15

5.7.8 外部中断控制寄存器 AFIO_EXTICRx

外部中断控制寄存器（External Interrupt Control Register）AFIO_EXTICRx 用于选择外部中断信号的输入端口。

外部中断控制寄存器 AFIO_EXTICRx 各位域定义如表 5-3 所示。

表 5-3 外部中断控制寄存器 AFIO_EXTICRx 各位域定义

寄存器	位域	名称	操作	说明
AFIO_EXTICR4	16～31	保留		选择外部中断 x（x=12,13,…,15）信号输入引脚。 0000、0001、…、0110 分别选择 PA、PB、…、PG 的引脚 x
	12～15	EXTI15	r/w	
	8～11	EXTI14	r/w	
	4～7	EXTI13	r/w	
	0～3	EXTI12	r/w	
AFIO_EXTICR3	16～31	保留		选择外部中断 x（x=8,9,…,11）信号输入引脚。 0000、0001、…、0110 分别选择 PA、PB、…、PG 的引脚 x
	12～15	EXTI11	r/w	
	8～11	EXTI10	r/w	
	4～7	EXTI9	r/w	
	0～3	EXTI8	r/w	
AFIO_EXTICR2	16～31	保留		选择外部中断 x（x=4,5,…,7）信号输入引脚。 0000、0001、…、0110 分别选择 PA、PB、…、PG 的引脚 x
	12～15	EXTI7	r/w	
	8～11	EXTI6	r/w	
	4～7	EXTI5	r/w	
	0～3	EXTI4	r/w	

续表

寄存器	位域	名称	操作	说明
AFIO_EXTICR1	16~31	保留		
	12~15	EXTI3	r/w	选择外部中断 x（x=0,1,…,3）信号输入引脚。 0000、0001、…、0110 分别选择 PA、PB、…、PG 的引脚 x
	8~11	EXTI2	r/w	
	4~7	EXTI1	r/w	
	0~3	EXTI0	r/w	

5.7.9 引脚映射寄存器 AFIO_MAPR

GPIO 引脚映射寄存器用于将 GPIO 端口引脚映射到特定的片上外设，从而提高引脚使用的灵活性。

引脚映射寄存器 AFIO_MAPR 各位域定义见表 5-4。

表 5-4 引脚映射寄存器 AFIO_MAPR 各位域定义

位域	名称	操作	说明
27~31	保留		
24~26	SWJ_CFG	w	串行线 JTAG 配置（Serial Wire JTAG Configuration）。 用于配置 SWJ 和跟踪复用功能的 I/O 口。SWJ 支持 JTAG 和 SWD 访问 Cortex 调试端口。 本位只能写。复位后的默认状态是打开没有跟踪功能的 SWJ，此时，仿真器可以向 JTMS/JTCK 引脚发送特定的信号序列开启 JTAG 或 SWD 模式。 000：全功能 SWJ（JTAG-DP+SW-DP）。这是复位时的状态（没有跟踪）。 001：没有 NJTRST 的全功能 SWJ（JTAG-DP+SW-DP）。 010：关闭 JTAG-DP，打开 SW-DP 功能。 011：关闭 JTAG-DP 和 SW-DP 功能。 其他组合无效
21~23	保留		
20	ADC2_ETRGREG_REMAP	r/w	ADC2 常规转换外部触发重映射（External Trigger Regular Conversion Remapping）。 0：通过 EXTI15 触发 ADC2 常规转换操作。 1：通过外部事件 TIM8_TRGO 触发 ADC2 常规转换操作
19	ADC2_ETRGINJ_REMAP	r/w	ADC2 注入转换外部触发重映射（External Trigger Injected Conversion Remapping）。 0：通过 EXTI11 触发 ADC2 注入转换操作。 1：通过外部事件 TIM8_Channel4 触发 ADC2 注入转换操作

续表

位域	名称	操作	说明
18	ADC1_ETRGREG_REMAP	r/w	ADC1 常规转换外部触发重映射。 0：通过 EXTI11 触发 ADC2 常规转换操作。 1：通过外部事件 TIM8_TRGO 触发 ADC1 常规转换操作
17	ADC1_ETRGINJ_REMAP	r/w	ADC1 注入转换外部触发重映射。 0：通过 EXTI15 触发 ADC1 注入转换操作。 1：通过外部事件 TIM8_Channel4 触发 ADC2 注入转换操作
16	TIM5CH4_IREMAP	r/w	TIM5 通道 4 内部重映射（TIM5 Channel 4 Internal Remap）。 0：TIM5 通道 4 连接到 PA3 引脚（输出信号）。 1：LSI 内部时钟连接到 TIM5 通道 4，以便通过 TIM5 的捕获功能测量 LSI 时钟频率，可以根据测量结果校正使用 LSI 的外设时基
15	PD01_REMAP	r/w	控制 PD0 和 PD1 的 GPIO 功能重映射。 0：不进行重映射（此时 PD0、PD1 不可用于 GPIO 功能）。 1：进行重映射，即将 PD0 连接到 OSC_IN，PD1 连接到 OSC_OUT
13、14	CAN_REMAP	r/w	在只有单个 CAN 接口的产品上控制复用功能 CAN_RX 和 CAN_TX 的重映射。 00：CAN_RX 连接到 PA11，CAN_TX 连接到 PA12。 01：未使用。 10：CAN_RX 连接到 PB8，CAN_TX 连接到 PB9。 11：CAN_RX 连接到 PD0，CAN_TX 连接到 PD1
12	TIM4_REMAP	r/w	控制定时器 4 的通道 1~4 在 GPIO 端口的重映射。 0：不重映射，TIM4_CH1/PB6、TIM4_CH2/PB7、TIM4_CH3/PB8、TIM4_CH4/PB9。 1：全部重映射，TIM4_CH1/PD12、TIM4_CH2/PD13、TIM4_CH3/PD14、TIM4_CH4/PD15
10、11	TIM3_REMAP	r/w	控制定时器 3 的通道 1~4 在 GPIO 端口的重映射。 00：不重映射，CH1/PA6、CH2/PA7、CH3/PB0、CH4/PB1。 01：未使用。 10：部分重映射，CH1/PB4、CH2/PB5、CH3/PB0、CH4/PB1。 11：全部重映射，CH1/PC6、CH2/PC7、CH3/PC8、CH4/PC9

续表

位域	名称	操作	说明
8、9	TIM2_REMAP	r/w	控制定时器 2 的通道 1~4 和外部触发（ETR）在 GPIO 端口的重映射。 00：无重映射，CH1/ETR/PA0、CH2/PA1、CH3/PA2、CH4/PA3。 01：部分重映射，CH1/ETR/PA15、CH2/PB3、CH3/PA2、CH4/PA3。 10：部分重映射，CH1/ETR/PA0、CH2/PA1、CH3/PB10、CH4/PB11。 11：全部重映射，CH1/ETR/PA15、CH2/PB3、CH3/PB10、CH4/PB11。
6、7	TIM1_REMAP	r/w	控制定时器 1 的通道 1~4、1N~3N、外部触发（ETR）和刹车输入（BKIN）在 GPIO 端口重映射。 00：无重映射，ETR/PA12、CH1/PA8、CH2/PA9、CH3/PA10、CH4/PA11、BKIN/PB12、CH1N/PB13、CH2N/PB14、CH3N/PB15。 01：部分重映射，ETR/PA12、CH1/PA8、CH2/PA9、CH3/PA10、CH4/PA11、BKIN/PA6、CH1N/PA7、CH2N/PB0、CH3N/PB1。 10：未使用。 11：全部重映射，ETR/PE7、CH1/PE9、CH2/PE11、CH3/PE13、CH4/PE14、BKIN/PE15、CH1N/PE8、CH2N/PE10、CH3N/PE12
4、5	USART3_REMAP	r/w	控制 USART3 的 CTS、RTS、CK、TX 和 RX 复用功能在 GPIO 端口的重映射。 00：无重映射，TX/PB10、RX/PB11、CK/PB12、CTS/PB13、RTS/PB14。 01：部分重映射，TX/PC10、RX/PC11、CK/PC12、CTS/PB13、RTS/PB14。 10：未使用。 11：全部重映射，TX/PD8、RX/PD9、CK/PD10、CTS/PD11、RTS/PD12
3	USART2_REMAP	r/w	控制 USART2 的 CTS、RTS、CK、TX 和 RX 复用功能在 GPIO 端口的重映射。 0：无重映射，CTS/PA0、RTS/PA1、TX/PA2、RX/PA3、CK/PA4。 1：重映射，CTS/PD3、RTS/PD4、TX/PD5、RX/PD6、CK/PD7
2	USART1_REMAP	r/w	控制 USART1 的 TX 和 RX 复用功能在 GPIO 端口的重映射。 0：无重映射，TX/PA9、RX/PA10。 1：重映射，TX/PB6、RX/PB7

续表

位域	名称	操作	说明
1	I2C1_REMAP	r/w	控制 I2C1 的 SCL 和 SDA 复用功能在 GPIO 端口的重映射。 0：无重映射，SCL/PB6、SDA/PB7。 1：重映射，SCL/PB8、SDA/PB9
0	SPI1_REMAP	r/w	控制 SPI1 的 NSS、SCK、MISO 和 MOSI 复用功能在 GPIO 端口的重映射。 0：无重映射，NSS/PA4、SCK/PA5、MISO/PA6、MOSI/PA7。 1：重映射，NSS/PA15、SCK/PB3、MISO/PB4、MOSI/PB5

5.7.10 GPIO 寄存器映射

GPIO 各端口的基地址如下。
- GPIOA: 0x4001 0800。
- GPIOB: 0x4001 0C00。
- GPIOC: 0x4001 1000。
- GPIOD: 0x4001 1400。
- GPIOE: 0x4001 1800。
- GPIOF: 0x4001 2000。
- GPIOG: 0x4001 2000。

GPIO 寄存器偏移量如表 5-5 所示。

表 5-5 GPIO 寄存器偏移量

偏移量	寄存器	复位值
00H	GPIOx_CRL	0x0000 0000
04H	GPIOx_CRH	0x0000 0000
08H	GPIOx_IDR	0x0000 0000
0CH	GPIOx_ODR	0x0000 0000
10H	GPIOx_BSRR	0x0000 0000
14H	GPIOx_BRR	0x0000 0000
18H	GPIOx_LCKR	0x0000 0000

5.7.11 AFIO 寄存器映射

AFIO 寄存器的起始地址为 0x4001 0000，AFIO 寄存器地址偏移量如表 5-6 所示。

表 5-6 AFIO 寄存器地址偏移量

地址偏移量	寄存器	复位值
0x00	AFIO_EVCR	0x0000 0000
0x04	AFIO_MAPR	0x0000 0000
0x08	AFIO_EXTICR1	0x0000 0000
0x0C	AFIO_EXTICR2	0x0000 0000
0x10	AFIO_EXTICR3	0x0000 0000
0x14	AFIO_EXTICR4	0x0000 0000

5.8 GPIO 编程方法

5.8.1 寄存器编程方法

1）GPIO 初始化

GPIO 初始化的一般步骤如图 5-12 所示。首先要使能 GPIO 端口时钟，然后根据应用需求与外围电路设置好 GPIO 引脚的工作方式，如上拉输入、推挽输出等。最后根据实际需要读取 GPIO 引脚的初始工作状态（用作输入时）或输出高/低电平设置外设的初始工作状态（用作输出时），如上电时将灯打开。

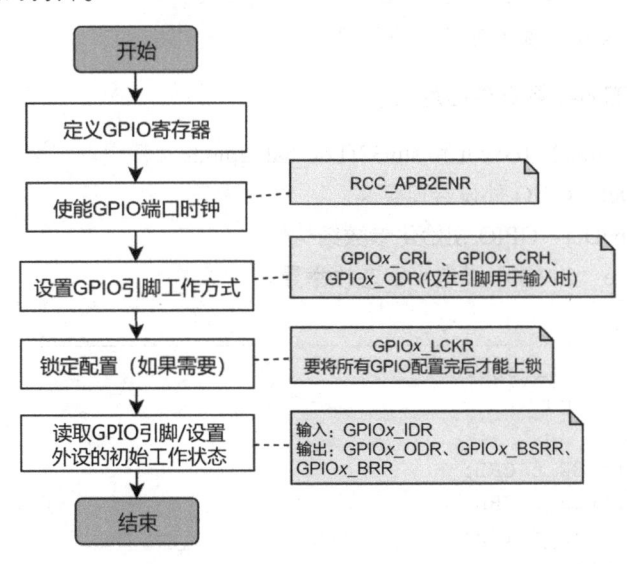

图 5-12 GPIO 初始化的一般步骤

2）输入、输出数据

通过下列寄存器输入、输出数据。

- 输入数据：GPIO*x*_IDR。
- 输出数据：GPIO*x*_ODR、GPIO*x*_BSRR、GPIO*x*_BRR。

5.8.2 库函数编程方法

5.8.2.1 库函数接口

图 5-13 所示为 GPIO 的 HAL 库函数接口，共有 5 个接口函数。

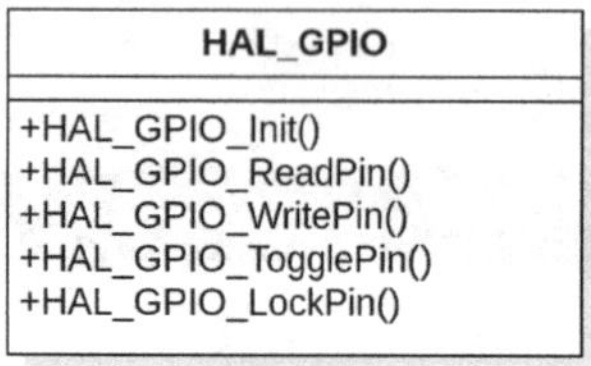

```
HAL_GPIO
+HAL_GPIO_Init()
+HAL_GPIO_ReadPin()
+HAL_GPIO_WritePin()
+HAL_GPIO_TogglePin()
+HAL_GPIO_LockPin()
```

图 5-13　GPIO 的 HAL 库函数接口

（1）HAL_GPIO_Init()：用于初始化 GPIO 引脚的工作方式。

（2）HAL_GPIO_ReadPin()：读引脚状态，返回值为 1（高电平）或 0（低电平）。

（3）HAL_GPIO_WritePin()：写引脚。根据引脚工作方式，输出低电平、高电平或高阻态。

（4）HAL_GPIO_TogglePin()：翻转引脚状态。如果当前为低电平，则输出高电平；如果当前为高电平，则输出低电平。

（5）HAL_GPIO_LockPin()：锁定引脚工作方式的配置参数。

每个接口函数都可以对同一端口的多个引脚同时操作。

GPIO 接口函数原型请参考库函数源代码。

5.8.2.2 GPIO 的 HAL 数据类型定义

在 HAL 库中的 stm32f103xe.h 和 stm32f1xx_hal_gpio.h 文件中，定义了 3 个数据结构。

- GPIO_TypeDef：GPIO 外设端口定义。
- GPIO_InitTypeDef：GPIO 初始化参数结构体。
- GPIO_PinState：GPIO 引脚电平状态枚举量。

代码如下。

```
1    /*定义在stm32f103xe.h*/
2    typedef struct
3    {
4        __IO uint32_t CRL;
5        __IO uint32_t CRH;
6        __IO uint32_t IDR;
7        __IO uint32_t ODR;
8        __IO uint32_t BSRR;
```

```
9       __IO uint32_t BRR;
10      __IO uint32_t LCKR;
11  } GPIO_TypeDef;
12  /*定义在 stm32f1xx_hal_gpio.h*/
13  //初始化参数结构体
14  typedef struct
15  {
16    uint32_t Pin;        //要初始化的引脚
17    uint32_t Mode;       //工作模式
18    uint32_t Pull;       //上/下拉方式
19    uint32_t Speed;      //最大输出速度
20  } GPIO_InitTypeDef;
21
22  //引脚电平状态枚举量
23  typedef enum
24  {
25    GPIO_PIN_RESET = 0u,  //低电平（复位态）
26    GPIO_PIN_SET          //高电平
27  } GPIO_PinState;
```

5.8.2.3 GPIO 的 HAL 符号定义

在 HAL 库中的 stm32f103xe.h 和 sstm32f1xx_hal_gpio.h 文件中，定义的常用符号如下。

```
1   /*定义在 stm32f103xe.h*/
2   //GPIO 端口定义
3   #define APB1PERIPH_BASE       PERIPH_BASE
4   #define APB2PERIPH_BASE       (PERIPH_BASE + 0x00010000UL)
5
6   #define GPIOA_BASE            (APB2PERIPH_BASE + 0x00000800UL)
7   #define GPIOB_BASE            (APB2PERIPH_BASE + 0x00000C00UL)
8   #define GPIOC_BASE            (APB2PERIPH_BASE + 0x00001000UL)
9   #define GPIOD_BASE            (APB2PERIPH_BASE + 0x00001400UL)
10  #define GPIOE_BASE            (APB2PERIPH_BASE + 0x00001800UL)
11  #define GPIOF_BASE            (APB2PERIPH_BASE + 0x00001C00UL)
12  #define GPIOG_BASE            (APB2PERIPH_BASE + 0x00002000UL)
13
14  #define GPIOA                 ((GPIO_TypeDef *)GPIOA_BASE)
15  #define GPIOB                 ((GPIO_TypeDef *)GPIOB_BASE)
16  #define GPIOC                 ((GPIO_TypeDef *)GPIOC_BASE)
17  #define GPIOD                 ((GPIO_TypeDef *)GPIOD_BASE)
18  #define GPIOE                 ((GPIO_TypeDef *)GPIOE_BASE)
19  #define GPIOF                 ((GPIO_TypeDef *)GPIOF_BASE)
20
21  /*定义在 stm32f1xx_hal_gpio.h*/
```

```
22   //引脚定义
23   #define GPIO_PIN_0              ((uint16_t)0x0001)  /* Pin 0 selected   */
24   #define GPIO_PIN_1              ((uint16_t)0x0002)  /* Pin 1 selected   */
25   #define GPIO_PIN_2              ((uint16_t)0x0004)  /* Pin 2 selected   */
26   #define GPIO_PIN_3              ((uint16_t)0x0008)  /* Pin 3 selected   */
27   #define GPIO_PIN_4              ((uint16_t)0x0010)  /* Pin 4 selected   */
28   #define GPIO_PIN_5              ((uint16_t)0x0020)  /* Pin 5 selected   */
29   #define GPIO_PIN_6              ((uint16_t)0x0040)  /* Pin 6 selected   */
30   #define GPIO_PIN_7              ((uint16_t)0x0080)  /* Pin 7 selected   */
31   #define GPIO_PIN_8              ((uint16_t)0x0100)  /* Pin 8 selected   */
32   #define GPIO_PIN_9              ((uint16_t)0x0200)  /* Pin 9 selected   */
33   #define GPIO_PIN_10             ((uint16_t)0x0400)  /* Pin 10 selected  */
34   #define GPIO_PIN_11             ((uint16_t)0x0800)  /* Pin 11 selected  */
35   #define GPIO_PIN_12             ((uint16_t)0x1000)  /* Pin 12 selected  */
36   #define GPIO_PIN_13             ((uint16_t)0x2000)  /* Pin 13 selected  */
37   #define GPIO_PIN_14             ((uint16_t)0x4000)  /* Pin 14 selected  */
38   #define GPIO_PIN_15             ((uint16_t)0x8000)  /* Pin 15 selected  */
39   #define GPIO_PIN_All            ((uint16_t)0xFFFF)  /* All pins selected */
40
41   #define GPIO_PIN_MASK           0x0000FFFFu /* PIN mask for assert test */
42
43   //工作模式定义
44   #define  GPIO_MODE_INPUT           0x00000000u    //浮空输入
45   #define  GPIO_MODE_OUTPUT_PP       0x00000001u    //推挽输出
46   #define  GPIO_MODE_OUTPUT_OD       0x00000011u    //开漏输出
47   #define  GPIO_MODE_AF_PP           0x00000002u    //替换功能推挽输出
48   #define  GPIO_MODE_AF_OD           0x00000012u    //替换功能开漏输出
49   #define  GPIO_MODE_AF_INPUT        GPIO_MODE_INPUT //替换功能输入
50   #define  GPIO_MODE_ANALOG          0x00000003u    //模拟输入
51   #define  GPIO_SPEED_FREQ_LOW       (GPIO_CRL_MODE0_1)  //低速(2MHz)
52   #define  GPIO_SPEED_FREQ_MEDIUM    (GPIO_CRL_MODE0_0)  //中速(10MHz)
53   #define  GPIO_SPEED_FREQ_HIGH      (GPIO_CRL_MODE0)    //高速(50MHz)
54   //上下拉定义
55   #define  GPIO_NOPULL      0x00000000u   //无上/下拉
56   #define  GPIO_PULLUP      0x00000001u   //上拉
57   #define  GPIO_PULLDOWN    0x00000002u   //下拉
```

5.8.2.4 GPIO 库函数编程的基本步骤

GPIO 库函数编程的基本步骤如图 5-14 所示。与寄存器编程不同，库函数编程时 GPIO 寄存器的初始化代码不需要用户直接编写，而是利用 STM32CubeMX 配置好外设工作方式后，由该工具自动生成。用户只需根据应用层需要编写外设的接口函数（驱动）以便控制外设按要求工作。

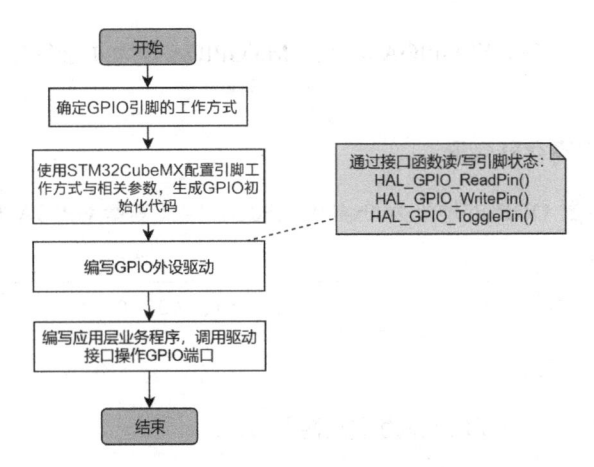

图 5-14　GPIO 库函数编程的基本步骤

在编写 GPIO 外设驱动时，数据的输入和输出调用库函数完成。例如，从 PB2 输出高电平的代码如下。

```
HAL_GPIO_WritePin(GPIOB, GPIO_PIN_2, SET);
```

5.9　GPIO 编程举例

5.9.1　寄存器编程举例

5.9.1.1　定义 GPIO 端口

GPIOA 的基地址为 0x4001 0800，定义如下（取名为 MYGPIOA）。

```
1    #include <stdint.h>
2    typedef struct{
3       volatile uint32_t CRL;
4       volatile uint32_t CRH;
5       volatile uint32_t IDR;
6       volatile uint32_t ODR;
7       volatile uint32_t BSRR;
8       volatile uint32_t BRR;
9       volatile uint32_t LCKR;
10   }GPIO_st;   //寄存器结构体
11   #define MYGPIOA_BASE 0x40010800   //基地址
12   #define MYGPIOA ((GPIO_st *)MYGPIOA_BASE)   //将常量转换为结构体指针
```

注意：在上面的代码中，将 GPIOA 取名为 MYGPIOA 是为了避免与系统定义的 GPIOA 符号冲突。

5.9.1.2 定义单个寄存器变量

GPIOA 数据寄存器 ODR 的地址为 0x4001 080C，定义变量 GPIOA_ODR 用于访问该数据寄存器。

```
#define GPIOA_ODR (*(volatile uint32_t*)(0x4001080C))
```

5.9.1.3 配置工作方式

- 将连接在 PC2 上的 KEY1 配置为下拉输入方式。

  代码如下。

```
1    RCC_APB2ENR |= 1 << 4;   //开启 PC 时钟
2    GPIOC_CRL = GPIOC_CRL &~(0x0F << 2*4) | (0x08 << 2*4);   //先把对应位清零，然后设置为需要的模式值。表达式中的"4"表示 1 个引脚的配置占 4 位，表达式中的"2"表示 bit2 对应的引脚。
3    GPIOC_ODR &= ~(1 << 2);   //将 ODR 的对应位清零，设置为下拉
```

- 将连接在 PB10 上的光照强度传感器的阈值比较输出（高于阈值输出高电平，否则输出低电平）配置为浮空输入方式。

  代码如下。

```
1    RCC_APB2ENR |= 1 << 3;   //开启 PB 时钟
2    GPIOB_CRH = GPIOB_CRH &~(0x0F << (10-8) * 4) | (0x04 << (10-8) * 4);
//先把对应位清零，然后设置为需要的模式值。表达式中的 4 表示 1 个引脚的配置占 4 位。
```

- 将连接在 PA0 上的 LED1 配置为开漏输出（最大速率为 2MHz）。

  代码如下。

```
1    RCC_APB2ENR |= 1 << 2;   //开启 PA 时钟
2    GPIOA_CRL = GPIOA_CRL &~(0x0F << 0) | (0x06 << 0);   //先把对应位清零，然后设置为需要的模式值。
```

- 将连接在 PA11 上的继电器配置为推挽输出（最大速率为 2MHz）。

  代码如下。

```
1    RCC_APB2ENR |= 1 << 2;   //开启 PA 时钟
2    GPIOA_CRH = GPIOA_CRH &~(0x0F << (11-8) * 4) | (0x02 << (11-8) * 4);
//先把对应位清零，然后设置为需要的模式值。表达式中的 4 表示 1 个引脚的配置占 4 位。
```

- 将受 PD5 控制的 IGBT 功率开关管配置为推挽输出（最大速率为 50MHz）。

  代码如下。

```
1    RCC_APB2ENR |= 1 << 5;   //开启 PD 时钟
```

```
2    GPIOD_CRL = GPIOD_CRL &~(0x0F << 5 * 4) | (0x03 << 5 * 4);  //先把对应
```
位清零，然后设置为需要的模式值。表达式中的 4 表示 1 个引脚的配置占 4 位。

5.9.1.4 读取引脚状态

- 按键 KEY1 连接在 PA3 上，读取该按键状态并保存到 uint8_t status 变量中，为 1 时表示按键 KEY1 被按下，为 0 时表示按键 KEY1 未被按下。

代码如下。

```
1    uint8_t status;
2    status = (GPIOA_IDR >> 3) & 0x01;   //通过"位与"操作保留需要的位值
```

- 有 3 个外设故障输入信号 S1、S2、S3，分别连接在 PA2、PA3、PC0 上，读取其状态，分别保存到变量 uint8_t state 的 bit0、bit1、bit2 中。

代码如下。

```
1    uint8_t status;
2    status = (GPIOA_IDR >> 2) & 0x03 | ((GPIOC_IDR & 0x01) << 2);
```

5.9.1.5 从引脚输出信号

- LED1 连接在 PA2 上，输出低电平以关闭 LED1；LED2 连接在 PB3 上，输出信号使 LED2 的状态反转。

代码如下。

```
1    GPIOA_ODR &= ~ (1 << 2);   //关闭 LED1（或 GPIOA_BRR = 1 << 2;）
2    GPIOB_ODR ^= 1 << 3;   //反转 LED2
```

- LED1 连接在 PA3 上，LED2 连接在 PA12 上，分别输出高、低电平以点亮两个 LED。

代码如下。

```
1    GPIOA_BSRR = 1 << 3;
2    GPIOA_BRR = 1 << 12;
```

- PC1~PC5 上连接了 5 个继电器，同时输出高电平以闭合继电器。

代码如下。

```
1    GPIOC_ODR |= (0x1F << 1);
     或：GPIOC_BSRR = 0x1F << 1;
```

5.9.2 库函数编程举例

需求：有一电磁阀连接在 PD15 上，编写初始化函数，将其配置为推挽输出，最大输出速率为 2MHz，初始态为断开（输出低电平）。

1）使用 STM32CubeMX 配置 GPIO 并生成初始化代码

如图 5-15 所示，在 STM32CubeMX 中，将 PD15 引脚配置为 GPIO Output，然后选择 "Gategories" → "System Core" → "GPIO" 选项，如下配置 GPIO 参数。

GPIO output level：Low //默认输出低电平。

GPIO mode：Output Push Pull //输出方式为推挽输出。

Maximum output speed：Low //最大输出速度，低速，即 2MHz。

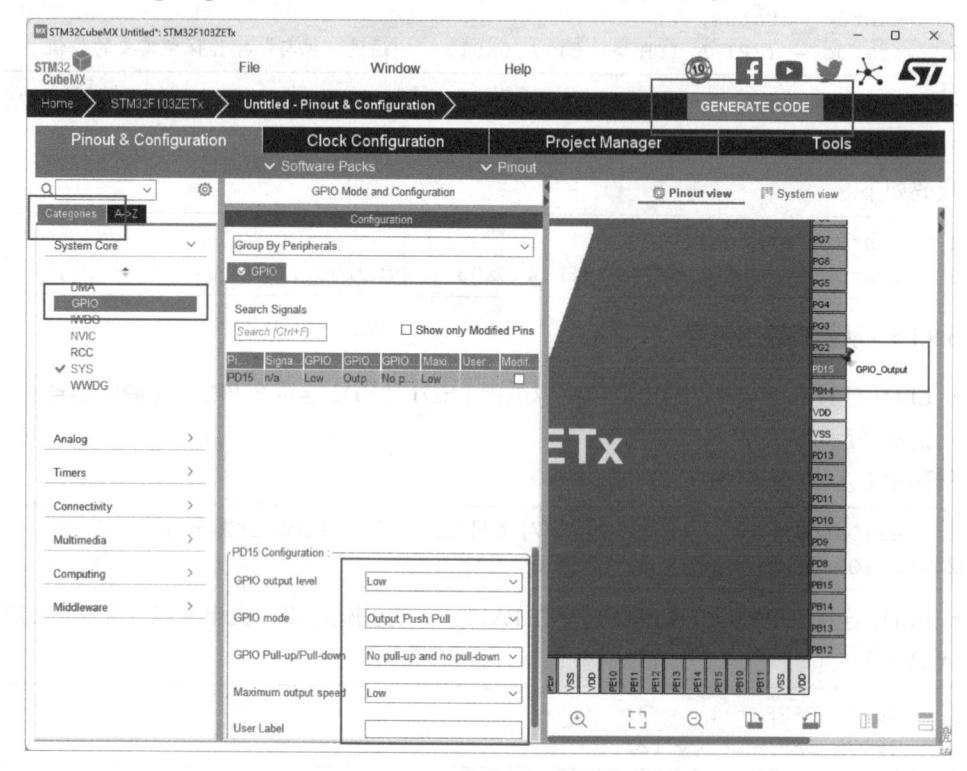

图 5-15 用 STM32CubeMX 配置 GPIO

2）生成代码

配置完成后单击"GENERATE CODE"按钮，会自动生成 Core/Src/gpio.c 和 Core/Inc/gpio.h 两个文件，代码如下。

```
1    /* 文件：Core/Src/gpio.c */
2    void MX_GPIO_Init(void)
3    {
4
5        GPIO_InitTypeDef GPIO_InitStruct = {0};
```

```
 6
 7      /* GPIO Ports Clock Enable */
 8      __HAL_RCC_GPIOD_CLK_ENABLE();
 9
10      /*Configure GPIO pin Output Level */
11      HAL_GPIO_WritePin(GPIOD, GPIO_PIN_15, GPIO_PIN_RESET);
12
13      /*Configure GPIO pin : PD15 */
14      GPIO_InitStruct.Pin = GPIO_PIN_15;
15      GPIO_InitStruct.Mode = GPIO_MODE_OUTPUT_PP;
16      GPIO_InitStruct.Pull = GPIO_NOPULL;
17      GPIO_InitStruct.Speed = GPIO_SPEED_FREQ_LOW;
18      HAL_GPIO_Init(GPIOD, &GPIO_InitStruct);
19
20    }
21
22    /* 文件: Core/Inc/gpio.h */
23    #ifndef __GPIO_H__
24    #define __GPIO_H__
25
26    #ifdef __cplusplus
27    extern "C" {
28    #endif
29
30    /* Includes ------------------------------------------------------------------*/
31    #include "main.h"
32
33    void MX_GPIO_Init(void);
34    #ifdef __cplusplus
35    }
36    #endif
37    #endif /*__GPIO_H__ */
```

在 main()函数中，会生成调用 MX_GPIO_Init()的代码，放在/* Initialize all configured peripherals */注释下，以便在系统上电时对配置的外设初始化，代码如下。

```
1    /* 文件: Drivers/drivers.c */
2    ......; //其他代码
3    int main(void)
4    {
5        ......; //其他代码
```

```
 6      /* Initialize all configured peripherals */
 7      MX_GPIO_Init();
 8
 9      ......;  //其他代码
10  }
```

5.10 项目实战——智慧教室：人走关扇熄灯

5.10.1 项目需求

在智慧教室中，当所有学生离开教室时，系统需要自动关闭灯光与风扇以达到节能目的。

5.10.2 实验环境

本项目需要使用的外设如下。
- 人体红外检测传感器 HCSR501。
- LED。
- 直流电机。

LED 的驱动电路和直流电机的驱动电路分别如图 5-16 和图 5-17 所示。其中，LED1、LED2、LED3、LED4 分别连接到 PC0、PC1、PC2、PC3 上，直流电机可以通过跳线将 MOTO_IN1、MOTO_IN2 等连接到 PB6、PB7 上。

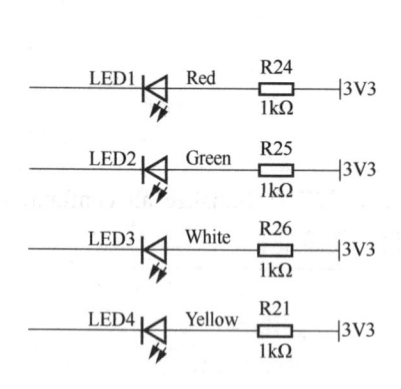

图 5-16 LED 的驱动电路

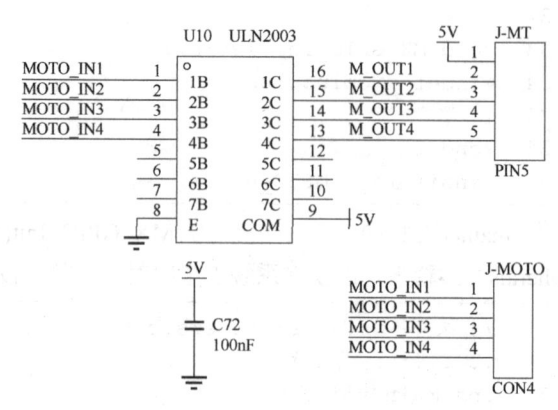

图 5-17 直流电机的驱动电路

人体红外检测传感器 HCSR501 的输出通过跳线连接到 PC6 上。

5.10.3 人体红外检测传感器的工作原理

教室是否有人，可以通过人体红外检测传感器 HCSR501 检测。HCSR501 具有灵敏度高、可靠性高的特点。当人进入其感应范围时，HCSR501 输出高电平；当人离开其感应范围时，HCSR501 延时（时间可调整）输出低电平。HCSR501 的外观与接口如图 5-18 所示。

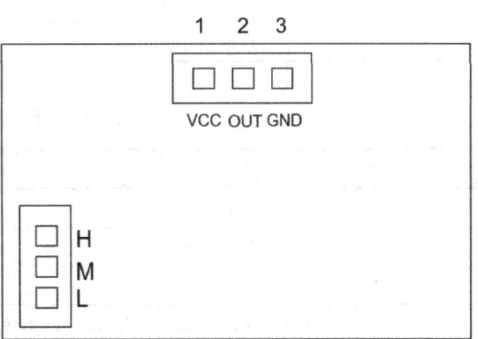

图 5-18　HCSR501 的外观与接口

HCSR501 的工作方式分为可重复触发方式和不可重复触发方式。

可重复触发方式是指，感应输出高电平后，在延时时间段内，如果有人在其感应范围内活动，那么其输出将一直保持高电平，直到人离开后才延时将高电平变为低电平（感应模块检测到人的每一次活动后会自动顺延一个延时时间段，并且以最后一次活动的时间为延时时间的起始点）。

不可重复触发方式是指，感应输出高电平后，延时时间一结束，输出将自动从高电平变为低电平。

需要注意的是，对于可重复触发方式，如果人在其感应范围内，但是长时间不活动，那么 HCSR501 也会输出低电平。本书将在第 8 章中讲解出现这种情况时如何避免人体状态检测错误。

HCSR501 的性能参数和接口说明分别如表 5-7 和表 5-8 所示。

表 5-7　HCSR501 的性能参数

参数	指标
工作电压范围	直流电压 4.5～20V
静态电流	<50μA
电平输出	高 3.3 V/低 0V
触发方式	L 不可重复触发/H 重复触发（默认为重复触发）
延时时间	0.5～200s（可调），可调整范围为零点几秒至几分钟

续表

参数	指标
封锁时间	2.5s（默认），可调整范围为零点几秒至几十秒
电路板外形尺寸	32mm×24mm
感应角度	<100°锥角
工作温度	−15～+70℃
感应透镜尺寸	直径：23mm（默认）

表 5-8　HCSR501 的接口说明

接口	说明
VCC/1	接 4.5～5.0V 电源
OUT/2	高、低电平信号输出口。1 表示检测到有人，0 表示检测到无人
GND/3	地
H	高电平输出引脚。将 M 脚与 H 脚短接，HCSR501 工作在可重复触发方式
M	模式输入引脚。输入高电平将工作在可重复触发方式，输入低电平将工作在不可重复触发方式
L	低电平输出引脚（GND）。将 M 脚与 L 脚短接，HCSR501 工作在不可重复触发方式
距离调节电位器	顺时针旋转，感应距离增大（最大约为 7m），反之，感应距离减小（最小约为 3m）
延时调节电位器	顺时针旋转，感应延时加长（最长约为 300s），反之，感应延时减短（最短为 0.5s）

在本实验中，风扇采用直流电机驱动，由于电流比较大，所以需要使用电机驱动芯片 ULN2003D，其内部逻辑如图 5-19 所示。

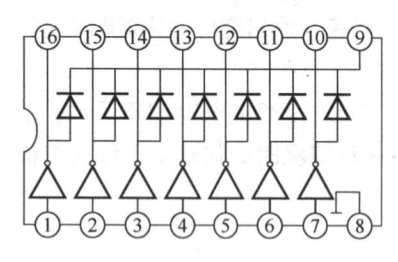

图 5-19　ULN2003D 的内部逻辑

ULN2003D 集成了一个 7 路集电极开路的反相电流放大电路。当输入端为高电平时，ULN2003D 输出端导通，为低电平；当输入端为低电平时，ULN2003D 输出端截止，为高阻状态。

因此，要控制直流电机，需要将电机的一端连接到 5V 电源上，另一端与 ULN2003D 的某个输出端相连（如 O1），并将 GPIO 引脚（如 PB6）与该输出端对应的输入端（如 I1）相连，就可以通过 GPIO 输出高/低电平控制直流电机的开/关。

5.10.4　系统分析

根据图 5-16 和图 5-17 可知，用于控制 LED 灯与风扇开/关的 GPIO 端口都可以工作在推挽输出方式。

人体红外检测传感器 HCSR501 在检测到有人时会输出高电平，在检测到无人时会输出低电平，因此，与 HCSR501 相连的 GPIO 端口需要工作在输入浮空方式。

MCU 可以通过两种通信方式获取 HCSR501 给出的信号，如下所述。

（1）程序查询。通过软件循环检测与 HCSR501 相连的 GPIO 端口的信号状态。

（2）中断服务。打开外部中断功能，通过触发中断请求报告人体检测状态。

本例采用第一种方式，即循环查询 HCSR501 的输出信号，如果从高电平变成低电平，则关闭所有 LED 灯和风扇。

5.10.5 系统设计

5.10.5.1 寄存器编程

根据以上分析，本项目需要增加四个对象，人走关扇熄灯寄存器编程系统类图如图 5-20 所示。

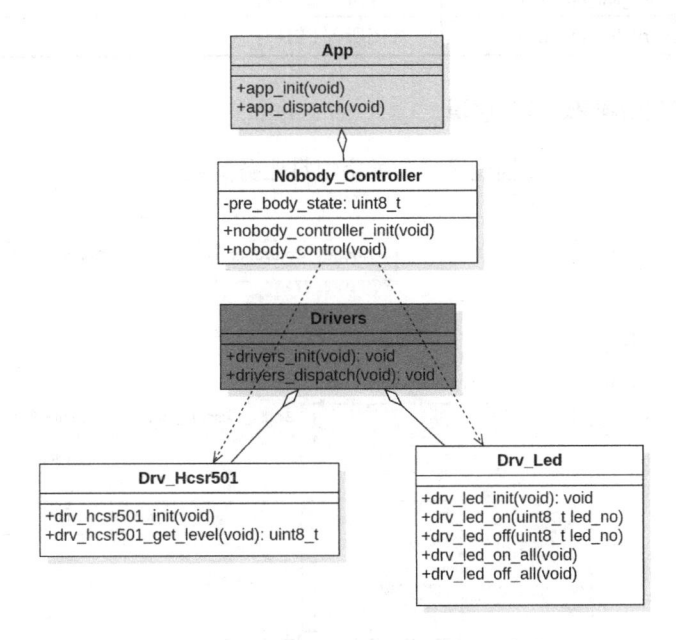

图 5-20 人走关扇熄灯寄存器编程系统类图

（图中未画出风扇的驱动对象 Drv_Fan，读者可参考 Drv_Led 对象自行补充）

- Nobody_Controller：业务对象，用于实现无人时关扇熄灯操作。
- Drv_Hcsr501：HCSR501 的驱动对象。
- Drv_Led：LED 的驱动对象。

- Drv_Fan：风扇的驱动对象

各对象属性/方法说明如表 5-9 所示。

表 5-9　各对象属性/方法说明

对象	属性/方法	说明
Nobody_Controller	pre_body_state	私有属性，用于保存前一次人体检测状态，取值为 SOMEBODY 或 NOBODY，分别表示有人或无人
Nobody_Controller	nobody_controller_init()	对象初始化函数，用于初始化 pre_body_state 属性
Nobody_Controller	nobody_control()	关扇熄灯函数，用于在无人时关断所有风扇与 LED 灯
Drv_Hcsr501	drv_hcsr501_init()	对象初始化函数，用于设置所连接的 GPIO 工作方式
Drv_Hcsr501	drv_hcsr501_get_level()	读取 HCSR501 的输出电平以获得人体检测结果
Drv_Led	drv_led_init()	对象初始化函数，用于设置 LED 灯所连接的 GPIO 工作方式
Drv_Led	drv_led_on()	打开指定的 LED 灯
Drv_Led	drv_led_off()	关闭指定的 LED 灯
Drv_Led	drv_led_on_all()	打开所有 LED 灯
Drv_Led	drv_led_off_all()	关闭所有 LED 灯

5.10.5.2　人走关扇熄灯业务逻辑

图 5-21 所示的序列图详细描述了人走关扇熄灯业务的逻辑。

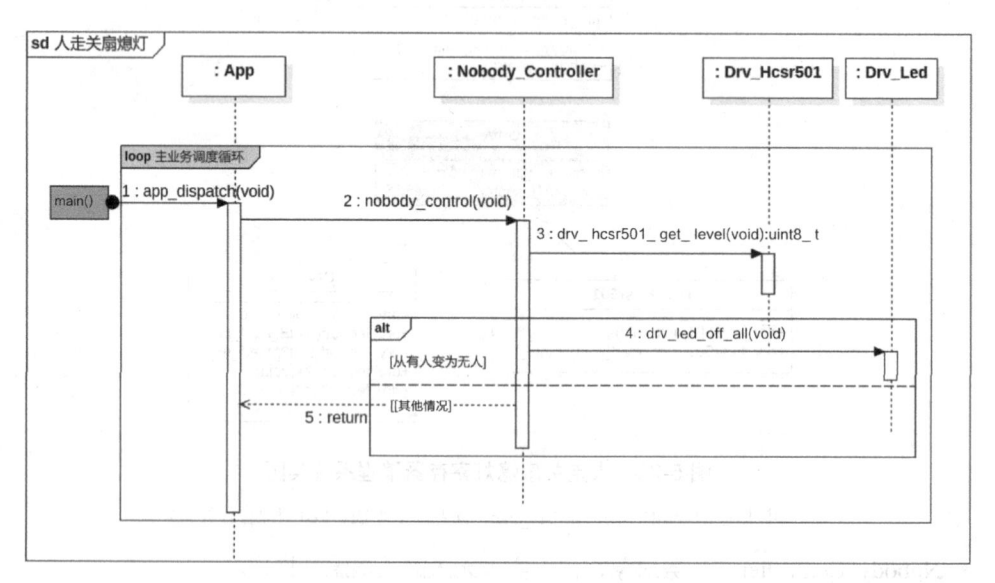

图 5-21　人走关扇熄灯业务的逻辑

（图中未画出关掉风扇的操作，请读者参考熄灭 LED 灯的操作自行补充）

在 main() 中，app 的 dispatch() 被循环调用以便进行业务调度。dispatch() 调用 Nobody_Controller 对象的 nobody_control() 函数进行人走关扇熄灯控制。

nobody_control() 函数首先调用 Drv_Hcsr501 的接口函数 drv_hcsr501_get_level() 获得 HCSR501 的输出电平，据此判断是否有人。如果是从有人状态变为无人状态，则调用 Drv_Led 对象的 drv_led_off_all() 关闭所有 LED 灯；如果是其他情况，则返回 dispath() 以调度其他业务执行。

5.10.6 LiteOS+库函数编程

5.10.6.1 系统类图

图 5-22 所示的人走关扇熄灯库函数编程系统类图与寄存器编程系统类图的不同点主要如下。

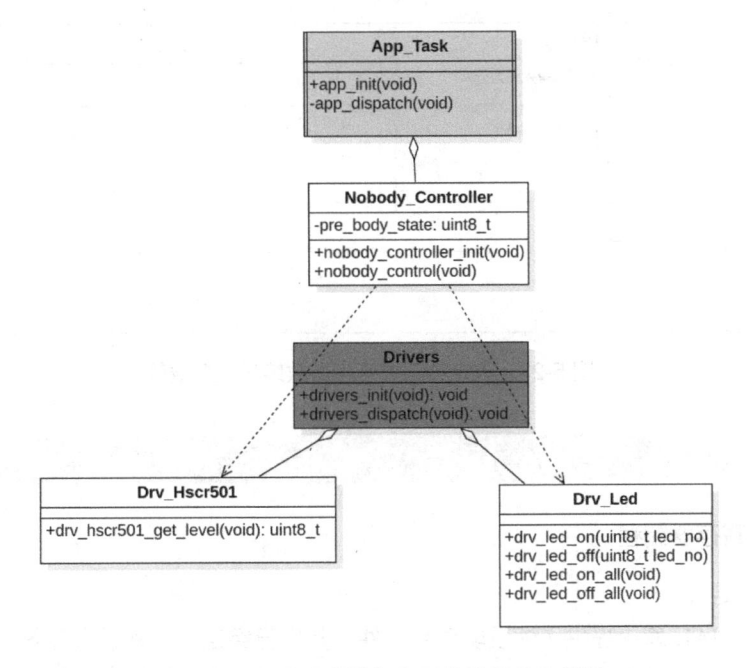

图 5-22 人走关扇熄灯库函数编程系统类图

- App_Task 以任务形式运行。
- Drv_Led 对象没有 drv_led_init() 操作。
- Drv_Hscr501 对象没有 drv_hcsr501_init() 操作。

本类图中的驱动对象不需要初始化函数的主要原因是，在库函数编程方法中，通常会使用 STM32CubeMX 配置外设，该工具会自动生成外设工作方式的初始化代码，如果不需要额外初始化工作，那么用户不需要另外编写初始化函数。

5.10.6.2 人走关扇熄灯库函数编程业务逻辑

人走关扇熄灯库函数编程业务逻辑如图 5-23 所示。app_dispatch()由 LiteOS 调度执行，在 app_dispatch()中循环调用 nobody_control()进行人走关扇熄灯控制。其他方面与寄存器编程的业务逻辑图类似，其差别在于业务的代码实现。

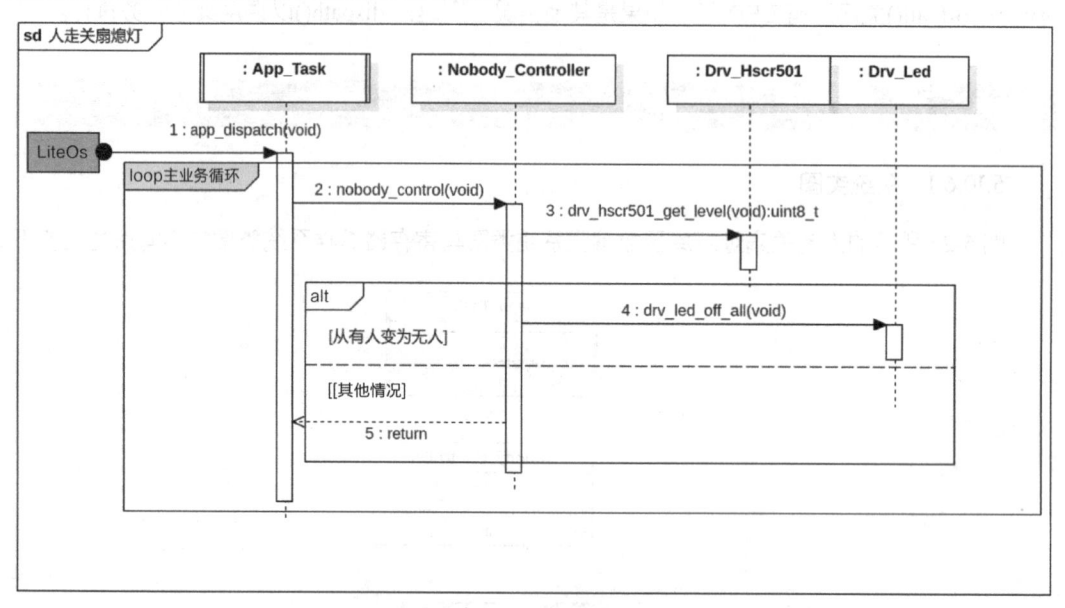

图 5-23　人走关扇熄灯库函数编程业务逻辑

5.10.7　系统实现

5.10.7.1　寄存器编程

1）寄存器定义

STM32 的 HAL 库中提供了外设驱动头文件，其中已经定义了外设寄存器。为了更好地理解外设寄存器的使用方法，在裸机工程中，我们重新定义使用到的外设寄存器。

本例中需要使用 GPIO 和 RCC，其寄存器定义如下。为了避免与外设库函数头文件中的定义冲突，在每个结构体变量前都加了 MY 前缀。

```
1    /* 文件：MyDrivers/drv_stm32f103.h */
2    #ifndef __DRV_STM32F103_H__
3    #define __DRV_STM32F103_H__
4    #include <stdint.h>
5    typedef struct{
```

```c
6       volatile uint32_t CR;
7       volatile uint32_t CFGR;
8       volatile uint32_t CIR;
9       volatile uint32_t APB2RSTR;
10      volatile uint32_t APB1RSTR;
11      volatile uint32_t AHBENR;
12      volatile uint32_t APB2ENR;
13  }RCC_st;
14
15  #define MYRCC_BASE 0x40021000
16  #define MYRCC ((RCC_st *)MYRCC_BASE)
17
18  typedef struct{
19      volatile uint32_t CRL;
20      volatile uint32_t CRH;
21      volatile uint32_t IDR;
22      volatile uint32_t ODR;
23      volatile uint32_t BSRR;
24      volatile uint32_t BRR;
25      volatile uint32_t LCKR;
26  }GPIO_st;
27  #define MYGPIOA_BASE 0x40010800
28  #define MYGPIOB_BASE 0x40010C00
29  #define MYGPIOC_BASE 0x40011000
30  #define MYGPIOD_BASE 0x40011400
31  #define MYGPIOE_BASE 0x40011800
32
33  #define MYGPIOA ((GPIO_st *)MYGPIOA_BASE)
34  #define MYGPIOB ((GPIO_st *)MYGPIOB_BASE)
35  #define MYGPIOC ((GPIO_st *)MYGPIOC_BASE)
36  #define MYGPIOD ((GPIO_st *)MYGPIOD_BASE)
37  #define MYGPIOE ((GPIO_st *)MYGPIOE_BASE)
38
39  #endif
```

设计要点如下。

（1）每个寄存器变量的声明都要使用 volatile 修饰符，目的是禁止编译优化，即每条读/写语句都要生成相应的对存储器读/写的硬件指令。

（2）外设相关的寄存器地址占用连续的地址空间，结构体中的寄存器变量顺序要与其偏移顺序一致。

（3）通过将外设寄存器起始地址强制转换为结构体指针类型，即可实现按结构体的形式访问各寄存器（第 33~37 行）。

2）LED 驱动对象 Drv_Led 的实现

drv_led.c 的实现代码如下。

```
1   /* 文件: MyDrivers/drv_led.c */
2   #include "drv_stm32f103.h"
3   #include "drv_led.h"
4
5   void drv_led_on(uint8_t led_no){
6       switch (led_no)
7       {
8       case LED1:
9       case LED2:
10          MYGPIOC->BRR = 1 << led_no;
11          break;
12      default:
13          break;
14      }
15
16  }
17  void drv_led_off(uint8_t led_no){
18      switch (led_no)
19      {
20      case LED1:
21      case LED2:
22          MYGPIOC->BSRR = 1 << led_no;
23          break;
24      default:
25          break;
26      }
27  }
28
29
30  void drv_led_off_all(void){
31      MYGPIOC->BSRR = 1 << LED1;
32      MYGPIOC->BSRR = 1 << LED2;
33  }
34
35  void drv_led_on_all(void){
36      MYGPIOC->BRR = 1 << LED1;
37      MYGPIOC->BRR = 1 << LED2;
38  }
39
```

```c
40  void drv_led_init(void){
41      // 开启 GPIOC 时钟
42      MYRCC->APB2ENR |= 1 << 4;
43      //将 GPIO 设置为推挽输出方式
44      MYGPIOC->CRL &= ~0xFF;
45      MYGPIOC->CRL |= 0x22;
46
47      // 设置初始状态为关闭 LED 灯
48      MYGPIOC->BSRR = 0x3;
49  }
50
51
52  /* 文件: MyDrivers/drv_led.h */
53  #ifndef __DRV_LED_H__
54  #define __DRV_LED_H__
55  #include <stdint.h>
56
57  #define LED1    0    //LED1 在 PC0 上
58  #define LED2    1    //LED1 在 PC1 上
59
60  void drv_led_on(uint8_t led_no);
61  void drv_led_off(uint8_t led_no);
62  void drv_led_on_all(void);
63  void drv_led_off_all(void);
64  void drv_led_init(void);
65
66  #endif
```

设计要点如下。

(1) 本例中, 所有 LED 灯都连接在 GPIOC 端口, 所以 LED 灯的编号可以用位码表示, 即在无符号变量中, 不同 LED 灯对应位为 1, 其余位为 0 表示的数作为其编码。

(2) 通过操作 BRR 和 BSRR 寄存器实现对数据寄存器 ODR 相应位的复位或置位, 代码简洁且不易出错。

(3) 在初始化函数中, 先启用对应的 GPIO 时钟, 然后设置 GPIO 的工作方式, 最后设置 LED 灯的初始状态, 即上电时关闭所有 LED 灯。

(4) 在头文件中定义 LED 灯的符号编码, 这些符号编码可以在其他模块中使用。另外, 需要暴露接口函数。

3) HCSR501 驱动对象 Drv_Hscr501 的实现

Drv_Hscr501 的实现代码如下。

```
1   /* 文件: MyDrivers/drv_hcsr501.c */
2   #include "drv_stm32f103.h"
3   #include "drv_hcsr501.h"
4
5   uint8_t drv_hcsr501_get_level(void){
6       uint8_t level;
7       level = (MYGPIOC->IDR>>6) & 0x01;
8       return level;
9   }
10
11
12  /* 文件: MyDrivers/drv_hcsr501.h */
13  void drv_hcsr501_init(void){
14      //使能GPIOC
15      MYRCC->APB2ENR |= 1<<4;
16      // 将GPIOC PC6设置为上拉输入
17      MYGPIOC->CRL &= ~(0xF<<6*4);
18      MYGPIOC->CRL |= 0x8<<6*4; //上拉输入
19      MYGPIOC->ODR |= 1<<6;
20  }
21
22
23  #ifndef __DRV_HCSR501_H__
24  #define __DRV_HCSR501_H__
25
26  #include <stdint.h>
27
28  uint8_t drv_hcsr501_get_level(void);
29  void drv_hcsr501_init(void);
30
31  #endif
```

设计要点如下。

- 先通过"左移"操作将连接在 PC6 上的 HCSR501 的输出状态移到 bit0 位,然后通过"位与"操作仅保留 HCSR501 的状态值,其他位都被清零(第 7 行)。

4)应用对象 Nobody_Controller 的实现

Nobody_Controller 的实现代码如下。

```
1   /* 文件: App/nobody_controller.c */
2   #include "drivers.h"
3   #include "nobody_controller.h"
4
```

```
5    static uint8_t pre_body_state;
6
7    void nobody_control(void){
8        uint8_t body_state;
9        body_state = drv_hcsr501_get_level();
10       if(pre_body_state == SOMEBODY && body_state == NOBODY){
11           drv_led_off_all();
12       }
13       pre_body_state = body_state;
14   }
15
16   void nobody_controller_init(void){
17       pre_body_state = drv_hcsr501_get_level();
18   }
19
20
21   /* 文件: App/nobody_controller.h */
22   #ifndef __NOBODY_CONTROLLER_H__
23   #define __NOBODY_CONTROLLER_H__
24
25   #define NOBODY      0
26   #define SOMEBODY    1
27
28   void nobody_control(void);
29   void nobody_controller_init(void);
30   #endif
```

设计要点如下。

（1）通过 static 修饰符，将 pre_body_state 指定为私有变量（第 5 行）。

（2）对 pre_body_state 变量初始化，以如实反映系统启动时的人体检测状态（第 17 行）。

5）调度执行

各对象开发完成后，需要将其装配到系统中才能运行。

（1）使用 Drivers 对象管理驱动对象。

在 drivers.h 中包含各驱动对象的头文件，方便系统中的其他对象引用各驱动对象。

```
1    /* 文件: MyDrivers/drivers.h */
2    #ifndef __DRIVERS_H__
3    #define __DRIVERS_H__
4    #include "drv_led.h"
5    #include "drv_hcsr501.h"
6
7    void drivers_init(void);
```

```
8
9    #endif
```

在 drivers_init() 中调用各驱动的初始化函数初始化相应外设。

```
1    /* 文件: MyDrivers/drivers.c */
2    #include "drivers.h"
3    #include "drv_stm32f103.h"
4
5    void drivers_init(void){
6        drv_led_init();
7        drv_hcsr501_init();
8    }
```

（2）使用 App 对象调度业务。

在 App.app_init() 中调用 nobody_controller_init() 初始化 Nobody_Controller 对象。

在 App.app_dispatch() 中调用 nobody_control() 进行人走关扇熄灯的业务操作。

```
1    /* 文件: App/app.c */
2    #include "drivers.h"
3    #include "app.h"
4
5    void app_init(void){
6        drv_led_on_all(); // 为方便测试，初始化时打开所有 LED 灯
7        nobody_controller_init();
8    }
9
10   void app_dispatch(void){
11       nobody_control();
12   }
13
14   /* 文件: App/app.h */
15
16   #ifndef __APP_H__
17   #define __APP_H__
18
19   #include <stdio.h>
20   #include "nobody_controller.h"
21
22   void app_init(void);
23   void app_dispatch(void);
24
25   #endif
```

5.10.7.2 LiteOS+库函数编程

1）使用 STM32CubeMX 配置外设

在 STM32CubeMX 中如表 5-10 所示配置 LED1、LED2、HCSR501 的 GPIO 参数，如图 5-24 所示。

表 5-10 配置 LED1、LED2、HCSR501

外设	引脚	工作方式	初始电平	引脚标签
LED1	PC0	推挽输出	高	LED1
LED2	PC1	推挽输出	高	LED2
HCSR501	PC6	上拉输入		HCSR501_OUT

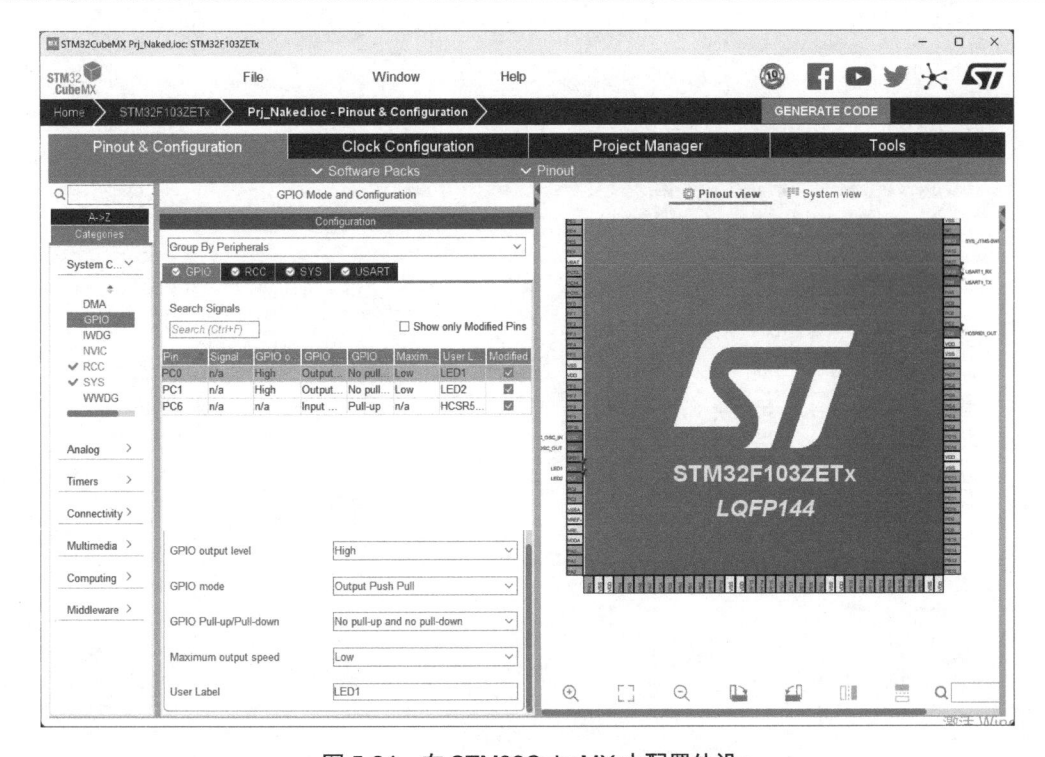

图 5-24 在 STM32CubeMX 中配置外设

配置完后生成代码，所配置的 GPIO 外设的初始化代码在 "targets/STM32F103_ZET6/Prj_Naked/Core/Src/gpio.c" 文件中，初始化函数为 MX_GPIO_Init()，该函数在 main()函数中被调用。因此，在驱动层不需要再编写外设寄存器的初始化代码。

2）代码实现

限于篇幅，LiteOS+库函数的代码实现请参考本书配套的学习资源。

5.11 习题

1．简述 GPIO 端口的功能。
2．GPIO 有哪些工作模式？
3．GPIO 有哪些寄存器，各自的功能是什么？
4．HAL 库提供了哪些 GPIO 操作库函数，有哪些相关的符号定义？
5．使用寄存器编程和"LiteOS+库函数"两种编程方法，实现人走关闭风扇控制。
6．使用寄存器编程和"LiteOS+库函数"两种编程方法，实现使用按键控制所有灯的开/关功能。

第 6 章

中断控制

中断是 CPU 与外设通信的一种方式,它是嵌入式系统能够快速、实时响应外部请求的硬件基础,也是 CPU 与外设并行工作、多任务并发执行的硬件基础。理解中断的工作原理、熟悉中断编程方法,对于掌握嵌入式系统开发有着重要作用。

6.1 学习目标

本章的学习目标如下。
- 理解中断的工作原理。
- 掌握中断优先级、组优先级/子优先级、中断向量表、软件中断、硬件中断和中断响应的概念。
- 理解中断与事件的联系与区别。
- 理解中断响应过程。
- 掌握中断编程方法。
- 熟悉利用类图、序列图进行系统建模的方法。
- 掌握创建 LiteOS 任务的方法。
- 掌握 LiteOS 注册中断的方法。
- 掌握使用 STM32CubeMX 配置 GPIO 和 NVIC 中断的方法。

6.2 中断的工作原理

中断是指 CPU 正在执行某个程序时,由于有更紧急的事件发生,暂停当前程序的执行而转去执行另一段程序以处理更紧急的事件，处理完后返回原程序继续执行的过程。

STM32F103ZET6 的中断控制器分为两级，即内核级（NVIC）和外设级（EXTI）。

6.2.1 NVIC 中断控制器

6.2.1.1 NVIC 中断概述

NVIC 被称为嵌套的中断向量控制器（Nested Vector Interrupt Controller），它是 Cortex-M3 的组成部分，支持多达 240 个中断请求，实际使用的中断请求数由芯片厂商确定。STM32F1xx 芯片的 IRQs 最多为 81 个，不同型号的产品有所差别。STM32F103ZET6 有 60 个中断、10 个异常。

NVIC 的中断源有 4 种，分别为片内外设、片外外设（EXTI）、系统节拍定时器 SysTick Timer 和处理器异常。除了 NMI（Non Maskable Interrupt）中断，其他中断都可以被使能或屏蔽，Cortex-M3 NVIC 中断源如图 6-1 所示。

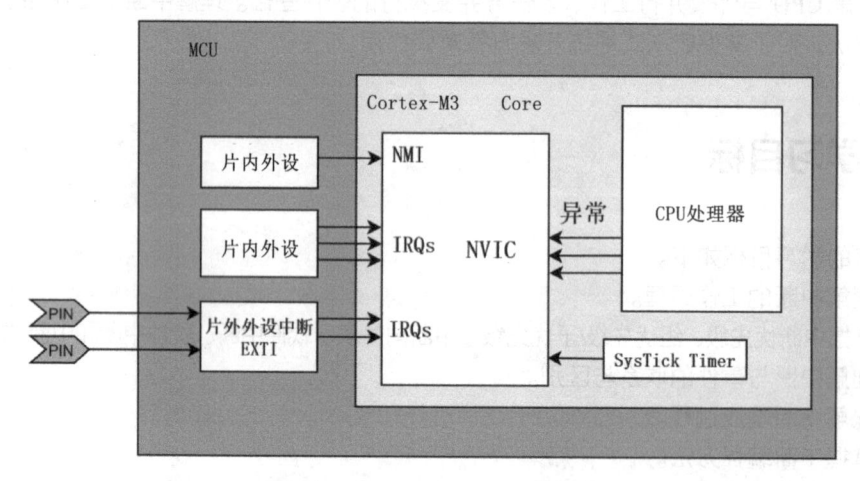

图 6-1 Cortex-M3 NVIC 中断源

6.2.1.2 中断优先级

中断优先级是指给每个中断分配一个优先号，在多个中断同时发生时，这个优先号决定系统优先响应哪个中断。

中断优先级可以从多个角度进行分类，包括优先级是否可配置、是否能够抢占 CPU 和抢占的强度、优先级分配方式等。

1）可配置优先级

每个中断请求都有一个可以通过软件设置的优先级，称为可配置优先级。

可配置优先级有 16 级，取值范围为 0~15。数字越小，优先级越高。

Reset、NMI 和 HardFault 三个异常的中断优先级是固定的，分别是-3、-2、-1。这三个异常的中断优先级高于任何其他外设的优先级。其中，NMI 是不可屏蔽中断。

2）自然优先级

除了可配置优先级，系统还为每个中断/异常都配置了一个固定的优先级，称为自然优先级。STM32F103 的自然优先级取值范围为-3~66。

3）剥夺式优先级与响应式优先级

Cortex-M3 的中断优先级都是抢占式的，但是，根据抢占 CPU 的强度和时机，中断优先级又分为如下两种类型。

剥夺式优先级：高优先级的中断请求可以随时中断正在进行的低优先级中断服务，即抢占低优先级服务的 CPU，从而形成中断嵌套。

响应式优先级：这种优先级的特点是，当有两个不同优先级的中断请求同时发生时，高优先级的中断请求将得到优先响应。如果优先级相同，那么中断号小的，即自然优先级高的中断请求得到优先响应。响应式优先级不能剥夺中断服务的 CPU，也就是说，当响应式低优先级的中断请求正在服务时，即使此时有响应式高优先级中断发生，也不能剥夺其 CPU，要等到该中断服务完成后才能被处理。

4）组优先级与子优先级及其分组模式

一个中断的剥夺式优先级与响应式优先级的分配是通过组优先级和子优先级来指定的，即组优先级用于指定剥夺式优先级，子优先级用于指定响应式优先级。

每个中断的可配置优先级占 1 字节，即 8 位。但 Cortex-M3 系统中只使用了其中的高 4 位，低 4 位值固定为 0。这些优先级保存在 NVIC 的优先级寄存器 IPRx（x 为 0~16）中。

高 4 位（bit7:4）优先级分成两部分：组优先级与子优先级，如图 6-2 所示。

组优先级和子优先级所占位数，即分组模式，需要通过 SCB.AIRCR 寄存器的 PRIGROUP 域指定。PRIGROUP 占 3 位，其取值与组优先级/子优先级的位数及分配关系如表 6-1 所示。

组优先级	子优先级

图 6-2 组优先级与子优先级

表 6-1 PRIGROUP 取值与组优先级/子优先级的位数及分配关系

PRIGROUP 取值	组优先级位数	子优先级位数	说明
7	0	4	0 个剥夺式优先级，16 个响应式优先级。此种方案相当于禁用了中断嵌套功能
6	1	3	2 个剥夺式优先级，8 个响应式优先级
5	2	2	4 个剥夺式优先级，4 个响应式优先级
4	3	1	8 个剥夺式优先级，2 个响应式优先级
3/2/1/0	4	0	16 个剥夺式优先级，0 个响应式优先级

6.2.1.3 软件中断

软件中断是指通过软件触发的中断。几乎所有中断/异常都可以通过软件触发。

有如下三种方法产生软件中断。

（1）通过指令直接将中断挂起寄存器中的位置 1，则对应的中断请求发生。

（2）通过将中断号写入软件触发中断寄存器 STIR 来触发相应的中断。

（3）执行特殊指令触发特定中断，如执行 SVC 指令将触发 SVC 异常。

如果用户的一些代码需要在特权级下执行，可以考虑将这些代码放在软件中断服务中执行，也就是利用系统未使用的硬件中断服务，比如 IRQ 30，默认用于 Timer4 的硬件中断，如果 Timer4 未启用，则可以通过软件来触发该中断以执行自己的特权代码。

6.2.1.4 中断向量表

中断向量是指中断服务程序的入口地址。系统中所有中断服务程序的入口地址排列在一块连续的内存区域中，这块区域被称为中断向量表。

STM32F103 的中断向量表结构如表 6-2 所示。

表 6-2 STM32F103 的中断向量表结构

序号	表项偏移量	中断向量类型
0	0x00	MSP 的初值
1	0x04	复位向量
2	0x08	NMI 向量
3	0x0C	硬件 Fault 向量
4	0x10	内存管理 Fault 向量
5	0x14	总线 Fault 向量
6	0x18	用户 Fault 向量
7～10	0x1C～0x28	保留
11	0x2C	SVC 向量
...	...	……

中断向量表的存储位置是可以设置的，默认从地址 0 开始。通过设置中断向量表重定位寄存器 SCB.VTOR 的值即可改变其存放地址。

在中断响应时，NVIC 要进行查表操作，以便使系统能跳转到相应的中断服务程序去执行。例如，如果发生了 EXTI1 中断，NVIC 会计算出偏移量，即(7+16)×4=0x5C（16=10 个异常+6 个保留的异常），然后用这个偏移量加上中断向量表的起始地址，从表中取出 EXTI1 的中断向量，再跳转到该中断向量指向的存储器地址去执行。

下面的代码来自系统启动文件 startup_stm32f103xe.s，从中可以看出中断向量表的定义。每个中断向量占1字，即32位，其内容为中断服务函数的名称，即中断服务程序的入口地址。

```
1    /******************************************************************
2     *
3     * The minimal vector table for a Cortex M3. Note that the proper constructs
4     * must be placed on this to ensure that it ends up at physical address
5     * 0x0000.0000.
6     *
7     ******************************************************************/
8       .section .isr_vector,"a",%progbits
9       .type g_pfnVectors, %object
10      .size g_pfnVectors, .-g_pfnVectors
11
12
13   g_pfnVectors:
14
15      .word _estack
16      .word Reset_Handler
17      .word NMI_Handler
18      .word HardFault_Handler
19      .word MemManage_Handler
20      .word BusFault_Handler
21      .word UsageFault_Handler
22      .word 0
23      .word 0
24      .word 0
25      .word 0
26      .word SVC_Handler
27      .word DebugMon_Handler
28      .word 0
29      .word PendSV_Handler
30      .word SysTick_Handler
31      .word WWDG_IRQHandler
32      .word PVD_IRQHandler
33      .word TAMPER_IRQHandler
34      .word RTC_IRQHandler
35      .word FLASH_IRQHandler
36      .word RCC_IRQHandler
37      .word EXTI0_IRQHandler
38      .word EXTI1_IRQHandler
39      .word EXTI2_IRQHandler
40      ......  //其他代码
```

6.2.1.5 中断处理过程

完整的中断处理过程包括中断响应、中断服务和中断返回三步,对其说明如下。

1)中断响应

中断请求发生后,在执行中断服务程序之前,CPU 需要先进行一些断点和现场保存等准备操作,称为中断响应。

对于 STM32F103,中断响应执行的操作有如下三个。

(1)现场入栈:把被中断的主程序的现场,即 8 个寄存器的值压入堆栈。

(2)查表取中断向量:从向量表中取出服务程序的入口地址。

(3)修改 SP、LR 与 PC 寄存器,清除中断挂起位,设置中断活跃位。

现场入栈是中断响应第一个要执行的操作,需要入栈的寄存器包括 xPSR、PC、LR、R12,以及 R0~R3。其中,$xPSR$ 为程序状态寄存器,LR 为链接寄存器,PC 为被中断的程序地址,即返回地址或断点。

假设当前 SP 的值为 x,则入栈后的堆栈内容如表 6-3 所示。

表 6-3 入栈后的堆栈内容

栈内偏移	入栈寄存器
被中断例程的 SP	
$x-4$	$xPSR$
$x-8$	PC(返回地址/断点)
$x-12$	LR
$x-16$	R12
$x-20$	R3
$x-24$	R2
$x-28$	R1
$x-32$(新 SP 的值)	R0

取中断向量与入栈操作是并行进行的(比入栈操作起始时间略后),因为取中断向量包括后续的取中断服务程序指令都是通过指令总线实现的,而入栈操作是通过数据总线实现的,这也正是哈佛结构所要达到的效果。

2)中断服务

中断服务是指中断发生时需要完成的特定功能,如发送数据、采集温度、触发报警等。由于中断会阻塞主程序或任务(在操作系统环境下),因此中断服务程序不能占用太多 CPU 时间,以免破坏被阻塞业务的实时性要求。如果中断服务程序要完成的功能很耗时,那么可以考虑分成多个阶段执行或者交给主程序或任务（在操作系统环境下）执行。

3）中断返回

中断服务完成后，需要执行中断返回操作才能正确返回到被中断的主程序。

STM32F103 中断返回需要完成以下操作。

（1）恢复现场：执行 POP 出栈操作，将中断响应时压入堆栈的 8 个现场寄存器恢复。

（2）更新 NVIC 寄存器：清除被服务中断请求的中断活跃位。

6.2.2　NVIC 中断相关寄存器

与 NVIC 中断相关的寄存器有 NVIC 寄存器、系统控制块 SCB 寄存器、与 NVIC 中断相关的 CPU 寄存器，分别如图 6-3～图 6-5 所示。

```
         NVIC
+ ISER0-1  //设置中断使能
+ ICER0-1  //清除中断使能
+ ISPR0-1  //设置中断挂起
+ ICPR0-1  //清除中断挂起
+ IABR0-1  //中断活跃位
+ IPR0-14  //中断优先级
+ STIR     //软件触发中断
```

图 6-3　NVIC 寄存器

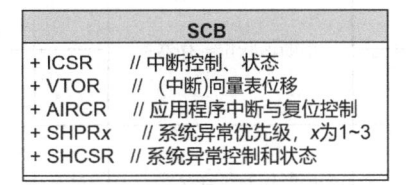

```
            SCB
+ ICSR    //中断控制、状态
+ VTOR    //（中断）向量表位移
+ AIRCR   //应用程序中断与复位控制
+ SHPRx   //系统异常优先级，x为1~3
+ SHCSR   //系统异常控制和状态
```

图 6-4　系统控制块 SCB 寄存器

```
          CPU Rs
+PRIMASK //优先级可配置的异常屏蔽R
+BASEPRI //基本优先级数R
+CONTROL //控制R
```

图 6-5　与 NVIC 中断相关的 CPU 寄存器

6.2.2.1　NVIC 寄存器

NVIC 寄存器包括中断使能寄存器、软件触发中断寄存器、中断挂起寄存器、中断活跃位寄存器、中断优先级寄存器等，NVIC 寄存器说明如表 6-4 所示。

表 6-4　NVIC 寄存器说明

名称	功能	操作	说明
ISER0	设置中断使能寄存器，即开中断	r/s	写 1，使能对应中断请求；写 0 无效。bit0~31 对应中断 0~31
ISER1		r/s	写 1，使能对应中断请求；写 0 无效。bit0~27 对应中断 32~59
ICER0	清除中断使能寄存器，即关中断	r/s	写 1，关闭对应中断请求；写 0 无效。bit0~31 对应中断 0~31
ICER1		r/s	写 1，关闭对应中断请求；写 0 无效。bit0~27 对应中断 32~59

续表

名称	功能	操作	说明
ISPR0	设置中断挂起寄存器	r/s	写1，对应中断挂起位置1；写0无效。bit0~31对应中断0~31。用于软件触发中断请求。对已经挂起的中断写1无效，对禁用的中断写1有效
ISPR1		r/s	写1，对应中断挂起位置1；写0无效。bit0~27依次对应中断32~59。用于软件触发中断请求。对已经挂起的中断写1无效，对禁用的中断写1有效
ICPR0	清除中断挂起寄存器	r/s	写1，对应中断挂起位清零；写0无效。bit0~31对应中断0~31。对活跃的（正在服务）中断写1无效
ICPR1		r/s	写1，对应中断挂起位清零；写0无效。bit0~27对应中断32~59。对活跃的（正在服务）中断写1无效
IABR0	中断活跃位寄存器	r	1对应中断请求处于活跃状态，即正在服务。0对应中断请求处于非活跃状态。bit0~31对应中断0~31
IABR1		r	1对应中断请求处于活跃状态，即正在服务。0对应中断请求处于非活跃状态。bit0~27对应中断32~59
IPR0~IPR14	中断优先级寄存器	r/w	每个寄存器（32位）用于设置4个中断优先级，每个中断优先级使用其中1字节的高4位。中断号N与所在的寄存器编号M及寄存器内的字节偏移O之间的关系：$M = N/4$，$O = N\%4$
STIR	软件触发中断寄存器	r/w	该寄存器的bit0~7是INTID，即中断ID域，占8位，其他位无效。向INTID域写入N，则触发中断N请求

根据表6-5可知，NVIC使用IPR0~IPR14共15个寄存器设置中断优先级。中断优先级使用1字节表示，数字越小，优先级越高。STM32F1xx只使用了字节的高4位（低4位为0），这4位由组优先级和子优先级两部分组成，分别对应剥夺式优先级和响应式优先级。

表6-5 各中断优先级在优先级寄存器中的位置

位号	31	30	29	28	27	26	25	24	23	22	21	20	19	18	17	16	15	14	13	12	11	10	9	8	7	6	5	4	3	2	1	0
IPR0	RTC				0	0	0	0	TAMPER				0	0	0	0	PVD				0	0	0	0	WWDG				0	0	0	0
IPR1	EXTI1				0	0	0	0	EXTI0				0	0	0	0	RCC				0	0	0	0	FLASH				0	0	0	0
IPR2	DMA1-CH1				0	0	0	0	EXTI4				0	0	0	0	EXTI3				0	0	0	0	EXTI2				0	0	0	0
IPR3	DMA1-CH5				0	0	0	0	DMA1_CH4				0	0	0	0	DMA1_CH3				0	0	0	0	DMA1_CH2				0	0	0	0
IPR4	USB_HP				0	0	0	0	ADC1_2				0	0	0	0	DMA1_CH7				0	0	0	0	DMA1_CH6				0	0	0	0
IPR5	EXTI9_5				0	0	0	0	CAN_SCE				0	0	0	0	CAN_RX1				0	0	0	0	USB-LP				0	0	0	0

续表

位号	31	30	29	28	27	26	25	24	23	22	21	20	19	18	17	16	15	14	13	12	11	10	9	8	7	6	5	4	3	2	1	0
IPR6	TIM1_CC				0	0	0	0	TIM1_TRG				0	0	0	0	TIM1_UP				0	0	0	0	TIM1_BRK				0	0	0	0
IPR7	I2C1_EV				0	0	0	0	TIM4				0	0	0	0	TIM3				0	0	0	0	TIM2				0	0	0	0
IPR8	SPI1				0	0	0	0	I2C2_ER				0	0	0	0	I2C2_EV				0	0	0	0	I2C1_ER				0	0	0	0
IPR9	USART3				0	0	0	0	USART2				0	0	0	0	USART1				0	0	0	0	SPI2				0	0	0	0
IPR10	TIM8_BRK				0	0	0	0	USBWakeUp				0	0	0	0	RTCAlarm				0	0	0	0	EXTI 15_10				0	0	0	0
IPR11	ADC3				0	0	0	0	TIM8_CC				0	0	0	0	TIM8_TRG				0	0	0	0	TIM8_UP				0	0	0	0
IPR12	SPI3				0	0	0	0	TIM5				0	0	0	0	SDIO				0	0	0	0	FSMC				0	0	0	0
IPR13	TIM7				0	0	0	0	TIM6				0	0	0	0	UART5				0	0	0	0	UART4				0	0	0	0
IPR14	DMA2_CH4_5				0	0	0	0	DMA2_CH3				0	0	0	0	DMA2_CH2				0	0	0	0	DMA2_CH1				0	0	0	0

因此，每个优先级寄存器（32 位）可以设置 4 个中断优先级。中断号 N 与所在的寄存器编号 M 及寄存器内的字节偏移 O 之间的关系为

$$M = N/4, \quad O = N\%4$$

例如，USART1 中断号为 37，则 $M=9$，$O=1$，所在寄存器为 IPR9 的字节 1。

6.2.2.2　SCB 中断相关寄存器

SCB 中断相关寄存器用于设置优先级分组模式、挂起/清除异常、重定位中断向量表等。

1）中断控制与状态寄存器 ICSR

系统控制块 SCB 中的 ICSR（Interrupt Control and State Register）用于设置或清除 NMI、PendSV、SysTick 的挂起位，也用于给出是否有中断请求、当前活跃的中断请求等信息，其位域定义如表 6-6 所示。

表 6-6　中断控制与状态寄存器 ICSR 的位域定义

位域	名称	操作	说明
31	NMIPENDSET	r/s	设置 NMI 异常挂起位。 写：1 为置位，0 为无效。读：1 为 NMI 已挂起，0 为 NMI 未挂起。 NMI 优先级最高且不可屏蔽，写 1 后将立即得到响应，挂起位被清零。 只在处理器正在进行 NMI 服务时才有可能读到 1
29、30	保留		总是读到 0
28	PENDSVSET	r/s	设置 PendSV 异常的挂起位。 写：1 为置位，0 为无效。读：1 为 PendSV 异常已挂起，0 为 PendSV 未挂起。 写 1 是触发 PendSV 异常的唯一方法
27	PENDSVCLR	s	清除 PendSV 异常的挂起位。 写：1 为清零，0 为无效

续表

位域	名称	操作	说明
26	PENDSTSET	r/s	设置 SysTick 异常的挂起位。 写：1 为置位，0 为无效。读：1 为 SysTick 异常已挂起，0 为 SysTick 未挂起
25	PENDSTCLR	s	清除 SysTick 异常的挂起位。 写：1 为清零，0 为无效
24	保留		总是读到 0
23	保留给 Debug 使用		不在 Debug 状态时总是读到 0
22	ISRPENDING	r	是否有中断挂起。 0 表示没有中断挂起，即没有要处理的中断。1 表示有中断挂起，即有中断请求发生
12～21	VECTPENDING	r	Pending vector。正挂起且使能的最高优先级中断号。读到 0 表示没有中断被挂起
11	RETOBASE	r	Return to base level，指示是否有活跃的剥夺式异常。 0 表示有剥夺的活跃异常要执行，1 表示没有剥夺的活跃异常，或当前正执行的异常是唯一的活跃异常
9、10	保留		总是读到 0
0～8	VECTACTIVE	r	Active vector，活跃异常的中断号。 0 表示线程模式，即没有活跃异常。其他值为当前活跃异常的中断号

注：ICSR 需要在特权模式下才能修改。

2）中断向量表偏移寄存器 VTOR

系统控制块 SCB 中的 VTOR（Vector Table Offset Register）用于设置中断向量表的偏移量（相对于地址 0x0），从而实现中断向量表的重新定位，其位域定义如表 6-7 所示。

表 6-7 中断向量表偏移寄存器 VTOR 的位域定义

位域	名称	操作	说明
30、31	保留		总是读到 0
7～29	TBLOFF	r/w	中断向量表偏移量。 其中，bit28:9 用于设置偏移量（相对地址 0）。bit29 有特殊意义，用于指定向量表位于代码区或 SRAM 区：0 为代码区，1 为 SRAM 区。 代码区通常是 Flash 内存，其访问速度比 SRAM 速度慢
0～6	保留		总是读到 0

注：VTOR 需要在特权模式下才能修改。

中断向量表的偏移量必须是 128 字对齐，即 512 字节对齐，所以偏移量的最低 8 位必须是 0，这也是 VTOR 的偏移量域从 bit9 开始的原因。

3）应用程序中断和复位控制寄存器 AIRCR

系统控制块 SCB 中的 AIRCR（Application Interrupt and Reset Control Register）的位域定义如表 6-8 所示，用于：

（1）设置优先级分组模式。
（2）数据访问的大小端模式。
（3）复位系统。

表 6-8 应用程序中断和复位控制寄存器 AIRCR 的位域定义

位域	名称	操作	说明
16~31	VECTKEYSTAT/VECTKEY	r/w	读操作返回 0xFA05，称为 VECTKEYSTAT；要更改此寄存器的值，必须同时对本位域写入 0xFA05，此时称为 VECTKEY，否则写入操作无效
15	ENDIANESS	r	数据存储模式。 0：小端模式（低字节在前）；1：大端模式（高字节在前）
11~14	保留		总是读到 0
8~10	PRIGROUP	r/w	优先级分组模式域，用于确定 4 位长度的优先级中组优先级和子优先级所占的位数
3~7	保留		总是读到 0
2	SYSRESETREQ	w	系统复位请求。写 1 复位系统，写 0 不进行系统复位操作
1	VECTCLRACTIVE	w	保留给 Debug 使用。读操作返回 0，写操作必须写入 0，否则结果不可预测
0	VECTRESET	w	保留给 Debug 使用。读操作返回 0，写操作必须写入 0，否则结果不可预测

注：AIRCR 需要在特权模式下才能修改。PRIGROUP 确定的优先级分组模式参见组优先级与子优先级的内容。

4）系统服务优先级寄存器 SCB_SHPR*x*

系统控制块 SCB 中的系统服务优先级寄存器 SHPR*x*（1~3）的位域定义如表 6-9 所示，用于设置系统异常的优先级。优先级取值范围为 0~15。

表 6-9 系统服务优先级寄存器 SHPR*x* 的位域定义

寄存器	位域	名称	操作	说明
SHPR1	24~31	保留		
	16~23	PRI_6	r/w	系统服务 6，即使用故障（Usage Fault）的优先级。高 4 位有效，取值为 0~15
	8~15	PRI_5	r/w	系统服务 5，即总线故障（Bus Fault）的优先级。高 4 位有效，取值为 0~15
	0~7	PRI_4	r/w	系统服务 4，即内存管理故障（MemManage）的优先级。高 4 位有效，取值为 0~15

寄存器	位域	名称	操作	说明
SHPR2	24~31	PRI_11	r/w	系统服务 11,即系统调用(SVCCall)的优先级。高 4 位有效,取值为 0~15
	0~23	保留		
SHPR3	24~31	PRI_15	r/w	系统服务 15,即系统节拍(SysTick)异常的优先级。高 4 位有效,取值为 0~15
	16~23	PRI_14	r/w	系统服务 14,即可挂起的系统调用(PendSV)的优先级。高 4 位有效,取值为 0~15
	0~15	保留		

5)系统异常控制和状态寄存器 SCB_SHCSR

系统异常控制和状态寄存器 SCB_SHCSR 用于使能异常、标志异常是否挂起或激活。

系统异常控制和状态寄存器 SCB_SHCSR 的位域定义如表 6-10 所示。

表 6-10 系统异常控制和状态寄存器 SCB_SHCSR 的位域定义

位域	名称	操作	说明
19~31	保留		总是读到 0
18	USGFAULTENA	rw	使用故障异常使能位。1 为使能,0 为关闭
17	BUSFAULTENA	rw	总线故障异常使能位。1 为使能,0 为关闭
16	MEMFAULTENA	rw	内存管理故障异常使能位。1 为使能,0 为关闭
15	SVCALLPENDED	rw	SVC 调用挂起位。1 为挂起,0 为未挂起
14	BUSFAULTPENDED	rw	总线故障异常挂起位。1 为挂起,0 为未挂起
13	MEMFAULTPENDED	rw	内存管理故障异常挂起位。1 为挂起,0 为未挂起
12	USGFAULTPENDED	rw	使用故障异常挂起位。1 为挂起,0 为未挂起
11	SYSTICKACT	rw	SysTick 异常激活位。1 为激活,0 为未激活
10	PENDSVACT	rw	PendSV 异常激活位。1 为激活,0 为未激活
9	保留		总是读到 0
8	MONITORACT	rw	调试监控器激活位。1 为激活,0 为未激活
7	SVCALLACT	rw	SVC 调用激活位。1 为激活,0 为未激活
4~6	保留		总是读到 0
3	USGFAULTACT	rw	使用故障异常激活位。1 为激活,0 为未激活
2	保留		总是读到 0
1	BUSFAULTACT	rw	总线故障异常激活位。1 为激活,0 为未激活
0	MEMFAULTACT	rw	内存管理故障异常激活位。1 为激活,0 为未激活

6.2.2.3 与中断相关的 CPU 寄存器

与中断相关的 CPU 寄存器有 PRIMASK、FAULTMASK 和 BASEPRI，用于对中断和异常进行总体控制，其位域定义如表 6-11 所示。

表 6-11 与中断相关的 CPU 寄存器的位域定义

寄存器	位域	名称	操作	说明
PRIMASK（Priority Mask）	1~31	保留	总是读 0	
	0	PRIMASK	r/w	优先级可配置的异常屏蔽位。0 为不屏蔽，1 为屏蔽
FAULTMASK	1~31	保留	总是读 0	
	0	FAULTMASK	r/w	所有异常屏蔽位（NMI 除外）。0 为不屏蔽，1 为屏蔽
BASEPRI	8~31	保留	总是读 0	
	0~7	BASEPRI	r/w	基本优先级寄存器。0 为没有影响，非 0 值为所有优先级级数大于或等于该值的中断或异常均被屏蔽

注：与中断相关的 CPU 寄存器需要在特权状态下才能进行写操作。

6.2.2.4 NVIC 寄存器映射

NVIC 寄存器组的起始地址为 0xE000 E100，其地址偏移量如表 6-12 所示。

表 6-12 NVIC 寄存器的地址偏移量

偏移地址	寄存器名	复位值
0x00	NVIC_ISER0	0x0000 0000
0x04	NVIC_ISER1	0x0000 0000
0x08	NVIC_ISER2	0x0000 0000
0x80	NVIC_ICER0	0x0000 0000
0x84	NVIC_ICER1	0x0000 0000
0x88	NVIC_ICER2	0x0000 0000
0x100	NVIC_ISPR0	0x0000 0000
0x104	NVIC_ISPR1	0x0000 0000
0x108	NVIC_ISPR2	0x0000 0000
0x180	NVIC_ICPR0	0x0000 0000
0x184	NVIC_ICPR1	0x0000 0000
0x188	NVIC_ICPR2	0x0000 0000
0x200	NVIC_IABR0	0x0000 0000

续表

偏移地址	寄存器名	复位值
0x204	NVIC_IABR1	0x0000 0000
0x208	NVIC_IABR2	0x0000 0000
0x300	NVIC_IPR0	0x0000 0000
...	...	0x0000 0000
0x33C	NVIC_IPR144	0x0000 0000
0xE00	NVIC_STIR	0x0000 0000

6.2.2.5 SCB 寄存器映射

SCB 寄存器组的起始地址为 0xE000 ED00，其地址偏移量如表 6-13 所示。

表 6-13 SCB 寄存器的地址偏移量

偏移地址	寄存器名	复位值
0x00	SCB_CPUID/CPU 标识 R	0x411F C231
0x04	SCB_ICSR/中断控制与状态 R	0
0x08	SCB_VTOR/向量表偏移量 R	0
0x0C	SCB_AIRCR/应用中断和复位控制 R	0xFA05 0000
0x10	SCB_SCR/系统控制 R	0
0x14	SCB_CCR/配置与控制 R	0x0000 0200
0x18	SCB_SHPR1/系统异常服务优先级 R1	0
0x1C	SCB_SHPR2/系统异常服务优先级 R2	0
0x20	SCB_SHPR3/系统异常服务优先级 R3	0
0x24	SCB_SHCSR/系统异常服务控制与状态 R	0
0x28	SCB_CFSR/可配置故障状态	0
0x2C	SCB_HFSR/硬件故障状态	0
0x34	SCB_MMFAR/内存管理故障地址	undefined
0x38	SCB_BFAR/总线故障地址	undefined

6.2.3 EXTI 外部中断控制器

6.2.3.1 EXTI 外部中断控制器的特性

EXTI 外部中断控制器的特性如下。

- 每个中断/事件都有独立的触发和屏蔽。

- 每个中断线都有专用的状态位（挂起位）。
- 支持多达 20 个软件的中断/事件请求（非互联型为 19 个）。

6.2.3.2 工作原理

图 6-6 所示为外部中断/事件控制器逻辑。

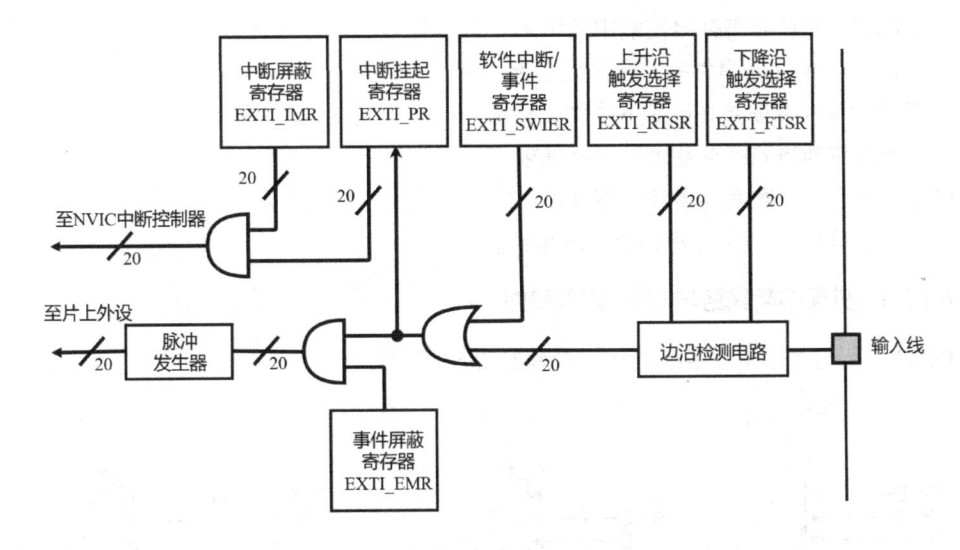

图 6-6 外部中断/事件控制器逻辑

外部中断信号从 GPIO 引脚输入，经过边沿检测电路后，将中断挂起寄存器（EXTI_PR）相应位置 1。如果中断是开放的（EXTI_IMR 相应位为 1），那么将该中断信号传送到 NVIC 中断控制器以触发中断请求；如果事件是开放的（EXTI_EMR 相应位为 1），将通过脉冲发生器产生脉冲触发一个事件，使与该事件相关的外设进行相应操作（如开始定时）。

中断或事件除了通过外部信号，还可以通过软件中断事件寄存器触发。
- 中断与事件的关系如下。

（1）中断是指相关请求会被送到 NVIC，由 CPU 进行响应，跳转到中断服务程序去执行，完成服务后再返回。

（2）事件是指相关请求被送到关联的外设，以启动外设完成特定操作。

（3）中断与事件都可以通过硬件或软件触发。
- 开启外部硬件中断需要进行如下操作。

（1）配置上升沿/下降沿触发选择寄存器，选择触发方式。

（2）配置中断屏蔽寄存器使能中断请求。

（3）使能 NVIC 对应的中断请求。

- 开启外部硬件事件需要进行如下操作。
（1）配置上升沿/下降沿触发选择寄存器，选择触发方式。
（2）配置中断屏蔽寄存器屏蔽中断请求。
（3）配置事件屏蔽寄存器使能事件。
- 开启软件中断需要进行如下操作。
（1）配置中断屏蔽寄存器使能中断请求。
（2）通过软件中断/事件寄存器触发中断。
- 开启软件事件需要进行如下操作。
（1）配置中断屏蔽寄存器屏蔽中断请求。
（2）配置事件屏蔽寄存器使能事件。
（3）通过软件中断/事件寄存器触发事件。

6.2.3.3 外部中断线路与 GPIO 输入映射

GPIO 引脚与外部中断线路的映射关系如图 6-7 所示。

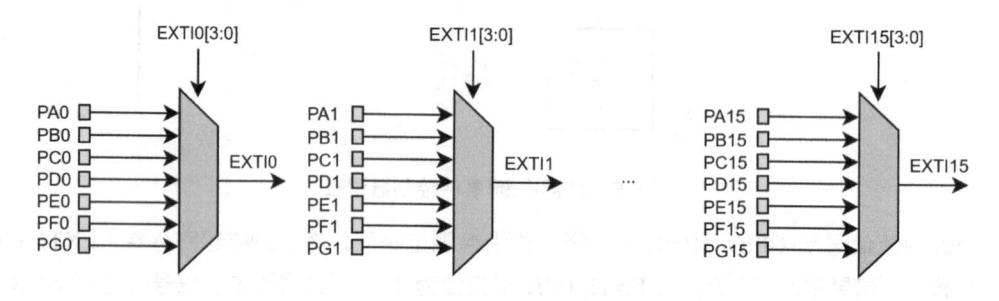

图 6-7　GPIO 引脚与外部中断线路的映射关系

16 个外部中断源映射到了所有的 GPIO 引脚上，且 GPIO 引脚号与外部中断源编号一致。编号为 n 的外部中断源具体由哪个 GPIO 的 n 引脚产生，需要通过 AFIO_EXTICRx 寄存器（x 为 1~4）的 EXTIn 位域（n=0~15）进行配置。

6.2.3.4 EXTI 寄存器

EXTI 寄存器共有 6 个，包括中断屏蔽寄存器、事件屏蔽寄存器、上升沿触发选择寄存器、下降沿触发选择寄存器、软件中断/事件寄存器和中断挂起寄存器。其中，EXTI_PR（中断挂起寄存器）是状态寄存器，其他寄存器都是控制寄存器，如图 6-8 所示。

各寄存器的位域定义如表 6-14 所示，复位时各寄存器的值均为 0。

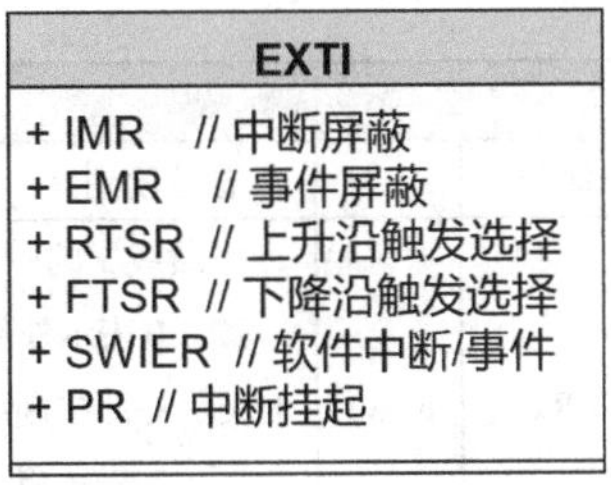

```
        ┌─────────────────────────┐
        │         EXTI            │
        ├─────────────────────────┤
        │ + IMR   // 中断屏蔽      │
        │ + EMR   // 事件屏蔽      │
        │ + RTSR  // 上升沿触发选择 │
        │ + FTSR  // 下降沿触发选择 │
        │ + SWIER // 软件中断/事件  │
        │ + PR    // 中断挂起      │
        └─────────────────────────┘
```

图 6-8　EXTI 寄存器

表 6-14　各寄存器的位域定义

寄存器	位域	名称	操作	说明
EXTI_IMR （中断屏蔽寄存器）	20～31	保留		总是读到 0
	0～19	Mx	r/w	外部中断线 x 的屏蔽位（x 为 0～19）。1：开放来自外部中断线 x 的中断；0：屏蔽来自外部中断线 x 的中断。 x：位号，对应外部中断线号。M19 只在互联产品中有效
EXTI_EMR （事件屏蔽寄存器）	20～31	保留		总是读到 0
	0～19	Mx	r/w	外部事件 x 的屏蔽位（x 为 0～19）。 1：开放来自外部中断线 x 的事件；0：屏蔽来自外部中断线 x 的事件。 x：位号，对应外部中断线号。M19 只在互联产品中有效
EXTI_RTSR （上升沿触发选择寄存器）	20～31	保留		总是读到 0
	0～19	TRx	r/w	外部中断线 x 的上升沿触发使能位（x 为 0～19）。 1：使能来自外部中断线 x 的上升沿触发中断；0：禁止来自外部中断线 x 的上升沿触发中断。 x：位号，对应外部中断线号。TR19 只在互联产品中有效
EXTI_FTSR （下降沿触发选择寄存器）	20～31	保留		总是读到 0
	0～19	FRx	r/w	外部中断线 x 的下降沿触发使能位（x 为 0～19）。 1：使能来自外部中断线 x 的下降沿触发中断；0：禁止来自外部中断线 x 的下降沿触发中断。 x：位号，对应外部中断线号。FR19 只在互联产品中有效
EXTI_SWIER （软件中断/事件寄存器）	20～31	保留		总是读到 0
	0～19	SWIEx	r/w	中断线 x 的软件触发中断/事件使能位（x 为 0～19）。 写 1：将 EXTI_PR 对应位置 1，即触发中断，当向 EXTI_PR 对应位写 1 时，EXTI_PR 位清零，此位也同时被清零。 x：位号，对应外部中断线号。SWIE19 只在互联产品中有效

续表

寄存器	位域	名称	操作	说明
EXTI_PR （中断挂起寄存器）	20～31	保留		总是读到 0
	0～19	PRx	rc_w1	中断线 x 的中断挂起位（x 为 0～19）。 读：0 表示外部中断线 x 未被挂起，即未触发中断请求； 1 表示外部中断线 x 被挂起，即已触发中断请求。 写：1 表示将对应位清零，0 为无效。 x：位号，对应外部中断线号。PR19 只在互联产品中有效

6.2.3.5 EXTI 寄存器地址映射

EXTI 寄存器组的起始地址为 0x4001 0400，其地址偏移量及复位值如表 6-15 所示。

表 6-15 EXTI 寄存器地址偏移量及复位值

地址偏移量	寄存器	复位值
00H	EXTI_IMR	0
04H	EXTI_EMR	0
08H	EXTI_RTSR	0
0CH	EXTI_FTSR	0
10H	EXTI_SWIER	0
14H	EXTI_PR	0

6.2.3.6 与 EXTI 中断相关的其他控制器寄存器

通过 GPIO 输入外部中断/事件触发信号，需要使用 GPIO 和 AFIO（替换功能）相关控制器寄存器，以便启用相应的时钟、进行引脚映射等。

GPIO 和 AFIO 相关控制器寄存器请参考第 5 章的内容。

6.3 STM32F103ZET6 异常与中断向量表

STM32F103ZET6 控制器具有 10 个异常和 60 个中断，中断优先级为 16 级，编号为 0～15，数字越小，优先级越高。

STM32F103ZET6 的异常与中断向量表如表 6-16 所示。

表 6-16 STM32F103ZET6 的异常与中断向量表

中断号	自然优先级	地址	异常/中断名	说明
		0x000		保留

续表

中断号	自然优先级	地址	异常/中断名	说明
	−3	0x004	Reset	复位异常
	−2	0x008	NMI	不可屏蔽异常
	−1	0x00C	HardFault	系统硬件访问异常
	0	0x010	MemManage	内存管理异常
	1	0x014	BusFault	总线异常
	2	0x018	UsageFault	使用异常(未定义指令)
		0x01C~0x02B		保留
	3	0x02C	SVC	SVC指令调用异常(用于调用操作系统服务)
	4	0x030	DebugMon	调试器异常
		0x034		保留
	5	0x038	PendSV	可挂起的SVC指令调用异常(用于调用操作系统服务)
	6	0x03C	SysTick	系统节拍定时器异常
0	7	0x040	WWDG	窗口看门狗中断
1	8	0x044	PVD	可编程电压检测中断
2	9	0x048	TAMPER	备份寄存器篡改中断
3	10	0x04C	RTC	实时时钟中断
4	11	0x050	Flash	Flash中断
5	12	0x054	RCC	RCC中断
6	13	0x058	EXTI0	外部中断0
7	14	0x05C	EXTI1	外部中断1
8	15	0x060	EXTI2	外部中断2
9	16	0x064	EXTI3	外部中断3
10	17	0x068	EXTI4	外部中断4
11	18	0x06C	DMA1_Channel1	DMA1通道1中断
12	19	0x070	DMA1_Channel2	DMA1通道2中断
13	20	0x074	DMA1_Channel3	DMA1通道3中断
14	21	0x078	DMA1_Channel4	DMA1通道4中断
15	22	0x07C	DMA1_Channel5	DMA1通道5中断
16	23	0x080	DMA1_Channel6	DMA1通道6中断
17	24	0x084	DMA1_Channel7	DMA1通道7中断
18	25	0x088	ADC1_2	ADC1和ADC2中断
19	26	0x08C	USB_HP_CAN_TX	USB高优先或CAN发送中断

续表

中断号	自然优先级	地址	异常/中断名	说明
20	27	0x090	USB_LP_CAN_RX0	USB 低优先或 CAN 接收 0 中断
21	28	0x094	CAN_RX1	CAN 接收 1 中断
22	29	0x098	CAN_SCE	CANSCE 中断
23	30	0x09C	EXTI9_5	外部中断 5~9
24	31	0x0A0	TIM1_BRK	TIM1 中止中断
25	32	0x0A4	TIM1_UP	TIM1 更新中断
26	33	0x0A8	TIM1_TRG_COM	TIM1 跳变中断
27	34	0x0AC	TIM1_CC	TIM1 捕获比较中断
28	35	0x0B0	TIM2	TIM2 中断
29	36	0x0B4	TIM3	TIM3 中断
30	37	0x0B8	TIM4	TIM4 中断
31	38	0x0BC	I2C1_EV	I²C1 事件中断
32	39	0x0C0	I2C1_ER	I²C1 错误中断
33	40	0x0C4	I2C2_EV	I²C2 事件中断
34	41	0x0C8	I2C2_ER	I²C2 错误中断
35	42	0x0CC	SPI1	SPI1 中断
36	43	0x0D0	SPI2	SPI2 中断
37	44	0x0D4	USART1	USART1 中断
38	45	0x0D8	USART2	USART2 中断
39	46	0x0DC	USART3	USART3 中断
40	47	0x0E0	EXTI15_10	外部中断 10~15
41	48	0x0E4	RTCAlarm	实时时钟报警中断
42	49	0x0E8	USBWakeUp	USB 通过 EXTI 输入唤醒中断
43	50	0x0EC	TIM8_BRK	TIM8 中止中断
44	51	0x0F0	TIM8_UP	TIM8 更新中断
45	52	0x0F4	TIM8_TRG_COM	TIM8 跳变中断
46	53	0x0F8	TIM8_CC	TIM8 捕获比较中断
47	54	0x0FC	ADC3	ADC3 中断
48	55	0x100	FSMC	FSMC 中断
49	56	0x104	SDIO	SDIO 中断
50	57	0x108	TIM5	TIM5 中断
51	58	0x10C	SPI3	SPI3 中断
52	59	0x110	USART4	USART4 中断
53	60	0x114	USART5	USART5 中断
54	61	0x118	TIM6	TIM6 中断

续表

中断号	自然优先级	地址	异常/中断名	说明
55	62	0x11C	TIM7	TIM7 中断
56	63	0x120	DMA2_Channel1	DMA2 通道 1 中断
57	64	0x124	DMA2_Channel2	DMA2 通道 2 中断
58	65	0x128	DMA2_Channel3	DMA2 通道 3 中断
59	66	0x12C	DMA2_Channel4_5	DMA2 通道 4 和通道 5 中断

6.4 裸机工程默认的中断设置

在裸机工程中，main()函数调用 HAL_Init()完成系统的基本初始化，其中就包括了优先级分组模式和系统节拍定时器优先级的初始化，相关代码如下。

```
1    int main(void)
2    {
3        ......
4        HAL_Init();
5        ......
6        MX_USART1_UART_Init();
7        ......
8    }
```

HAL_Init()函数代码摘要如下。

```
1    1HAL_StatusTypeDef HAL_Init(void)
2    {
3        ......
4        /* Set Interrupt Group Priority */
5        HAL_NVIC_SetPriorityGrouping(NVIC_PRIORITYGROUP_4);
6        ......
7        HAL_InitTick(TICK_INT_PRIORITY);
8        ......
9    }
```

从 HAL_Init()函数的第 5 行可以看到，系统上电启动时，将组优先级的位数设置为 4 位（NVIC_PRIORITYGROUP_4 的值为 3），所以系统启动后，在默认状态下，系统没有子优先级，中断请求优先级都是剥夺式的组优先级。

HAL_Init()函数的第 7 行代码将系统节拍定时器中断优先级设置为 TICK_INT_PRIORITY，其值为 15，也就是说，系统节拍定时器的优先级是最低的。

因此，在默认的优先级配置方案下，在中断服务中不能使用 HAL_Delay()函数，因为这将导致系统不能响应系统节拍定时中断服务，从而无法更新时钟节拍计数器 uwTick（每 1ms 加 1），而该计数器被 HAL_Delay()函数用于计算时间的流逝量。显然，这一问题可以通过提高系统节拍中断服务优先级避免。

6.5 中断编程方法

中断编程涉及两方面：一方面是硬件初始化；另一方面是中断服务函数编写。

6.5.1 寄存器编程方法

6.5.1.1 一般步骤

中断的寄存器编程基本步骤如图 6-9 所示。

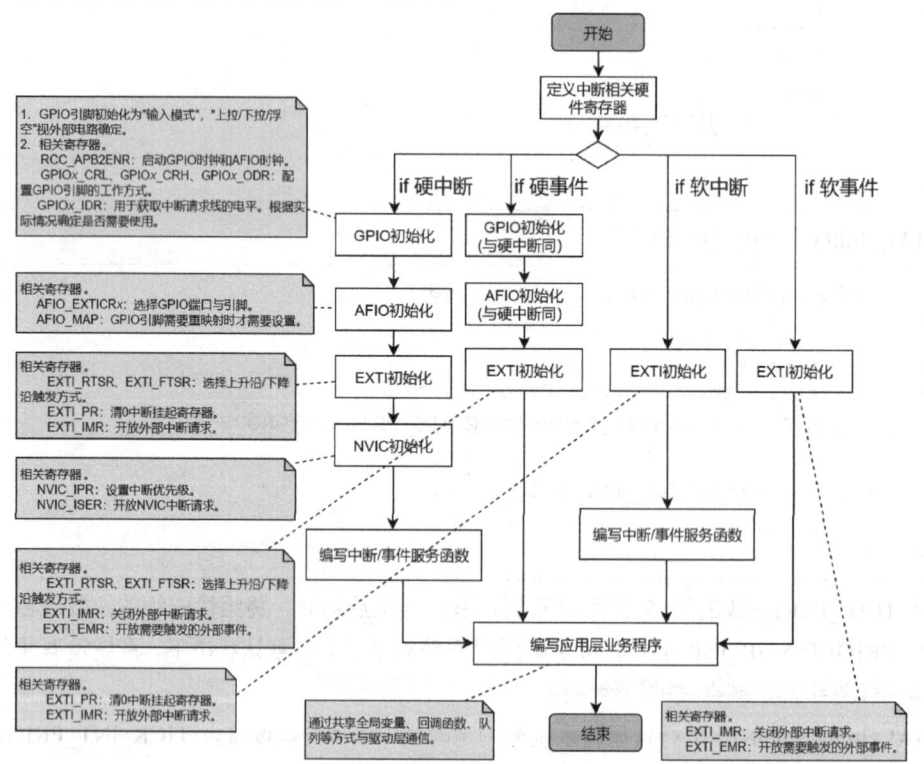

图 6-9 中断的寄存器编程基本步骤

从图 6-9 中可以看到，中断源、中断类型、中断/事件不同，需要初始化的硬件也不同。对于外部硬件中断，需要依次初始化 GPIO、AFIO、EXTI 和 NVIC。

需要说明的是，如果是片上外设中断请求，那么只需要初始化 NVIC 控制器。

6.5.1.2 中断服务函数的编写

中断服务程序通常被封装在一个函数中，其开发涉及中断服务函数的挂接和中断服务函数代码的编写。

1）中断服务函数的挂接

在中断请求发生时，CPU 会根据中断号自动从中断向量表中获取其服务函数的地址，所以，中断服务函数的挂接主要解决如何将中断服务函数地址填写到中断向量表中的问题。

下列代码摘自裸机工程启动文件 startup_stm32f103xe.s。

```
1       */
2         .section .text.Default_Handler,"ax",%progbits
3   Default_Handler:
4   Infinite_Loop:
5       b Infinite_Loop
6       ......
7   g_pfnVectors:
8       ......
9   .word FLASH_IRQHandler
10  .word RCC_IRQHandler
11  .word EXTI0_IRQHandler
12  .word EXTI1_IRQHandler
13      ......
14  .weak EXTI0_IRQHandler
15  .thumb_set EXTI0_IRQHandler,Default_Handler
16  .weak EXTI1_IRQHandler
17  .thumb_set EXTI1_IRQHandler,Default_Handler
18  ....
```

其中 g_pfnVectors 标签用于指示后面存放的是中断向量表。.word 的作用是告诉汇编器在该位置存放 1 字长度的数据。以 EXTI0_IRQHandler 为例进行代码分析。

第 11 行是指在该位置存放 EXTI0_IRQHandler 符号对应的值。第 15 行的.thumb_set 是给 EXTI0_IRQHandler 符号指定一个别名，即 Default_Handler，并指出该地方存放的是 Thumb 指令集代码。第 3 行将 Default_Handler 定义为一个地址标签，而该地址处存放了一条 b Infinite_Loop 指令（第 5 行），因此，在默认情况下，EXTI0_IRQHandler 的值就等于 Default_Handler，其中存放的是一条跳转到自身位置的指令，即进入无限循环。因此，默认的 EXTI0 和 EXTI1 等许多中断服务函数都是一个无限死循环。

第 14 行代码告诉汇编器 EXTI0_IRQHandler 是一个弱符号,可以被重新定义。因此,只要在其他地方将 EXTI0_IRQHandler 定义成一个强函数,那么在第 11 行位置,即 EXTI0 对应的中断向量表的表项处存放的就是该函数的地址。

所以,要挂接中断服务函数,只需要重新定义向量表中给出的中断函数名即可。

在裸机工程中,将使用 C 语言编写的中断服务函数全部放在文件 Core/Src/stm32f1xx_it.c 中。这种集中式存放、管理的方式对于代码维护显然是一种良好的策略。

因此,我们可以将自己的中断服务函数也存放到该文件中。

例如,以下代码定义了 EXTI0 的中断服务函数。

```
1    /* USER CODE BEGIN 1 */
2    void EXTI0_IRQHandler(void){
3        ......
4    }
5    /* USER CODE END 1 */
```

需要注意的是,用户定义的中断服务函数需要存放在 USER CODE BEGIN 1 代码块中,否则,在使用 STM32CubeMX 重新生成代码时其将会被删除。

2)中断服务函数代码的编写

中断服务函数通常要顺序完成如下工作。

(1)保存现场。

(2)识别中断源。

(3)业务操作。

(4)清除中断请求标志。

(5)恢复现场。

(6)中断返回。

使用 C 语言编程时,编译器会自动完成上面的(1)、(5)和(6)三步,用户只需要完成(2)~(4)三步。

3)识别中断源

有些中断号被多个外设共用,或者尽管只有一个外设,但这个外设产生中断的原因有多个。这种情况在中断服务中就要进行中断源识别,以免进行错误的服务。

例如,中断 23 由 EXTI5~EXTI9 共用,EXTI5 和 EXTI6 可能分别是来自 PB3 和 PA5 引脚的中断请求,为了识别本次触发的中断是来自 PB3 还是 PA5,可以通过读取挂起寄存器 EXTI_PR 的值确定。

再例如,中断 37 是 USART1 的中断请求,USART1 的发送中断和接收中断都会触发中断 37,判断本次中断到底是发送中断还是接收中断,需要读取 USART1 的状态寄存器才能识别出来。

4)业务操作

业务操作是中断服务需要完成的业务功能,如温湿度采集、数据发送等。

通常将业务操作封装在一个业务函数中,也可以将中断识别、业务操作、中断标志清除封装在一个函数中。

这样,用户在 Core/Src/stm32f1xx_it.c 中定义的中断服务函数通常采取如下形式。

```
1    /* USER CODE BEGIN 1 */
2    void EXTI9_5_IRQHandler(void){
3        xxx_ISR();
4    }
5    /* USER CODE END 1 */
```

xxxx_ISR()函数在所属硬件驱动模块的文件中定义。

5)清除中断请求标志

在 Cortex-M3 中,中断请求标志在三个地方存储,分别如下。

(1)外设状态寄存器:某些外设(如串口)的状态寄存器中可能会保存中断请求标志。

(2)EXTI_PR:外部中断挂起寄存器。

(3)NVIC_ISPR*x*:NVIC 的中断挂起寄存器,*x* 为 0 或 1。

清除中断请求标志的顺序也应遵循上面所列的顺序,否则将会造成一次中断请求、多次触发服务的问题。

HAL 库函数中的中断服务函数一般都包含了清除中断请求标志的代码。

6.5.2 库函数编程方法

6.5.2.1 中断库函数接口

NVIC、片上外设中断和 EXTI 中断的库函数接口如图 6-10 所示。

1)NVIC 对象

该对象是 NVIC 中断服务接口对象。NVIC 用主动对象表示,是因为其中的中断服务函数由 CPU 自动调用,相当于启动了一个新的线程,而且该线程的优先级高于主线程(main()函数),也高于优先级更低的中断服务线程。

NVIC 对象的 yyy_Handler 和 xxx_IRQHandler()分别是 NVIC 异常和中断的服务函数,在中断发生时由 CPU 自动调用,yyy 是异常名,xxx 是中断名。

2)HAL_GPIO_EXTI_HANDLER 对象

该对象是非注册方式的 EXTI 中断服务接口对象。

HAL_GPIO_EXTI_IRQHandler()在清除中断请求标志位后会调用回调函数 HAL_GPIO_EXTI_Callback(),该回调函数是一个弱函数,用户可以重新定义,以便在回调函数中进一步处理。

NVIC 中断接口与 GPIO 外设中断接口的关系如下。

```
┌─────────────────────────────────┐
│   HAL_GPIO_EXTI_HANDLER         │
├─────────────────────────────────┤
│ +HAL_GPIO_EXTI_IRQHandler()     │
│ +HAL_GPIO_EXTI_Callback()       │
│ +__HAL_GPIO_EXTI_GENERATE_SWIT()│
│ +__HAL_GPIO_EXTI_CLEAR_IT()     │
│ +__HAL_GPIO_EXTI_GET_IT()       │
│ +HAL_GPIO_Init()                │
└─────────────────────────────────┘

┌─────────────────────┐         ┌─────────────────────────────┐
│       NVIC          │         │         HAL_NVIC            │
├─────────────────────┤         ├─────────────────────────────┤
│ +xxx_IRQHandler()   │         │ +HAL_NVIC_SetPriorityGrouping()│
│ +yyy_Handler()      │         │ +HAL_NVIC_SetPriority()     │
└─────────────────────┘         │ +HAL_NVIC_EnableIRQ()       │
                                │ +HAL_NVIC_DisableIRQ()      │
     ┌─────────────────────────────┐│ +HAL_NVIC_SystemReset()     │
     │   HAL_EXTI_REGISTER_HANDLER ││ +HAL_NVIC_GetPendingIRQ()   │
     ├─────────────────────────────┤│ +HAL_NVIC_SetPendingIRQ()   │
     │ +HAL_GPIO_Init()            ││ +HAL_NVIC_ClearPendingIRQ() │
     │ +HAL_EXTI_IRQHandler()      │└─────────────────────────────┘
     │ +HAL_EXTI_GenerateSWI()     │
     │ +HAL_EXTI_GetPending()      │
     │ +HAL_EXTI_ClearPending()    │
     │ +HAL_EXTI_RegisterCallback()│
     └─────────────────────────────┘

              ┌──────────────────────────┐
              │        HAL_XXX           │
              ├──────────────────────────┤
              │ +HAL_xxx_IRQHandler()    │
              │ +HAL_xxx_yyyCallback()   │
              └──────────────────────────┘
```

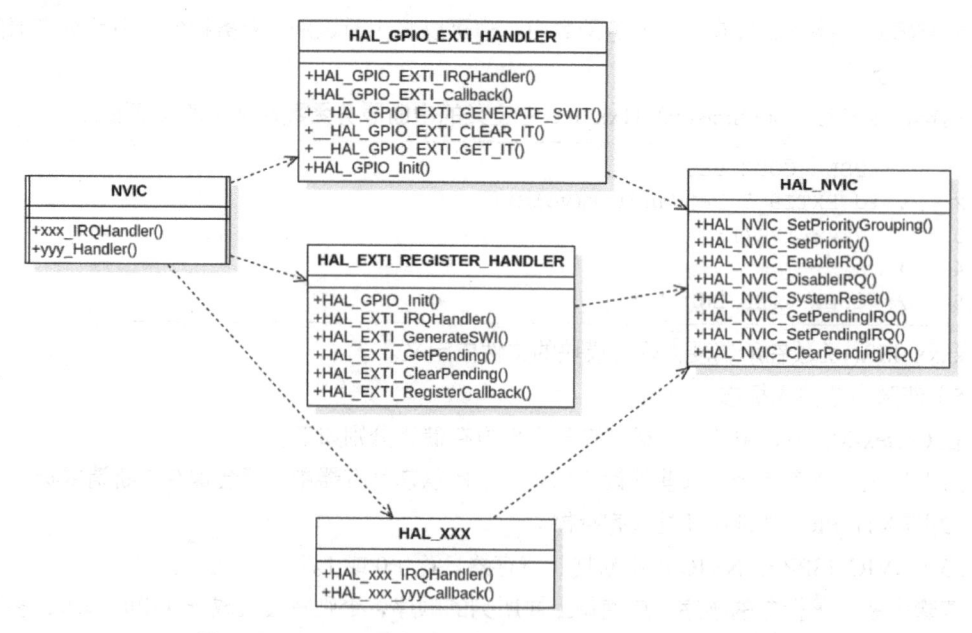

图 6-10　NVIC、片上外设中断和 EXTI 中断的库函数接口

xxx_IRQHandler()→HAL_GPIO_EXTI_IRQHandler()→HAL_GPIO_EXTI_Callback()

其中，xxx 是外部中断名，如 EXTI1、EXTI2、EXTI9_5 等。

NVIC 调用 HAL_GPIO_EXTI_IRQHandler() 时会将引脚号作为参数传递，用户可据此判断是哪个引脚产生的中断请求，例如：

```
void EXTI3_IRQHandler(void)
{
  HAL_GPIO_EXTI_IRQHandler(GPIO_PIN_3);
}
```

3）HAL_EXTI_REGISTER_HANDLER 对象

该对象是采用注册方式的 EXTI 中断服务接口对象。所谓注册方式，是指回调函数名可以由用户自己定义，通过调用注册接口函数 HAL_EXTI_RegisterCallback() 将回调函数注册到系统中。

该对象的 HAL_EXTI_IRQHandler() 是总入口，它会根据用户注册的引脚号，调用注册的回调函数。

如果采用注册方式的接口，NVIC 中断服务应先调用该函数，即

xxx_IRQHandler()→HAL_EXTI_IRQHandler()→用户注册的回调函数()

4）HAL_XXX

该对象是片上外设中断的接口对象。

xxx_IRQHandler()、HAL_xxx_IRQHandler() 和 HAL_xxx_yyyCallback() 中的 "xxx" 代表片上

外设,比如 TIM6_IRQHandler()、HAL_TIM_IRQHandler()、HAL_TIM_PeriodElapsedCallback()。

HAL_xxx_yyyCallback()是片上外设 xxx 的中断回调函数。一个外设往往可以发出多种中断请求,yyy 是指请求类型。片上外设中断编程在后续章节中讲解。

NVIC 中断接口与片上外设中断接口的关系如下。

xxx_IRQHandler()→HAL_xxx_IRQHandler()→HAL_xxx_Callback()/HAL_xxx_yyyCallback()

也就是说,中断服务函数最终会调用回调函数以便用户取得控制权,实现与用户的通信。因此,用户通常只需要编写回调函数 HAL_xxx_Callback()。

5) HAL_NVIC

该对象是 HAL 库提供的 NIVC 接口对象,用于设置 NVIC 中断优先级、使能/关闭中断等操作。

外部中断的初始化需要调用 HAL_GPIO_Init(),包括指定边沿检测方式、开启中断/事件等。

需要说明的是,对于 EXTI 中断,利用 STM32CubeMX 生成中断服务函数代码时,采用的是非注册方式的中断服务接口。

函数的原型请参考 HAL 库源码。

6.5.2.2 数据类型与符号定义

1) 中断类型 IRQn_Type

```
1    typedef enum
2    {
3    /****** 内核异常 *******************************************/
4      NonMaskableInt_IRQn       = -14,     //非屏蔽中断
5      HardFault_IRQn            = -13,     //硬件故障中断
6      MemoryManagement_IRQn     = -12,     //内存管理故障中断
7      BusFault_IRQn             = -11,     //总线故障中断
8      UsageFault_IRQn           = -10,     //使用故障中断
9      SVCall_IRQn               = -5,      //SVC 调用中断
10     DebugMonitor_IRQn         = -4,      //调试监控中断
11     PendSV_IRQn               = -2,      //可挂起的系统调用中断
12     SysTick_IRQn              = -1,      //系统节拍定时器中断
13   /****** STM32 特定中断 *************************************/
14     WWDG_IRQn                 = 0,       //窗口看门狗中断
15     PVD_IRQn                  = 1,       //电压检测中断
16     TAMPER_IRQn               = 2,       //篡改中断
17     RTC_IRQn                  = 3,       //实时时钟中断
18     FLASH_IRQn                = 4,       //FLASH 全局中断
19     RCC_IRQn                  = 5,       //RCC 全局中断
20     EXTI0_IRQn                = 6,       //外部线 0 中断
21     EXTI1_IRQn                = 7,       //外部线 1 中断
22     EXTI2_IRQn                = 8,       //外部线 2 中断
```

```
23    EXTI3_IRQn                = 9,       //外部线 3 中断
24    EXTI4_IRQn                = 10,      //外部线 4 中断
25    DMA1_Channel1_IRQn        = 11,      //DMA1 通道 1 中断
26    DMA1_Channel2_IRQn        = 12,      //DMA1 通道 2 中断
27    DMA1_Channel3_IRQn        = 13,      //DMA1 通道 3 中断
28    DMA1_Channel4_IRQn        = 14,      //DMA1 通道 4 中断
29    DMA1_Channel5_IRQn        = 15,      //DMA1 通道 5 中断
30    DMA1_Channel6_IRQn        = 16,      //DMA1 通道 6 中断
31    DMA1_Channel7_IRQn        = 17,      //DMA1 通道 7 中断
32    ADC1_2_IRQn               = 18,      //ADC1、ADC2 中断
33    USB_HP_CAN1_TX_IRQn       = 19,      //USB 设备高优先级中断或 CAN TX 中断
34    USB_LP_CAN1_RX0_IRQn      = 20,      //USB 设备低优先级中断或 CAN RX0 中断
35    CAN1_RX1_IRQn             = 21,      //CAN RX1 中断
36    CAN1_SCE_IRQn             = 22,      //CAN1 SCE 中断
37    EXTI9_5_IRQn              = 23,      //外部线 5~9 中断
38    TIM1_BRK_IRQn             = 24,      //TIMER1 刹车中断
39    TIM1_UP_IRQn              = 25,      //TIMER1 更新中断
40    TIM1_TRG_COM_IRQn         = 26,      //TIMER1 触发与换向中断
41    TIM1_CC_IRQn              = 27,      //TIMER1 捕获比较中断
42    TIM2_IRQn                 = 28,      //TIMER2 中断
43    TIM3_IRQn                 = 29,      //TIMER3 中断
44    TIM4_IRQn                 = 30,      //TIMER4 中断
45    I2C1_EV_IRQn              = 31,      //I²C1 事件中断
46    I2C1_ER_IRQn              = 32,      //I²C1 故障中断
47    I2C2_EV_IRQn              = 33,      //I²C2 事件中断
48    I2C2_ER_IRQn              = 34,      //I²C2 故障中断
49    SPI1_IRQn                 = 35,      //SPI1 中断
50    SPI2_IRQn                 = 36,      //SPI2 中断
51    USART1_IRQn               = 37,      //USART1 中断
52    USART2_IRQn               = 38,      //USART2 中断
53    USART3_IRQn               = 39,      //USART3 中断
54    EXTI15_10_IRQn            = 40,      //外部线 10~15 中断
55    RTC_Alarm_IRQn            = 41,      //实时时钟闹铃中断
56    USBWakeUp_IRQn            = 42,      //USB 唤醒中断
57    TIM8_BRK_IRQn             = 43,      //TIMER8 刹车中断
58    TIM8_UP_IRQn              = 44,      //TIMER8 更新中断
59    TIM8_TRG_COM_IRQn         = 45,      //TIMER1 触发与换向中断
60    TIM8_CC_IRQn              = 46,      //TIMER8 捕获比较中断
61    ADC3_IRQn                 = 47,      //ADC3 中断
62    FSMC_IRQn                 = 48,      //FSMC 中断
63    SDIO_IRQn                 = 49,      //SDIO 中断
64    TIM5_IRQn                 = 50,      //TIMER5 中断
65    SPI3_IRQn                 = 51,      //SPI3 中断
66    UART4_IRQn                = 52,      //UART4 中断
```

```
67      UART5_IRQn                  = 53,       //UART5 中断
68      TIM6_IRQn                   = 54,       //TIMER6 中断
69      TIM7_IRQn                   = 55,       //TIMER7 中断
70      DMA2_Channel1_IRQn          = 56,       //DMA2 通道 1 中断
71      DMA2_Channel2_IRQn          = 57,       //DMA2 通道 2 中断
72      DMA2_Channel3_IRQn          = 58,       //DMA2 通道 3 中断
73      DMA2_Channel4_5_IRQn        = 59,       //DMA2 通道 4、5 中断
74      } IRQn_Type;
```

2）外部中断功能状态枚举类型

```
1   /* 文件: stm32f1xx.h */
2   typedef enum
3   {
4       DISABLE = 0,            //禁止中断
5       ENABLE = !DISABLE       //使能中断
6   } FunctionalState;
```

3）中断线符号定义

```
1   /*文件: stm32f1xx_exti.h */
2   //中断线符号定义
3   #define EXTI_LINE_0              (EXTI_GPIO   | 0x00u)
4   #define EXTI_LINE_1              (EXTI_GPIO   | 0x01u)
5   #define EXTI_LINE_2              (EXTI_GPIO   | 0x02u)
6   ......; //其他中断线
7   #define EXTI_LINE_17             (EXTI_CONFIG | 0x11u)
8   #if defined(EXTI_IMR_IM18)
9   #define EXTI_LINE_18             (EXTI_CONFIG | 0x12u) nt */
10  #endif /* EXTI_IMR_IM18 */
11  #if defined(EXTI_IMR_IM19)
12  #define EXTI_LINE_19             (EXTI_CONFIG | 0x13u)
13  #endif /* EXTI_IMR_IM19 */
```

4）中断模式符号定义

```
1   /*文件: stm32f1xx_exti.h */
2   #define EXTI_MODE_NONE           0x00000000u
3   #define EXTI_MODE_INTERRUPT      0x00000001u    //中断
4   #define EXTI_MODE_EVENT          0x00000002u    //事件
```

5）触发模式符号定义

```
1   /*文件: stm32f1xx_exti.h */
2   #define EXTI_TRIGGER_NONE        0x00000000u
3   #define EXTI_TRIGGER_RISING      0x00000001u
4   #define EXTI_TRIGGER_FALLING     0x00000002u
```

```
 5    #define EXTI_TRIGGER_RISING_FALLING              (EXTI_TRIGGER_RISING   |
EXTI_TRIGGER_FALLING)
```

6)中断源端口符号定义

```
1     /*文件: stm32f1xx_exti.h */
2     #define EXTI_GPIOA                  0x00000000u
3     #define EXTI_GPIOB                  0x00000001u
4     #define EXTI_GPIOC                  0x00000002u
5     #define EXTI_GPIOD                  0x00000003u
6     #if defined (GPIOE)
7     #define EXTI_GPIOE                  0x00000004u
8     #endif /* GPIOE */
9     #if defined (GPIOF)
10    #define EXTI_GPIOF                  0x00000005u
11    #endif /* GPIOF */
12    #if defined (GPIOG)
13    #define EXTI_GPIOG                  0x00000006u
14    #endif /* GPIOG */
```

6.5.2.3 库函数编程方法

图 6-11 所示为外部中断 EXTI 的库函数编程基本步骤（片上外设中断和事件的编程方法放在后续章节的相关外设中介绍）。

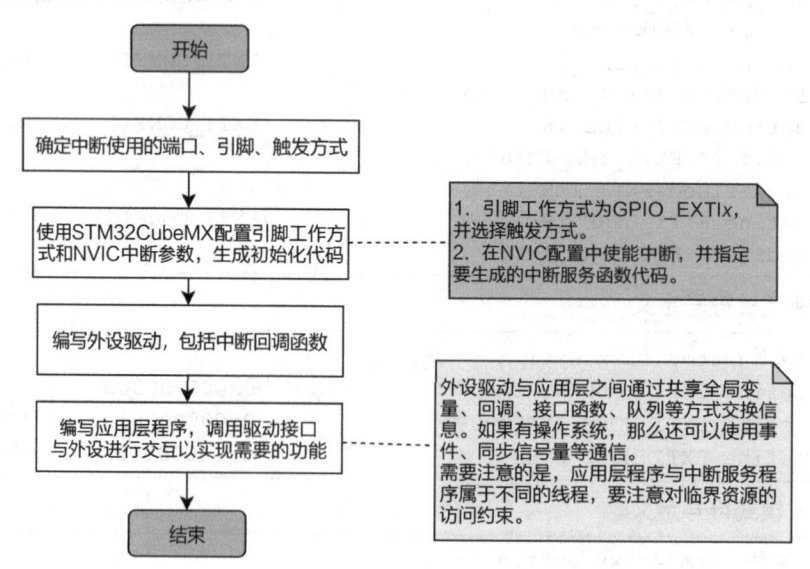

图 6-11 外部中断 EXTI 的库函数编程基本步骤

首先要确定中断使用的端口、引脚及触发方式，然后在 STM32CubeMX 中进行配置并生成中断的初始化代码。

中断服务程序如果需要与应用层交换数据，那么应注意它们属于不同的线程，需要互斥地使用临界资源。

推荐使用回调函数编写中断服务程序。

6.5.2.4 LiteOS 环境下中断服务函数的挂接

LiteOS 会接管中断服务，因此，在 LiteOS 环境下，需要利用 LiteOS 提供的接口挂接中断服务函数，方法如下。

以挂接 EXTI1 的服务函数 EXTI1_IRQHandler()为例，代码如下。

```
1    void hook_EXTI1(void){
2        UINTPTR uvIntSave;
3        uvIntSave = LOS_IntLock();
4        LOS_HwiCreate(EXTI1_IRQn + 16, 10, !IRQF_SHARED, \
5            EXTI1_IRQHandler, NULL);
6        LOS_IntRestore(uvIntSave);
7    }
```

设计要点如下。

- LOS_IntLock()用于关闭全局中断，同时返回全局中断以前的状态。
- LOS_IntRestore()用于恢复以前的全局中断状态。
- LOS_HwiCreate()用于挂接中断服务函数，并设置中断优先级。函数原型如下。

```
LITE_OS_SEC_TEXT UINT32 LOS_HwiCreate(HWI_HANDLE_T hwiNum,
                                      HWI_PRIOR_T hwiPrio,
                                      HWI_MODE_T hwiMode,
                                      HWI_PROC_FUNC hwiHandler,
                                      HWI_IRQ_PARAM_S *irqParam)
```

参数如下。

hwiNum：中断号。将 EXTI1_IRQn（n 为中断号）加上 16 是因为中断向量表的最前面有 16 个异常和保留的向量。EXTI1_IRQn 等外设的中断号在头文件 stm32f103xe.h 中定义。

hwiPrio：优先级。

hwiMode：模式。

hwiHandler：中断服务函数名。

irqParam：中断服务函数参数指针。

用户可以自定义中断服务函数，但建议使用系统默认的 NVIC 中断服务函数名，并由 STM32CubeMX 生成其源码，用户重新定义回调函数即可。本书对于以上两种方法都给出了案例。

6.6 中断编程举例

6.6.1 寄存器编程举例

例1：开放 TIMER2、TIMER3 的中断请求，将其优先级分别设置为剥夺式 4、2，子优先级分别设置为 0、1。

分析：题中给出的剥夺式优先级最大数为 4，子优先级最大数为 1，优先级分组模式可以采用组优先级占 3 位、子优先级占 1 位的方式。

TIMER2 和 TIMER3 均为片上外设，其中断号分别为 28、29。

因此，本例题需要初始化的寄存器为 SCB_AIRCR、NVIC_IPR 和 NVIC_ISER。

```
        // 设置优先级分组模式
1   SCB->AIRCR |= SCB->AIRCR | (0xFA05 << 16) | (4 << 8);
    //高 16 位要同时写入钥匙字 0xFA05 才能生效
        // 设置 TIMER2 的优先级
2   NVIC->IPR[28/4] &= ~(0xF << (((28%4) * 8) + 4));
    //清零对应的位域
3   NVIC->IPR[28/4] |= ((4 << 1) | (0 << 0)) << (((28%4) * 8) + 4);
    //设置优先级
4   NVIC->ISER[28/32] |= 1 << 28;   //使能中断
        // 设置 TIMER3 的优先级
5   NVIC->IPR[29/4] &= ~(0xF << (((29%4) * 8) + 4));   //清零对应的位域
6   NVIC->IPR[29/4] |= ((2 << 1) | (1 << 0)) << (((29%4) * 8) + 4);
    //设置优先级
7   NVIC->ISER[29/32] |= 1 << 29;   //使能中断
```

例2：开放 EXTI2 中断，该中断请求信号从 PC2 接入，上升沿触发。

分析：本例题需要采用外部硬中断初始化方案。由于题目中没有明确 PC2 所连接的外设电路，因此，PC2 可以从浮空输入、上拉输入和下拉输入中任选一种工作方式。

```
// GPIOC 初始化
1   RCC_APB2ENR |= (1<<4) | (1<<0);      //使能 GPIOC 与 AFIO 时钟
2   GPIOC->CRL &= ~(0x0F << 2*4);        // 先将对应位域清零
3   GPIOC->CRL |= (0x4 << 2*4);          // 将 PC2 设置为输入浮空
// 初始化 AFIO
4   AFIO->EXTICR[2/4] &= ~ (0xF << ((2%4) * 4));   //先将对应位域清零
5   AFIO->EXTICR[2/4] |= 2 << ((2%4) * 4);         // 选择 PC2 引脚
// 初始化 EXTI
6   EXTI->RTSR |= 1 << 2;   // 上升沿触发方式
7   EXTI->PR = 1 << 2;      // 清除 EXTI2 的挂起寄存器
// 使能 EXTI 的 EXTI2 中断
```

```
8       EXTI->IMR |= 1 << 2;
// NVIC 中断，没有指定优先级就取默认值
9       NVIC->ISER[8/32] = (1 << 8%32);    // 使能 NVIC 的 EXTI2，其中断号为 8
```

例 3：编写中断服务函数：当 EXTI5 发生时，向 PA1 口输出高电平以打开风扇；当 EXTI6 发生时，向 PA2 口输出低电平以关闭 LED 灯。

分析：EXTI5 和 EXTI6 共用中断号 23，在 startup_stm32f103xe.s 的向量表中对应的向量符号为 EXTI9_5_IRQHandler。以该符号重新定义中断服务函数即可挂接用户的中断服务函数。

EXTI5 和 EXTI6 发生时要完成不同的业务功能，因此，在中断服务中，需要进一步判别此次中断是哪个中断源产生的，并进行相应的处理。

```
1    void EXTI9_5_IRQHandler(void){
2        if(EXTI->PR & (1<<5)){
3            GPIOA->BSRR = 1 << 1;
4            EXTI->PR = 1 << 5; // 清除中断标志，避免重复触发
5        }
6        if(EXTI->PR & (1 << 6)){
7            GPIOA->BRR = 1 << 2;
8            EXTI->PR = 1 << 6; // 清除中断标志，避免重复触发
9        }
10       NVIC->ICPR[23/32] = 1<<23;     //清除 NVIC 中断标志
11   }
```

上列代码中使用了两个 if 语句，而不是 if/else，是考虑到两个中断请求同时触发时可以一次性处理完。

第 2、6 行利用了挂起寄存器识别此次中断的中断源。由于是外部中断，因此在中断服务中，业务操作完成后，需要将 EXTI 挂起寄存器和 NVIC 挂起寄存器的中断标志清除，如第 4、8、10 行的语句所示。

6.6.2 库函数编程举例

请参考项目实战中的实例。

6.7 项目实战——按键报警

6.7.1 项目需求

在许多安全性要求高的场合，需要提供按键报警功能，即按下报警键后触发报警器报

警,有些还需要通过网络将报警信息传到远程值班室。本项目旨在实现按键触发报警器蜂鸣功能。

6.7.2 实验环境

本项目需要用到的外设如下。
- 按键。
- 蜂鸣器 BEEP。

按键电路和蜂鸣器 BEEP 电路如图 6-12 和图 6-13 所示。这里将连接在 PC4 上的 KEY1 用作报警键,使蜂鸣器 BEEP 通过跳线连接到 PB0 上。

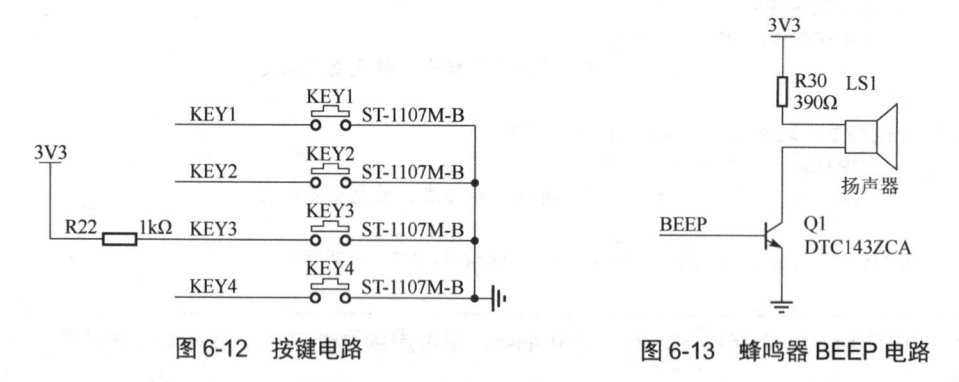

图 6-12 按键电路

图 6-13 蜂鸣器 BEEP 电路

6.7.3 系统分析

6.7.3.1 按键操作的检测

要触发报警,首先要检测按键信号。MCU 可以通过两种方式获取按键信号。

(1)程序查询。通过软件循环检测与按键相连的 GPIO 引脚状态。

(2)中断服务。打开外部中断功能,通过中断服务报告按键操作。

本项目采用第二种方式,即当按键被按下时触发中断服务。根据图 6-12,连接按键的 PC4 端口应工作在上拉输入方式,同时启用复用功能。

6.7.3.2 报警信号的产生

本项目使用蜂鸣器 BEEP 产生报警信号。根据图 6-13,连接 BEEP 的 GPIO 端口 PB0 应工作在推挽输出方式。

为了能够设定不同的报警声音,可以调节 BEEP 的开/关信号的频率和占空比,这可以由应用层在初始化时设定频率与占空比参数。

6.7.4 系统设计

6.7.4.1 寄存器编程

1. 系统类图

根据以上分析，寄存器编程按键报警系统类图如图 6-14 所示。

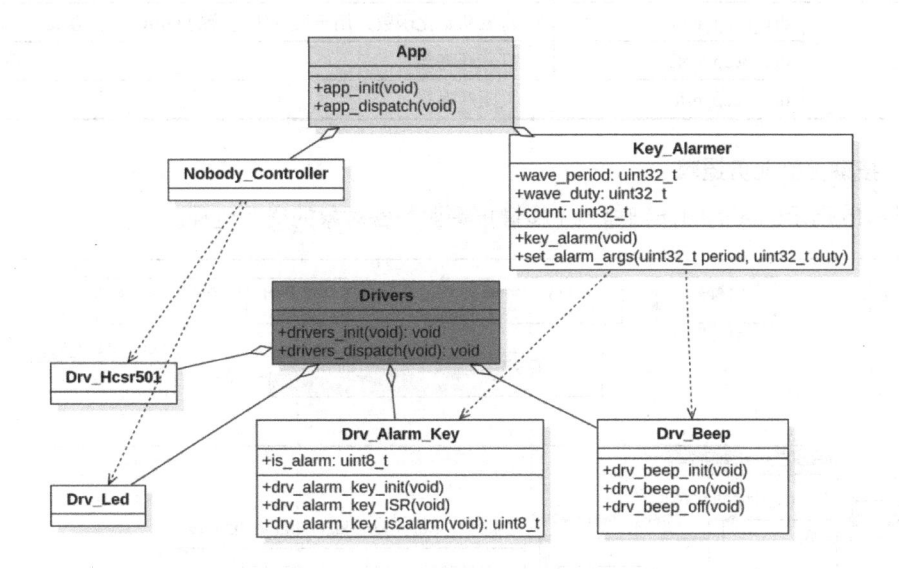

图 6-14 寄存器编程按键报警系统类图

本项目增加了如下三个对象。
- Key_Alarmer：应用层按键报警器对象。
- Drv_Alarm_Key：报警按键驱动对象。
- Drv_Beep：蜂鸣器驱动对象。

各对象的属性/方法说明如表 6-17 所示。

表 6-17 各对象的属性/方法说明

对象	属性/方法	说明
Key_Alarmer	wave_period	报警器开/关信号周期
	wave_duty	报警器开/关信号占空比
	count	计数器，在产生开/关信号时用于开/关时间的定时，从而控制占空比
	key_alarm()	报警业务函数
	set_alarm_args()	设置报警参数，即 BEEP 的开/关周期与占空比

续表

对象	属性/方法	说明
Drv_Alarm_Key	is_alarm	私有属性,用于标志是否要进行报警操作
	drv_alarm_key_init()	对象初始化函数,用于设置所连接的 GPIO 工作方式
	drv_alarm_key_ISR()	按键中断服务函数
	drv_alarm_key_is2alarm()	判断是否需要报警
Drv_Beep	drv_beep_init()	对象初始化函数,用于设置所连接的 GPIO 工作方式
	drv_beep_on()	打开蜂鸣器
	drv_beep_off()	关闭蜂鸣器

2. 按键报警业务逻辑

图 6-15 所示的序列图详细描述了按键报警业务各对象的交互过程。

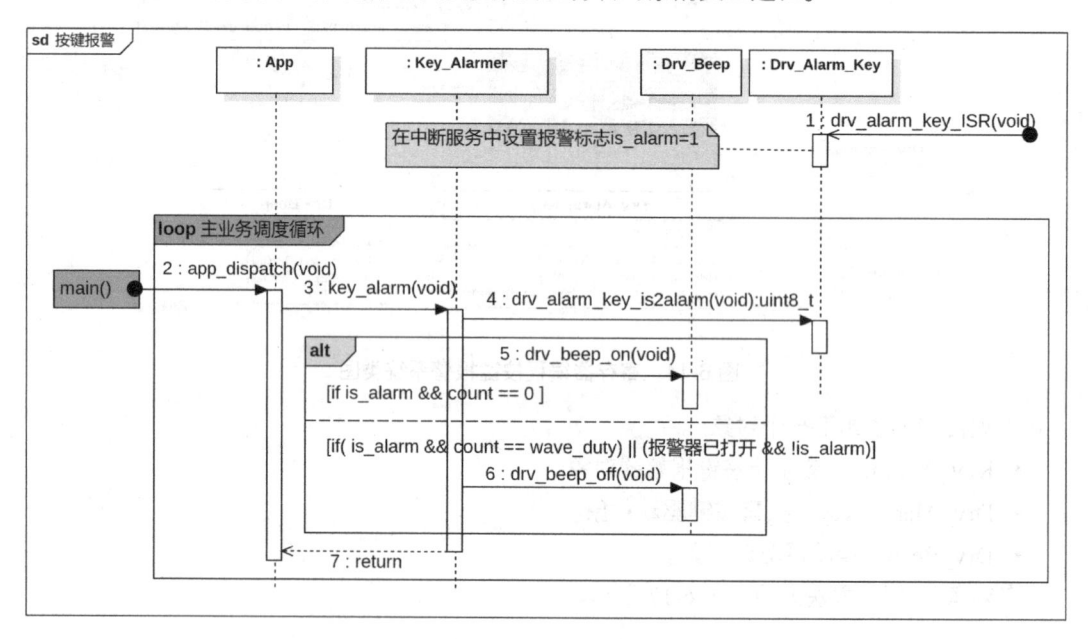

图 6-15 按键报警业务序列图

当报警键被按下时,将触发按键中断请求。在中断服务 drv_alarm_key_ISR()函数中,设置报警标志 is_alarm(步骤 1)。

业务调度器 app_dispatch()(步骤 2)循环调度按键报警 key_alarm()执行(步骤 3),该函数首先调用 drv_alarm_key_is2alarm()判断是否需要报警(步骤 4),如果是,则产生报警波形(步骤 5、6),否则如果报警器已打开则关闭报警器(步骤 6)。

6.7.4.2 LiteOS+库函数编程

1. 系统类图

在 LiteOS 环境下，我们可以使用任务执行报警操作，LiteOS+库函数编程按键报警系统类图如图 6-16 所示。

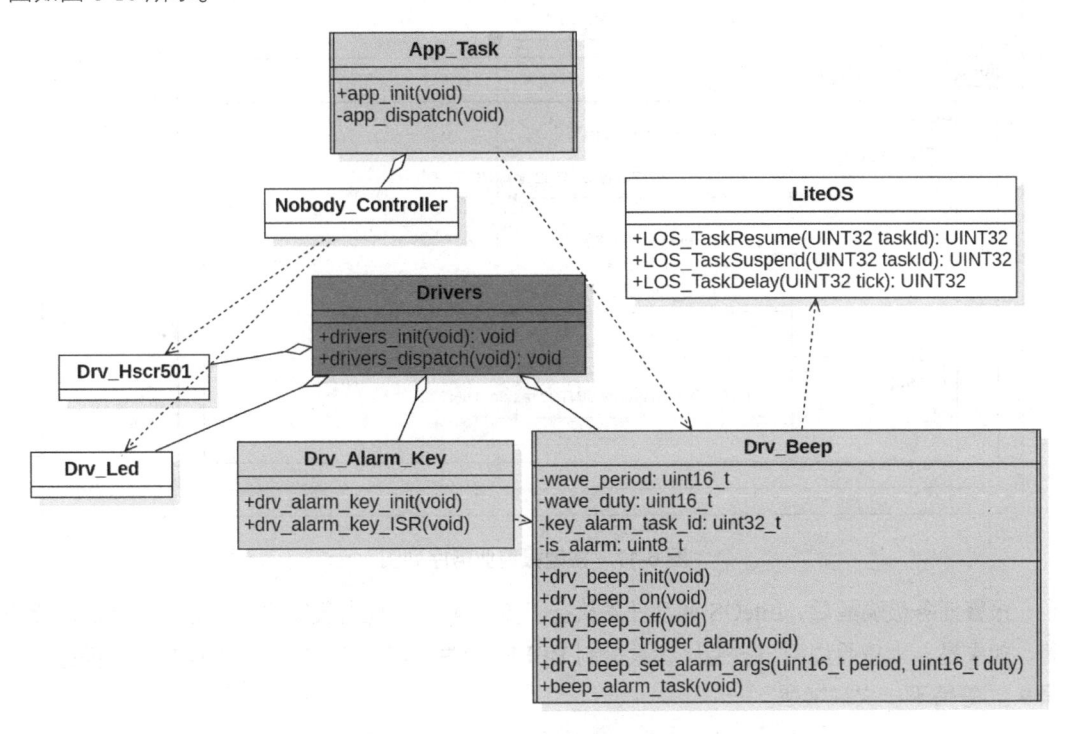

图 6-16 LiteOS+库函数编程按键报警系统类图

LiteOS+库函数编程与寄存器编程相比，主要有以下不同。

- 扩充了蜂鸣器驱动对象的功能，不仅提供了开/关功能，还将寄存器编程中的应用对象 key_alarmer 报警功能集成到 Drv_Beep 对象中，而且以任务形式执行。
- 报警键驱动对象 Drv_Alarm_Key 直接与 Drv_Beep 对象交互，触发报警操作。
- 上层应用不再需要报警业务对象。

2. 按键报警业务逻辑

按键报警业务序列图如 6-17 所示。当报警按键被按下时，将触发按键中断请求（步骤 1）。在中断服务 drv_alarm_key_ISR()函数中，调用 drv_beep_trigger_alarm()设置报警标志 is_alsrm，同时唤醒报警任务（步骤 2、3）。

134 嵌入式系统开发与实战

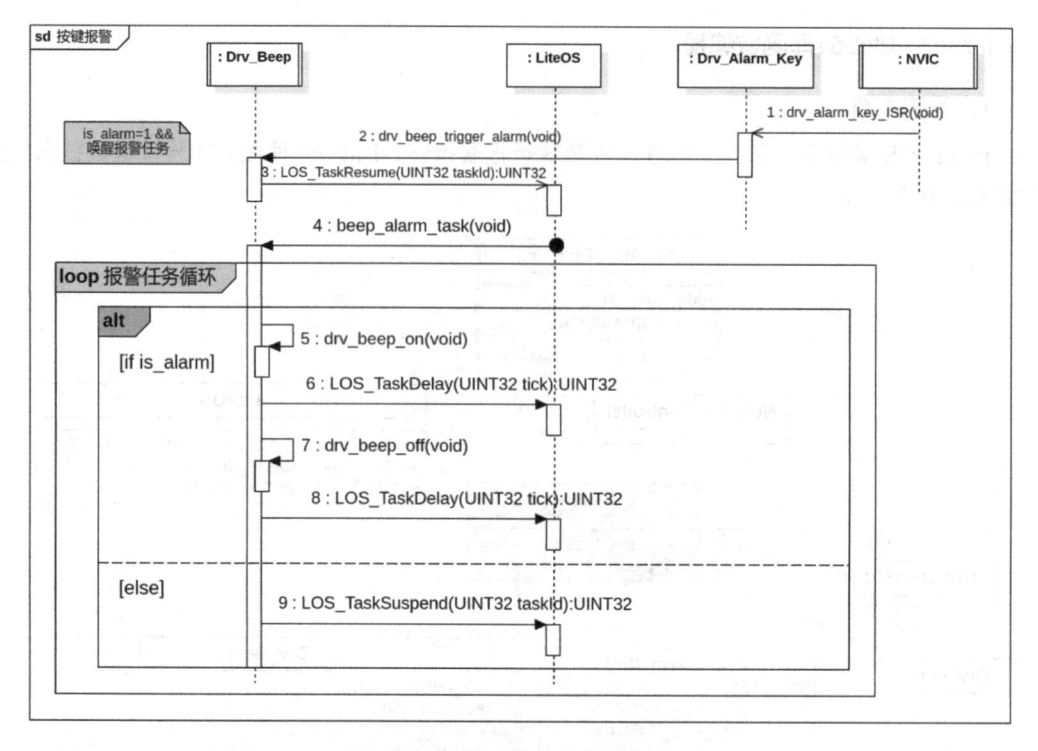

图 6-17 按键报警业务序列图

报警任务被唤醒后，LiteOS 调度任务执行（步骤 4）。在任务循环中，首先判断是否需要报警，如果是，则按照周期与占空比参数控制 BEEP 开/关（步骤 5~7），否则挂起报警任务（步骤 9），等待下一次被唤醒。

6.7.5 系统实现

6.7.5.1 寄存器编程

1. 寄存器定义

本项目需要另外使用的控制器包括 NVIC、SCB、EXTI 和 AFIO。根据各控制器的寄存器映射，在 mydrivers/drv_stm32f103.h 中增加寄存器定义如下。

```
1    /* 文件: mydrivers/drv_stm32f103.h */
2    typedef struct{
3        volatile uint32_t ISER[3];
4        uint32_t RESERVED0[29];
5        volatile uint32_t ICER[3];
```

```
6         uint32_t RESERVED1[29];
7         volatile uint32_t ISPR[3];
8         uint32_t RESERVED2[29];
9         volatile uint32_t ICPR[3];
10        uint32_t RESERVED3[29];
11        volatile uint32_t IABR[3];
12        uint32_t RESERVED4[61];
13        volatile uint32_t IPR[15];
14        uint32_t RESERVED5[689];
15        volatile uint32_t STIR;
16
17     }MYNVIC_st;
18
19     #define MYNVIC_BASE 0xE000E100
20     #define MYNVIC ((MYNVIC_st *)MYNVIC_BASE)
21
22     typedef struct{
23         volatile uint32_t CPUID;
24         volatile uint32_t ICSR;
25         volatile uint32_t VTOR;
26         volatile uint32_t AIRCR;
27         volatile uint32_t SCR;
28         volatile uint32_t CCR;
29         volatile uint32_t SHPR;
30         volatile uint32_t SHCSR[3];
31         volatile uint32_t CFSR;
32         volatile uint32_t HFSR;
33         uint32_t RESERVED;
34         volatile uint32_t MMFAR;
35         volatile uint32_t BFAR;
36     }MYSCB_st;
37
38     #define MYSCB_BASE 0xE000ED00
39     #define MYSCB ((MYSCT_st *)MYSCB_BASE)
40
41     typedef struct{
42         volatile uint32_t IMR;
43         volatile uint32_t EMR;
44         volatile uint32_t RTSR;
45         volatile uint32_t FTSR;
46         volatile uint32_t SWIER;
47         volatile uint32_t PR;
48     }MYEXTI_st;
49
```

```
50  #define MYEXTI_BASE 0x40010400
51  #define MYEXTI ((MYEXTI_st *)MYEXTI_BASE)
52
53  typedef struct{
54      volatile uint32_t EVCR;
55      volatile uint32_t MAPR;
56      volatile uint32_t EXTICR[4];
57  }MYAFIO_st;
58
59  #define MYAFIO_BASE 0x40010000
60  #define MYAFIO ((MYAFIO_st *)MYAFIO_BASE)
```

2. 按键驱动对象 Drv_Alarm_Key 实现

Drv_Alarm_Key 对象的实现代码如下。

```
1   /* 文件: MyDrivers/drv_alarm_key.c */
2   #include "stdint.h"
3   #include "drv_stm32f103.h"
4
5   static uint8_t is_alarm = 0;
6   uint8_t drv_alarm_key_is2alarm(void){
7       return is_alarm;
8   }
9   void drv_alarm_key_ISR(void){
10      is_alarm = 1;
11  // 清除 EXTI 的 EXTI4 中断挂起寄存器及其对应的 NVIC 挂起寄存器,其中断号为 10
12      MYEXTI->PR = 1<<4;
13      MYNVIC->ICPR[10/32] = (1<<10%32);
14  }
15
16  static void gpio_init(void){
17      // 使能 GPIOC 与 AFIO 时钟
18      MYRCC->APB2ENR |= (1<<4) | (1<<0);
19      // 将 PC4 设置为上拉输入
20      MYGPIOC->CRL &= ~(0x0F<<4*4);
21      MYGPIOC->CRL |= (0x8<<4*4);
22      MYGPIOC->ODR |= 1<<4;    //上拉
23
24  }
25
26  /* 将 KEY4 连接的 PC4 引脚,设置为下降沿触发 EXTI4 */
27  static void exti_init(void){
28      // 设置为下降沿触发方式
```

```
29          MYEXTI->FTSR |= 1<<4;
30          // 选择 PC4 引脚引入中断请求信号
31          MYAFIO->EXTICR[4/4] = (MYAFIO->EXTICR[4/4] &~(0xF << ((4%4) * 4))) | (0x02 << ((4%4) * 4));
32
33          // 清除 EXTI4 的挂起寄存器
34          MYEXTI->PR = 1<<4;
35          // 使能 EXTI 的 EXTI4 中断
36          MYEXTI->IMR |= 1<<4;
37      }
38      static void nvic_init(void){
39          // EXTI4 的中断号为 10，设置其中断优先级为 2
40          MYNVIC->IPR[10/4] &= ~(0xFF<<((10%4) * 8));
41          MYNVIC->IPR[10/4] |= (2<<4)<<((10%4) * 8);
42          // 使能 NVIC 的 EXTI4 中断
43          MYNVIC->ISER[10/32] = (1<<10%32);
44      }
45      void drv_alarm_key_init(void){
46          // 人体检测输入 GPIO 初始化
47          gpio_init();
48          // EXTI 初始化
49          exti_init();
50          // NVIC 初始化
51          nvic_init();
52      }
```

程序设计要点如下。

（1）中断初始化涉及 GPIO、EXTI 和 NVIC 共三个控制器的初始化。为了使逻辑清晰，分别定义了 gpio_init()、exti_init()和 nvic_init()三个函数来实现，每个函数都使用 static 修饰，使其成为私有函数（文件级作用域）。

（2）在中断服务返回前，要清除中断挂起寄存器，见第 12、13 行代码。

（3）报警标志 is_alarm 使用 static 修饰，使其成为私有变量。当用户按下报警按键时，将触发 EXTI4 中断请求，CPU 将自动调用中断服务函数 EXTI4_IRQHandler()，该函数将调用 drv_alarm_key_ISR()，也就是说，真正的中断业务逻辑在 drv_alarm_key_ISR()中完成，该函数将 is_alarm 置 1，从而触发报警（应用层会循环读取该标志）。

在 drv_alarm_key.h 中，声明两个接口函数。

```
1   /* 文件:MyDrivers/drv_alarm_key.h */
2   #ifndef __DRV_ALARM_KEY_H__
3   #define __DRV_ALARM_KEY_H__
4
```

```
5    #include <stdint.h>
6
7    uint8_t drv_alarm_key_is2alarm(void);
8    void drv_alarm_key_init(void);
9
10   #endif
```

3. 蜂鸣器驱动对象 Drv_Beep 实现

Drv_Beep 对象的实现代码如下。

```
1    /* 文件: MyDrivers/drv_beep.c */
2    #include "drv_stm32f103.h"
3    void drv_beep_on(void){
4        MYGPIOB->BSRR = 0x1<<0;
5    }
6
7    void drv_beep_off(void){
8        MYGPIOB->BRR = 0x1<<0;
9    }
10
11   void drv_beep_init(void){
12       // 开启 GPIOB 时钟
13       MYRCC->APB2ENR |= 1 << 3;
14       //将 PB6 设置为推挽输出方式
15       MYGPIOB->CRL &= ~(0xF<<0*4);
16       MYGPIOB->CRL |= 0x2<<0*4;
17       // 设置初始状态为关闭 BEEP
18       MYGPIOB->BRR = 0x1<<0;
19   }
20
21   /* 文件: MyDrivers/drv_beep.h */
22   #ifndef __DRV_BEEP_H__
23   #define __DRV_BEEP_H__
24
25   void drv_beep_init(void);
26   void drv_beep_on(void);
27   void drv_beep_off(void);
28
29   #endif
```

4. 按键报警器对象 Key_Alarmer 实现

Key_Alarmer 的实现代码如下。

```
1    /* 文件: app/key_alarmer.c */
```

```
2    #include "drivers.h"
3
4    static uint32_t wave_period;
5    static uint32_t wave_duty;
6    static uint32_t count;
7
8    void key_alarm(void){
9        if(drv_alarm_key_is2alarm()){
10           if(count == 0){
11               drv_beep_on();    //开始输出高电平
12           }
13           if(count == wave_duty){
14               drv_beep_off();   //开始输出低电平
15           }
16           count = (count == wave_period)?0:count+1;
17       }else{
18           if(count <= wave_duty){
19               drv_beep_off();
20               count = -1;
21           }
22       }
23   }
24
25   void set_alarm_args(uint32_t period, uint32_t duty){
26       wave_period = period;
27       wave_duty = duty/100.0 * period;
28       count = 0;
29   }
30
31   /* 文件：app/key_alarmer.h */
32   #ifndef __KEY_ALARMER_H__
33   #define __KEY_ALARMER_H__
34
35   void set_alarm_args(uint32_t period, uint32_t duty);
36   void key_alarm(void);
37
38   #endif
```

设计要点如下。

- 将 count 变量用作计数定时。在不需要精确定时，又不希望使用 HAL_Delay()延时过多占用 CPU 而影响其他业务的情况下，可以借鉴本例的方法，通过对调用次数计数达到延时目的。
- 第 16 行代码使用三目运算符使代码更为简洁。

- 由于 count 为无符号数，第 20 行代码使 count=$2^{32}-1$，从而避免在不需要报警时重复调用 drv_beep_off()。

5. 挂接中断服务函数

在 Drv_Alarm_Key 对象中，只定义了中断服务函数 drv_alarm_key_ISR()，还没有将其与内核中断关联起来。

为了在一个文件中统一管理所有内核中断服务，可以将中断服务挂接操作统一放在 stm32f1xx_it.c 文件中。

```
1    /* 文件: Prj_Naked/Core/Src/stm32f1xx_it.c */
2    ......   //省略前端代码
3    /* USER CODE BEGIN 1 */
4    extern void drv_alarm_key_ISR(void);
5    void EXTI4_IRQHandler(void){
6      drv_alarm_key_ISR();
7    }
8    /* USER CODE END 1 */
```

设计要点如下。

- 将用户写的中断服务函数放在用户代码块 USER CODE BEGIN 1 和 USER CODE END 1 之间，这样做可以避免使用 STM32CubeMX 生成代码时其被覆盖。
- 第 4 行代码通过 extern 直接引用外部定义的函数。
- 系统的中断服务函数命名规则为"void 中断名称_IRQHandler(void)"。

6. 调度执行

1）使用 Drivers 对象管理驱动对象

在 drivers.h 文件中包含新建的驱动头文件，方便其他对象引用。

```
1    /* 文件: MyDrivers/drivers.h */
2    #ifndef __DRIVERS_H__
3    #define __DRIVERS_H__
4    #include "drv_led.h"
5    #include "drv_hcsr501.h"
6    #include "drv_beep.h"
7    #include "drv_alarm_key.h"
8
9    void drivers_init(void);
10   #endif
```

在 drivers_init()中调用 Drv_HCSR501 的初始化函数。

```
1    /* 文件: MyDrivers/drivers.c */
2    #include "drivers.h"
```

```
3
4    void drivers_init(void){
5        drv_led_init();
6        drv_hcsr501_init();
7        drv_beep_init();
8        drv_alarm_key_init();
9    }
```

2）使用 App 对象调度业务

在 app_init()中调用 set_alarm_args()设置 BEEP 波形参数。在 app_dispatch()中调用 key_alarm()进行按键报警业务操作。

```
1    /* 文件：app/app.c */
2    #include "drivers.h"
3    #include "app.h"
4
5    void app_init(void){
6        // drv_led_on_all();         // 为方便测试，初始化时打开所有灯
7        // nobody_controller_init();
8        set_alarm_args(20000, 30);
9    }
10
11   void app_dispatch(void){
12       // nobody_control();
13       key_alarm();          //调度按键报警业务执行
14   }
15
16   /* 文件：app/app.h */
17   #ifndef __APP_H__
18   #define __APP_H__
19
20   #include <stdio.h>
21   #include "nobody_controller.h"
22   #include "key_alarmer.h"
23
24   #define NOBODY      0
25   #define SOMEBODY    1
26
27   void app_init(void);
28   void app_dispatch(void);
29   #endif
```

6.7.5.2 LiteOS+库函数编程

本例演示不通过重定义 HAL 中断回调函数接管中断服务,而是直接挂接用户定义的中断服务函数完成中断处理的方法。

1. 使用 STM32CubeMX 配置外设

GPIO 配置参数如表 6-18 所示。

表 6-18 GPIO 配置参数

外设	引脚	工作方式	初始电平	引脚标签
BEEP	PB0	推挽输出	低	BEEP
ALARM_KEY	PC4	外部中断,下降沿触发,上拉		ALARM_KEY_INT

GPIO 配置参数要使能中断,但不生成中断服务代码,如表 6-19、图 6-18～图 6-20 所示。

表 6-19 中断

中断	中断使能	生成中断服务代码 Generate	生成调用 HAL 库代码
EXTI line4	是	否	否

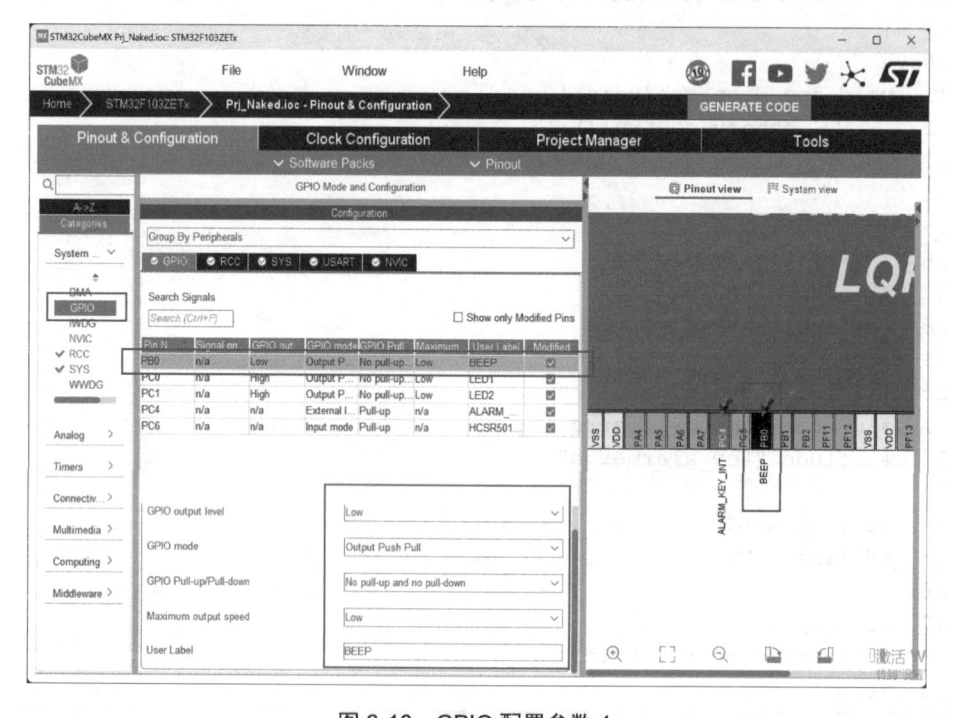

图 6-18 GPIO 配置参数 1

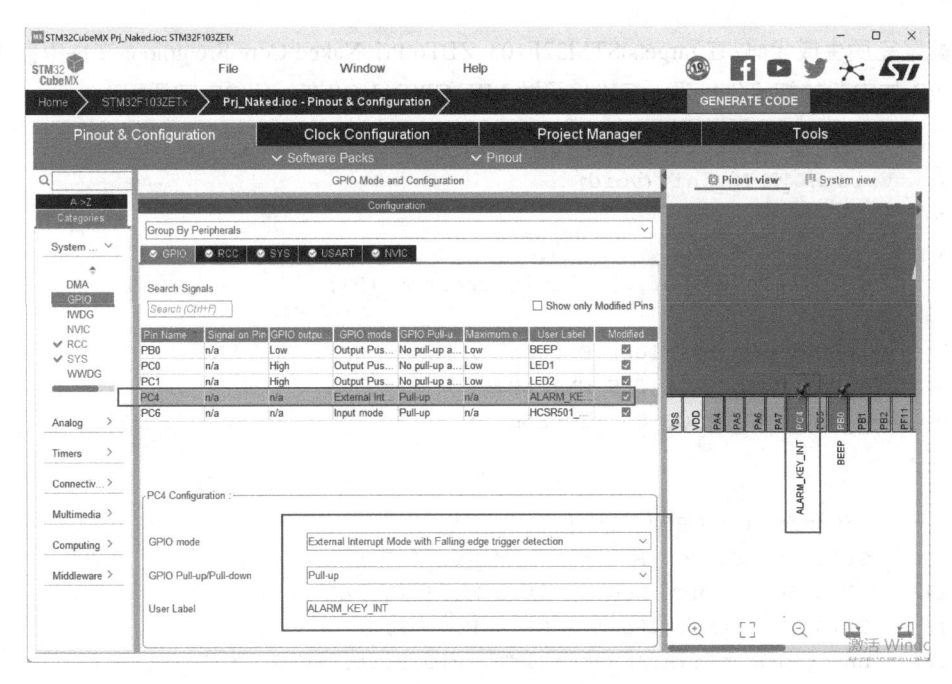

图 6-19　GPIO 配置参数 2

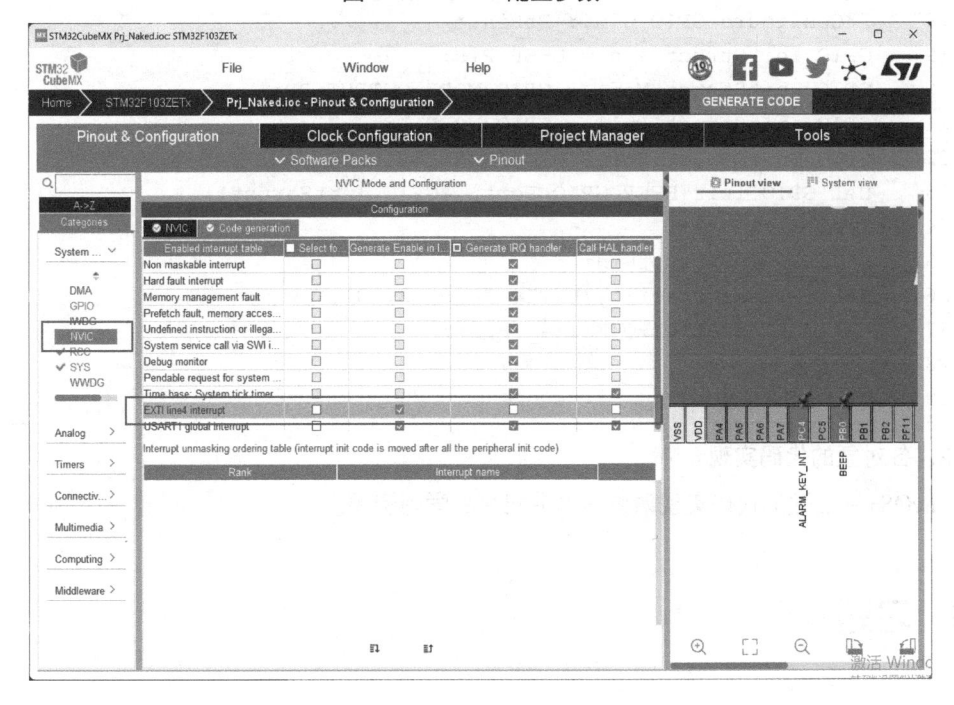

图 6-20　EXTI line4 中断

配置完后生成代码，在 targets\STM32F103_ZET6\Prj_Naked\Core\Src\gpio.c 文件中会生成外设 GPIO 与中断的初始化代码，初始化函数 MX_GPIO_Init()在 main()中被调用。

```
1   /*文件 targets\STM32F103_ZET6\Prj_Naked\Core\Src\gpio.c */
2   void MX_GPIO_Init(void)
3   {
4
5     GPIO_InitTypeDef GPIO_InitStruct = {0};
6
7     /* GPIO Ports Clock Enable */
8     __HAL_RCC_GPIOC_CLK_ENABLE();
9     __HAL_RCC_GPIOB_CLK_ENABLE();
10
11
12    /*Configure GPIO pin : PtPin */
13    GPIO_InitStruct.Pin = ALARM_KEY_INT_Pin;
14    GPIO_InitStruct.Mode = GPIO_MODE_IT_FALLING;
15    GPIO_InitStruct.Pull = GPIO_PULLUP;
16    HAL_GPIO_Init(ALARM_KEY_INT_GPIO_Port, &GPIO_InitStruct);
17
18    /*Configure GPIO pin : PtPin */
19    GPIO_InitStruct.Pin = BEEP_Pin;
20    GPIO_InitStruct.Mode = GPIO_MODE_OUTPUT_PP;
21    GPIO_InitStruct.Pull = GPIO_NOPULL;
22    GPIO_InitStruct.Speed = GPIO_SPEED_FREQ_LOW;
23    HAL_GPIO_Init(BEEP_GPIO_Port, &GPIO_InitStruct);
24
25    /* EXTI interrupt init*/
26    HAL_NVIC_SetPriority(EXTI4_IRQn, 3, 0);
27    HAL_NVIC_EnableIRQ(EXTI4_IRQn);
28
29  }
```

2. 各对象的代码实现

LiteOS+库函数的代码实现请参考本书配套的学习资源。

6.8 习题

1. 什么是中断？什么是中断优先级？

2．什么是剥夺式优先级与响应式优先级？
3．什么是硬件中断？什么是软件中断？什么是事件？
4．什么是组优先级与子优先级，它与剥夺式优先级和响应式优先级有什么关系？
5．简述中断编程的基本步骤。
6．说明寄存器编程如何挂接中断服务函数。
7．编程，在"按键报警"项目中，增设一个按键中断用于取消报警。

第 7 章

DMA 编程

在系统运行过程中，CPU 经常需要进行数据传输操作，如将数据从存储器传输给外设，或从一个内存缓冲区复制数据到另一个存储块。这些传输操作一般需要 CPU 干预并借助 CPU 寄存器进行中转。当传输的数据量较大时就会消耗太多资源，导致系统效率大大降低。DMA(Direct Memory Access)，即直接存储器访问，可以有效解决这一问题。DMA 用于在外设与存储器之间或者存储器与存储器之间提供高速数据传输，而不需要消耗 CPU 资源。

7.1 学习目标

本章的学习目标如下。
- 理解 DMA 的概念。
- 理解 DMA 的工作原理。
- 熟悉 DMA 的工作模式。
- 熟悉 DMA 库函数接口，掌握库函数编程方法。

7.2 DMA 的工作原理

内存与外设之间非 DMA 数据传输方式如图 7-1 所示，要把外设中的数据读出并存放到内存中，通常需要先把外设中的数据读入 CPU 的寄存器（第 1 步），然后将寄存器的数据写入内存（第 2 步），反之亦然。也就是说，需要利用 CPU 中的寄存器进行中转，这种方式在批量数据传输时效率低下。

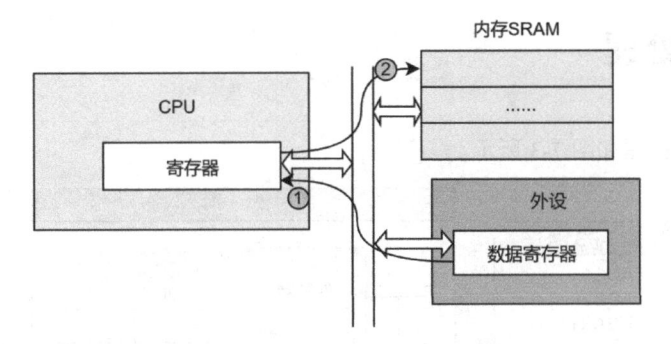

图 7-1 内存与外设之间非 DMA 数据传输方式

现代 CPU 都设计了 DMA 部件，用于在外设与存储器之间或者存储器与存储器之间直接进行数据传输。内存与外设之间 DMA 数据传输方式如图 7-2 所示。DMA 数据传输方式由于不需要 CPU 的干预，也不需要利用 CPU 寄存器中转，大大提高了批量数据的传输效率。

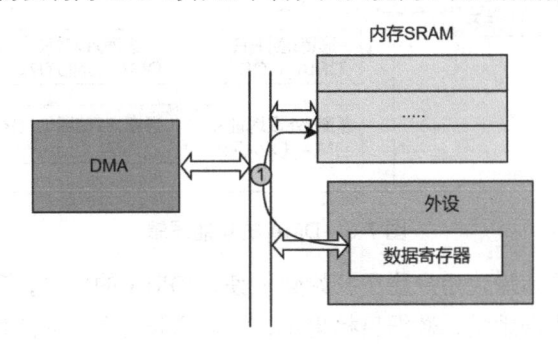

图 7-2 内存与外设之间 DMA 数据传输方式

7.3 DMA 的主要特性

STM32F103ZET6 有两个 DMA 控制器，主要特性如下。
- 12 个可独立配置的（请求）通道：DMA1 有 7 个通道，DMA2 有 5 个通道。
- 每个通道都支持硬件和软件触发 DMA 数据传输。
- 各通道的优先级有四级，均可独立配置。
- 源数据和目标数据的数据宽度（字节、半字、全字）可独立配置。
- 支持循环的缓冲器管理。
- 每个通道都有 3 个事件标志（DMA 数据传输过半、DMA 数据传输完成和 DMA 数据传输错误），它们共用同一个中断号。
- 支持存储器与存储器间、外设与存储器间的数据传输。

7.4 DMA 处理

DMA 的功能逻辑如图 7-3 所示。

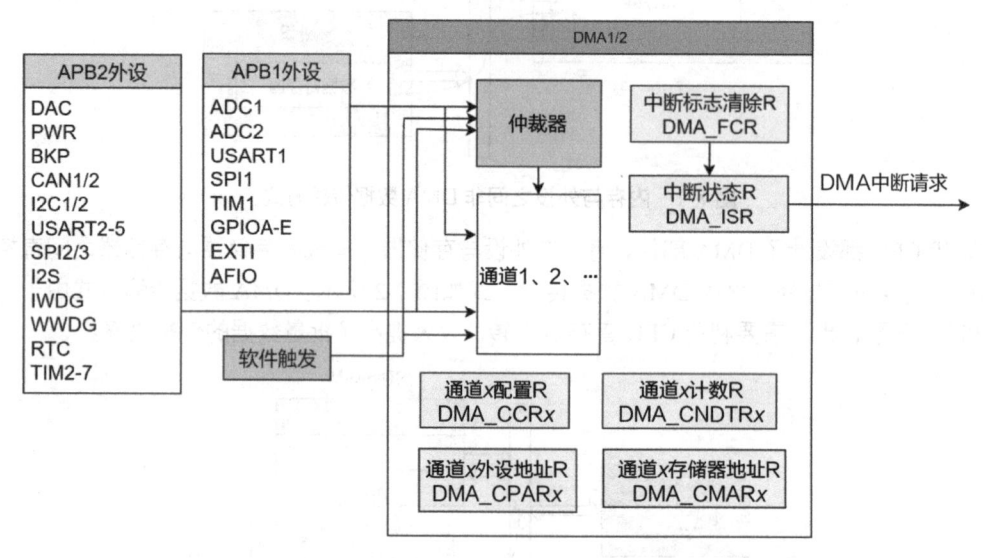

图 7-3 DMA 的功能逻辑

要使用 DMA 数据传输，用户除了初始化要使用 DMA 的外设，还需要配置好数据传输个数、数据宽度、数据源地址、数据目标地址、地址增长方向、通道优先级等参数，并设置好触发条件。

7.4.1 通道

通道是指 DMA 请求信号的通路。DMA1 有 7 个通道，DMA2 有 5 个通道。每个通道可接收多个外设的 DMA 请求，但其类型与数量是固定的。

通道有优先级，也就是当多个通道上有 DMA 请求时，优先级高的通道优先获得响应。
通道的优先级有如下两种。
- 线序优先级：线序与通道号顺序一致，线序，即通道号越小，优先级越高，如通道 2 的优先级高于通道 3。
- 可配置优先级：分为四级，很高、高、中等和低。

当两个通道的可配置优先级相同时，由线序优先级决定其响应次序，线序越小，优先级越高。
各通道与特定外设相连，各通道与外设的映射关系如表 7-1 和表 7-2 所示。

表 7-1　DMA1 通道与外设的映射关系

外设	通道 1	通道 2	通道 3	通道 4	通道 5	通道 6	通道 7
ADC1	ADC1						
SPI/I2S		SPI1_RX	SPI1_TX	SPI/I2S2_RX	SPI/I2S2_TX		
USART		USART3_TX	USART3_RX	USART1_TX	USART1_RX	USART2_RX	USART2_TX
I2C				I2C2_TX	I2C2_RX	I2C1_TX	I2C1_RX
TIM1		TIM1_CH1	TIM1_CH2	TIM1_TX4 TIM1_TRIG TIM1_COM	TIM1_UP	TIM1_CH3	
TIM2	TIM2_CH3	TIM2_UP			TIM2_CH1		TIM2_CH2 TIM2_CH4
TIM3		TIM3_CH3	TIM3_CH4 TIM3_UP			TIM3_CH1 TIM3_TRIG	
TIM4	TIM4_CH1			TIM4_CH2	TIM4_CH3		TIM4_UP

表 7-2　DMA2 通道与外设的映射关系

外设	通道 1	通道 2	通道 3	通道 4	通道 5
ADC3					ADC3
SPI/I2S3	SPI/I2S3_RX	SPI/I2S3_TX			
UART4			UART4_RX		UART4_TX
SDIO				SDIO	
TIM5	TIM5_CH4 TIM5_TRIG	TIM5_CH3 TIM5_UP		TIM5_CH2	TIM5_CH1
TIM6/DAC 通道 1			TIM6_UP/DAC 通道 1		
TIM7/DAC 通道 2				TIM7_UP/DAC 通道 2	
TIM8	TIM8_CH3 TIM8_UP	TIM8_CH4 TIM8_TRIG TIM8_COM	TIM8_CH1		TIM8_CH2

7.4.2　数据宽度与数据对齐方式

　　源数据与目标数据的宽度可以独立配置，数据宽度可以是字节（8 位）、半字（16 位）、字（32 位）三种类型。

　　数据的起始地址要求与所选的数据宽度对齐，也就是，如果数据宽度是半字，则地址的 bit0 位必须为 0；如果数据宽度是字，则地址的 bit1bit0 位必须为 00。

　　当有多个数据需要传输时，每传输完一个数据，DMA 控制器就会根据数据宽度自动计算下一个要传输的源数据与目标数据的地址，即进行地址增量操作。
- 字节数据，地址+1。
- 半字数据，地址+2。
- 字数据，地址+4。

注意：在传输多个数据时，不管是源数据还是目标数据的地址，都可以根据实际情况配置为禁止自动调整地址。

不同宽度的源数据与目标数据的 DMA 传输结果如表 7-3 所示。

表 7-3　不同宽度的源数据与目标数据的 DMA 传输结果

源数据宽度	源数据	目标数据宽度	目标数据
字节	0xA8	字节	0xA8
字节	0xA8	半字	0x00A8
字节	0xA8	字	0x0000 00A8
半字	0xA89C	字节	0x9C //只写入低字节
半字	0xA89C	半字	0xA89C
半字	0xA89C	字	0x0000 A89C
字	0xA89C 6532	字节	0x32
字	0xA89C 6532	半字	0x6532
字	0xA89C 6532	字	0xA89C 6532

7.4.3　中断

在 DMA 操作过程中，每个通道都可以产生三种类型的中断请求。
- 传输过半，中断标志为 HTIF（Half Transmission Interrup Flag）。
- 传输完成，中断标志为 TCIF（Transmission Complete Interrup Flag）。
- 传输错误，中断标志为 TEIF（Transmission Error Interrup Flag）。

每个中断标志都可以独立开启或屏蔽。

7.4.4　错误管理

源数据与目标数据的地址不能位于保留地址区域，否则会产生 DMA 传输错误。在 DMA 读、写操作发生错误时，硬件会自动地关闭该通道的 DMA 功能（通过自动清除通道的使能位 DMA_CCRx.EN 来实现），并将传输错误中断标志位（TEIF）置位。

7.4.5 DMA 的工作模式

7.4.5.1 非循环模式

在非循环模式下,传输结束后(传输计数变为 0)将不再产生 DMA 操作。要开始新的 DMA 传输,需要在关闭 DMA 通道的情况下,在 DMA_CNDTRx 寄存器中重新写入数据传输个数。

7.4.5.2 循环模式

在循环模式下,传输结束后,DMA 控制器会自动将源数据/目标数据地址寄存器和数据个数寄存器的值重新加载为其初始数值,DMA 操作将会继续进行。

循环模式用于处理循环缓冲区和连续的数据传输(如 ADC 的扫描模式)。

7.4.5.3 存储器到存储器模式

存储器到存储器模式支持在没有外设请求的情况下进行 DMA 传输。该模式只能通过软件触发。

存储器到存储器模式不支持循环模式。

7.4.6 DMA 请求的处理流程

当外设发出 DMA 请求时,由仲裁器根据通道优先级控制数据传输过程,如图 7-4 所示。

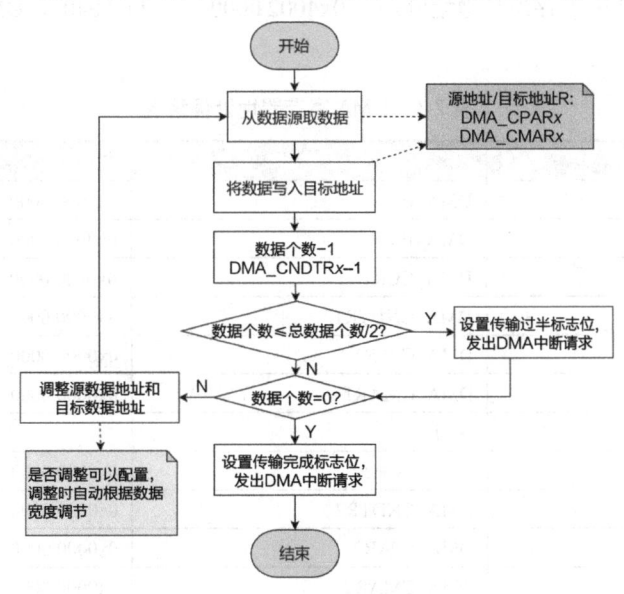

图 7-4 控制数据传输过程

在每传输完一个数据后，数据计数器会自动减 1。如果数据寄存器不等于 0，表明还有数据要传输，则调整源数据/目标数据地址。

数据传输过半或全部传输完成时，会将传输过半标志位和传输完成标志位置 1，如果中断请求是开放的，则发出相应的中断请求。

7.5　DMA 寄存器

```
         DMA
+ DMA_ISR      //中断标志R
+ DMA_IFCR     //中断标志清除R
+ DMA_CCRx     //通道x配置R
+ DMA_CNDTRx   //通道x数据计数R
+ DMA_CPARx    //通道x外设地址R
+ DMA_CMARx    //通道x内存地址R
```

图 7-5　DMA 寄存器

如图 7-5 所示，DMA 寄存器包括中断标志寄存器 DMA_ISR、中断标志清除寄存器 DMA_IFCR、通道配置寄存器 DMA_CCRx、通道数据计数寄存器 DMA_CNDTRx、通道外设地址寄存器 DMA_CPARx 和通道内存地址寄存器 DMA_CMARx（x 为通道号）。

各寄存器的位域定义请参考芯片数据手册。

7.6　DMA 寄存器映射

DMA1、DMA2 的寄存器基地址分别为 0x4002 0000、0x4002 0400，DMA 寄存器地址偏移量如表 7-4 所示。

表 7-4　DMA 寄存器地址偏移量

地址偏移量	寄存器	复位值
0x00	DMA_ISR	0x0000 0000
0x04	DMA_IFCR	0x0000 0000
0x08	DMA_CCR1	0x0000 0000
0x0C	DMA_CNDTR1	0x0000 0000
0x10	DMA_CPAR1	0x0000 0000
0x14	DMA_CMAR1	0x0000 0000
0x18	保留	
0x1C	DMA_CCR2	0x0000 0000
0x20	DMA_CNDTR2	0x0000 0000
0x24	DMA_CPAR2	0x0000 0000
0x28	DMA_CMAR2	0x0000 0000

续表

地址偏移量	寄存器	复位值
0x2C	保留	
0x30	DMA_CCR3	0x0000 0000
0x34	DMA_CNDTR3	0x0000 0000
0x38	DMA_CPAR3	0x0000 0000
0x3C	DMA_CMAR3	0x0000 0000
0x40	保留	
0x44	DMA_CCR4	0x0000 0000
0x48	DMA_CNDTR4	0x0000 0000
0x4C	DMA_CPAR4	0x0000 0000
0x50	DMA_CMAR4	0x0000 0000
0x54	保留	
0x58	DMA_CCR5	0x0000 0000
0x5C	DMA_CNDTR5	0x0000 0000
0x60	DMA_CPAR5	0x0000 0000
0x64	DMA_CMAR5	0x0000 0000
0x68	保留	
0x6C	DMA_CCR6	0x0000 0000
0x70	DMA_CNDTR6	0x0000 0000
0x74	DMA_CPAR6	0x0000 0000
0x78	DMA_CMAR6	0x0000 0000
0x7C	保留	
0x80	DMA_CCR7	0x0000 0000
0x84	DMA_CNDTR7	0x0000 0000
0x88	DMA_CPAR7	0x0000 0000
0x8C	DMA_CMAR7	0x0000 0000
0x90	保留	

7.7 DMA 的编程方法

7.7.1 库函数接口

DMA 库函数接口如图 7-6 所示。

```
┌─────────────────────────────────┐           ┌─────────────────────────┐
│           HAL_DMA               │           │    USER_IRQ_CALLBACK    │
├─────────────────────────────────┤           ├─────────────────────────┤
│ +HAL_DMA_Init()                 │           │                         │
│ +HAL_DMA_Start()                │           └─────────────────────────┘
│ +HAL_DMA_PollForTransfer()      │                       △
│ +HAL_DMA_Start_IT()             │                       ┊
│ +HAL_DMA_GetState()             │           ┌─────────────────────────┐
│ +HAL_DMA_GetError()             │           │   HAL_DMA_IRQ_HANDLER   │
│ +__HAL_DMA_ENABLE()             │           ├─────────────────────────┤
│ +__HAL_DMA_DISABLE()            │ ┄┄┄┄┄┄┄┄▷ │ +HAL_DMA_IRQHandler()   │
│ +__HAL_DMA_GET_FLAG()           │           │ +HAL_DMA_RegisterCallback()│
│ +__HAL_DMA_CLEAR_FLAG()         │           └─────────────────────────┘
│ +__HAL_DMA_ENABLE_IT()          │                       △
│ +__HAL_DMA_DISABLE_IT()         │           ┌─────────────────────────┐
│ +__HAL_DMA_GET_IT_SOURCE()      │           │          NVIC           │
└─────────────────────────────────┘           ├─────────────────────────┤
                                              │+DMAx_Channely_IRQHandler()│
                                              └─────────────────────────┘
```

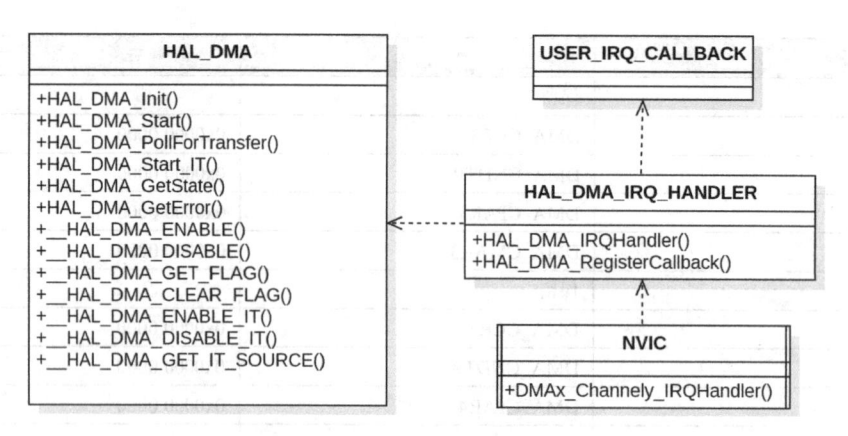

图 7-6 DMA 库函数接口

- HAL_DMA：该对象提供初始化和以不同方式启动 DMA 的接口函数，并提供开/关 DMA 中断、获取中断标志、获取中断源等接口函数。关于 DMA 启动接口的说明如下。
  - ➢ HAL_DMA_Start()：以程序查询方式（阻塞方式）启动 DMA 传输，直到数据传输完成后才返回。
  - ➢ HAL_DMA_PollForTransfer()：以阻塞方式启动 DMA 传输，根据传递的传输深度参数，即传输过半或传输完成时返回，还可以指定一个传输超时值。
  - ➢ HAL_DMA_Start_IT()：以中断（异步）方式启动 DMA 传输，传输完成时发出中断请求，在中断服务中进行后续处理。
- NVIC：DMA 的 NVIC 中断服务对象。
- HAL_DMA_IRQ_HANDLER：HAL 层的中断服务对象。

接口函数 HAL_DMA_IRQHandler() 由 NVIC 对象的 DMA*x*_Channel*y*_IRQHandler() 调用，并传递 DMA 通道号参数，代码如下。

```
void DMA1_Channel1_IRQHandler(void)
{
  HAL_DMA_IRQHandler(&hdma_memtomem_dma1_channel1);
}
```

- USER_IRQ_CALLBACK：回调函数对象。回调函数可以是注册的用户函数（本章举例中讲解），也可以是 HAL 层提供的默认外设回调函数（在后面章节中讲解其用法）。

7.7.2 库函数编程方法

DMA 库函数编程的基本步骤如图 7-7 所示。

首先利用 STM32CubeMX 配置 DMA 参数，包括选择 DMA 通道、源数据和目标数据宽度等。如果采用中断传输方式，还要在 NVIC 中使能中断并使能生成中断服务函数代码。

```
                        开始
                          │
                          ▼
            ┌─────────────────────────────┐
            │ 使用STM32CubeMX配置DMA参数并生 │
            │       成DMA初始化代码         │
            └─────────────────────────────┘
                          │
            程序查询方式   ◇   中断方式
            ┌─────────────┘ └─────────────┐
            ▼                               ▼
   ┌──────────────────┐         ┌──────────────────────────┐
   │ 调用HAL_DMA_Start()或│         │ 编写DMA中断回调函数(传输过半回调/│
   │ HAL_DMA_PollForTransfer()启动DMA│         │ 传输完成回调和传输错误回调) │
   │       传输        │         └──────────────────────────┘
   └──────────────────┘                     │
            │                               ▼
            │                 ┌──────────────────────────┐
            │                 │ 调用HAL_DMA_RegisterCallback()注册│
            │                 │      DMA中断回调函数      │
            │                 └──────────────────────────┘
            │                               │
            │                               ▼
            │                 ┌──────────────────────────┐
            │                 │ 调用HAL_DMA_Start_IT()以中断方式启│
            │                 │       动DMA传输           │
            │                 └──────────────────────────┘
            │                               │
            └─────────────┐   ┌─────────────┘
                          ▼   ▼
                        结束
```

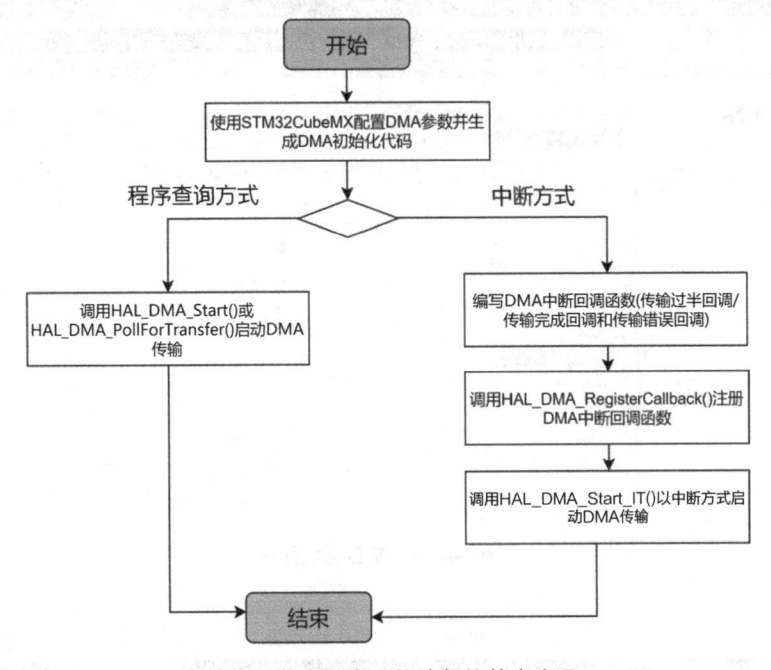

图 7-7　DMA 库函数编程的基本步骤

然后根据通信方式的不同调用相应的 DMA 传输启动接口。如果采用中断方式，那么需要编写 DMA 中断回调函数，以便在 DMA 传输完成、传输过半或传输错误时进一步处理。

7.8　DMA 编程举例

本例以异步 DMA 方式从内存中的一个缓冲区将数据复制到另一个缓冲区中。关于内存与外设之间的 DMA 数据传输将在后面的章节中讲解。

1. 使用 STM32CubeMX 配置 DMA 参数

1）配置 DMA 通道

如图 7-8 所示配置 DMA 通道，在"System Core"选区中选择"DMA"选项。选择"MemToMem"选项卡，即内存到内存模式，指定 DMA1 号通道，数据宽度为 32 位。

2）使能 DMA 中断

在"Sytem Core"选区中选择"NVIC"选项，如图 7-9 所示，使能 DMA 中断。

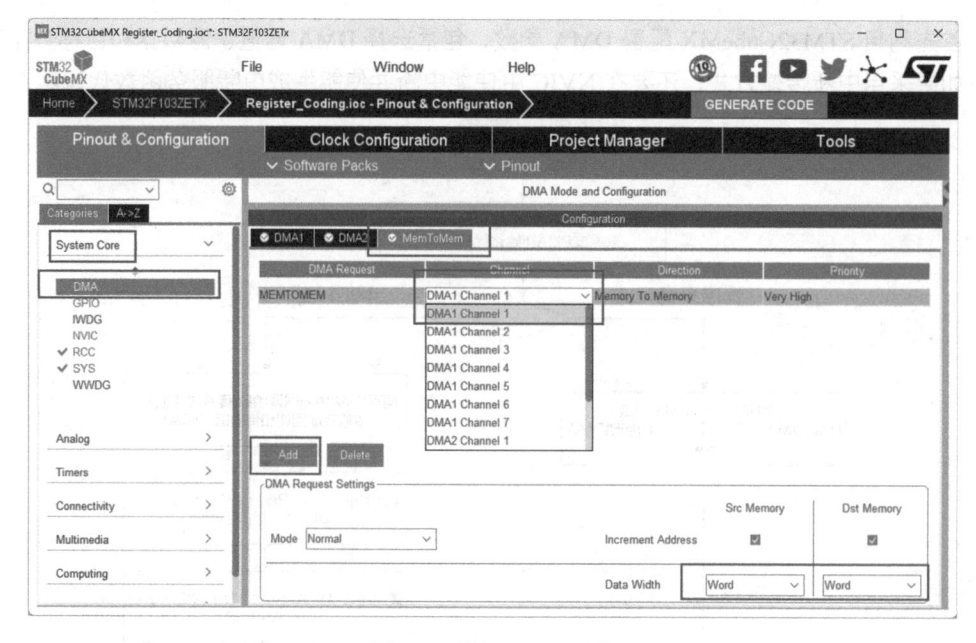

图 7-8 配置 DMA 通道

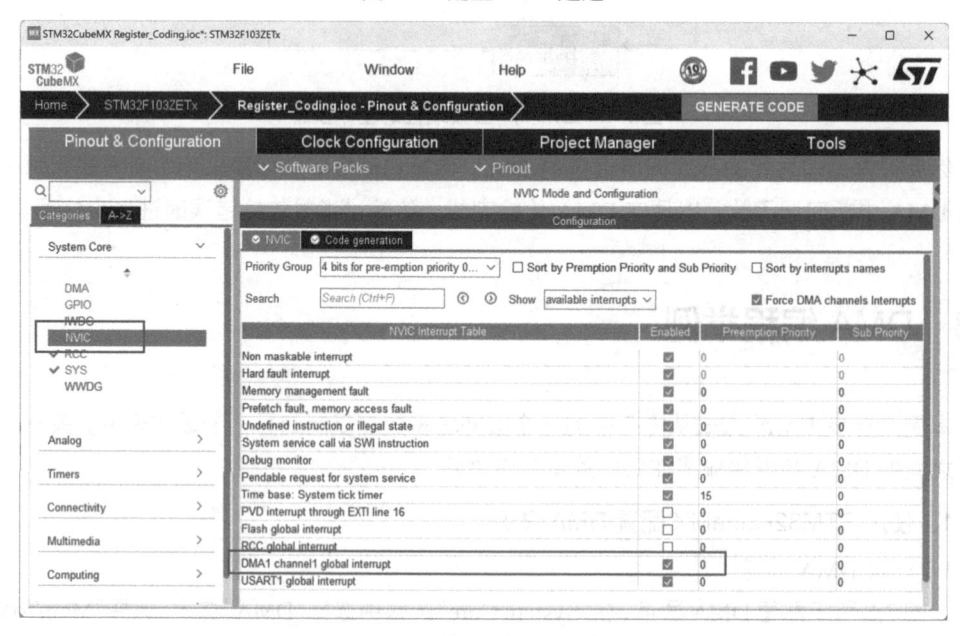

图 7-9 使能 DMA 中断

3）生成代码

单击"GENERATE CODE"按钮，会在 Core 目录下生成 dma.c 和 dma.h 文件，源码如下。

```c
1   /* 文件 Core/Src/dma.c */
2   #include "dma.h"
3   DMA_HandleTypeDef hdma_memtomem_dma1_channel1;
4   void MX_DMA_Init(void)
5   {
6
7       __HAL_RCC_DMA1_CLK_ENABLE();
8       /* Configure DMA request hdma_memtomem_dma1_channel1 on DMA1_Channel1 */
9       hdma_memtomem_dma1_channel1.Instance = DMA1_Channel1;
10      hdma_memtomem_dma1_channel1.Init.Direction = DMA_MEMORY_TO_MEMORY;
11      hdma_memtomem_dma1_channel1.Init.PeriphInc = DMA_PINC_ENABLE;
12      hdma_memtomem_dma1_channel1.Init.MemInc = DMA_MINC_ENABLE;
13      hdma_memtomem_dma1_channel1.Init.PeriphDataAlignment = DMA_PDATAALIGN_WORD;
14      hdma_memtomem_dma1_channel1.Init.MemDataAlignment = DMA_MDATAALIGN_WORD;
15      hdma_memtomem_dma1_channel1.Init.Mode = DMA_NORMAL;
16      hdma_memtomem_dma1_channel1.Init.Priority = DMA_PRIORITY_LOW;
17      if (HAL_DMA_Init(&hdma_memtomem_dma1_channel1) != HAL_OK)
18      {
19        Error_Handler();
20      }
21      /* DMA interrupt init */
22      /* DMA1_Channel1_IRQn interrupt configuration */
23      HAL_NVIC_SetPriority(DMA1_Channel1_IRQn, 0, 0);
24      HAL_NVIC_EnableIRQ(DMA1_Channel1_IRQn);
25  }
26
27  /* 文件 Core/Src/dma.h */
28  #ifndef __DMA_H__
29  #define __DMA_H__
30  #ifdef __cplusplus
31  extern "C" {
32  #endif
33  #include "main.h"
34  extern DMA_HandleTypeDef hdma_memtomem_dma1_channel1;
35  void MX_DMA_Init(void);
36  #ifdef __cplusplus
37  }
38  #endif
39  #endif /
```

在 main() 中生成 DMA 初始化函数的调用代码如下。

```
1   int main(void)
2   {
3       ......;   //其他代码
4       /* Initialize all configured peripherals */
5       MX_GPIO_Init();
6       MX_DMA_Init();
7       MX_USART1_UART_Init();
8       /* USER CODE BEGIN 2 */
9       ......;   //其他代码
10  }
```

同时，在 Core/Src/stm32f1xx_it.c 文件中生成 NVIC 中断服务函数，源码如下。

```
1   void DMA1_Channel1_IRQHandler(void)
2   {
3       HAL_DMA_IRQHandler(&hdma_memtomem_dma1_channel1);
4   }
```

2. 内存间 DMA 传输测试代码

```
1   /* 文件 App/dma_test.c */
2   #include "main.h"
3
4   uint8_t is_finished = 0;
5   uint8_t is_dma_error = 0;
6   static DMA_HandleTypeDef *phdma;
7   uint32_t src[9] = {1, 2, 3, 4, 5, 6, 7, 8, 9};
8   uint32_t dst[9];
9
10  void dma_callback(DMA_HandleTypeDef * hdma){
11      is_finished = 1;
12  }
13
14  void dma_error_callback(DMA_HandleTypeDef * hdma){
15      is_dma_error = 1;
16  }
17
18  void dma_test_init(DMA_HandleTypeDef *hdma){
19      phdma = hdma;
20      HAL_DMA_RegisterCallback(phdma,
            HAL_DMA_XFER_CPLT_CB_ID, dma_callback);
```

```
21        HAL_DMA_RegisterCallback(phdma,
                HAL_DMA_XFER_ERROR_CB_ID, dma_error_callback);
22    }
23    void dma_test(){
24        is_finished = 0;
25        HAL_DMA_Start_IT(phdma, (uint32_t)src, (uint32_t)dst, 9);
26        while(!is_finished);
27        printf("data is transfered\n");
28    }
29
30    /* 文件 App/dma_test.h */
31    #ifndef __DMA_TEST_H__
32    #define __DMA_TEST_H__
33    #include "main.h"
34
35    void dma_test_init(DMA_HandleTypeDef *hdma);
36    void dma_test();
37
38    #endif
39
```

设计要点如下。

（1）设计了一个 DMA 句柄的局部变量 DMA_HandleTypeDef *phdma，用于保存初始化时传输过来的 DMA 对象，方便代码复用（第 6 行）。

（2）设置了两个标志变量，用于中断服务函数与上层交互（第 4、5 行）。

（3）在初始化函数中，调用 HAL_DMA_RegisterCallback()注册了两个中断回调函数，分别用于 DMA 传输完成和传输错误回调。

（4）HAL_DMA_XFER_CPLT_CB_ID 和 HAL_DMA_XFER_ERROR_CB_ID 是系统定义的两个枚举常量，用于指定回调函数类型。枚举类型 HAL_DMA_CallbackIDTypeDef 定义如下。

```
typedef enum
{
  HAL_DMA_XFER_CPLT_CB_ID         = 0x00U,   /*!< Full transfer    */
  HAL_DMA_XFER_HALFCPLT_CB_ID     = 0x01U,   /*!< Half transfer    */
  HAL_DMA_XFER_ERROR_CB_ID        = 0x02U,   /*!< Error            */
  HAL_DMA_XFER_ABORT_CB_ID        = 0x03U,   /*!< Abort            */
  HAL_DMA_XFER_ALL_CB_ID          = 0x04U    /*!< All              */

}HAL_DMA_CallbackIDTypeDef;
```

（5）通过调用 HAL_DMA_Start_IT() 启动 DMA 异步传输（第 25 行）。

（6）在应用层调用 dma_test() 可进行 DMA 传输测试。

7.9 习题

1. 简述 DMA 的工作原理与优点。
2. 简述 DMA 请求的处理流程。
3. DMA 库函数接口有哪些，功能是什么？

第 8 章

UART 通信

为了方便各系统之间互联进行信息交换，嵌入式系统提供了多种通信接口，这些通信接口可以分为并行通信接口和串行通信接口。串行通信接口又分为异步串行通信接口和同步串行通信接口，有多种类型的通信标准，如 UART、USRT、IIC、SPI 等。

异步串行通信 UART 因其简单、易于使用且成本低，在嵌入式系统中被广泛应用于人机接口、芯片间通信等。

8.1 学习目标

本章的学习目标如下。
- 了解 STM32F103ZET6 UART 的特性。
- 理解 STM32F103ZET6 UART 的工作原理。
- 熟悉 UART 寄存器编程方法。
- 熟悉 UART 库函数接口及库函数编程方法。
- 理解循环缓冲区的概念，掌握循环缓冲区的应用。
- 理解输出重定向的概念。

8.2 STM32F103ZET6 USART 概述

在 STM32F103ZET6 中，提供了 3 个通用同步/异步收发器 USART（Universal Synchronous/Asynchronous Receiver/Transmitter），即 USART1～USART3，和 2 个通用异步收发器 UART，即

UART4、UART5。这些通用异步收发器采用工业标准不归零 NRZ（Non-Return-to-Zero）编码，支持全双工数据通信。

STM32F103ZET6 的 USART 支持多种工作模式（通信规范），包括通用异步收发器 UART（含多处理器模式）、通用同步收发器 USRT、局部互联网（Local Interconnect Network，LIN）、智能卡协议 IrDA（红外数据组织）SIR ENDEC 规范，以及调制解调器（CTS/RTS）操作。

本章主要讲解通用异步收发器 UART 的工作模式。

需要说明的是，在 STM32F103 中，USRT 和 UART 的许多内容，包括一些寄存器是相同的或共用的，因此，在后面的讲述中，如果使用 USART 来描述，说明这部分内容既适用于 UART，也适用于 USRT。

8.3 STM32F103ZET6 UART 的特性

STM32F103ZET6 UART 的特性如下。
- 全双工，异步通信。
- 可编程波特率，最高达 2.25Mbit/s。
- 可编程数据字长度（8 位或 9 位）。
- 可配置停止位个数（1 位或 2 位）。
- 可配置 DMA 多缓冲器通信。
- 独立的发送器和接收器使能位。
- 奇偶校验。
- 4 个通信错误检测标志，包括溢出错误、噪声错误、帧错误、校验错误。
- 8 个带标志的中断源，包括发送数据寄存器空、发送完成、接收数据寄存器满、总线空闲、溢出错误、帧错误、噪声错误、校验错误。
- 支持多处理器通信。

8.4 STM32F103ZET6 UART 的工作原理

UART 功能结构如图 8-1 所示。

发送数据时，CPU 将数据写入发送数据寄存器 TDR，继而被送入发送移位寄存器。在控制逻辑与波特率发生器的控制下，发送移位寄存器的数据按位依次从 TX 线上输出，低位在前，高位在后。

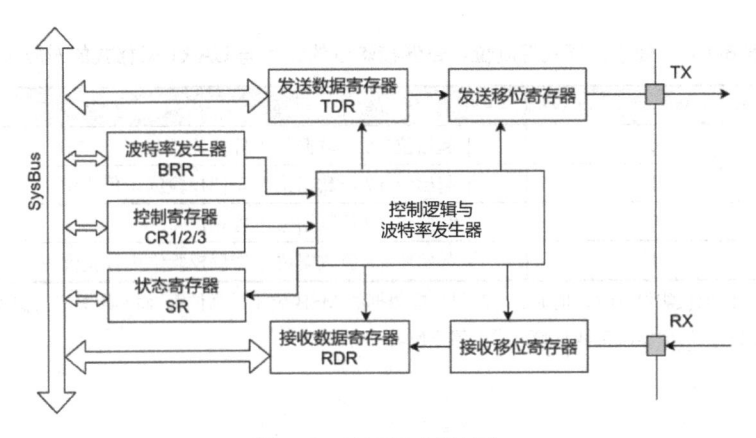

图 8-1　UART 功能结构

接收数据时，在控制逻辑与波特率发生器的控制下，数据从 RX 线上采样并存入接收移位寄存器，在接收完 1 个字符的数据后，数据被送入接收数据寄存器 RDR 保存，等待 CPU 读取。

8.5　串行通信帧格式

如图 8-2 所示，STM32F103 UART 的通信帧格式如下。

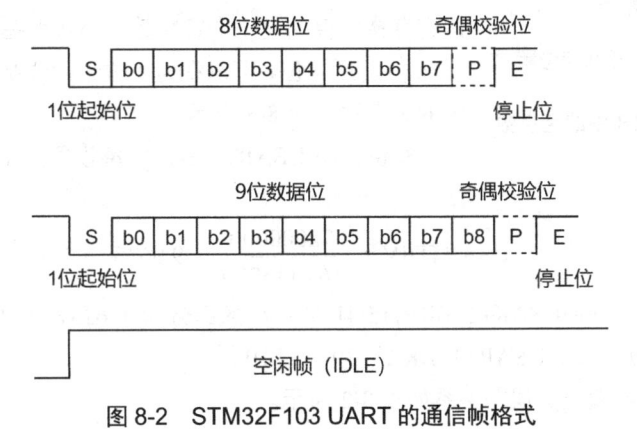

图 8-2　STM32F103 UART 的通信帧格式

- 1 位起始位。
- 8 位或 9 位数据位。
- 0 位或 1 位奇偶校验位。
- 1 位或 2 位停止位。

多处理器模式控制位、奇偶校验位的设置与 UART 帧格式的对应关系如表 8-1 所示。

表 8-1 多处理器模式控制位、奇偶校验位的设置与 UART 帧格式的对应关系

M 位	PCE 位	UART 帧
0	0	| 起始位 |8 位数据位 | 停止位 |
0	1	| 起始位 |7 位数据位 | 奇偶校验位 | 停止位 |
1	0	| 起始位 |9 位数据位 | 停止位 |
1	1	| 起始位 |8 位数据位 | 奇偶校验位 | 停止位 |

注：在用地址标记唤醒设备时，地址的匹配只考虑数据的 MSB 位（最高位），而不用关心奇偶校验位。MSB 是数据位中最后发出的，后面紧跟奇偶校验位或者停止位。

8.6 波特率的生成

接收器和发送器的波特率在 USARTDIV 的整数寄存器和小数寄存器中的值应设置成相同的。

$$波特率 = \frac{f_{ck}}{16 \times USARTDIV}$$

式中，f_{ck} 为 USART 的时钟，USART1 的时钟为 PCLK2=72MHz，USART2～USART5 的时钟为 PCLK1=36MHz。USARTDIV 为分频系数，使用寄存器 USART_BRR[15:0]设置，该寄存器保存的是一个定点数，小数点在 bit4 后面，即小数（分数）占后 4 位，可以视为 1 位十六进制小数。USART_BRR 中的定点数如图 8-3 所示。

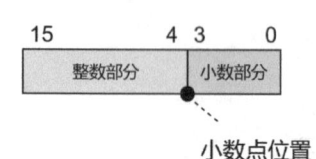

图 8-3 USART_BRR 中的定点数

举例：将 USART1 的波特率设置为 115200bit/s。

解：根据公式有

$$USARTDIV = \frac{72000000}{16 \times 115200} = 39.0625$$

整数部分为 39，则 USART1_BRR[15:4]=39；小数部分为 0.625，则 USART1_BRR[3:0]=round(16*0.625)=10。所以 USART1_BRR = 39<<4 | 10。

波特率与寄存器值及其误差关系如表 8-2 所示。

表 8-2 波特率与寄存器值及其误差关系

序号	波特率 kbit/s	f_{PCLK}=36MHz			f_{PCLK}=72MHz		
		实际波特率/(kbit/s)	波特率寄存器中的值	误差	实际波特率/(kbit/s)	波特率寄存器中的值	误差
1	2.4	2.400	937.5	0.00%	2.4	1875	0.00%

续表

序号	波特率 kbit/s	f_{PCLK}=36MHz			f_{PCLK}=72MHz		
		实际波特率/ (kbit/s)	波特率寄存 器中的值	误差	实际波特率/ (kbit/s)	波特率寄存 器中的值	误差
2	9.6	9.600	234.375	0.00%	9.6	468.75	0.00%
3	19.2	19.2	117.1875	0.00%	19.2	234.375	0.00%
4	57.6	57.6	39.0625	0.00%	57.6	78.125	0.00%
5	115.2	115.384	19.5	0.16%	115.2	39.0625	0.00%
6	230.4	230.769	9.75	0.16%	230.769	19.5	0.16%
7	460.8	461.538	4.875	0.16%	461.538	9.75	0.16%
8	921.6	923.076	2.4375	0.16%	923.076	4.875	0.16%
9	2250	2250	1	0.00%	2250	2	0.00%
10	4500	不支持	不支持	不支持	4500	1	0.00%

8.7 多处理器模式

USART 可以实现多处理器通信，即将几个 USART 连在一个网络里。多处理器模式通常采用主/从工作方式，其接线方式如图 8-4 所示。

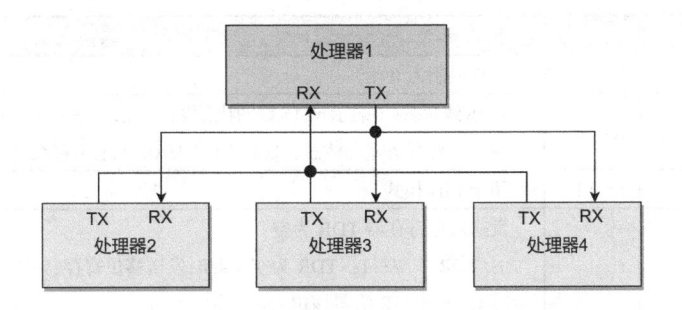

图 8-4 多处理器模式的接线方式

处理器 1 为主设备，处理器 2～处理器 4 为从设备。每个处理器都被分配了一个地址，保存在 USART_CR2 中。

在多处理器模式下，从设备的唤醒有两种方式。

- 空闲总线唤醒方式。
- 地址标志唤醒方式。

以地址标志唤醒方式为例：开始工作时，主设备（处理器 1）需要先发送地址以便选择需要通信的从设备。地址数据通过将数据的最高位设置为 1 作为标志，即当接收到的数据最高位为 1 时，表示接收到地址，所有从设备都会将自己的地址与此地址相比较：如果不是本机地址，则进入静默模式，不再接收数据；如果是本机地址，则进入激活模式，准备接收数据。接收地址数据时，不会产生 RXNE 中断。

空闲总线唤醒方式请参考相关手册。

8.8 USART 寄存器

USART 寄存器如图 8-5 所示，包含状态寄存器 USART_SR、数据寄存器 USART_DR、波特率寄存器 USART_BRR、控制寄存器 USART_CR1/2/3、保护时间和预分频寄存器 USART_GTPR。

USART	
+USART_SR	//状态寄存器
+USART_DR	//数据寄存器
+USART_BRR	//波特率寄存器
+USART_CR1	//控制寄存器1
+USART_CR2	//控制寄存器2
+USART_CR3	//控制寄存器3
+USART_GTPR	//保护时间和预分频寄存器

图 8-5 USART 寄存器

1）USART_SR

USART_SR 为状态寄存器，用于反映 USART 的工作状态。

USART_SR 位域定义如表 8-3 所示。

表 8-3 USART_SR 位域定义

位域	名称	操作	说明
10~31	保留		硬件强制为 0
9	CTS	rc_w0	nCTS 线状态：0 表示 nCTS 线的状态没有变化；1 表示 nCTS 线的状态发生了变化。由软件将其清零。注意：UART4 和 UART5 上不存在这一位
8	LBD	rc_w1	用于 LIN 模式
7	TXE	r	发送数据寄存器 TDR 为空。 0：TDR 非空；1：TDR 为空（此时发送移位寄存器可能非空）。 写 USART_DR 清零该位
6	TC	rc_w0	发送完成。 0：发送还未完成；1：发送完成，此时 TDR 和发送移位寄存器都为空
5	RXNE	rc_w0	接收数据寄存器 RDR 非空。 0：为空，数据没有收到；1：非空，表明接收到数据。 由软件序列清除该位（先读 USART_SR，然后写入 USART_DR）
4	IDLE	r	总线空闲。 0：没有检测到总线空闲；1：检测到总线空闲。 由软件序列清除该位（先读 USART_SR，然后读 USART_DR）

续表

位域	名称	操作	说明
3	ORE	r	过载错误。 0：没有过载错误；1：检测到过载错误，表明 RDR 中的数据未读出时又接收到新的数据。 由软件序列将其清零（先读 USART_SR，然后读 USART_CR）
2	NE	r	噪声错误标志。 在检测到噪声时，由硬件对该位置位。 0：没有检测到噪声；1：检测到噪声。 由软件序列将其清零（先读 USART_SR，再读 USART_DR）。 注意：该位不会产生中断，因为它和 RXNE 一起出现，因此在 RXNE 中断中要检测是否有错误发生
1	FE	r	帧错误。 当检测到同步错位、过多的噪声，或者检测到断开符时，该位被硬件置位。 0：没有检测到帧错误；1：检测到帧错误或者断开符。 注意：该位不会产生中断，因为它和 RXNE 一起出现。 由软件序列将其清零（先读 USART_SR，再读 USART_DR）
0	PE	r	奇偶校验错误。 在接收模式下，如果出现奇偶校验错误，则硬件对该位置位。如果 USART_CR1 中的 PEIE 为 1，则产生中断。 0：无奇偶校验错；1：发生奇偶校验错。 由软件序列将其清零（依次读 USART_SR 和 USART_DR）。 在清除 PE 位前，软件必须等待 RXNE 标志位被置 1

2）USART_DR

USART_DR 为数据寄存器，用于发送或接收数据。

该寄存器与 TDR 和 RDR 两个物理寄存器关联。

- 写操作时，数据被写入到发送数据寄存器 TDR 中。
- 读操作时，数据从接收数据寄存器 RDR 中读取。

USART_DR 位域定义如图 8-6 所示。

15~31	8	7	6	5	4	3	2	1	0
保留	\multicolumn{9}{c}{DR[8:0]}
	\multicolumn{9}{c}{rw}

图 8-6　USART_DR 位域定义

注意：如果使能了奇偶校验位，则 8 位或 9 位数据中的最高位为奇偶校验位。在多处理器模式下，如果发送的是地址，同时使能了奇偶校验位，则奇偶校验位的前一位是地址/数据标志位。

3）USART_BRR

USART_BRR 为波特率寄存器，用于设置串行通信的波特率。

USART_BRR 位域定义如表 8-4 所示。

表 8-4　USART_BRR 位域定义

位域	名称	操作	说明
16～31	保留		硬件强制为 0
4～15	DIV_Mantissa[11:0]	rw	USARTDIV 的整数部分。这 12 位定义了 USART 分频器的除法因子（USARTDIV）的整数部分
0～3	DIV_Fraction[3:0]	rw	USARTDIV 的小数部分。这 4 位定义了 USART 分频器的除法因子（USARTDIV）的小数部分

4）USART_CR1

USART_CR1 为控制寄存器 1，用于设置 USART 的工作方式。

USART_CR1 位域定义如表 8-5 所示。

表 8-5　USART_CR1 位域定义

位域	名称	操作	说明
14～31	保留		硬件强制为 0
13	UE	rw	USART 使能。0：使能 USART；1：USART 模块使能
12	M	rw	字长。0：一个起始位，8 个数据位，n 个停止位；1：一个起始位，9 个数据位，n 个停止位
11	WAKE	rw	唤醒方法。0：由空闲总线唤醒；1：由地址标志唤醒
10	PCE	rw	奇偶检验使能。0：禁止校验控制；1：使能校验控制
9	PS	rw	校验方式选择。0：偶校验；1：奇校验
8	PEIE	rw	奇偶校验位中断使能。0：禁止 PE 中断；1：使能 PE 中断
7	TXEIE	rw	发送缓冲区空中断使能。0：禁止 TXE 中断；1：使能 TXE 中断。该位由软件设置或清除

续表

位域	名称	操作	说明
6	TCIE	rw	发送完成中断使能。 0：禁止 TC 中断；1：使能 TC 中断。 该位由软件设置或清除
5	RXNEIE	rw	接收缓冲区非空中断使能。 0：禁止 RXNE 中断；1：使能 RXNE 中断。 该位由软件设置或清除
4	IDLEIE	rw	IDLE 中断使能。 0：禁止 IDLE 中断；1：使能 IDLE 中断。 该位由软件设置或清除
3	TE	rw	发送使能。 0：禁止发送；1：使能发送。 该位由软件设置或清除
2	RE	rw	接收使能。 0：禁止接收；1：使能接收。 该位由软件设置或清除
1	RWU	rw	接收唤醒。 0：使接收器处于正常工作模式；1：使接收器处于静默模式。 注意：①在把 USART 置于静默模式（设置 RWU 位）之前，USART 要已经接收了一个数据字节。否则在静默模式下，不能被空闲总线检测唤醒。②当配置成地址标志唤醒（WAKE 位=1），在 RXNE 位被置位时，不能用软件修改 RWU 位
0	SBK	rw	用于 LIN 模式

5）USART_CR2

USART_CR2 为控制寄存器 2，用于设置 USART 的工作方式。

USART_CR2 位域定义如表 8-6 所示。

表 8-6 USART_CR2 位域定义

位域	名称	操作	说明
15～31	保留		硬件强制为 0
14	LINEN	rw	LIN 模式使能
12、13	STOP	rw	停止位。 00：1 个停止位；01：0.5 个停止位；10：2 个停止位；11：1.5 个停止位。 注意：UART4 和 UART5 不能用 0.5 个停止位和 1.5 个停止位
11	CLKEN	rw	时钟使能，用于同步通信模式
10	CPOL	rw	时钟极性，用于同步通信模式
9	CPHA	rw	时钟相位，用于同步通信模式

续表

位域	名称	操作	说明
8	LBCL	rw	最后一位时钟脉冲，用于同步通信模式
7	保留		硬件强制为 0
6	LBDIE	rw	用于 LIN 模式
5	LBDL	rw	用于 LIN 模式
4	保留		硬件强制为 0
0～3	ADD[3:0]	rw	本设备地址，用于多处理器模式

6）USART_CR3

USART_CR3 为控制寄存器 3，用于设置 USART 的工作方式。

USART_CR3 位域定义如表 8-7 所示。

表 8-7 USART_CR3 位域定义

位域	名称	操作	说明
11～31	保留		硬件强制为 0
10	CTSIE	rw	CTS 中断使能。 0：禁止 CTS 中断；1：使能 CTS 中断。 注意：UART4 和 UART5 中不存在这一位
9	CTSE	rw	CTS 使能。 0：禁止 CTS 硬件流控制；1：使能 CTS 硬件流控制。 如果开启了 CTS 硬件流控制，发送器发送前，要检测 nCTS 信号，只有为低电平时才能发送。 注意：UART4 和 UART5 中不存在这一位
8	RTSE	rw	RTS 硬件流控制使能。 0：禁止 RTS 硬件流控制；1：使能 RTS 硬件流控制。 如果开启了 RTS 硬件流控制，当接收器准备好接收数据时，应将 nRTS 信号拉低以通知发送器发送数据。 注意：UART4 和 UART5 中不存在这一位
7	DMAT	rw	发送 DMA 使能。 该位由软件设置或清除。 0：禁止发送时的 DMA 方式；1：使能发送时的 DMA 方式。 注意：UART4 和 UART5 中不存在这一位
6	DMAR	rw	接收 DMA 使能。 该位由软件设置或清除。 0：禁止接收时的 DMA 方式；1：使能接收时的 DMA 方式。 注意：UART4 和 UART5 中不存在这一位
5	SCEN	rw	智能卡模式使能
4	NACK	rw	用于智能卡模式

位域	名称	操作	说明
3	HDSEL	rw	半双工选择。 0：不选择半双工模式；1：半双工模式
2	IRLP	rw	红外低功耗。 0：通常模式；1：低功耗模式
1	IREN	rw	红外模式使能。 0：不使能红外模式；1：使能红外模式
0	EIE	rw	错误中断使能。 在多缓冲区通信模式下，当有帧错误、过载或者噪声错误时，（USART_SR 中的 FE=1，或者 ORE=1，或者 NE=1）产生中断。 0：禁止中断；1：使能错误中断

7）USART_GTPR

USART_GTPR 为保护时间和预分频寄存器，其位域定义如表 8-8 所示。

表 8-8 USART_GTPR 位域定义

位域	名称	操作	说明
16~31	保留		硬件强制为 0
8~15	GT[7:0]	rw	保护时间值，用于智能卡模式下
0~7	PSC[7:0]	rw	预分频寄存器值，用于红外模式和智能卡模式下

8.9 USART 寄存器映射

STM32F103ZET6 各串口的寄存器组基地址如下。
- USART1：0x4001 3800。
- USART2：0x4000 4400。
- USART3：0x4000 4800。
- UART4：0x4000 4C00。
- UART5：0x4000 5000。

USART 相关寄存器的偏移量与复位值如表 8-9 所示。

表 8-9 USART 相关寄存器的偏移量与复位值

偏移量	寄存器	复位值
00H	USART_SR	0x0000 00C0
04H	USART_DR	0x0000 0000

续表

偏移量	寄存器	复位值
08H	USART_BRR	0x0000 0000
0CH	USART_CR1	0x0000 0000
10H	USART_CR2	0x0000 0000
14H	USART_CR3	0x0000 0000
18H	USART_GTPR	0x0000 0000

8.10 UART 编程方法

8.10.1 寄存器编程方法

UART 寄存器编程的基本步骤如图 8-7 所示。串口通信需要使用 GPIO 引脚接收（RX）、发送（TX）信号，因此，UART 的初始化包括 UART 工作方式的初始化和 GPIO 相关引脚工作方式的初始化。如果使用中断通信方法，那么还需要初始化 NVIC 中断。

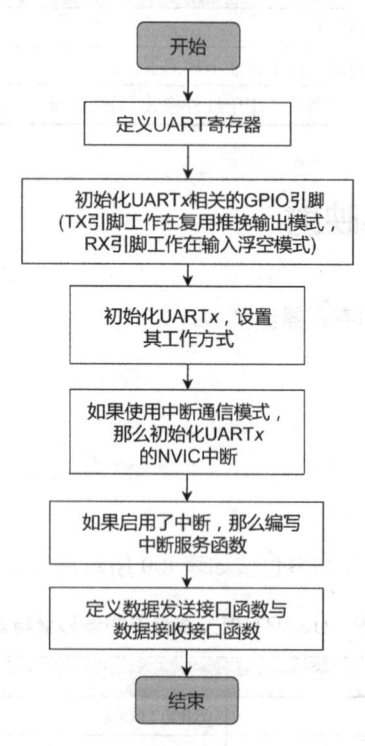

图 8-7 UART 寄存器编程的基本步骤

数据发送 GPIO 引脚 TX 的工作方式设置为复用推挽输出方式，RX 的工作方式设置为浮空输入方式。

8.10.2 库函数编程方法

8.10.2.1 库函数接口

UART 库函数接口如图 8-8 所示。

```
┌─────────────────────────────┐  ┌─────────────────────────────┐  ┌─────────────────────────────┐
│    HAL_UART_POLLING         │  │      HAL_UART_IT            │  │     HAL_UART_IT_DMA         │
├─────────────────────────────┤  ├─────────────────────────────┤  ├─────────────────────────────┤
│+HAL_UART_Transmit()         │  │+HAL_UART_Transmit_IT()      │  │+HAL_UART_Transmit_DMA()     │
│+HAL_UART_Receive()          │  │+HAL_UART_Receive_IT()       │  │+HAL_UART_Receive_DMA()      │
│+HAL_UARTEx_ReceiveToIdle()  │  │+HAL_UARTEx_ReceiveToIdle_IT()│ │+HAL_UARTEx_ReceiveToIdle_DMA()│
└─────────────────────────────┘  └─────────────────────────────┘  └─────────────────────────────┘

┌─────────────────────────────┐       ┌───────────────────────────────────────┐
│       HAL_UART_COMM         │       │          HAL_UART_IRQ_HANDLER         │
├─────────────────────────────┤       ├───────────────────────────────────────┤
│+HAL_UART_Init()             │       │+HAL_UART_IRQHandler()                 │
│+__HAL_UART_GET_FLAG()       │       │+HAL_UART_TxCpltCallback()             │
│+__HAL_UART_CLEAR_FLAG()     │       │+HAL_UART_TxHalfCpltCallback()         │
│+__HAL_UART_ENABLE_IT()      │       │+HAL_UART_RxCpltCallback()             │
│+__HAL_UART_DISABLE_IT()     │       │+HAL_UART_RxHalfCpltCallback()         │
└─────────────────────────────┘       │+HAL_UARTEx_RxEventCallback()          │
                                      │+HAL_UART_ErrorCallback()              │
┌─────────────────────────────┐       │+HAL_UART_RegisterCallback()           │
│            NVIC             │       │+HAL_UART_RegisterRxEventCallback()    │
├─────────────────────────────┤       └───────────────────────────────────────┘
│+USARTx_IRQHandler()         │
│+UARTx_IRQHandler()          │
└─────────────────────────────┘
```

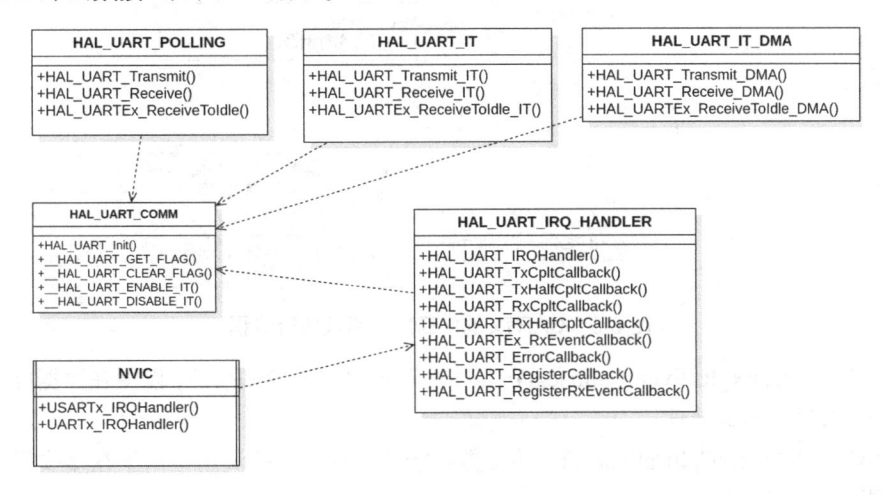

图 8-8 UART 库函数接口

（对于 USART，只要将类图接口函数中的"UART"换成"USART"即可）

根据 CPU 与 UART 通信方式的不同，HAL 库提供的接口分为三种类型，即程序查询方式（又称阻塞方式）、中断方式和 DMA 方式。相关对象说明如下。

- HAL_UART_POLLING：程序查询方式，收发数据接口对象。
- HAL_UART_IT：中断方式，收发数据接口对象。
- HAL_UART_IT_DMA：DAM 方式，收发数据接口对象。
- NVIC：NVIC 中断服务接口对象。
- HAL_UART_COMM：公用接口对象，用于使能/关闭中断、清除相关标志位等。
- HAL_UART_IRQ_HANDLER：中断处理与回调函数接口对象。

NVIC 对象与 HAL_UART_IRQ_HANDLER 对象的中断服务与回调函数接口的关系：
USARTx_IRQHandler()/UARTx_IRQHandler()→HAL_UART_IRQHandler()→各类回调函数()。
UARTx 的中断服务函数执行流程如图 8-9 所示。

接口函数名基本描述了其功能，意义明确，仅就下面几个函数说明如下。

```
USART1_IRQHandler()
(USART1 NVIC中断服务)
    │
    ▼
HAL_UART_IRQHandler(&huart1)
    │
    ├─ if RXNE中断 ──► HAL_UART_Receive_IT(huart)
    │                      │
    │                      └─► HAL_UART_RxCpltCallback(huart)
    │                          (接收完成回调)
    │
    ├─ if IDLE中断 ──► HAL_UARTEx_RxEventCallback(huart)
    │                  (接收事件回调)
    │
    ├─ if TC中断 ──► UART_EndTransmit_IT()
    │                  │
    │                  └─► HAL_UART_TxCpltCallback(huart)
    │                      (发送完成回调)
    │
    └─ if PE/FE/NE/ORE中断 ──► HAL_UART_ErrorCallback(huart)
                               (通信错误回调)
```

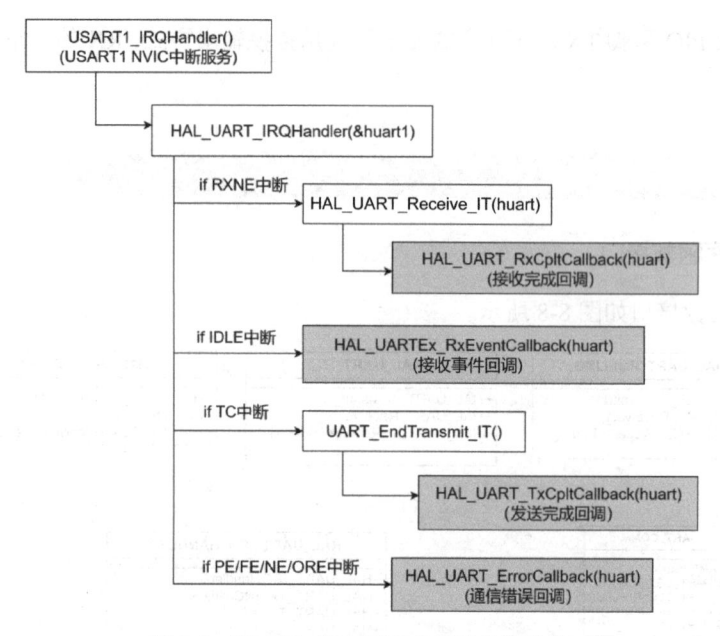

图 8-9　UARTx 的中断服务函数执行流程

- HAL_UARTEx_RxEventCallback()：用于处理接收过程中的事件，以便在数据接收过程中进行实时分析或处理。
- HAL_UART_RxCpltCallback()：该函数在接收完成之后被调用，用于在接收完成后对数据进行处理。
- HAL_UARTEx_ReceiveToIdle_IT()：接收数据直到线路空闲时回调，一般用于接收到完整数据包后交给上层处理。
- HAL_UART_RegisterCallback()：将用户函数注册为特定类型的回调函数以取代默认的回调函数。

各对象的接口函数原型请参考 HAL 库源码，这里略，后面将以实例讲述其应用。

8.10.2.2　库函数编程步骤

采用库函数编程的基本步骤如图 8-10 所示。

首先使用 STM32CubeMX 配置 USART 的工作方式，包括选择 USART 端口、设置波特率、开启中断，并使能生成中断服务代码等。

一般来说，发送采用程序查询方式，接收采用中断方式。如果数据是按数据包的形式进行处理的，那么数据包之间会有发送间隔，可以启用接收线空闲中断 IDLE。

在代码中，用户应该准备好缓冲区用于发送和接收数据。

可以在中断回调函数中对接收数据进行初步处理，并通知或传送给应用层进一步处理。

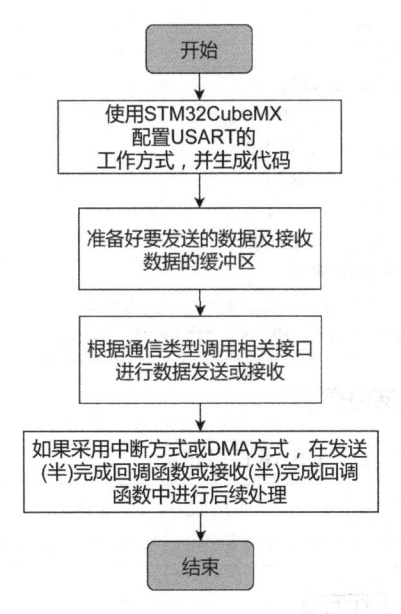

图 8-10 采用库函数编程的基本步骤

8.11 UART 编程举例

8.11.1 寄存器编程举例

8.11.1.1 初始化 GPIO

初始化 UART2 的 GPIO：TX-PA2，RX-PA3。

```
1    RCC_APB2ENR |= 1<<2;   //使能 GPIOA 时钟
2    GPIOA_CRL = (GPIOA_CRL & ~(0xF<<2*4)) | (0xB<<2*4);   //PA2 复用功能推挽输出,50MHz
3    GPIOA_CRL = (GPIOA_CRL & ~(0xF<<3*4)) | (0x4<<3*4);   //PA3 浮空输入
```

GPIO 的初始化需要启用时钟，将 TX 引脚设置为复用功能推挽输出，RX 引脚设置为浮空输入。

8.11.1.2 定义 USART2 端口

定义 USART2 端口变量 USART2。

```
1    #include <stdint.h>
2    typedef struct{
```

```
3        volatile uint32_t SR;
4        volatile uint32_t DR;
5        volatile uint32_t BRR;
6        volatile uint32_t CR1;
7        volatile uint32_t CR2;
8        volatile uint32_t CR3;
9        volatile uint32_t GTPR;
10   }USART_st;   //寄存器结构体
11   #define USART2_BASE 0x40004400    //基地址
12   #define USART2 ((USART_st *) USART2_BASE) //将常量转换为结构体指针
```

8.11.1.3 定义 USART2 数据寄存器

定义 USART2 数据寄存器变量 USART2_DR。

```
1    #define MYUSART2_BASE 0x40004400    //基地址
2    #define USART2_DR (*(volatile uint32_t*(USART2_BASE + 0x04))
```

8.11.1.4 配置 USART2 的工作方式

将 USART2 配置为 1 位起始位、8 位数据位、1 位停止位，发送采用程序查询方式，接收采用中断方式。

```
1    RCC_APB1ENR |= 1<<7;              //使能 USART2 时钟
2    USART2_CR1 &= ~(1<<12)            // 1 位起始位、8 位数据位
3    USART2_CR2 &= ~(3<<12);           // 1 位停止位
4    USART2_CR1 &= ~(3<<6);            //屏蔽发送缓冲区非空中断请求与发送完成中断请求
5    USART2_CR1 |= (<<5) | (1<<<3) | (1<<2);    //打开发送与接收功能，开启接收中断
6    USART2_CR1 |= (1<<13)             //使能 USART2
```

8.11.1.5 设置波特率

将 USART1 的波特率设置为 38400bit/s。

计算：72MHz/(16×38400)=117。

设置波特率寄存器：USART1->BRR = (117<<4)。

8.11.1.6 程序查询方式发送数据

通过 USART1 发送字符串。

```
1    void send_char(uint8_t c){
2        while(!(USART1_SR & (1<<7)));   //等待发送数据寄存器为空
3        USART1_DR = c;   //发送数据
4    }
```

8.11.1.7 中断方式发送数据

通过 USART1 发送数据包。

```
1    uint8_t *ptx_buffer;
2    uint8_t len;
3    void (*pfun_txcallback)(void);
4    void USART1_IRQHandler(void){ // NVIC 中断服务函数
5        if(USART1_SR & (1<<7)){ //是发送数据寄存器为空中断请求
6            if(len > 0){ // 还有要发送的数据
7                USART1_DR = *(ptx_buffer+len-1); //发送数据
8                len--; //发送的数据长度-1
9            }else{
10               USART1_CR1 &= ~(1<<7); //关闭发送中断请求
11               USART1_CR1 |= 1<<6;  //使能发送完成中断请求
12           }
13       }
14       if(USART_SR & (1<<6)){ //是发送完成中断请求
15           USART1_CR2 &= ~(1<<6); //关闭发送完成中断请求
16           USART1_SR &= ~(1<<6); //清除中断标志
17           pfun_txcallback();   //调用回调函数通知发送者(考虑到发送完后应用层可能使系统进入睡眠状态,因此要等到发送数据寄存器和移位寄存器都为空时才通知发送者)
18       }
19   }
20
21   void send_data(uint8_t *buffer, uint8_t l){
22       ptx_buffer = buffer;
23       len = l;
24       USART1_CR1 &= ~(1<<6); //关闭发送完成中断请求
25       USART1_CR1 |= 1<<7; //使能发送数据寄存器为空中断请求
26   }
```

发送数据寄存器为空时,发送移位寄存器可能还有未发送完的数据位。但此时用户可以把要发送的数据写入发送数据寄存器,从而形成数据包的连续发送。

注意:应用层应先初始化回调函数指针 pfun_txcallback。

8.11.1.8 程序查询方式接收数据

使用 USART1 接收。

```
1    uint8_t receive_data(void){
2        while(!(USART1_SR & (1<<5))); //没接收到数据时一直等待
3        return USART1_DR; //返回接收到的数据
4    }
```

8.11.1.9 中断方式接收数据

使用 USART1 发送。

```
1    void (*pfun_rxcallback)(uint8_t c);
2    void USART1_IRQHandler(void){ // NVIC 中断服务函数
3        if(USART1_SR & (1<<5)){ //是接收非空中断请求
4            pfun_rxcallback(USART1_DR); //将数据传递给应用层
5        }
6    }
```

除了可以通过回调函数通知应用层，还可以设置一个标志 flag，在中断服务中接收到数据后，将数据保存到变量中，并将 flag 置 1。应用层循环查询 flag，如果为 1，则读入接收到的数据。

注意：应用层应先初始化回调函数指针 pfun_rxcallback。

8.11.2 库函数编程举例

目标：配置 USART1 的波特率为 115200bit/s、1 位起始位、8 位数据位、1 位停止位，使能接收与发送。

8.11.2.1 使用 STM32CubeMX 配置基本参数

使用 STM32CubeMX 配置基本参数如图 8-11 所示。将 PA9、PA10 分别配置为 USART1_TX 和 USART1_RX。

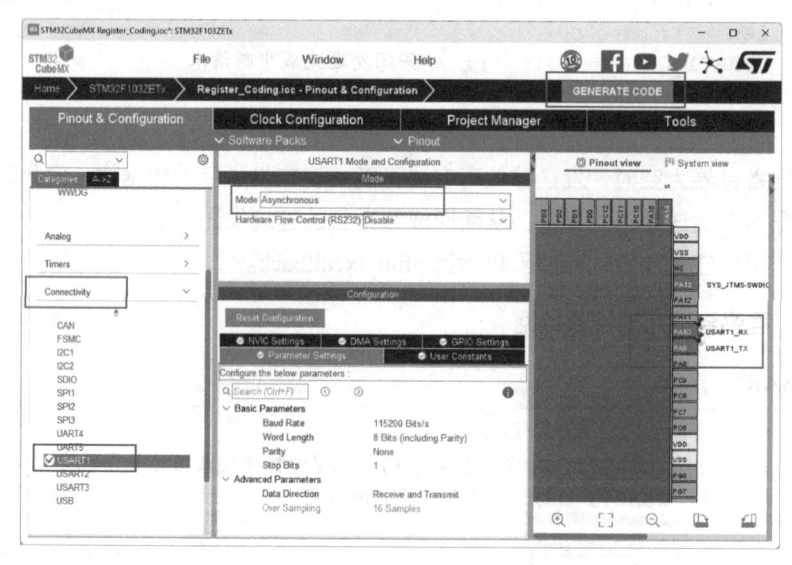

图 8-11 使用 STM32CubeMX 配置基本参数

选择"Connectivity"→"USART1"→"Parameter Settings"选项，配置好基本参数，包括波特率、数据长度、奇偶校验位、停止位等。

8.11.2.2 程序查询方式

1. 使用 STM32CubeMX 配置工作方式

使用程序查询方式时要禁用中断，如图 8-12 所示。

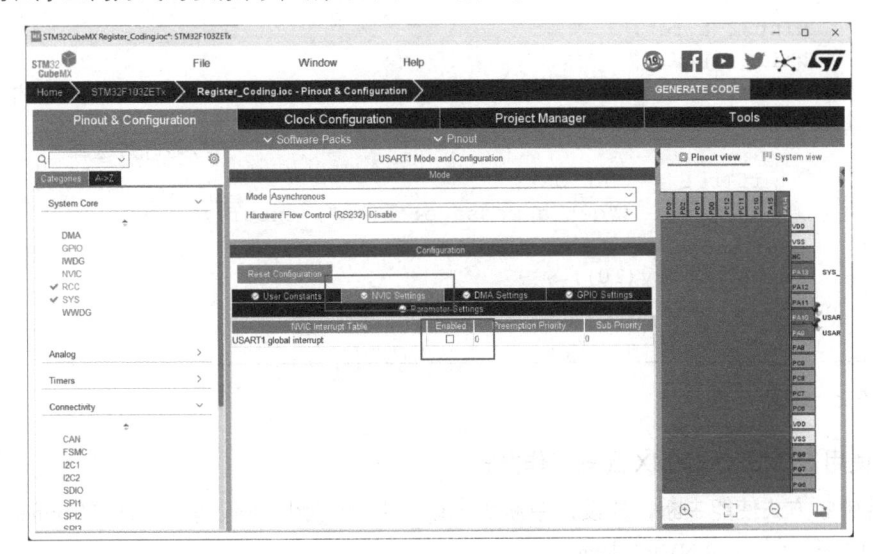

图 8-12 使用 STM32CubeMX 配置工作方式 1

"NVIC Settings"选项卡中的"USART1 global interrupt"不使能。

配置完后单击"GENERATE CODE"按钮生成代码，系统会自动生成 Core/Src/usart.c 和 Core/Inc/usart.h 两个文件，其中包含了 USART1 的初始化代码。

为避免重复，读者可自行打开文件查看，并与 8.11.2.3 节的相关内容进行对比，分析其异同。

2. 发送数据

程序查询方式的数据发送接口为 HAL_UART_Transmit()函数。该函数的最后一个参数为超时时间，单位为毫秒，如果在指定的时间内未发送完则返回超时错误。

```
1   int main(void){
2       char *p = "this is for POLL mode test.\n"
3       while(1){
4           HAL_UART_Transmit(&huart1, p, strlen(p), 0xFFFFFFFFU);
5           HAL_Delay(10);
6       }
7   }
```

3. 接收数据

程序查询方式的数据接收接口为 HAL_UART_Receive() 函数。该函数在接收到给定的数据个数后才会返回。该函数的最后一个参数为超时时间，单位为毫秒，如果在指定的时间内未接收完数据则返回超时错误。

```
1   uint8_t rxbuf[128];
2   int main(void){
3       uint32_t ret;
4       while(1){
5           ret = HAL_UART_Receive(&huart1, rxbuf,20, 50); //50ms 内接收 20 个字符
6                                                           //超时则返回
7           if(ret == HAL_OK){
8               printf("get a message:%s.\n", rxbuf);
9           }
10          HAL_Delay(10);
11      }
12  }
```

8.11.2.3 中断方式

1. 使用 STM32CubeMX 配置工作方式

使用中断方式使能中断，并设置中断优先级、生成中断服务代码。选择"Connectivity"→"USART1"选项，使能 NVIC 中断。

"NVIC Settings"选项卡中的"USART1 global interrupt"使能，如图 8-13 所示。

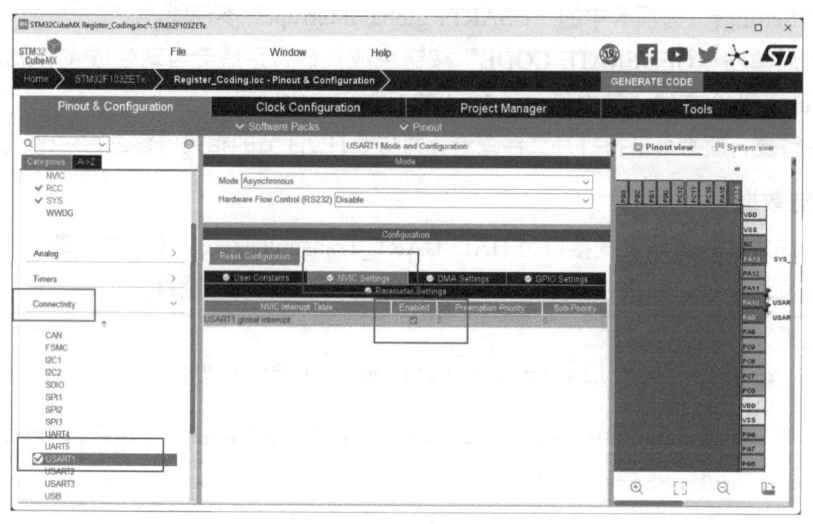

图 8-13 使用 STM32CubeMX 配置工作方式 2

选择"Categones"→"NVIC"选项，配置中断优先级为 2（应给予较高优先级），如图 8-14 所示。

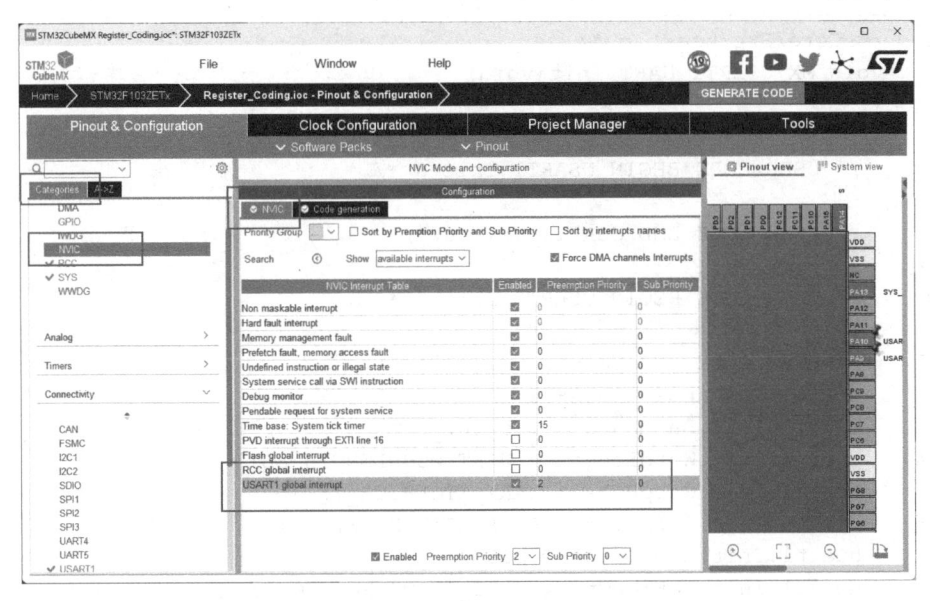

图 8-14　使用 STM32CubeMX 配置优先级

指定生成中断服务代码并调用中断服务函数（默认），如图 8-15 所示。

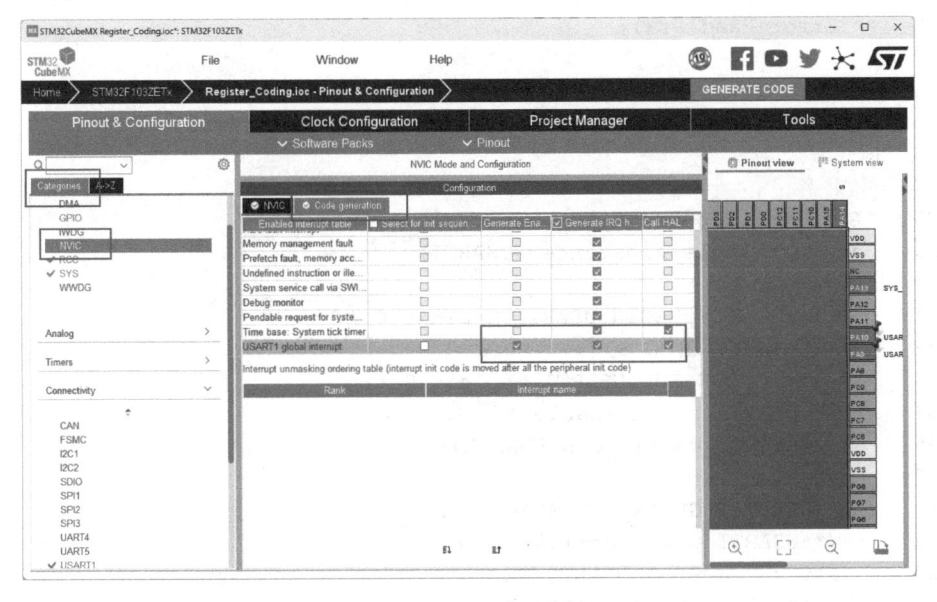

图 8-15　使用 STM32CubeMX 配置工作方式 3

配置完后单击"GENERATE CODE"按钮生成代码，系统会自动生成 Core/Src/usart.c 和 Core/Inc/usart.h 两个文件，其中包含了 USART1 的初始化代码，部分代码如下。

```c
/* Core/Src/usart.c */
void MX_USART1_UART_Init(void)
{

  /* USER CODE BEGIN USART1_Init 0 */

  /* USER CODE END USART1_Init 0 */

  /* USER CODE BEGIN USART1_Init 1 */

  /* USER CODE END USART1_Init 1 */
  huart1.Instance = USART1;
  huart1.Init.BaudRate = 115200;
  huart1.Init.WordLength = UART_WORDLENGTH_8B;
  huart1.Init.StopBits = UART_STOPBITS_1;
  huart1.Init.Parity = UART_PARITY_NONE;
  huart1.Init.Mode = UART_MODE_TX_RX;
  huart1.Init.HwFlowCtl = UART_HWCONTROL_NONE;
  huart1.Init.OverSampling = UART_OVERSAMPLING_16;
  if (HAL_UART_Init(&huart1) != HAL_OK)
  {
    Error_Handler();
  }
}
void HAL_UART_MspInit(UART_HandleTypeDef* uartHandle)
{

  GPIO_InitTypeDef GPIO_InitStruct = {0};
  if(uartHandle->Instance==USART1)
  {
  /* USER CODE BEGIN USART1_MspInit 0 */

  /* USER CODE END USART1_MspInit 0 */
    /* USART1 clock enable */
    __HAL_RCC_USART1_CLK_ENABLE();

    __HAL_RCC_GPIOA_CLK_ENABLE();
    /**USART1 GPIO Configuration
    PA9     ------> USART1_TX
    PA10    ------> USART1_RX
    */
```

```
42      GPIO_InitStruct.Pin = GPIO_PIN_9;
43      GPIO_InitStruct.Mode = GPIO_MODE_AF_PP;
44      GPIO_InitStruct.Speed = GPIO_SPEED_FREQ_HIGH;
45      HAL_GPIO_Init(GPIOA, &GPIO_InitStruct);
46
47      GPIO_InitStruct.Pin = GPIO_PIN_10;
48      GPIO_InitStruct.Mode = GPIO_MODE_INPUT;
49      GPIO_InitStruct.Pull = GPIO_NOPULL;
50      HAL_GPIO_Init(GPIOA, &GPIO_InitStruct);
51
52      /* USART1 interrupt Init */
53      HAL_NVIC_SetPriority(USART1_IRQn, 2, 0);
54      HAL_NVIC_EnableIRQ(USART1_IRQn);
55    /* USER CODE BEGIN USART1_MspInit 1 */
56
57    /* USER CODE END USART1_MspInit 1 */
58    }
59 }
```

说明如下。

- MX_USART1_UART_Init()负责初始化 USART1 的工作方式,HAL_UART_MspInit()负责初始化 USART 使用 GPIO 和 NVIC 中断。
- 第 53、54 行设置了 USART1 的中断优先级,并使能了 USART1 的 NVIC 中断。
- USART1 的初始化代码执行流程:main()→MX_USART1_UART_Init()→HAL_UART_Init()→HAL_UART_MspInit()。

2. 发送数据

中断方式的发送数据接口为 HAL_UART_Transmit_IT()函数。该函数开启发送中断请求后立即返回,具体的发送工作由中断服务函数执行。发送完成后调用回调函数 HAL_UART_TxCpltCallback()。

```
1   uint8_t isSent = 0;
2   int main(void){
3       char *p = "this is for POLL mode test.\n"
4       HAL_UART_Transmit_IT(&huart1, p, strlen(p));
5       while(1){
6           if(isSent == 1){
7               isSent = 0;
8               HAL_UART_Transmit(&huart1, "ok\n", strlen( "ok\n"), 0xFFFFFFFFU);
9           }
10          HAL_Delay(10);
```

```
11      }
12    }
13
14    //发送完成回调函数
15    void HAL_UART_TxCpltCallback(UART_HandleTypeDef *huart){
16        isSent = 1; //标志置1通知发送者
17    }
```

- 在中断服务回调函数中，将标志 isSent 置 1，通知发送者数据已经发送完成（第 16 行）。
- 在应用层，通过循环检测 isSent 判断数据是否发送完成，如果发送完成（第 6 行），则将 isSent 复位（第 7 行），发送下一条数据（第 8 行）。

8.11.3 printf()输出重定向

标准 C 语言中的 printf() 可以格式化输出信息，这在开发调试中非常有用。但是，该函数默认是向标准输出设备即显示器输出信息，而嵌入式系统开发中并没有标准输出设备，通常都利用串口调试助手来输出信息。因此，需要将该函数的输出重定向到串口。

采用 gcc 编译器时，printf() 函数会调用 _write() 函数将格式化后的字符串输出给标准设备，该函数是一个弱函数，可以重新定义。因此，printf() 输出重定向只需要重新定义该函数即可，代码如下。

```
1    __attribute__((used)) int _write(int fd, char *ptr, int len)
2    {
3        (void)HAL_UART_Transmit(&huart1, (uint8_t *)ptr, len, 0xFFFF);
4        return len;
5    }
```

将这段代码放入工程的合适位置，如放到 main.c 文件中的用户代码块中，在后面的开发中，就可以调用 printf() 从串口输出格式化数据。

8.12 项目实战——智慧教室系统人机交互调试接口

8.12.1 项目需求

为了方便智慧教室系统的开发与部署，需要提供一个调试工具。可以利用串口助手等工具软件通过串口向控制板发送各种命令，以便控制（调试）设备或查看系统运行状态。

8.12.2 实验环境

本项目需要用到的硬件与工具如下。
- 串口线。
- LED。
- 串口调试助手。

串口 USART1 的外接电路如图 8-16 所示,其中,UART1-TX 和 UART1-RX 分别与 PA9 和 PA10 连接。利用 CH340E 芯片实现 PC 的 USB 与 STM32F103ZET6 USART1 通信。在 PC 上需要安装 CH340E USB 转串口驱动。

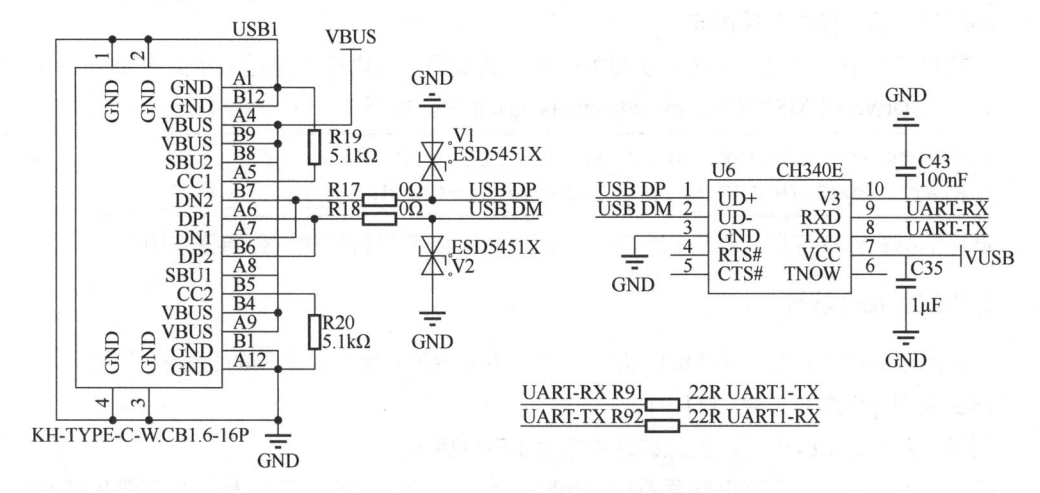

图 8-16 串口 USART1 的外接电路

8.12.3 系统分析

8.12.3.1 人机交互串口 UART 通信策略

数据发送采用程序查询方式,数据接收采用中断方式。

为了方便处理,应该在接收到一条完整命令时才提交给应用层,因此,需要开启接收数据寄存器非空 RXNE 中断请求和线路空闲 IDLE 中断请求。

在 RXNE 中断服务中将接收到的单个字符写入缓冲区暂存。在发生 IDLE 中断时,表明接收到了一条完整的命令,将此命令打包成消息,通过消息队列传递给应用层。选择消息队列通信的另一个原因是队列提供了缓冲功能,降低了应用层响应速度的压力。

8.12.3.2 消息队列格式与循环缓冲区

使用循环缓冲区存放消息队列。消息的格式为"长度+数据负载"。其中,长度为数据负载的字节数，占 2 字节。消息队列格式与循环缓冲区如图 8-17 所示。

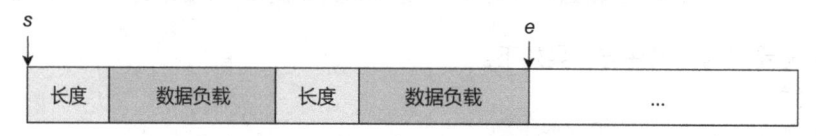

```
    s                              e
    ↓                              ↓
┌──────┬────────┬──────┬────────┬──────────┐
│ 长度 │数据负载│ 长度 │数据负载│   ...    │
└──────┴────────┴──────┴────────┴──────────┘
```

图 8-17　消息队列格式与循环缓冲区

图 8-17 中的变量 s 表示循环缓冲区有效数据的起始位置，变量 e 代表有效数据的结束位置。

入队与出队都需要修改变量 s、e 和循环缓冲区的数据。入队操作在接收中断服务中执行（底层驱动对象），出队操作在应用层执行，相当于具有抢占式的多线程系统，因此，队列数据结构是一种临界资源，需要互斥访问。

在裸机工程中，进程互斥通常使用关中断方式实现。在内核库中提供了关中断与开中断的接口，位于 Drivers\CMSIS\Core\Include\cmsis_gcc.h 中，如下。

```
__STATIC_FORCEINLINE void __enable_irq(void);
__STATIC_FORCEINLINE void __disable_irq(void);
```

循环队列操作在许多工程中都会用到，因此，可以考虑将其放到公用模块中。

8.12.3.3　命令解析

用户通过串口下达命令给 MCU 执行，命令格式由用户定义，本例的命令格式为：

命令类型 [参数 1] [参数 2] […]

例如，要点亮 LED1 灯，发送的命令串为 LED ON 1。

C 语言库提供一个字符串分解函数 strtok()，可以将以特定分隔符为标志的字符串分解成子串，其原型如下。

```
char *strtok(char str[], const char *delim)
```

strtok() 在字符串 str 中搜索子串。如果找到，strtok 返回子串指针，否则返回 NULL。这个函数会保留上一次搜索到的子串的结束位置，如果参数 str 为 NULL，表示从上一个子串结束位置开始继续搜索下一个子串。利用这一特性，就可以搜索出所有子串。

8.12.4　系统设计

8.12.4.1　寄存器编程

1. 系统类图

根据以上分析，可以得到人机交互调试接口功能模块的类图，如图 8-18 所示。

系统有如下四个对象。

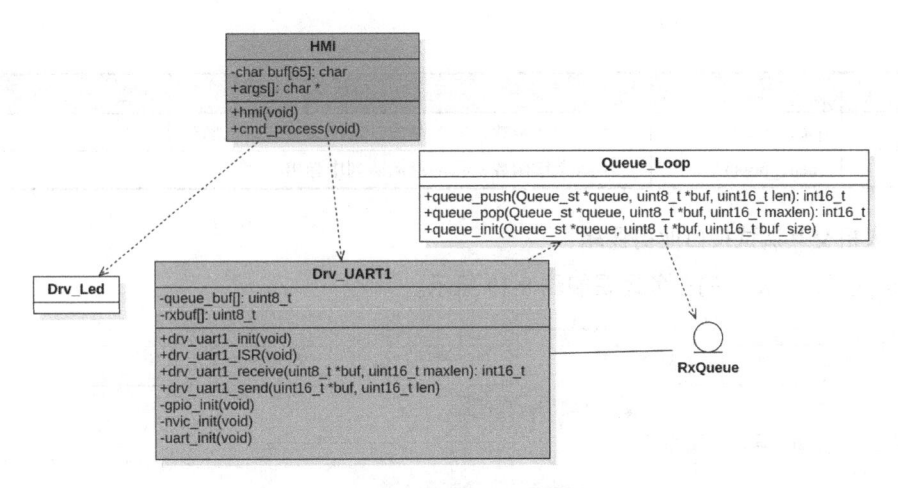

图 8-18 人机交互调试接口功能模块的类图

HMI：人机交互应用层对象，用于实现人机交互业务。

Drv_UART1：UART1 驱动对象，用于发送和接收串口数据，并将接收到的控制命令写入消息队列中。

Queue_Loop：消息循环队列对象，用于操作消息队列实体对象。

RxQueue：接收队列实体对象，用于持有队列状态数据。

各对象的方法与属性说明如表 8-10 所示。

表 8-10 各对象的方法与属性说明

对象	属性/方法	说明
HMI	buf	命令缓冲区属性，用于存放从队列中取出的命令
	args[]	参数字符串指针数组，存放解析后的命令关键词字符串指针
	hmi()	人机交互业务函数，从队列中取出控制命令并解析，然后调用 cmd_process() 对命令进行处理
	cmd_process()	命令处理函数，用于处理各类命令
Drv_UART1	queue_buf	队列缓冲区，存放队列数据。该缓冲区供 RxQueue 实体对象使用
	rxbuf	接收缓冲区，存放从串口接收到的字符。当接收到一条完整命令时就将其打包成消息放入循环队列中。该缓冲区在 drv_uart1_ISR()函数中使用
	drv_uart1_init()	Drv_UART1 对象初始化函数，完成 UART1 硬件接口初始化和队列的初始化
	drv_uart1_ISR()	UART1 中断服务函数
	drv_uart1_receive()	串口 UART1 接收函数，从队列中读取控制命令并返回
	drv_uart1_send()	串口 UART1 发送函数，采用查询方式从串口发送给定的数据
	gpio_init()	UART1 的 GPIO 初始化函数
	nvic_init()	UART1 的 NVIC 中断初始化函数
	uart_init()	UART1 的工作方式初始化函数

续表

对象	属性/方法	说明
Queue_Loop	queue_push()	入队操作函数,将控制命令按消息格式送入队列中
	queue_pop()	出队操作函数,将消息从队列中弹出

2. 人机交互调试接口业务逻辑

人机交互调试接口的业务逻辑如图 8-19 所示。

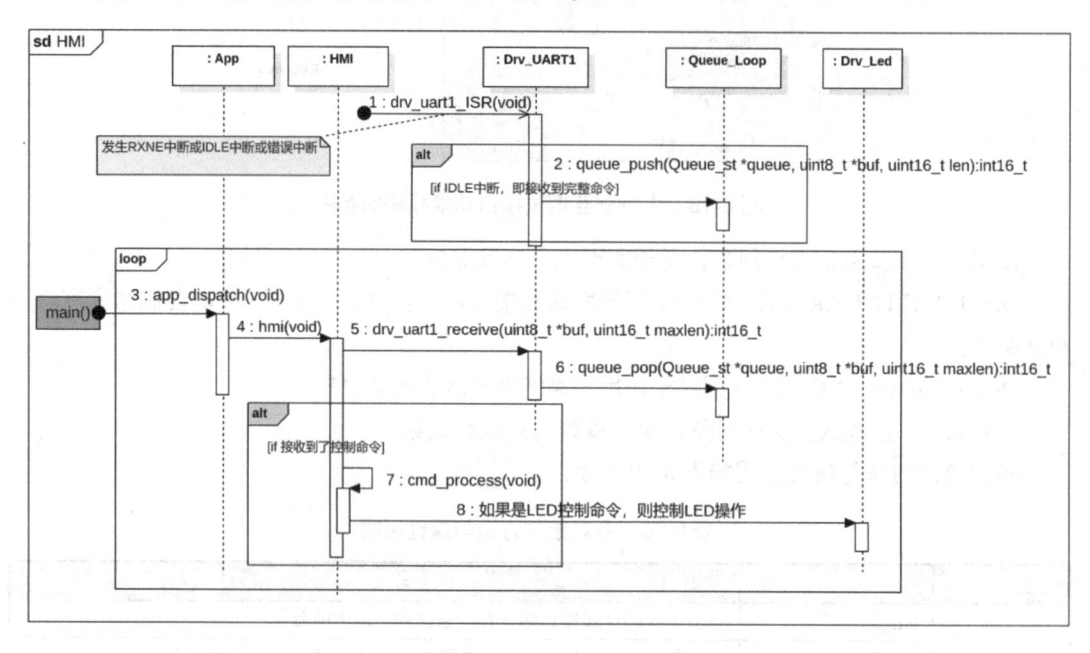

```
sd HMI
    :App      :HMI      :Drv_UART1      :Queue_Loop      :Drv_Led

                    1 : drv_uart1_ISR(void)
        发生RXNE中断或IDLE中断或错误中断
            alt
                    2 : queue_push(Queue_st *queue, uint8_t *buf, uint16_t len):int16_t
            [if IDLE中断,即接收到完整命令]

        loop
    main()
        3 : app_dispatch(void)
                    4 : hmi(void)
                    5 : drv_uart1_receive(uint8_t *buf, uint16_t maxlen):int16_t
                    6 : queue_pop(Queue_st *queue, uint8_t *buf, uint16_t maxlen):int16_t
            alt
            [if 接收到了控制命令]
                    7 : cmd_process(void)
                    8 : 如果是LED控制命令,则控制LED操作
```

图 8-19 人机交互调试接口的业务逻辑

当从串口接收到字符数据或线路变为空闲时,会触发 UART1 中断请求(第 1 步)。在 Drv_UART1 中断请求服务 drv_uart1_ISR()中,如果是数据接收中断,则写入 rxbuf 缓冲区暂存数据(图中未画出);如果是 IDLE 中断,则认为接收到了一条完整的控制命令,调用 queue_push()将其打包成消息放入到队列中(第 2 步)。

业务调度器 app_dispatch()循环调度人机接口业务函数 hmi()执行(第 3、4 步)。

hmi()调用 drv_uart1_receive()接收串口命令(第 5 步)。串口驱动对象 Drv_UART1 将接收到的命令放在队列中传递给 HMI 对象,因此,drv_uart1_receive()调用 queue_pop()读取队列获取用户发来的控制命令(第 6 步)。

如果接收到了控制命令,则调用 cmd_process()进行命令解析并进行相应处理,比如,如果是 LED 控制命令,则调用 LED 驱动接口控制 LED 灯的亮灭(第 7、8 步)。

8.12.4.2　LiteOS+库函数编程

LiteOS 有 Shell 工具，用户可以自行定义命令让 Shell 执行，不需要另外再开发调试接口。

8.12.5　系统实现

8.12.5.1　寄存器编程

1. USART 寄存器定义

本项目需要用到 USART 外设。根据各寄存器映射，在 mydrivers/drv_stm32f103.h 文件中增加 USART 寄存器定义如下。

```
1    /* 文件：mydrivers/drv_stm32f103.h */
2    typedef struct{
3        volatile uint32_t SR;
4        volatile uint32_t DR;
5        volatile uint32_t BRR;
6        volatile uint32_t CR1;
7        volatile uint32_t CR2;
8        volatile uint32_t CR3;
9        volatile uint32_t GTPR;
10   }MYUSART_st;
11
12   #define MYUSART1_BASE 0x40013800
13   #define MYUSART2_BASE 0x40004400
14   #define MYUSART3_BASE 0x40004800
15   #define MYUSART4_BASE 0x40004C00
16   #define MYUSART5_BASE 0x40005000
17
18   #define MYUSART1 ((MYUSART_st *)MYUSART1_BASE)
19   #define MYUSART2 ((MYUSART_st *)MYUSART2_BASE)
20   #define MYUSART3 ((MYUSART_st *)MYUSART3_BASE)
21   #define MYUSART4 ((MYUSART_st *)MYUSART4_BASE)
22   #define MYUSART5 ((MYUSART_st *)MYUSART5_BASE)
```

2. 循环队列 Queue_Loop 对象实现

循环队列是常用的组件，应将其放到公用模块中。

在工程中新建与 App 同一级的文件夹 Comm，将 queue_loop.c 和 queue_loop.h 文件放到该文件夹下。

queue_loop.h 文件代码如下。

```c
1   /* 文件: Comm/queue_loop.h */
2   #ifndef __QUEUE_LOOP_H__
3   #define __QUEUE_LOOP_H__
4   #include <stdint.h>
5   typedef struct{
6       uint8_t *buf;
7       uint16_t free;   //缓冲区可用空间长度
8       uint16_t size;   //队列缓冲区大小
9       uint16_t s;  // queue start index
10      uint16_t e;  // queue end index
11  }Queue_st;
12
13  int16_t queue_push(Queue_st *queue, uint8_t *buf, uint16_t len);
14  int16_t queue_pop(Queue_st *queue, uint8_t *buf, uint16_t maxlen);
15  void queue_init(Queue_st *queue, uint8_t *buf, uint16_t buf_size);
16
17  #endif
```

设计要点如下。

- 为了逻辑清晰，并支持系统同时存在多个队列的情况，将队列的关键参数与状态数据定义在一个结构体 **Queue_st** 中。
- 入队与出队操作除了需要提供数据缓冲区与长度，还需要提供队列指针。

queue_loop.c 文件代码如下。

```c
1   /* 文件: Comm/queue_loop.c */
2   #include "queue_loop.h"
3   #include "cmsis_gcc.h"
4   #include "string.h"
5   //功能：将一个数据包送入队列
6   //参数 buf：存放数据包的缓冲区指针；参数 len：数据长度
7   //返回值：成功，返0；失败，返回-1
8   int16_t queue_push(Queue_st *queue, uint8_t *buf, uint16_t len){
9       uint16_t result;
10      __disable_irq();
11
12      result = (queue->free >= len+2)?0:-1;  //确定返回值
13      if(result == 0){//有足够空间
14          queue->buf[queue->e++ % queue->size] = (len>>8) & 0xFF;
15          queue->buf[queue->e++ % queue->size] = len & 0xFF;
16          for(uint16_t i = 0; i < len; i++){
17              queue->buf[queue->e++ % queue->size] = buf[i];
18          }
```

```c
19          queue->free -= len+2;
20      }
21   }
22   __enable_irq();
23   return result;
24 }
25
26 //功能：将队列中的一个数据包出列
27 //参数 queue：队列指针；参数 buf：存放数据包的缓冲区指针；参数 maxlen：缓冲区最大长度
28 //返回值：成功，返回数据包长度；失败，返回-1 或 0，-1 表示给定的缓冲区长度不足，0 表示队列为空
29 int16_t queue_pop(Queue_st *queue, uint8_t *buf, uint16_t maxlen){
30   uint16_t len;
31   uint16_t result;
32   __disable_irq();
33   len = (queue->buf[queue->s % queue->size]<<8) | (queue->buf[(queue->s+1) % queue->size]);
34   result = (len > maxlen)?-1:(len == 0)?0:len; //确定返回值
35   if(result != -1 && len !=0){
36       queue->buf[queue->s++ % queue->size] = 0; //用0填充
37       queue->buf[(queue->s++) % queue->size] = 0; //用0填充
38       for(uint16_t i = 0; i < len; i++){
39           buf[i] = queue->buf[queue->s % queue->size];
40           queue->buf[queue->s++ % queue->size] = 0; //用0填充
41       }
42       queue->free += len+2;
43   }
44   __enable_irq();
45   return result;
46 }
47
48 //功能：队列初始化
49 //参数 queue：队列指针；参数 buf：存放数据包的缓冲区指针；参数 buf_size：队列循环缓冲区长度
50 void queue_init(Queue_st *queue, uint8_t *buf, uint16_t buf_size){
51   memset(queue, 0, sizeof(Queue_st));
52   queue->buf = buf;
53   queue->size = buf_size;
54   queue->free = buf_size;
55 }
```

设计要点如下。
- 由于队列缓冲区是临界资源,因此需要互斥操作。这里使用了关闭中断的方法实现互斥(第10、22、32、44行)。
- 通过%(求余)操作实现循环缓冲区(第14、15行)。

为了方便对公用模块的引用,可以将公用模块头文件都存放到 comm.h 文件中。

comm.h 文件代码如下。

```
1    /* 文件: Comm/comm.h */
2    #ifndef __COMM_H__
3    #define __COMM_H__
4    #include "queue_loop.h"
5
6    #endif
```

3. UART1 驱动对象 Drv_UART1 的实现

drv_uart1.h 文件代码如下。

```
1    /* 文件: MyDrivers/drv_uart1.h */
2    #ifndef __DRV_UART1_H__
3    #define __DRV_UART1_H__
4    #include <stdint.h>
5
6    #define QUEUE_BUF_LEN 128
7
8    int16_t drv_uart1_receive(uint8_t *buf, uint16_t maxlen);
9    void drv_uart1_send(uint16_t *buf, uint16_t len);
10   void drv_uart1_init(void);
11
12   #endif
```

设计要点如下。
- 在头文件中,仅暴露接口函数。
- 为方便用户根据实际需要修改队列缓冲区长度,将定义成符号 QUEUE_BUF_LEN。

drv_uart1.c 文件代码如下。

```
1    /* 文件: MyDrivers/drv_uart1.c */
2    #include "drv_stm32f103.h"
3    #include "drv_uart1.h"
4    #include "comm.h"
5    static uint8_t queue_buf[QUEUE_BUF_LEN];
6    static uint8_t rxbuf[QUEUE_BUF_LEN-sizeof(uint16_t)];
7    static Queue_st rxqueue;
```

```
8
9   static void gpio_init(void){
10      MYRCC->APB2ENR |= 1<<2;   //使能 GPIOA 时钟
11      MYRCC->APB2ENR |= 1<<14;  //使能 USAR1 时钟
12      MYGPIOA->CRL = (MYGPIOA->CRH & ~(0xF<<(9-8)*4)) | (0xB<<(9-8)*4);
        //PA9 推挽输出,50MHz
13      MYGPIOA->CRL = (MYGPIOA->CRH & ~(0xF<<(10-8)*4)) | (0x4<<(10-8)*4); //PA10 浮空输入
14  }
15
16  static void nvic_init(void){
17      // USART1 的中断号为 37,设置其较高中断优先级 3
18      MYNVIC->IPR[37/4] &= ~(0xFF<<((37%4) * 8));
19      MYNVIC->IPR[37/4] |= ((3<<4)<<((37%4) * 8));
20      // // 使能 NVIC 的 EXTI4 中断
21      MYNVIC->ISER[37/32] = (1<<37%32);
22  }
23
24  static void uart_init(void){
25      MYRCC->APB2RSTR |= 1<<14; //复位 USART1
26      for(int i = 0; i < 10; i++);
27      MYRCC->APB2RSTR &= ~(1<<14); //复位完成<<3); //
28      MYUSART1->CR1 &= ~(1<<12); // 1 位起始位、8 位数据位
29      MYUSART1->CR2 &= ~(3<<12); // 1 个停止位
30      MYUSART1->CR1 &= ~(3<<6); //屏蔽发送缓冲区非空中断请求与发送完成中断请求
31      MYUSART1->CR1 |= 0xF<<2; //使能空闲与接收缓冲区非空中断请求,使能发送与接
        收功能
32      MYUSART1->CR3 |= 1<<0; //使能错误中断请求
33      MYUSART1->CR1 |= (1<<13); //使能 USART1
34      MYUSART1->BRR = 39<<4|10; //波特率为 115200bit/s
35  }
36
37  void drv_uart1_send(uint16_t *buf, uint16_t len){
38      for(uint16_t i = 0; i < len; i++){
39          while(!(MYUSART1->SR & (1<<7)));   //等待发送数据寄存器为空
40          MYUSART1->DR = buf[i]; //发送数据
41      }
42  }
43
44  //功能:接收数据包
45  //参数 buf:存放数据包的缓冲区指针;参数 maxlen:缓冲区最大长度
46  //返回值:成功,返回接收到的数据包长度;失败,返回-1 或 0,-1 表示给定的缓冲区长度
    不足,0 表示队列为空
```

```c
47
48  int16_t drv_uart1_receive(uint8_t *buf, uint16_t maxlen){
49      return queue_pop(&rxqueue, buf, maxlen);
50  }
51
52  void uart1_isr(void){
53      static uint16_t ind = 0;
54      if(MYUSART1->SR & (0xF<<0)){//发生通信错误，包括过载、噪声错误、帧错误、奇偶校验错误
55          if(MYUSART1->SR & (1<<0)){ //奇偶校验错误需要等待 RXNE 为 1
56              while(!(MYUSART1->SR & (1<<5)));
57          }
58          MYUSART1->DR; //清除出错标志
59          ind = 0; //重新接收
60          return;
61      }
62      if(MYUSART1->SR & (1<<5)){ //接收缓冲区非空 RXNE 中断
63          rxbuf[ind++] = MYUSART1->DR;
64          if(ind >= sizeof(rxbuf)){
65              //溢出则丢弃，重新开始接收
66              ind = 0;
67          }
68      }
69      if(MYUSART1->SR & (1<<4)){//线路空闲 IDLE 中断
70          //接收到完整数据包
71          MYUSART1->DR;   //清除 IDLE 中断标志位
72          queue_push(&rxqueue, rxbuf, ind);   //将数据包加入队列
73          ind = 0; //接收新的数据包
74      }
75  }
76
77  void drv_uart1_init(void){
78      gpio_init();
79      uart_init();
80      nvic_init();
81      queue_init(&rxqueue, queue_buf, sizeof(queue_buf)); //初始化队列
82  }
```

设计要点如下。

- 为了逻辑清晰，将外设初始化分成 gpio_init()、uart_init()、nvic_init()三个函数，每个函数都通过 static 修饰为私有函数。
- 在 drv_uart1_init()函数中，除了初始化硬件接口，还要进行队列的初始化（第 81 行）。

- 将 rxqueue 实体对象定义为私有属性（变量）(第 7 行)。
- 发送采用查询方式，因此要等到发送数据寄存器为空时（第 39 行）才能将字符数据写入 USART_DR 寄存器（第 40 行）。
- 在 USART1 中断服务中，先要判断是否发生通信错误，发生了则丢弃接收到的数据（第 54~60 行）。
- 在 USART1 中断服务中，如果是 RXNE 中断，表明接收到了一个新的字符数据，则将数据写入接收缓冲区 rxbuf 中，并更新相关状态变量（第 62~68 行）。
- 在 USART1 中断服务中，如果是 IDLE 中断，表明线路由忙碌变为空闲，则认为接收到了一条完整的命令，将命令放入队列中（第 69~74 行）。

4. 挂接中断服务函数

在 Drv_UART1 对象中，只定义了中断服务函数 drv_uart1_ISR()，还没有将其与内核中断关联起来。

为了在一个文件中统一管理所有内核中断服务，可以将中断服务挂接操作统一存放在 stm32f1xx_it.c 文件中。

```
1    /* 文件：Prj_Naked/Core/Src/stm32f1xx_it.c */
2    /* USER CODE BEGIN 1 */
3    extern void drv_alarm_key_ISR(void);
4    void EXTI4_IRQHandler(void){
5      drv_alarm_key_ISR();
6    }
7    extern void void drv_uart1_isr(void)(void);
8    void USART1_IRQHandler(void){
9      drv_uart1_isr();
10   }
11   /* USER CODE END 1 */
```

5. 人机接口业务对象 HMI 实现

HMI 对象代码如下。

```
1    /* 文件：App/hmi.h */
2    #ifndef __HMI_H__
3    #define __HMI_H__
4
5    void hmi(void);
6
7    #endif
8
9    /* 文件：App/hmi.c */
```

```c
10  #include <stdint.h>
11  #include <stdlib.h>
12  #include <string.h>
13  #include <stdio.h>
14  #include "drivers.h"
15
16  static char buf[65];
17  char *args[6];
18
19  void led_cmd(void){
20      if(strcmp(strupr(args[1]), "ON") == 0){
21          if(strcmp(strupr(args[2]), "ALL") == 0){
22              drv_led_on_all();
23          }else{
24              drv_led_on(atoi(args[2]));
25          }
26      }else if(strcmp(strupr(args[1]), "OFF") == 0){
27          if(strcmp(strupr(args[2]), "ALL") == 0){
28              drv_led_off_all();
29          }else{
30              drv_led_off(atoi(args[2]));
31          }
32      }else{
33          printf("Unsurported args:%s.\n", args[1]);
34      }
35  }
36  void cmd_process(void){
37      if(strcmp(strupr(args[0]), "LED") == 0){
38          led_cmd();
39      }else{
40          printf("Unsurported command.\n");
41      }
42  }
43
44  void hmi(void){
45      int16_t len; //数据包长度
46      uint8_t count = 0;  // 数据包中包含的字符串个数
47      char *key;
48      len = drv_uart1_receive((uint8_t *)buf, sizeof(buf)-1);
49      if(len > 0){
50          printf("get cmd: %s.\n", buf);
51          key = strtok(buf, " ,\t");   //以空格、逗号或制表符作为分隔符
52          while(key){
```

```
53              args[count++] = key;
54              if(count >= 6 ){
55                  printf("Unsurported command.\n");
56                  return;
57              }
58              key = strtok(NULL, " ");
59          }
60          if(count > 0){
61              cmd_process();
62              for(int i = 0; i < 6; i++){
63                  args[i] = NULL;
64              }
65          }
66      }
67  }
```

设计要点如下。

- 通过 while() 循环，先将控制命令的所有关键词解析出来（第 52～59 行）。注意：strtok() 函数会自动将间隔符用'\0'取代以形成字符串结尾。
- 利用 strupr() 将用户输入的字符全部转换为大写，从而避免因大小写不一致导致命令不能被识别。

6. 调度执行

1）使用 Drivers 对象管理驱动对象

将 Drv_UART1 驱动对象头文件 drv_uart1.h 加入 drivers.h 文件，在 drivers_init() 中调用 drv_uart1_init() 以初始化 USART1。

```
1   /* 文件：MyDrivers/drivers.h */
2   #ifndef __DRIVERS_H__
3   #define __DRIVERS_H__
4   #include "drv_led.h"
5   #include "drv_hcsr501.h"
6   #include "drv_beep.h"
7   #include "drv_alarm_key.h"
8   #include "drv_uart1.h"
9
10  void drivers_init(void);
11
12  #endif
13
14  /* 文件：MyDrivers/drivers.c */
15  #include "drivers.h"
```

```
16
17   void drivers_init(void){
18       drv_led_init();
19       drv_hcsr501_init();
20       drv_beep_init();
21       drv_alarm_key_init();
22       drv_uart1_init();
23   }
```

2）使用 App 对象管理应用层对象

将 HIM 对象头文件 hmi.h 加入 app.h 文件，在 app_dispatch()中调用 him()以执行人机交互调试业务。

```
1    /* 文件: App/app.h */
2    #ifndef __APP_H__
3    #define __APP_H__
4
5    #include <stdio.h>
6    #include "nobody_controller.h"
7    #include "key_alarmer.h"
8    #include "comm.h"
9    #include "hmi.h"
10
11   #define NOBODY     0
12   #define SOMEBODY   1
13
14   void app_init(void);
15   void app_dispatch(void);
16
17   #endif
18
19   /* 文件: App/app.c */
20   #include "drivers.h"
21   #include "app.h"
22   #include "stdlib.h"
23
24   void app_init(void){
25       // drv_led_on_all();  // 为方便测试，初始化时打开所有灯
26       // nobody_controller_init();
27       printf("this for test.\n");
28       set_alarm_args(20000,30);
29   }
30
```

```
31   void app_dispatch(void){
32       // nobody_control();
33       key_alarm();
34       hmi();
35   
36   }
```

8.12.5.2　LiteOS+库函数编程

LiteOS 有 Shell 工具，用户可以自行定义命令让 Shell 执行，不需要另外再开发调试接口。

8.13　习题

1. 串行通信的帧格式是什么？
2. 要将 USART1 的波特率设置为 115200bit/s，应如何初始化波特率寄存器 USART1_BRR？
3. UART 寄存器编程的基本步骤是什么？
4. UART 库函数编程的基本步骤是什么？
5. 采用中断方式通信时，库函数编程有哪些接口？
6. 如何将 printf() 输出重定向到串口输出？
7. 初始化 USART 的 TX 和 RX 引脚，其 GPIO 工作方式应分别设置为什么？

第 9 章 定时器

不管是在家用电器领域还是在工业控制领域中,经常需要在特定时间或周期内进行某种控制操作,如控制灯光或其他设备的定时开关、测定脉冲占空比以便计算电机转速等,这些功能的实现一般都需要用到单片机中的定时器。

9.1 学习目标

本章的学习目标如下。
- 理解定时器的基本工作原理。
- 熟悉 STM32F103ZET6 的定时器类型。
- 理解定时事件。
- 熟悉通用定时器和高级定时器的特性。
- 理解捕获/比较的工作原理,熟悉其应用。
- 熟悉各类定时器库函数接口,掌握库函数编程方法。

9.2 定时器的基本工作原理

定时器的基本工作原理如图 9-1 所示,给计数器输入脉冲波形,计数器从 0 开始计数,每接收到一个脉冲,计数值加 1,当计数器的值等于计数目标值 N 时产生输出,称为计数时间到。这个输出可以触发中断请求或是 DMA 传输等。

（1）如果计数脉冲的周期 T 固定（设频率为 f），计数器可以用于定时，其定时时间 t 可由下式计算。

$$t=(N+1)T=(N+1)/f$$

（2）如果计数脉冲的周期 T 不固定，计数器只能用于计数，不能用于定时。

在 STM32F103 中，计数目标值被称为自动重装载值，保存在 TIMx_ARR 寄存器中。改变自动重装载值，可以改变定时时间。

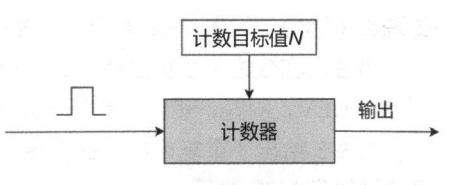

图 9-1 定时器的基本工作原理

9.3 计数模式

计数模式是指定时器的计数方式，分为上计数、下计数、上/下计数三种模式。

9.3.1 上计数

上计数是指从 0 开始计数，每接收到一个计数脉冲，计数值加 1，计数到自动重装载值后产生溢出（称为上溢），然后重新从 0 开始计数。

当溢出次数达到了重复计数器寄存器 TIMx_RCR（有些定时器没有 RCR）的值时，发生更新事件 UEV，同时，更新中断标志置 1。

图 9-2 给出了重复计数器寄存器 TIMx_RCR=0（即计数一次就产生更新事件）时的上计数模式及触发 UEV 情况。

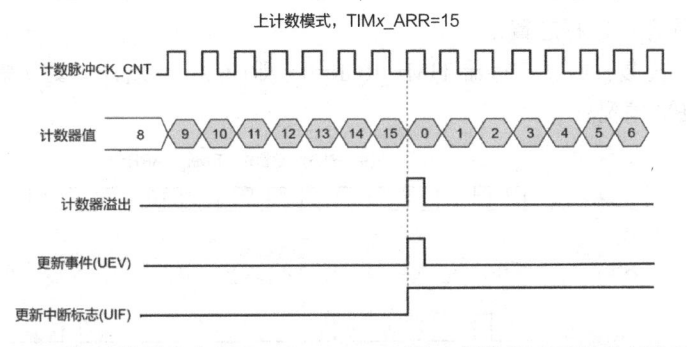

图 9-2 重复计数器寄存器 TIMx_RCR=0 时的上计数模式及触发 UEV 情况

9.3.2 下计数

下计数是指从自动重装载值开始计数，每接收到一个计数脉冲，计数值减 1，减到 0 后产生溢出（称为下溢），然后重新装入重装载寄存器中的值再次开始减 1 计数。

当溢出次数达到了重复计数器寄存器 TIMx_RCR（有些定时器没有 RCR）的值时，发生更新事件 UEV，同时，更新中断标志置 1。

图 9-3 给出了重复计数器寄存器 TIMx_RCR=0（即计数一次就产生更新事件）时的下计数模式及触发 UEV 情况。

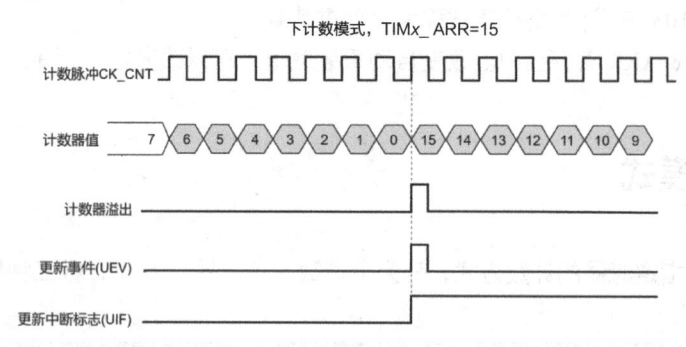

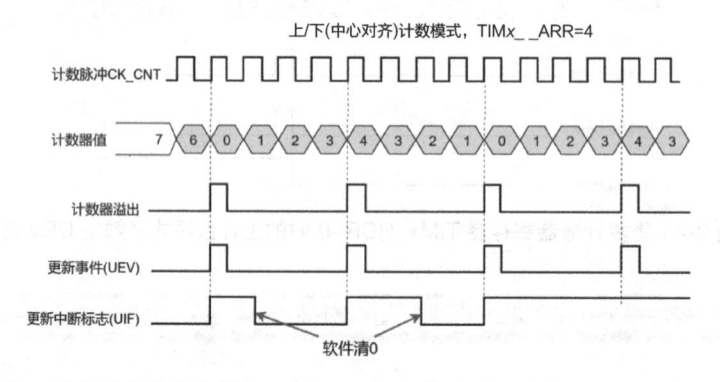

图 9-3　重复计数器寄存器 TIMx_RCR=0 时的下计数模式及触发 UEV 情况

9.3.3　上/下计数

上/下计数模式又称中心对齐计数模式，是指计数器先从 0 开始向上计数，在计数值等于自动重装载寄存器 TIMx_ARR-1 的值后，产生一个计数上溢事件。计数到 TIMx_ARR 值时再向下计数，在计数到 1 后产生下溢事件，并从 0 开始重新上/下计数。

当溢出事件次数达到重复计数器寄存器 TIMx_RCR（有些定时器没有 RCR）的值时，触发更新事件，同时更新中断标志置 1。

图 9-4 给出了重复计数器寄存器 TIMx_RCR=0（即计数一次就产生更新事件）时的上/下计数模式及触发 UEV 情况。

图 9-4　重复计数器寄存器 TIMx_RCR=0 时的上/下计数模式及触发 UEV 情况

9.4 定时事件

9.4.1 溢出事件

上计数到自动重装载值时称为发生上溢事件，下计数到 0 时称为发生下溢事件。

9.4.2 更新事件

当溢出次数达到重复计数器寄存器 TIMx_RCR 值时触发更新事件，又称定时周期事件。此时，所有预装载寄存器中的值会写入到其对应的影子寄存器中。会同时更新的预装载寄存器如下。
- 自动重装载寄存器 TIMx_ARR。
- 预分频寄存器 TIMx_PSC。
- 重复计数器寄存器 TIMx_RCR。
- 捕获/比较寄存器 TIMx_CCR。

更新事件还可以在将生成更新事件位 TIMx_EGR.UG 置 1 时产生，此时会同时初始化预分频寄存器 TIMx_PSC 和计数器 TIMx_CNT。其中，TIMx_PSC 被初始化为 0，TIMx_CNT 的初始化值与计数模式相关，上计数与上/下计数模式下被初始化为 0，下计数模式下被初始化为自动重装载值 TIMx_ARR。

可以禁止触发更新事件，但这不影响计数器的计数操作。

更新事件发生时，更新中断标志位 UIF 置 1，从而可以触发中断请求或 DMA 请求。

利用更新事件中断请求，用户可以在中断服务中实现定时服务功能，如温湿度的周期采样。

9.4.3 比较事件

具有且使能了比较功能的计数器在计数过程中，会将计数值与捕获/比较寄存器 TIMx_CCR 中的值进行比较，如果相同，那么称为发生比较事件。

发生比较事件时，会设置捕获/比较中断标志 TIMx_SR.CCxIF，从而触发中断请求或 DMA 请求。

在比较事件中断请求服务中，用户可以根据算法修改捕获/比较寄存器的值，从而调节下一个 PWM 的占空比。

9.4.4 捕获事件

具有且使能了捕获功能的计数器在飞速计数过程中，在给定输入信号（从捕获输入引脚输入）的上升沿或下降沿将计数器的当前值保存（捕获）到捕获寄存器中，称为发生捕获事件。

发生捕获事件时，会设置捕获/比较中断标志 TIMx_SR.CCxIF，从而触发中断请求或 DMA 请求。

在捕获中断服务中，可以读取捕获到的定时器计数值，从而计算出相邻捕获事件的时间间隔。这个功能可用于测速、测频等。

9.5 PWM

PWM（Pulse Width Modulation），即脉宽调制，是一种通过调节脉冲宽度（占空比）产生幅值相等而宽度不等的脉冲波形，通过这种波形代替正弦波或其他波形去控制外设，如逆变电路等输出电压/电流的大小或频率，获得所需的精确控制的技术。

PWM 控制基于采样控制理论中的一个重要结论，即冲量相等而形状不同的窄脉冲加在具有惯性的环节上时，其效果基本相同。PWM 控制技术以该结论为理论基础，对半导体开关器件的导通和关断进行控制，使输出端得到一系列幅值相等而宽度不相等的脉冲。

PWM 脉冲占空比，是指脉冲的高电平持续时间占脉冲周期的比例。

图 9-5 给出了占空比分别为 30%、0%、50%和 100%的四个 PWM 脉冲。

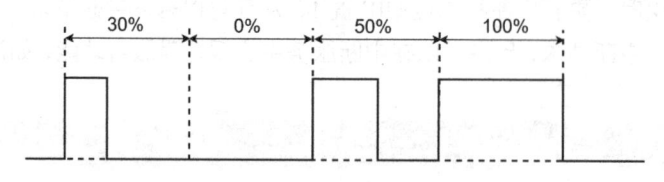

图 9-5 不同占空比的 PWM 脉冲

9.6 死区

H 桥式直流电机驱动电路原理如图 9-6 所示。当 VT1 管和 VT4 管导通时，电流从左流至右，电机正转；当 VT2 管和 VT3 管导通时，电流从右流至左，电机反转。

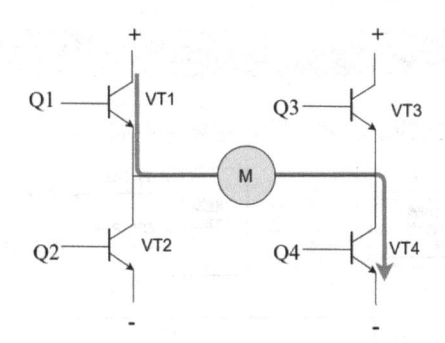

图 9-6 H 桥式直流电机驱动电路原理

在 H 桥式直流电机驱动电路中,同一侧上下两个桥臂的开关管不能同时导通,否则,电源正极与负极之间除了功率三极管(如 VT1 管和 VT2 管),没有其他负载,电流将达到最大值,会烧坏功率三极管。

为了避免这种情况发生,在电机正反转切换时,在关闭 VT1 管和 VT4 管时,VT2 管与 VT3 管必须延时一段时间后再打开,反之亦然。这段延时时间称为死区。

图 9-7 给出了带死区的 Q1 和 Q2 上的 PWM 波形。从中可以看到,电机正常转动时,Q1 和 Q2 的波形是互补的,即一个为高电平时,另一个必须为低电平。

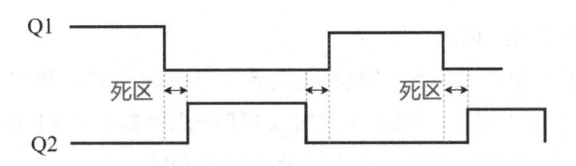

图 9-7 带死区的 Q1 和 Q2 上的 PWM 波形

9.7　STM32F103ZET6 的定时器类型

STM32F103ZET6 的定时器类型有基本定时器、高级定时器、通用定时器、系统节拍定时器、独立看门狗定时器、窗口看门狗定时器和系统实时时钟等。

本章讲解除系统实时时钟外的定时器的知识,系统实时时钟相关内容请参考用户手册。

9.8　基本定时器(TIM6 和 TIM7)

基本定时器可以用于定时、为通用定时器提供时间基准和触发 DAC。

9.8.1 主要特性

图 9-8 所示为基本定时器的功能逻辑图，主要特性如下。

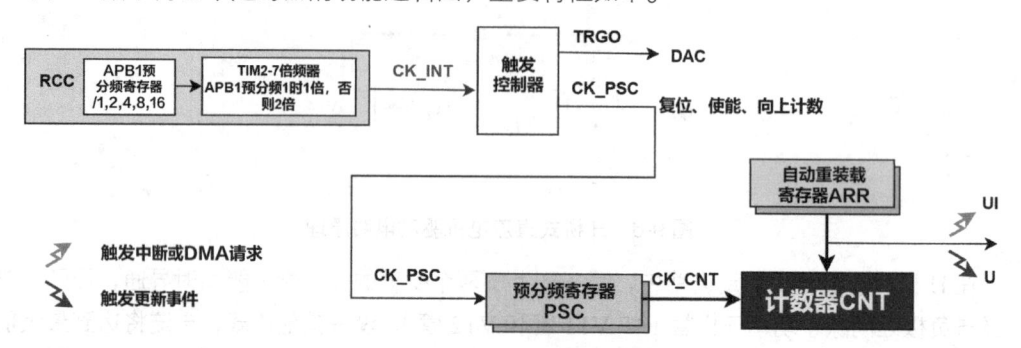

图 9-8 基本定时器的功能逻辑图

TRGO: Trigger Output（触发输出），CK_ INT: Internal Clock（内部时钟）
CK_ PSC: Clock Prescale（预分频时钟），CK_ CNT: Clock Count（计数时钟），ARR: Auto Reload Register（自动加载寄存器）

- 计数器（TIMx_CNT，Counter）为 16 位，仅支持上计数模式。
- 带影子寄存器的预分频寄存器（TIMx_PSC，Prescaler）为 16 位，预分频寄存器的值可以实时修改。
- 可触发 DAC 和 DMA 请求。

APB1 时钟经分频和倍频后，经"触发控制器"选择输出 CK_PSC 时钟信号，该时钟信息经预分频寄存器 PSC 分频后作为计数时钟 CK_CNT 送入计数器 CNT 计数。当计数到自动重装载寄存器 ARR 的值时触发更新事件，产生中断请求或 DMA 请求。

自动重装载寄存器 TIMx_ARR 用于缓冲/保存自动重装载值（计数目标值），自动重装载值决定了溢出事件的发生时机，从而也决定了定时时间。

TIMx_ARR 有一个影子寄存器。也就是说，在使能自动重装载功能时，写入到 TIMx_ARR 中的自动重装载值先被缓存，不会立即写入到影子寄存器中。只有在更新事件（上溢与下溢事件）发生时，自动重装载值才从 TIMx_ARR 写入影子寄存器。

影子寄存器可以被关闭，此时没有缓存功能，写入到 TIMx_ARR 中的值立即生效，即计数器立即使用新的自动重装载值确定上溢事件发生时机，或在下溢时重新装入自动重装载值进行新的计数。

读/写操作都是针对自动重装载寄存器 TIMx_ARR 的，而不是影子寄存器。

9.8.2 计数时序与更新事件

图 9-9 所示为预分频值为 1 时的基本定时器工作逻辑。当计数器上溢时会触发更新事件（需

要使能），并将更新中断标志置 1，并将自动重装载寄存器 TIM*x*_ARR 中的值写入其影子寄存器以设置下一个定时周期的溢出值。

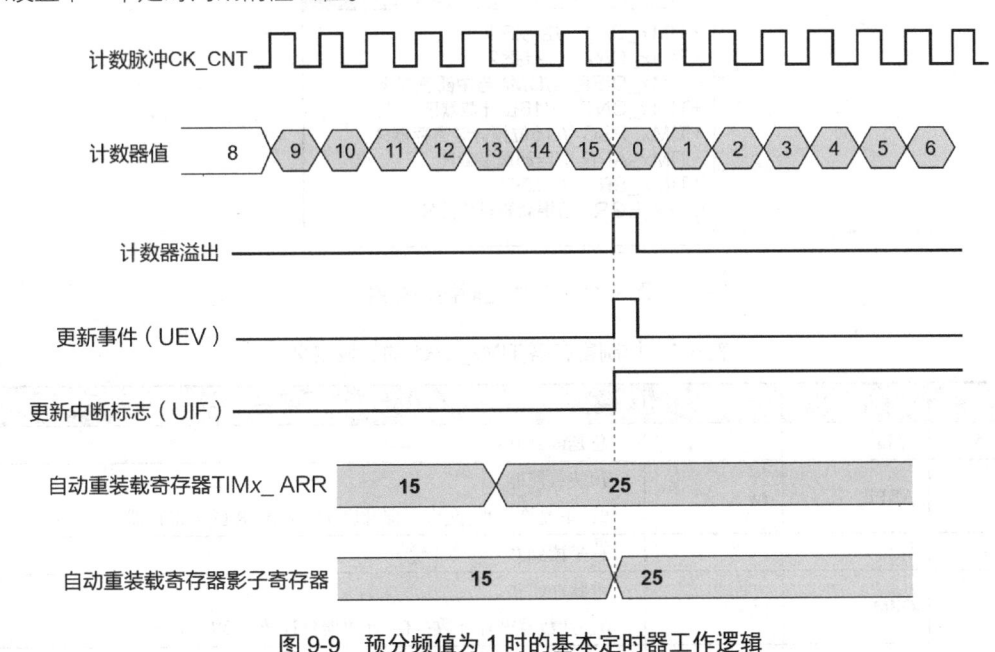

图 9-9 预分频值为 1 时的基本定时器工作逻辑

9.8.3 自动重装载值的计算

自动重装载值 ARR、定时时间、预分频值 PSC、输入预分频寄存器的脉冲周期 T_{CK_PSC} 之间的关系为

$$t=(N+1)\times T_{CNT}=(ARR+1)\times T_{CK\_PSC}\times(PSC+1)$$

式中，T_{CK_PSC} 一般设置为 36MHz；t 为需要定时的时间；当给定一个 PSC 时就可以计算出自动重装载值 ARR。

9.8.4 基本定时器寄存器

基本定时器寄存器有 8 个，如图 9-10 所示。

1）控制寄存器 TIM*x*_CR1

控制寄存器 TIM*x*_CR1 用于设置定时器工作模式、更新事件触发源、计数器使能等，其位域定义如表 9-1 所示。

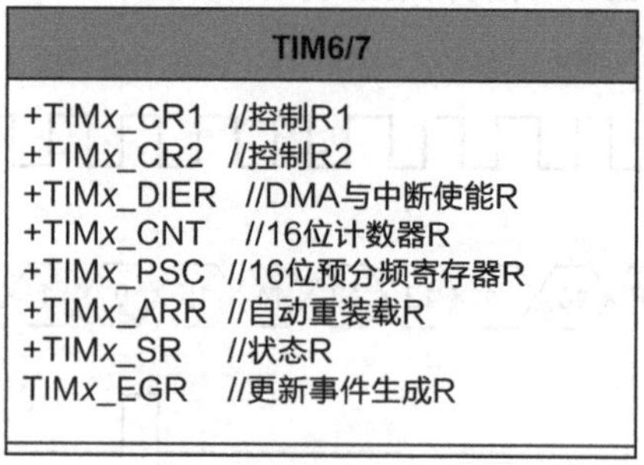

```
┌─────────────────────────────┐
│         TIM6/7              │
├─────────────────────────────┤
│ +TIMx_CR1    //控制R1       │
│ +TIMx_CR2    //控制R2       │
│ +TIMx_DIER   //DMA与中断使能R│
│ +TIMx_CNT    //16位计数器R  │
│ +TIMx_PSC    //16位预分频寄存器R│
│ +TIMx_ARR    //自动重装载R  │
│ +TIMx_SR     //状态R        │
│  TIMx_EGR    //更新事件生成R│
└─────────────────────────────┘
```

图 9-10 基本定时器寄存器

表 9-1 控制寄存器 TIMx_CR1 的位域定义

位域	名称	操作	说明
8～15	保留		总是读到 0
7	ARPE	rw	预装载使能。 0：不允许；1：允许，即开启 TIMx_ARR 影子寄存器
4～6	保留		总是读到 0
3	OPM	rw	单脉冲模式。 0：计数器循环计数；1：计数器只计数一次即停止
2	URS	rw	更新事件的请求源。 0：下述任一事件产生更新中断或 DMA 请求。 （1）计数器上溢/下溢。 （2）将 UG 位置 1。 （3）从模式控制器产生的更新。 1：计数器上溢/下溢才产生更新中断或 DMA 请求
1	UDIS	rw	禁止产生更新事件。 0：允许产生更新事件。更新事件发生时，预装载值被写入到影子寄存器中。 1：禁止产生更新事件。但是在 UG 位被置 1 或从模式控制器发出了一个硬件复位时，计数器和预分频寄存器被重新初始化
0	CEN	rw	计数器使能。 0：禁止计数器；1：使能计数器。在单脉冲模式下，当发生更新事件时该位被硬件自动清零

2）控制寄存器 TIMx_CR2

控制寄存器 TIMx_CR2 用于在主/从工作模式下，选择主定时器触发从定时器的同步信号产生方式，其位域定义如表 9-2 所示。

表 9-2 控制寄存器 TIMx_CR2 的位域定义

位域	名称	操作	说明
7～15	保留		总是读到 0
4～6	MMS	rw	主模式选择。 当定时器工作在主模式时，用于选择如何产生触发从定时器的同步信号（TRGO）。 000：复位触发。向 TIMx_EGR.UG 位写 1 时输出 TRGO。 001：使能触发。向 TIMx_CR2.CEN 位写 1，即使能定时器输出 TRGO。例如，可用于一次同时启动多个定时器。 当计数器使能信号受控于触发输入时，TRGO 上会有一个延迟，除非选择了主/从模式（见 TIMx_SMCR 寄存器中 MSM 位的描述）。 010：更新事件触发。发生更新事件（上溢/下溢）时输出 TRGO。例如，可用于从定时器的预分频寄存器。 011：比较脉冲触发。在发生一次捕获或一次比较成功，设置捕获/比较 1 中断标志位 TIMx_SR.CC1IF 时，输出 TRGO。 100：比较输出 1 参考信号触发。OC1REF 信号用于触发输出 TRGO。 101：比较输出 2 参考信号触发。OC2REF 信号用于触发输出 TRGO。 110：比较输出 3 参考信号触发。OC3REF 信号用于触发输出 TRGO。 111：比较输出 4 参考信号触发。OC4REF 信号用于触发输出 TRGO。
0～3	保留		总是读到 0

3) DMA 与中断使能寄存器 TIMx_DIER

DMA 与中断使能寄存器 TIMx_DIER 用于使能/屏蔽 DMA 请求和更新中断请求，其位域定义如表 9-3 所示。

表 9-3 DMA 与中断使能寄存器 TIMx_DIER 的位域定义

位域	名称	操作	说明
9～15	保留		总是读到 0
8	UDE	rw	更新事件的 DMA 请求使能位。 0：禁止；1：允许
1～7	保留	rw	总是读到 0
0	UIE	rw	更新中断使能位。 0：禁止；1：允许

4) 其他寄存器

基本定时器寄存器还有 16 位计数器寄存器 TIMx_CNT、16 位预分频寄存器 TIMx_PSC、自动重装载寄存器 TIMx_ARR、状态寄存器 TIMx_SR、更新事件生成寄存器 TIMx_EGR，其位域定义如表 9-4 所示。

表 9-4　TIMx_CNT、TIMx_PSC、TIMx_ARR、TIMx_SR、TIMx_EGR 的位域定义

寄存器	位域	名称	操作	说明
TIMx_CNT	0~15	16 位计数器寄存器	rw	计数器的值
TIMx_PSC	0~15	16 位预分频寄存器	rw	预分频寄存器的值。 计数器的计数时钟频率（CK_CNT）等于 fCK_PSC/（PSC[15:0]+1）
TIMx_ARR	0~15	自动重装载寄存器	rw	自动重装载值。当自动重装载值为空时，计数器不工作
TIMx_SR	1~15	保留		总是读到 0
	0	UIF	rc_w0	更新中断标志。 在发生更新事件时该位被置 1。写 0 清除。 0：没有发生更新事件；1：发生了更新事件
TIMx_EGR	1~15	保留		总是读到 0
	0	UG	w	产生更新事件。 该位由软件置 1，由硬件自动清零。 0：无动作；1：重新初始化计数器，并产生一个更新事件。注意预分频寄存器的计数器也被清零（但是预分频系数不变）

9.8.5　基本定时器寄存器映射

基本定时器寄存器组的起始地址分别为 0x4000 1000 和 0x4000 1400。基本定时器寄存器的地址偏移量如表 9-5 所示。

表 9-5　基本定时器寄存器的地址偏移量

地址偏移量	寄存器	复位值
00H	TIMx_CR1	0x0000 0000
04H	TIMx_CR2	0x0000 0000
08H	保留	0x0000 0000
0CH	TIMx_DIER	0x0000 0000
10H	TIMx_SR	0x0000 0000
14H	TIMx_EGR	0x0000 0000
18H~20H	保留	0x0000 0000
24H	TIMx_CNT	0x0000 0000
28H	TIMx_PSC	0x0000 0000
2CH	TIMx_ARR	0x0000 0000

9.9　高级定时器（TIM1 和 TIM8）

9.9.1　主要特性

高级定时器 TIM1、TIM8 的时钟由 APB2 产生，其功能逻辑图如图 9-11 所示，主要功能如下。

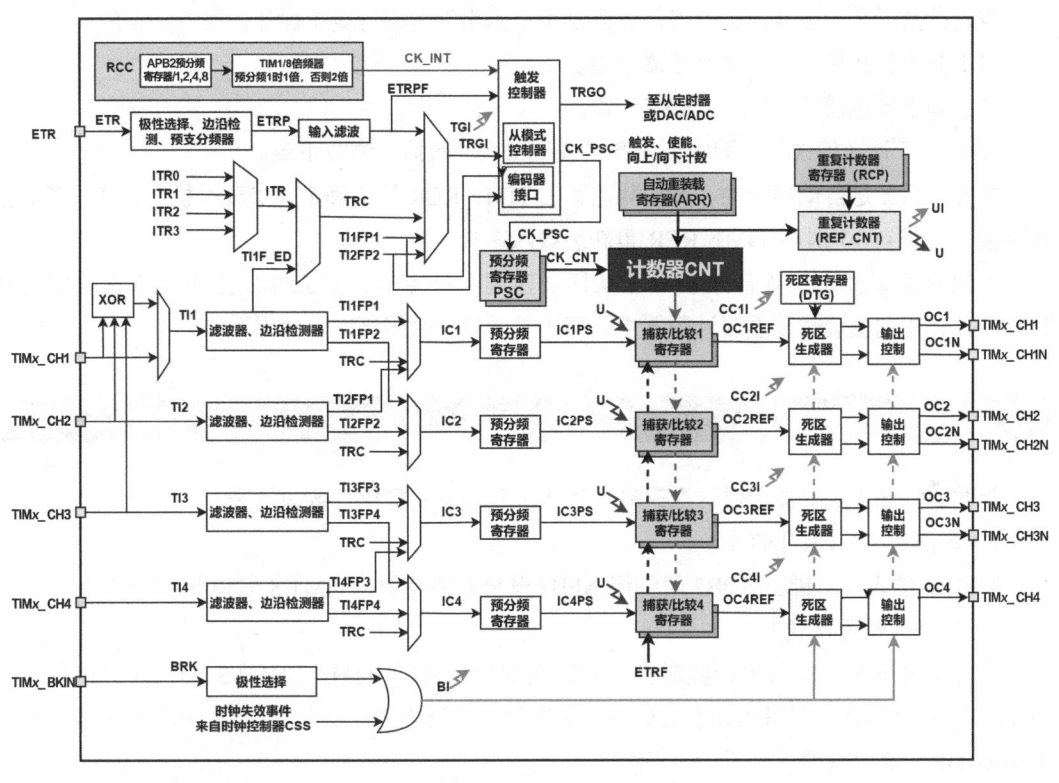

图 9-11　高级定时器的功能逻辑图

（1）16 位可自动重装载计数器，支持三种计数模式：向上、向下、向上/下。

（2）4 个独立通道，每个通道都可以用于输入捕获信号、输出比较信号。输出比较信号支持设置死区时间。

（3）支持多个定时器互联。

（4）具有刹车信号输入功能。

（5）可以触发中断请求或 DMA。

（6）支持用于定位功能的增量（正交）编码器和霍尔传感器电路。

（7）通过控制逻辑，支持内部、外部、触发输入等多种计数时钟源。

9.9.2 重复计数器

重复计数器寄存器 TIMx_RCR 缓存了需要重复计数的次数，即计数器的上溢或下溢次数，该值用于控制更新事件发生的时机，即只有在重复计数器计数到 0 时才发生更新事件。

重复计数器采用递减计数方式，每当发生下列事件时进行减 1 操作。

（1）向上计数模式下每次计数器上溢。

（2）向下计数模式下每次计数器下溢。

（3）上/下计数模式下，即中央对齐模式下每次计数器上溢或下溢。

重复计数器是自动加载的，其加载速率由 TIMx_RCR 的值确定，加载时机为，在重复计数器下溢（递减到 0）时将 TIMx_RCR 重新装载入递减计数。

如果更新事件是由软件或硬件（从模式控制）产生的，则立即发生更新事件，同时将 TIMx_RCR 中的值装载到重复计数器中，而不管重复计数器当时的值是多少。

9.9.3 计数时钟源

计数时钟源为定时器提供计数时钟。有以下几种方式提供计数时钟源。

1）内部时钟（CK_INT）

TIM1/8 的内部时钟由 APB2 时钟经 APB2 预分频寄存器、TIM1/8 倍频器后提供。

2）外部时钟源模式 1

在此模式下，定时器的计数时钟从定时器的输入通道 TIMx_CH1/2/3 引入（内部信号为 TI1/2/3）。在外部输入信号出现有效边沿（可以是上升沿或下降沿）时，计数器计数一次，且触发中断 TIF 标志位置位。

为了提高信号的稳定性，TI1/2/3 首先会经过毛刺滤波器进行过滤，再进行有效边沿检测。

滤波器可以有效去除毛刺信号，提高系统的抗干扰性，其工作原理如图 9-12 所示。

从图中可以看到，滤波器长度越长，能够去除持续时间更长的毛刺，但输出信号滞后量也越大。

3）外部时钟源模式 2

在此模式下，定时器的计数时钟源从外部触发输入 ETR 引入，计数器可以在 ETR 的上升沿或下降沿计数。

滤波器信号采样频率fs=fCK_INT

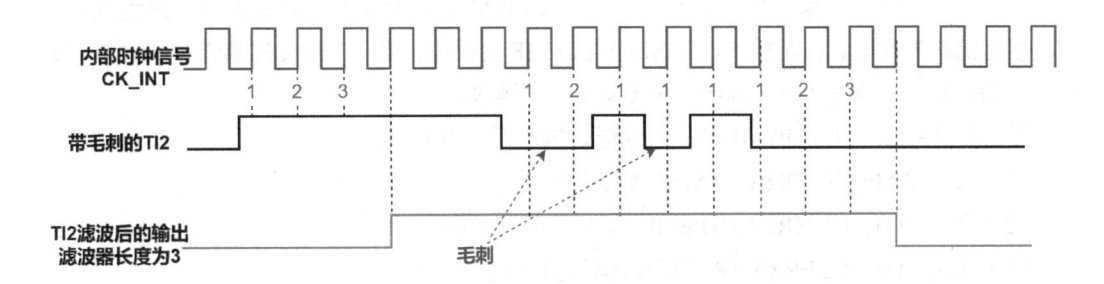

图 9-12　滤波器去除毛刺信号的工作原理

ETR 信号要经过极性选择、分频、滤波后，才用作时钟信号。

4）内部触发输入

将其他定时器的输出信号作为时钟源，从而构成定时器级联工作模式。

9.9.4　输入捕获

以 TIM1 的输入捕获通道 1 为例。

来自输入通道 1 的信号 TI1 经滤波器滤波、边沿检测器检测边沿、分频器降频后，被用于捕获触发信号。

发生捕获事件时，中断标志位 TIMx_SR.CCxIF 置位。如果此时中断或 DMA 是开放的，则会发生中断请求或 DMA 请求。

通过将 TIMx_EGR.CCxG=1，可以软件触发捕获事件。

注意：为了避免在读出捕获溢出标志后，在读出捕获值之前产生捕获溢出事件，在处理捕获事件时，应先读出捕获数据，然后读取捕获溢出标志并判断是否发生溢出。

要启用捕获功能，需遵循以下步骤（以 TIM1 的捕获输入通道 1 为例）。

（1）通过 TIMx_CCMR1.CC1S 寄存器将通道设置为捕获输入方式，同时选择捕获输入信号源。

（2）通过 TIMx_CCMR1.CI1F 设置滤波器的宽度，对捕获信号进行滤波预处理。

（3）通过 TIM1_CCER.CC1P 设置捕获信号的有效边沿。

（4）通过 TIMx_CCMRx.CCyPSC 设置预分频值。

（5）设置 TIM1_CCER.CC1E=1 使能捕获功能。

（6）通过 TIM1_DIER.CC1IE 和 TIM1_DIER.CC1DE 使能中断请求或 DMA 请求。

9.9.5 输出比较

输出比较功能用于输出特定要求的波形（如 PWM），或是指示给定的时间已经到达。

发生比较事件时，中断标志位 TIMx_SR.CCxIF 会置位，用于产生比较事件中断请求。如果打开了 DMA 请求触发功能，则会发出 DMA 请求操作。

要启用比较输出（非 PWM 模式）功能，需遵循以下步骤。

（1）通过 TIMx_CCMR1.OC1M 选择输出方式。
（2）设置 TIMx_CCMR1.OCxPE=0，禁用预装载功能。
（3）通过 TIMx_CCER.CC1P 选择输出信号极性。
（4）设置 TIMx_CCER.CC1E=1 使能输出。
（5）选择并初始化计数时钟源。
（6）将定时值和比较值分别写入自动重装载寄存器 TIMx_ARR 和比较寄存器 TIMx_CCRx。
（7）设置 TIMx_CR1.CEN=1 使能定时器。

9.9.6 生成 PWM 信号

9.9.6.1 PWM 模式

通过定时器的比较输出功能，可以生成 PWM 脉冲波形。PWM 模式有如下两种。

PWM 模式 1：在上计数模式下，当 TIMx_CNT<TIMx_CCR1 时，通道输出有效电平，即 OCxREF=1，否则输出无效电平（OC1REF=0）。在下计数模式下，当 TIMx_CNT>TIMx_CCR1 时，通道输出无效电平，即 OC1REF=0，否则输出有效电平（OC1REF=1）。

PWM 模式 2：在上计数模式下，当 TIMx_CNT<TIMx_CCR1 时，通道输出无效电平，即 OCxREF=0，否则输出有效电平（OC1REF=1）。在下计数模式下，当 TIMx_CNT>TIMx_CCR1 时，通道输出有效电平，即 OC1REF=1，否则输出无效电平（OC1REF=0）。

最终输出到外设的信号 OCx 的极性由寄存器 TIMxCCER.CCxP 确定。OCx 的输出使能通过刹车与死区寄存器 TIMx_BDTR 的 CCxE、CCxNE、MOE、OSSI 和 OSSR 的组合逻辑控制，如表 9-16 所示（出自 STM32F1xx 参考手册）。

表 9-6 带刹车功能的互补输出通道 OCx 和 OCxN 的控制位

控制位					输出状态[1]	
MOE 位	OSSI 位	OSSR 位	CCxE 位	CCxNE 位	OCx 输出状态	OCxN 输出状态
1	X	0	0	0	输出禁止（与定时器断开）OCx=0，OCx_EN=0	输出禁止（与定时器断开）OCxN=0，OCxN_EN=0

续表

控制位					输出状态[1]	
MOE 位	OSSI 位	OSSR 位	CCxE 位	CCxNE 位	OCx 输出状态	OCxN 输出状态
1	X	0	0	1	输出禁止（与定时器断开）OCx=0，OCx_EN=0	OCxREF+极性，OCxN= OCxREF xor CCxNP，OCxN_EN=1
		0	1	0	OCxREF+极性，OCx=OCxREF xor CCxP，OCx_EN=1	输出禁止（与定时器断开）OCxN=0，OCxN_EN=0
		0	1	1	OCxREF+极性+死区，OCx_EN=1	OCxREF 反相+极性+死区，OCxN_EN=1
		1	0	0	输出禁止（与定时器断开）OCx=CCxP，OCx_N=E0	输出禁止（与定时器断开）OCxN=CCxNP，OCxN_EN=0
		1	0	1	关闭状态（输出使能且为无效电平）OCx=CCxP，OCx_EN=1	OCxREF+极性，OCxN= OCxREF xor CCxNP，OCxN_EN=1
		1	1	0	OCxREF+极性，OCx= OCxREF xor CCxP，OCx_EN=1	关闭状态（输出使能且为无效电平）OCxN=CCxNP，OCxN_EN=1
		1	1	1	OCxREF+极性+死区，OCx_EN=1	OCxREF 反相+极性+死区，OCxN_EN=1
0	0	X	0	0	输出禁止（与定时器断开）异步地：OCx=CCxP，OCx_EN=0，OCxN=CCxNP，OCxN_EN=0；时钟存在：经过一个死区时间后 OCx=OISx，OCxN=OISxN，假设 OISx 与 OISxN 并不都对应 OCx 和 OCxN 的有效电平	
	0		0	1		
	0		1	0		
	0		1	1		
	1		0	0	关闭状态（输出使能且为无效电平）异步地：OCx=CCxP，OCx_EN=1，OCxN=CCxNP，OCxN_EN=1；时钟存在：经过一个死区时间后 OCx=OISx，OCxN= OISxN，假设 OISx 与 OISxN 并不都对应 OCx 和 OCxN 的有效电平	
	1		0	1		
	1		1	0		
	1		1	1		

注：①如果一个通道的两个输出都没有使用（CCxE=CCxNE=0），那么 OISx、OISxN、CCxP 和 CCxNP 都必须清零。引脚连接到互补的 OCx 和 OCxN 通道的外部 I/O 引脚的状态，取决于 OCx 和 OCxN 通道状态、GPIO、AFIO 寄存器。

PWM 信号的频率由自动重装载寄存器 TIMx_ARR 确定，脉冲的占空比由比较寄存器 TIMx_CCRx 确定。

在 PWM 模式下，定时器计数值 TIMx_CNT 与比较寄存器 TIMx_CCRx 始终进行比较，在发生匹配（TIMx_CNT==TIMx_CCRx）时，定时器输出通道的信号状态发生翻转。

实际应用时，PWM 信号的频率通常是固定的，即 TIMx_ARR 需要初始化一次，而比较寄存器的值则由算法实时确定。因此，通常在启动计数器之前产生一个软件更新（设置 TIMx_EGR.UG=1），使自动重装载值写入影子寄存器，此后不需要再改变。

要使用比较输出模块生成 PWM 波形，必须启用比较寄存器的缓冲功能，即打开影子寄存器，这样才能利用更新事件更新比较寄存器的值，以便在下一个定时周期能及时改变 PWM 脉冲的宽度，即改变占空比。

9.9.6.2 PWM 波形

有如下两种类型的 PWM 波形。
（1）边沿对齐的 PWM 波形。
（2）中心对齐的 PWM 波形。

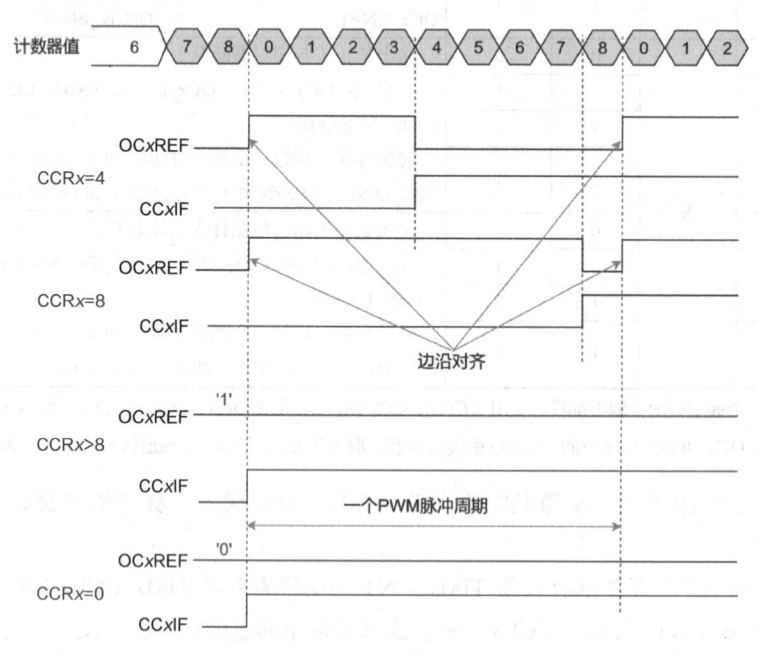

1) 边沿对齐的 PWM 波形

边沿对齐的 PWM 波形使用上计数或下计数模式生成。所谓边沿对齐，是指在发生溢出时，PWM 信号总是被拉高或拉低，即输出默认电平，这个边沿是对齐的，而另一个边沿的位置决定了占空比，是变化的、非对齐的。

边沿对齐的 PWM 波形如图 9-13 所示。当计数器采用上计数模式时，自动重装载值为 TIMx_APR=8，PWM 模式为 1；捕获/比较寄存器 CCRx 分别等于 4、8、0，以及大于 8 时，定时器输出的 PWM 波形。

图 9-13 边沿对齐的 PWM 波形

从图 9-14 中可见，在上计数与 PWM 模式 1 下：
- 当 TIMx_CNT>TIMx_CCRx 时，OCxREF 信号输出低电平，否则输出高电平。
- 当 TIMx_ARR>TIMx_CNT 时，OCxREF 保持高电平。
- 当 TIMx_CCRx=0 时，OCxREF 保持低电平。
- 在中断服务程序中修改 TIMx_CCRx 值会在下一个 PWM 周期生效，从而改变下一个 PWM 的占空比。

图 9-14 中心对齐的 PWM 波形

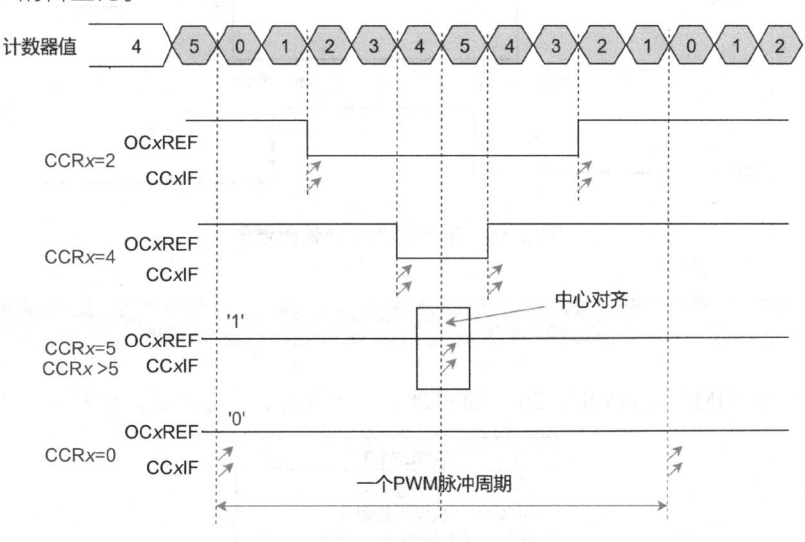

2）中心对齐的 PWM 波形

中心对齐的 PWM 波形需要使用上/下计数模式。所谓中心对齐，是指两个边沿的位置相对中心线是对称的。

中心对齐的 PWM 模式有三种，可以通过中心对齐模式选择寄存器 TIMx_CR1.CMS，其不同主要在于触发比较中断的方式。

（1）中心对齐模式 1：仅在下计数时触发比较中断。
（2）中心对齐模式 2：仅在上计数时触发比较中断。
（3）中心对齐模式 3：在上、下计数时都触发比较中断。

图 9-14 所示为中心对齐的 PWM 波形，此时 TIMx_CR1.CMS=111、TIMx_CNT=5，为 PWM 模式 1（中心对齐 PWM 模式 3）。

9.9.6.3 互补输出和死区插入

OCxREF 信号经死区控制后，可以输出两路信号，即 OCx 和 OCxN，这两路信号互补且插入了死区，死区的时间长度是可以设置的。

如果死区时间大于当前有效的输出信号宽度，则不会产生相应的脉冲，即保持无效状态。带死区的互补输出波形如图 9-15 所示。

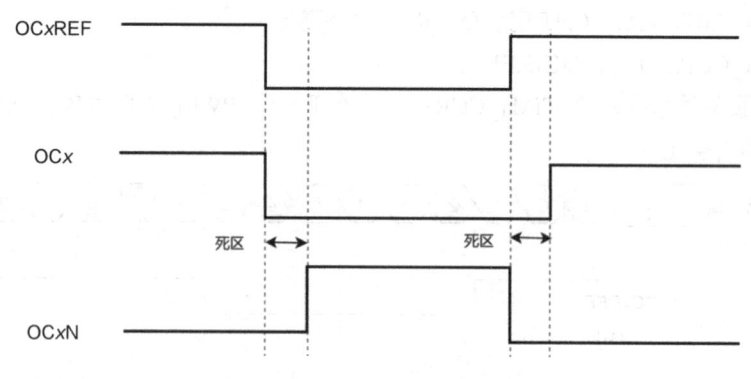

图 9-15　带死区的互补输出波形

9.9.7　高级定时器寄存器

高级定时器 TIM1 和 TIM8 有 20 个寄存器，用于设置其工作方式，如图 9-16 所示。

```
           TIMER1/8
+ CR1-2     // 控制R1-2
+ SMCR      // 从模式控制R
+ DIE       // DMA与中断使能R
+ SR        // 状态
+ EGR       // 事件生成
+ CCMR1-2   // 捕获/比较模式
+ CCER      // 捕获/比较模式使能
+ CNT       // 计数器R
+ PSC       // 预分频寄存器R
+ ARR       // 自动重装载R
+ RCR       // 重复计数器R
+ CCR1-4    // 捕获/比较R1-4
+ BDTR      // 刹车和死区R
+ DCR       // DMA控制R
+ DMAR      // 连续模式的DMA地址R
```

图 9-16　高级定时器寄存器

各寄存器的位域定义请参考芯片手册。

9.9.8　高级定时器寄存器映射

高级定时器寄存器组的起始地址分别为 0x4000 1000 和 0x4000 1400。高级定时器寄存器的地址偏移量如表 9-7 所示。

表 9-7 高级定时器寄存器的地址偏移量

地址偏移量	寄存器	复位值
00H	TIMx_CR1	0x0000 0000
04H	TIMx_CR2	0x0000 0000
08H	TIMx_SMCR	0x0000 0000
0CH	TIMx_DIER	0x0000 0000
10H	TIMx_SR	0x0000 0000
14H	TIMx_EGR	0x0000 0000
18H	TIMx_CCMR1	0x0000 0000
1CH	TIMx_CCMR2	0x0000 0000
20H	TIMx_CCER	0x0000 0000
24H	TIMx_CNT	0x0000 0000
28H	TIMx_PSC	0x0000 0000
2CH	TIMx_ARR	0x0000 0000
30H	TIMx_RCR	0x0000 0000
34H	TIMx_CCR1	0x0000 0000
38H	TIMx_CCR2	0x0000 0000
3CH	TIMx_CCR3	0x0000 0000
40H	TIMx_CCR4	0x0000 0000
44H	TIMx_BDTR	0x0000 0000
48H	TIMx_DCR	0x0000 0000
4CH	TIMx_DMAR	0x0000 0000

9.10 通用定时器

通用定时器有 4 个，为 TIM2～TIM5，与高级定时器类似，也有三种计数模式，有输入捕获和输出比较功能，但不支持刹车功能。

通用定时器、基本定时器和高级定时器之间的功能对比如表 9-8 所示。通用定时器的相关功能可参考高级定时器的功能说明，在此不再赘述。

表 9-8 通用定时器、基本定时器和高级定时器之间的功能对比

定时器类型	基本定时器	通用定时器	高级定时器
定时器名称	TIM6、TIM7	TIM2～TIM5	TIM1、TIM8
功能	用于定时或驱动 DAC	用于定时、测量输入脉冲占空比或输出 PWM 波形	

续表

定时器类型	基本定时器	通用定时器	高级定时器
时钟源	只能使用内部时钟源	时钟源有 4 种类型： (1)内部时钟。 (2)外部输入脚（TIx）。 (3)外部触发输入（ETR）。 (4)内部触发输入（ITRx）。 对于内部时钟源： $F_{CK\_PSC} = \begin{cases} F_{APB1}, & \text{如果APB1预分频系数}=1 \\ F_{APB1}/2, & \text{如果APB1预分频系数}>1 \end{cases}$ F_{CK_PSC} 为定时器预分频寄存器的输入时钟频率。 默认情况下，在 72MHz 主频时，定时器预分频输入时钟频率为 36MHz	时钟源有 4 种类型： (1)内部时钟。 (2)外部输入脚（TIx）。 (3)外部触发输入（ETR）。 (4)内部触发输入（ITRx）。 对于内部时钟源： $F_{CK\_PSC} = \begin{cases} F_{APB2}, & \text{如果APB2预分频系数}=1 \\ F_{APB2}/2, & \text{如果APB2预分频系数}>1 \end{cases}$ F_{CK_PSC} 为定时器预分频寄存器的输入时钟频率。 默认情况下，在 72MHz 主频时，定时器预分频输入时钟频率为 72MHz
计数模式	上计数	上计数、下计数、上/下计数	上计数、下计数、上/下计数
计数器位数	自动重装载寄存器和预分频寄存器均为 16 位		
中断与 DMA	上溢时触发中断或 DMA 请求	在更新事件、触发事件、捕获事件、比较事件发生时可以触发中断和 DMA 请求	在更新事件、触发事件、捕获事件、比较事件发生时可以触发中断和 DMA 请求 刹车输入发生时可以触发中断和 DMA 请求
	(1)触发 DAC 的同步电路。 (2)可用作主定时器或从定时器	(1)4 路独立通道，可用于捕获、输出比较、PWM 生成、单脉冲输出。 (2)具有与外部信号和定时器互联的同步电路。 (3)触发事件可以通过内部或外部触发，用于启动/停止定时器、初始化或计数。 (4)支持用于定位的增量式编码器和霍尔传感器电路。 (5)可用于外部时钟或者按周期的电流管理的触发输入	
			具有带死区的互补输出。 刹车输入可以使定时器输出切换到复位状态或已知状态

9.11 系统节拍定时器 SysTick

9.11.1 系统节拍定时器的工作原理

在 Cortex-M3 内核中，有一个 24 位的下计数系统节拍定时器 SysTick，可以产生 1ms 的定时中断，用于维护系统时钟和进程调度。

系统节拍定时器的工作原理如图 9-17 所示，SysTick 的计数时钟源来自 AHB 时钟或 8 分频后的 AHB 时钟。有一个重装载寄存器 STK_LOAD，当下计数到 0 时，该寄存器中的值被写入到计数器 STK_VAL 中重新开始下计数，同时产生系统节拍异常。

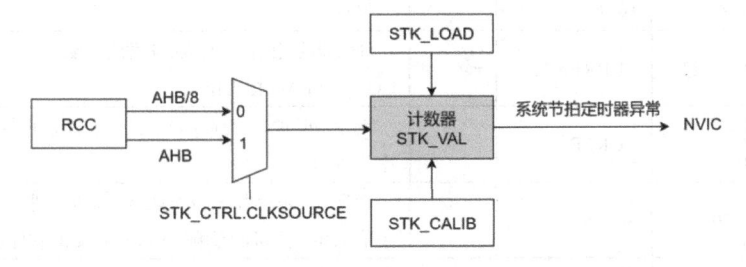

图 9-17 系统节拍定时器的工作原理

在系统节拍异常服务中，可以设置 1 个变量，在每次异常服务中加 1，这就是所谓的系统时钟，应用程序可以利用该时钟定时。

在系统节拍异常服务中，也可以调用调度算法进行进程调度操作。

在低功耗状态下，SysTick 定时器停止运行。

9.11.2　系统节拍定时器寄存器

如图 9-18 所示，SysTick 定时器共有 4 个寄存器，分别为控制寄存器 STK_CTRL、装载寄存器 STK_LOAD、计数寄存器 STK_VAL 和校准寄存器 STK_CALIB。

SysTick 定时器各寄存器的位域定义如表 9-9 所示。

图 9-18　SysTick 定时器寄存器

表 9-9　SysTick 定时器各寄存器的位域定义

寄存器	位域	名称	操作	说明
STK_CTRL	17~31	保留		保持为 0
	16	COUNTFLAG	rw	计数标志。在上一次读取定时器后如果又计数到 0，则置 1
	3~15	保留		保持为 0
	2	CLKSOURCE	rw	时钟源。 0: AHB/8；1: AHB
	1	TICKINT	rw	节拍中断使能。 0: 禁止产生异常请求；1: 下计数到 0 后产生异常请求
	0	ENABLE	rw	计数使能。 0: 不计数；1: 启动时钟装入装载值并开始下计数
STK_LOAD	24~31	保留		保持为 0
	0~23	RELOAD	rw	重装载值。当启动计数器，或计数到 0 后，该值会被自动装入计数器进行下计数

续表

寄存器	位域	名称	操作	说明
STK_VAL	24~31	保留		保持为 0
	0~23	CURRENT	rw	计数器的当前值。写入时将清零计数器，并清零 STK_CTRL.COUNTFLAG 标志位
STK_CALIB	31	NOREF	r	无参考时钟。读到 0 表示提供了独立的参考时钟。时钟频率是 AHB/8
	30	SKEW	r	读到 1，表示由于 TENMS 值未知，则精确定时 1ms 的校正值未知，这可能影响使用 SysTick 的软件正确定时
	24~29	保留		保持为 0
	0~23	TENMS	r	10ms 校正值。用于给出 SysTick 定时器计数时钟为 HCK max/8 时的校正值。当 HCK 工作在最高主频率时，经此值校正后，SysTick 的定时周期为 1ms

STK_CALIB 寄存器是系统时钟校准寄存器。在 F1 系列中，这个寄存器是只读的，bit[23:0] 是固定值 9000。在 HCLK 是 72MHz，而 STK_CTRL.CLKSOURCE=0，即采用外部参考时钟 AHB/8 时，SysTick 的时钟频率就是 9MHz，此时可以直接将 STK_CALIB.TENMS 中的值加载到 STK_LOAD 寄存器中，这样就可以产生 1ms 的计时周期。

9.11.3 系统节拍定时器寄存器映射

系统节拍定时器寄存器块的起始地址为 0xE000 E010，SysTick 定时器各寄存器的地址偏移量如表 9-10 所示。

表 9-10 SysTick 定时器各寄存器的地址偏移量

地址偏移量	寄存器	复位值
0x00	STK_CTRL	0x0000 0000
0x04	STK_LOAD	0x0000 0000
0x08	STK_VAL	0x0000 0000
0x0C	STK_CALIB	0x0000 0000

9.11.4 裸机工程对系统节拍定时器的使用

裸机工程的 main() 函数调用 HAL_Init()，对系统的一些基本硬件进行初始化，其中就包括对 SysTick 定时器的初始化。

在裸机工程中，将 SysTick 定时器的定时周期初始化为 1ms，定时中断优先级为 15。

9.12 看门狗定时器

看门狗定时器可以为系统提供独立的保护功能，用于避免因软件错误引发系统故障，造成系统长时间死机而影响系统正常运行的问题。

工作原理：当计数器达到给定的超时值时，触发一个中断（仅适用于窗口看门狗）或产生系统复位，使系统能够快速重启或获取异常状态并有机会解决故障。

STM32F103 有两种类型的看门狗。
- 独立看门狗 IWDG。
- 窗口看门狗 WWDG。

9.12.1 独立看门狗 IWDG

独立看门狗 IWDG（Independent Watchdog）可以独立工作，即不受系统程序影响。在设定的时间内如果没有喂狗，则 IWDG 将复位系统。

9.12.1.1 主要特性

独立看门狗的特性如下。
- 自由运行的 12 位递减计数器，时钟由独立的 RC 振荡器 LSI 提供。
- 可在停止和待机模式下工作，即使主时钟发生故障它也仍然有效。
- 独立看门狗被激活后，在计数器计数至 0 时产生系统复位。

9.12.1.2 工作原理

IWDG 的功能逻辑如图 9-19 所示。系统低速内部时钟 LSI 经过预分频寄存器降频后，被送至计数器进行减计数。

要启动 IWDG，需要向键寄存器 IWDG_KR 中写入 0xCCCC，计数器开始从其复位值 0xFFF 递减计数。当计数器计数到末尾 0x000 时，会产生一个复位信号（IWDG_RESET）。

向键寄存器 IWDG_KR 中写入 0xAAAA，IWDG_RLR 中的值就会被重新加载到计数器中并重新减计数，从而避免系统复位，这个操作称为喂狗。

9.12.1.3 独立看门狗寄存器

如图 9-20 所示，IWDG 具有 4 个寄存器，包括键寄存器 IWDG_KR、预分频寄存器 IWDG_PR、重装载寄存器 IWDG_RLR 和状态寄存器 IWDG_SR。

IWDG 各寄存器的位域定义如表 9-11 所示。

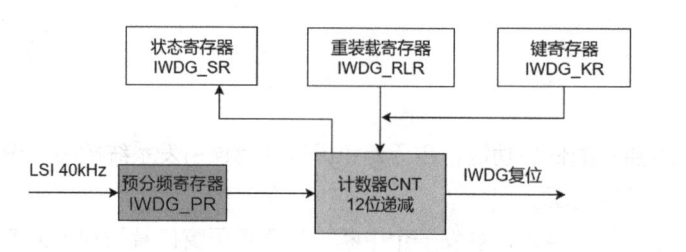

图 9-19　IWDG 的功能逻辑

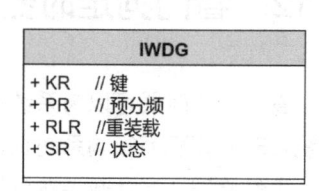

图 9-20　IWDG 寄存器

表 9-11　IWDG 各寄存器的位域定义

寄存器	位域	名称	操作	说明
IWDG_KR	16~31	保留		保持为 0
	0~15	COUNTFLAG	w	键寄存器。 写入 0xAAAA，喂狗，计数器重新从重装载值开始下计数。 写入 0x5555，解除对 IWDG_PR 和 IWDG_RLR 的写保护。 写入 0xCCCC，启动看门狗。 本寄存器只能写，读出值为 0x0000
IWDG_PR	3~31	保留		保持为 0
	0~2	PR	rw	预分频因子。 000: 预分频因子=4；100: 预分频因子=64； 001: 预分频因子=8；101: 预分频因子=128； 010: 预分频因子=16；110: 预分频因子=256； 011: 预分频因子=32；111: 预分频因子=512。 这些位具有写保护，要改变预分频因子，需要先向 IWDG_KR 写入 0X5555
IWDG_RLR	12~31	保留		保持为 0
	0~11	RL	rw	重装载值。 每当向 IWDG_KR 写入 0xAAAA 时，重装载值会更新到计数器中。 此寄存器具有写保护。要解除保护，需要先向 IWDG_KR 写入 0X5555
IWDG_SR	2~31	保留	r	保持为 0
	1	RVU	r	重装载值更新标志。 1: 正在更新；0: 不处于更新中。此位由硬件自动清零
	0	PVU	r	预分频值更新标志。 1: 正在更新；0: 不处于更新中。此位由硬件自动清零

9.11.1.4　独立看门狗寄存器映射

IWDG 寄存器组的起始地址为 0x4000 3000，IWDG 各寄存器的地址偏移量如表 9-12 所示。

表 9-12　IWDG 各寄存器的地址偏移量

地址偏移量	寄存器	复位值
00H	IWDG_KR	0x0000 0000
04H	IWDG_PR	0x0000 0000
08H	IWDG_RLR	0x0000 0FFF
0CH	IWDG_SR	0x0000 0000

9.11.1.5　独立看门狗编程

独立看门狗定时器 IWDG 的编程涉及两个方面。

1. 硬件初始化

- 根据定时周期，设置重装载寄存器和预分频寄存器。

$$IWDG\_RLR + 1 = T_{\text{reset}} / T_{\text{cnt}} = T_{\text{reset}} \times f_{\text{cnt}} = T_{\text{reset}} \times 40\,000/(IWDG\_PR\text{ 值对应的预分频因子})$$

例如，如果定时周期为 500ms，IWDG_PR=2，则

```
IWDG_KR = 0x5555 // 打开写保护
IWDG_RLR = 500 * 10-³ * 40000/16 = 1249
IWDG_KR = 0x5555 // 打开写保护
IWDG_PR = 2
```

- 启动看门狗。

```
IWDG_KR = 0xCCCC
```

2. 喂狗

在周期任务或后台程序中喂狗：

```
IWDG_KR = 0xAAAA
```

9.12.2　窗口看门狗 WWDG

窗口看门狗 WWDG（Window Watchdog）用来监测由外部干扰或不可预见的逻辑条件造成的应用程序背离正常的运行序列而产生的软件故障。

9.12.2.1　主要特性

WWDG 的特性如下。

- 7 位递减计数器（实际有效的是 6 位）。
- 在满足下列条件时复位系统：

- 计数器的值小于 0x40 时。
  - 在刷新窗口外重装载计数器时。
- 计数器值等于 0x40 时产生早期唤醒中断（Early Wakeup Interrupt，EWI），在中断服务中可以重装载计数器以避免复位。

9.12.2.2 工作原理

WWDG 的功能逻辑如图 9-21 所示，WWDG 的工作序列图如图 9-22 所示。

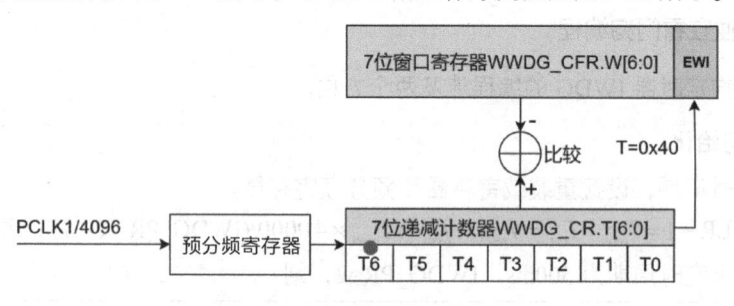

图 9-21 WWDG 的功能逻辑

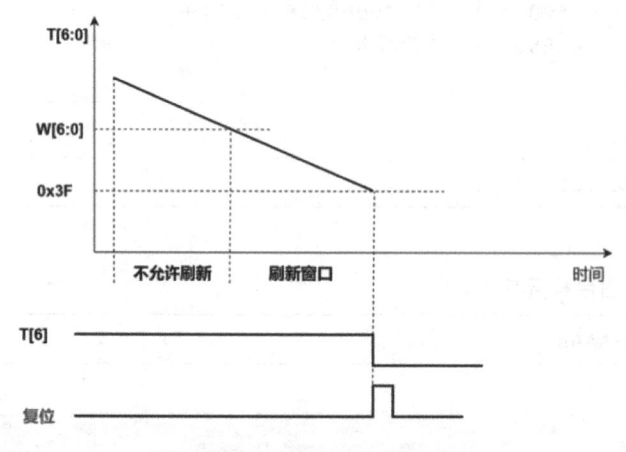

图 9-22 WWDG 的工作序列图

- 系统外设时钟 PCLK1 经 4096 分频后被 WDGTB 再次分频用作减计数脉冲。
- 当计数器减计数到 0x40 时，早期唤醒中断请求标志 EWI 置 1，用于产生中断请求。
- 当计数器值小于 0x40，即 T6 位由 1 变为 0 时，产生复位。
- 当计数值大于窗口寄存器 WWDG_CFR.W 值时，比较器输出 1，如果此时对 WWDG_CR 进行写操作（重装载计数值），触发复位操作。
- 复位后，WWDG 处于关闭状态。一旦通过 WWDG_CR.WDGA 启动，WWDG 就不能被关闭，除非发生复位。

9.12.2.3 窗口看门狗寄存器

如图 9-23 所示，WWDG 具有 3 个寄存器，包括控制寄存器 WWDG_CR、配置寄存器 WWDG_CFR 和状态寄存器 WWDG_SR。WWDG 各寄存器的位域定义如表 9-13 所示。

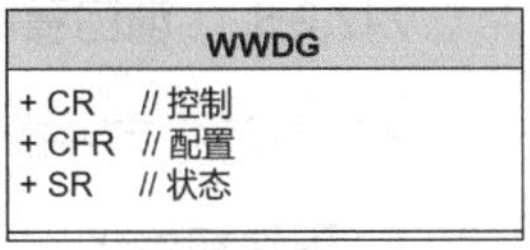

```
        WWDG
+ CR     // 控制
+ CFR    // 配置
+ SR     // 状态
```

图 9-23　WWDG 寄存器

表 9-13　WWDG 各寄存器的位域定义

寄存器	位域	名称	操作	说明
WWDG_CR	8~31	保留		保持为 0
	7	WDGA	rs	激活位。 0：禁止；1：使能。 一旦通过软件写 1 使能后，该位只能由硬件自动清零
	0~6	T	w	7 位定时器计数器，包含 7 位计数值。当计数值从 0x40 变换为 0x3F 时产生复位（T6 从 1 变 0 时）
WWDG_CFR	10~31	保留		保持为 0
	9	EWI	rs	早期唤醒中断使能。 当设置为 1 时，计数器减计数到 0x40 时会发出中断请求，同时将 EWIF 标志置位。 此标志只能在复位后由硬件清除
	7、8	WDGTB	rw	预分频寄存器的时基：PCLK1/2^{WDGTB}。 00：计数时钟为 PCLK1 除以 4096 除以 1；01：计时时钟为 PCLK1 除以 4096 除以 2；10：计时器时钟为 PCLK1 除以 4096 除以 4；11：计时器时钟为 PCLK1 除以 4096 除以 8
	0~6	W	rw	刷新窗口值
IWDG_SR	1~31	保留		保持为 0
	0	EWIF	rc_w0	早期唤醒标志位。 无论 WWDG_CFR.EWI 是否设置为 1，当计数器减计数到 0x40 时该标志都会置 1。 写 0 清除，写 1 无效

9.11.2.4 窗口看门狗寄存器映射

WWDG 寄存器组的起始地址为 0x4000 2C00，WWDG 各寄存器的地址偏移量如表 9-14 所示。

表 9-14　WWDG 各寄存器的地址偏移量

地址偏移量	寄存器	复位值
00H	WWDG_CR	0x0000 003F
04H	WWDG_CFR	0x0000 003F
08H	WWDG_SR	0x0000 0000

9.12.2.5 窗口看门狗编程

窗口看门狗定时器 WWDG 的编程涉及硬件初始化与喂狗两个方面。

1. 硬件初始化

- 根据应用需求,确定超时值、预分频值与刷新窗口值。

超时值和刷新窗口值与具体的应用有关,需要根据应用需求确定。

超时值与预分频值之间存在一定的关系,当 PCLK1 = 36MHz 时,预分频值与超时值的取值范围之间的关系如表 9-15 所示。

表 9-15 预分频值与超时值的取值范围之间的关系

WDGTB 预分频值	最小超时值/μs	最大超时值/ms
0	113	7.28
1	227	14.56
2	455	29.12
3	910	58.25

- 根据超时值与刷新窗口值,计算计数重装载值与窗口寄存器值。

超时值 T_{reset} 与计数重装载值 $T[5:0]$ 之间的关系如下:

$$T_{reset} = T_{PCLK1} * 4096 * 2^{WDGTB} * (T[5:0]+1)$$

例如,当超时值 T_{reset} = 3.2ms,WDGTB=0,刷新窗口值为 1.2ms 时,

$$T[5:0] = (((3.2 \times 10^{-3} \times 36 \times 10^{6} / 4096 + 0.5) \& 0x3F) - 1) = 27$$

$$WWDG\_CFR.W[6:0] = ((((1.2 \times 10^{-3} \times 36 \times 10^{6} / 4096 + 0.5) \& 0x3F) - 1) = 11$$

在上面的公式中,"+0.5"是为了四舍五入。

- 初始化窗口寄存器与预分频寄存器。

以上例中的定时参数为例,两个寄存器初始化如下:

```
WWDG_CFG = (1 << 9) | (11 << 0);
```

上面的代码使能了 EWI 中断,将预分频寄存器 WWGTB 设置为 0,窗口寄存器设置为 11。

- 初始化计数重装载值同时启动看门狗。

```
WWDG_CR = (1<<7) | (27 << 0);
```

2. 喂狗

窗口看门狗的喂狗时机有如下两个。

(1)在刷新窗口内喂狗。可以在特定任务完成后进行喂狗操作,也可以在特定任务完成后触发中断请求,在中断请求服务中喂狗。

（2）在早期唤醒中断 EWI 的中断请求服务中喂狗。

两种喂狗方式可以同时使用。

如果在中断请求服务中喂狗，除了要进行中断控制器初始化，还需要编写中断服务函数。中断服务函数向控制寄存器 WWDG_CR 中写入重装载值，并清除状态寄存器 WWDG_SR 中的中断标志位，代码如下。

```
1    void WWDG_IRQHandler(void){
        WWDG_CR = 27 << 0;
        WWDG_SR = 0;
        ......;    //其他操作
    }
```

9.13 定时器编程方法

9.13.1 库函数接口

9.13.1.1 IWDG 库函数接口

图 9-24 所示为 IWDG 库函数接口。其中，HAL_IWDG_Init()用于初始化 IWDG，HAL_IWDG_Refresh()用于喂狗。函数原型请参考 HAL 库源码。

9.13.1.2 WWDG 库函数接口

图 9-25 所示为 WWDG 库函数接口。

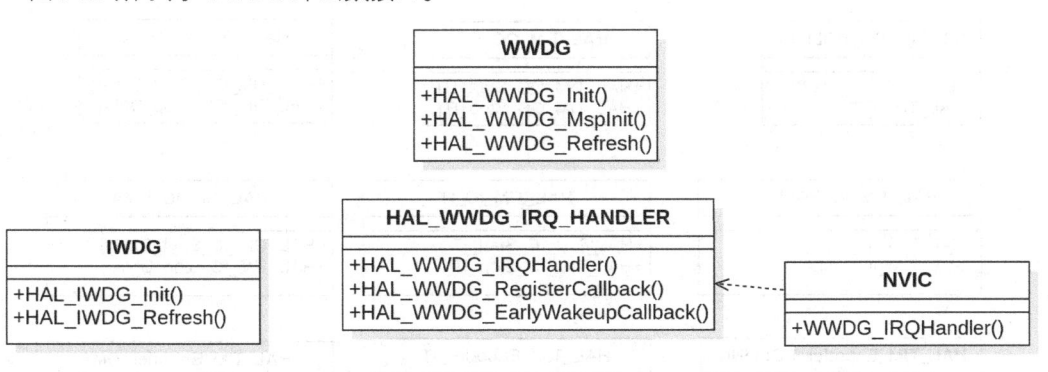

图 9-24 IWDG 库函数接口　　　　　　图 9-25 WWDG 库函数接口

- WWDG：上层应用的接口对象，其中，HAL_WWDG_Init()用于初始化 WWDG，HAL_WWDG_Refresh()用于喂狗。

- NVIC：与 NVIC 的接口对象。
- HAL_WWDG_IRQ_HANDLER：中断服务对象。HAL_WWDG_EarlyWakeupCallback()是早期唤醒回调函数，HAL_WWDG_RegisterCallback()用于注册用户的早期唤醒回调函数。

NVIC 与 HAL_WWDG_IRQ_HANDLER 之间的关系为：

WWDG_IRQHandler()→HAL_WWDG_IRQHandler()→HAL_WWDG_EarlyWakeupCallback()。

函数原型请参考 HAL 库源码。

9.13.1.3 基本/通用/高级定时器库函数接口

定时器 TIM 的 HAL 库函数接口如图 9-26 所示。根据通信方式的不同，其接口分为三种类型，即查询方式接口、中断方式接口、DMA 方式接口，说明如下。

HAL_TIM_BASE_POLLING	HAL_TIM_BASE_IT	HAL_TIM_BASE_DMA
+HAL_TIM_Base_Start() +HAL_TIM_Base_Stop()	+HAL_TIM_Base_Start_IT() +HAL_TIM_Base_Stop_IT()	+HAL_TIM_Base_Start_DMA() +HAL_TIM_Base_Stop_DMA()

HAL_TIM_OnePulse_POLLING	HAL_TIM_OnePulse_IT
+HAL_TIM_OnePulse_Start() +HAL_TIM_OnePulse_Stop()	+HAL_TIM_OnePulse_Start_IT() +HAL_TIM_OnePulse_Stop_IT()

HAL_TIM_PWM_POLLING	HAL_TIM_PWM_IT	HAL_TIM_PWM_DMA
+HAL_TIM_PWM_Start() +HAL_TIM_PWM_Stop()	+HAL_TIM_PWM_Start_IT() +HAL_TIM_PWM_Stop_IT()	+HAL_TIM_PWM_Start_DMA() +HAL_TIM_PWM_Stop_DMA()

HAL_TIM_OC_POLLING	HAL_TIM_OC_IT	HAL_TIM_OC_DMA
+HAL_TIM_OC_Start() +HAL_TIM_OC_Stop()	+HAL_TIM_OC_Start_IT() +HAL_TIM_OC_Stop_IT()	+HAL_TIM_OC_Start_DMA() +HAL_TIM_OC_Stop_DMA()

HAL_TIM_IC_POLLING	HAL_TIM_IC_IT	HAL_TIM_IC_DMA
+HAL_TIM_IC_Start() +HAL_TIM_IC_Stop()	+HAL_TIM_IC_Start_IT() +HAL_TIM_IC_Stop_IT()	+HAL_TIM_IC_Start_DMA() +HAL_TIM_IC_Stop_DMA()

HAL_TIM_Encoder_POLLING	HAL_TIM_Encoder_IT	HAL_TIM_Encoder_DMA
+HAL_TIM_Encoder_Start() +HAL_TIM_Encoder_Stop()	+HAL_TIM_Encoder_Start_IT() +HAL_TIM_Encoder_Stop_IT()	+HAL_TIM_Encoder_Start_DMA() +HAL_TIM_Encoder_Stop_DMA()

图 9-26 定时器 TIM 的 HAL 库函数接口

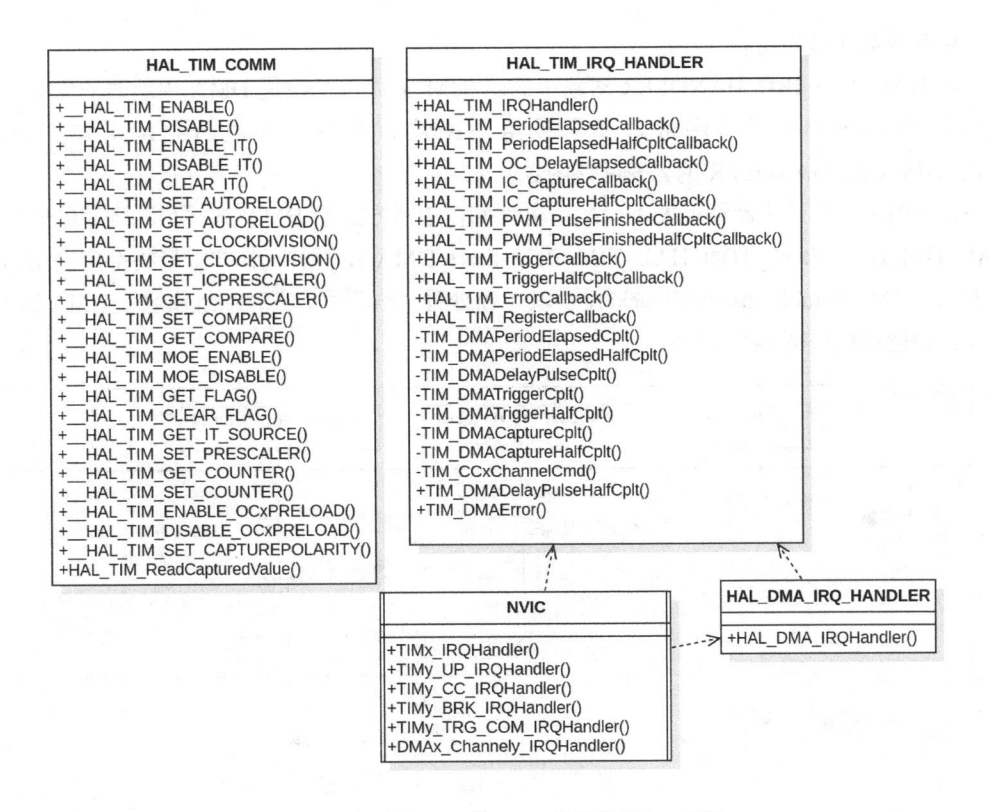

```
┌─────────────────────────────────────┐  ┌─────────────────────────────────────────────┐
│          HAL_TIM_COMM               │  │            HAL_TIM_IRQ_HANDLER              │
├─────────────────────────────────────┤  ├─────────────────────────────────────────────┤
│ +__HAL_TIM_ENABLE()                 │  │ +HAL_TIM_IRQHandler()                       │
│ +__HAL_TIM_DISABLE()                │  │ +HAL_TIM_PeriodElapsedCallback()            │
│ +__HAL_TIM_ENABLE_IT()              │  │ +HAL_TIM_PeriodElapsedHalfCpltCallback()    │
│ +__HAL_TIM_DISABLE_IT()             │  │ +HAL_TIM_OC_DelayElapsedCallback()          │
│ +__HAL_TIM_CLEAR_IT()               │  │ +HAL_TIM_IC_CaptureCallback()               │
│ +__HAL_TIM_SET_AUTORELOAD()         │  │ +HAL_TIM_IC_CaptureHalfCpltCallback()       │
│ +__HAL_TIM_GET_AUTORELOAD()         │  │ +HAL_TIM_PWM_PulseFinishedCallback()        │
│ +__HAL_TIM_SET_CLOCKDIVISION()      │  │ +HAL_TIM_PWM_PulseFinishedHalfCpltCallback()│
│ +__HAL_TIM_GET_CLOCKDIVISION()      │  │ +HAL_TIM_TriggerCallback()                  │
│ +__HAL_TIM_SET_ICPRESCALER()        │  │ +HAL_TIM_TriggerHalfCpltCallback()          │
│ +__HAL_TIM_GET_ICPRESCALER()        │  │ +HAL_TIM_ErrorCallback()                    │
│ +__HAL_TIM_SET_COMPARE()            │  │ +HAL_TIM_RegisterCallback()                 │
│ +__HAL_TIM_GET_COMPARE()            │  │ -TIM_DMAPeriodElapsedCplt()                 │
│ +__HAL_TIM_MOE_ENABLE()             │  │ -TIM_DMAPeriodElapsedHalfCplt()             │
│ +__HAL_TIM_MOE_DISABLE()            │  │ -TIM_DMADelayPulseCplt()                    │
│ +__HAL_TIM_GET_FLAG()               │  │ -TIM_DMATriggerCplt()                       │
│ +__HAL_TIM_CLEAR_FLAG()             │  │ -TIM_DMATriggerHalfCplt()                   │
│ +__HAL_TIM_GET_IT_SOURCE()          │  │ -TIM_DMACaptureCplt()                       │
│ +__HAL_TIM_SET_PRESCALER()          │  │ -TIM_DMACaptureHalfCplt()                   │
│ +__HAL_TIM_GET_COUNTER()            │  │ -TIM_CCxChannelCmd()                        │
│ +__HAL_TIM_SET_COUNTER()            │  │ +TIM_DMADelayPulseHalfCplt()                │
│ +__HAL_TIM_ENABLE_OCxPRELOAD()      │  │ +TIM_DMAError()                             │
│ +__HAL_TIM_DISABLE_OCxPRELOAD()     │  └─────────────────────────────────────────────┘
│ +__HAL_TIM_SET_CAPTUREPOLARITY()    │
│ +HAL_TIM_ReadCapturedValue()        │                    ┌──────────────────────────┐
└─────────────────────────────────────┘                    │    HAL_DMA_IRQ_HANDLER   │
                                                           ├──────────────────────────┤
            ┌──────────────────────────────┐               │ +HAL_DMA_IRQHandler()    │
            │            NVIC              │               └──────────────────────────┘
            ├──────────────────────────────┤
            │ +TIMx_IRQHandler()           │
            │ +TIMy_UP_IRQHandler()        │
            │ +TIMy_CC_IRQHandler()        │
            │ +TIMy_BRK_IRQHandler()       │
            │ +TIMy_TRG_COM_IRQHandler()   │
            │ +DMAx_Channely_IRQHandler()  │
            └──────────────────────────────┘
```

图 9-26 定时器 TIM 的 HAL 库函数接口（续）

- *_POLLING：查询方式（阻塞方式）的接口对象。
- *_IT：中断方式的接口对象。
- *_DMA：DMA 方式的接口对象。
- *_BASE_*：基本定时功能，即仅产生触发更新事件，也称为周期事件，也可以触发 DMA。
- *_OnePulse_*：单脉冲定时方式接口对象。
- *_PWM_*：生成 PWM 波形接口对象。
- *_OC_*：输出比较工作方式接口对象。
- *_Encoder_*：编码器接口对象。
- HAL_TIM_COMM：定时器公用接口对象。
- HAL_TIM_IRQ_HANDLER：定时器的 HAL 库中断服务与回调接口对象。
- HAL_DMA_IRQ_HANDLER：DMA 中断处理接口对象。
- NVIC：定时器相关的 NVIC 中断服务接口对象。

注意：为了简化，图 9-26 中没有给出定时器的初始化和参数配置接口函数，不同工作模式初始化库函数接口不同。

在 HAL_TIM_IRQ_HANDLER 对象中的以 TIM_开始的函数是 DMA 中断时的回调函数，这些回调函数都是私有函数，不需要用户关注，这些函数最后会调用与其对应的 HAL_TIM_IRQ_HANDLER 的公有回调函数。

以定时触发周期中断和触发 DMA 请求为例，中断方式和 DMA 方式启动定时器分别调用 HAL_TIM_Base_Start_IT()和 HAL_TIM_Base_Start_DMA()，两种工作方式最终都会调用回调函数 HAL_TIM_PeriodElapsedCallback()，但其中断处理过程不同，定时中断和触发 DMA 时 DMA 中断的处理过程如图 9-27 所示。

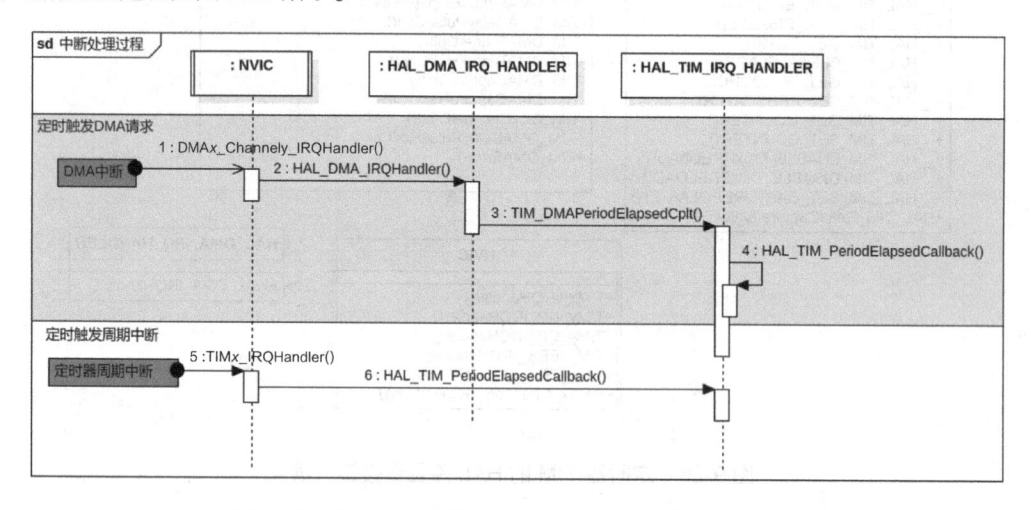

图 9-27　定时中断和触发 DMA 时 DMA 中断的处理过程

表 9-16 给出了部分函数功能说明（函数原型请参考 HAL 库源码），其他函数功能可以推知。

表 9-16　部分函数功能说明

序号	函数名称	功能说明
1	HAL_TIM_Base_Start()	在基本定时工作模式下启动定时器
2	HAL_TIM_OC_Start()	在输出比较工作模式下启动定时器并使能指定的比较输出通道
3	HAL_TIM_PWM_Start()	在 PWM 工作模式下启动定时器并使能指定的 PWM 输出通道
4	HAL_TIM_IC_Start()	在输入捕获工作模式下启动定时器并使能指定的捕获信号输入通道
5	HAL_TIM_OnePulse_Start()	在单脉冲工作模式下启动定时器并使能配置的通道。函数中的 OutputChannel 参数被忽略，仅是为了保持兼容

续表

序号	函数名称	功能说明
6	HAL_TIM_Base_Start_IT()	在基本定时工作模式下启动定时器,并使能更新事件中断请求
7	HAL_TIM_OC_Start_IT()	在输出比较工作模式下启动定时器,使能指定的比较输出通道,并使能比较事件中断请求
8	HAL_TIM_PWM_Start_IT()	在 PWM 工作模式下启动定时器,使能指定的 PWM 输出通道,并使能比较事件中断请求
9	HAL_TIM_IC_Start_IT()	在输入捕获工作模式下启动定时器,使能指定的捕获信号输入通道,并使能捕获事件中断请求
10	HAL_TIM_Encoder_Start_IT()	在编码器工作模式下启动定时器,使能指定的 PWM 输出通道,并使能比较事件中断请求
11	HAL_TIM_OnePulse_Start_IT()	在单脉冲工作模式下启动定时器,使能配置的通道,并使能捕获/比较事件中断请求。函数中的 OutputChannel 参数被忽略,仅是为了保持兼容
12	HAL_TIM_Base_Start_DMA()	初始化 DMA 参数,使能更新事件触发 DMA 请求,启动定时器
13	HAL_TIM_OC_Start_DMA()	初始化 DMA 参数,使能比较事件触发 DMA 请求,启动定时器
14	HAL_TIM_PWM_Start_DMA()	初始化 DMA 参数,使能比较事件触发 DMA 请求,启动定时器
15	HAL_TIM_IC_Start_DMA()	初始化 DMA 参数,使能捕获事件触发 DMA 请求,启动定时器
16	HAL_TIM_Encoder_Start_DMA()	初始化 DMA 参数,使能比较事件触发 DMA 请求,启动定时器
17	HAL_TIM_RegisterCallback()	注册回调函数
18	HAL_TIM_PeriodElapsedCallback()	更新事件(定时周期到)回调函数
19	HAL_TIM_PeriodElapsedHalfCpltCallback()	更新事件触发的 DMA 传输完成一半时的回调函数
20	HAL_TIM_OC_DelayElapsedCallback()	比较事件回调函数
21	HAL_TIM_IC_CaptureCallback()	捕获事件回调函数
22	HAL_TIM_IC_CaptureHalfCpltCallback()	捕获事件触发的 DMA 传输完成一半时的回调函数
23	HAL_TIM_PWM_PulseFinishedCallback()	比较事件回调函数
24	HAL_TIM_PWM_PulseFinishedHalfCpltCallback()	比较事件触发的 DMA 传输完成一半时的回调函数
25	HAL_TIM_TriggerCallback()	DMA 传输完成回调函数
26	HAL_TIM_TriggerHalfCpltCallback()	DMA 传输完成一半时的回调函数
27	HAL_TIM_ErrorCallback()	DMA 传输出错时的回调函数

9.13.2 库函数编程方法

使用库函数编程的基本步骤如图 9-28 所示。首先利用 STM32CubeMX 配置好定时器参数并生成代码，如果采用中断或触发 DMA 请求，除了要编写定时驱动和业务函数，还需要编写回调函数。

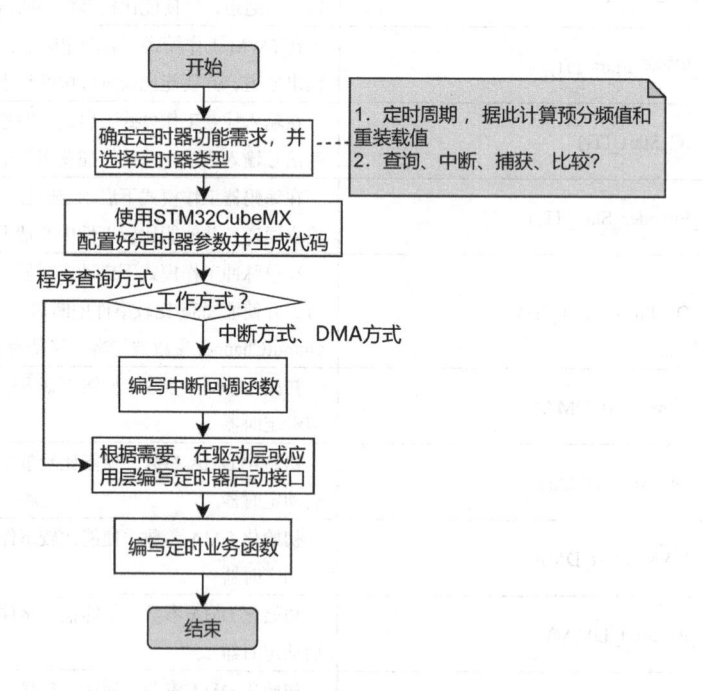

图 9-28　使用库函数编程的基本步骤

定时器的启动时机应根据需要确定，可以放在驱动层的定时器初始化函数中，也可以放在应用层的功能模块中。

9.14　定时器编程举例

9.14.1　基本定时器编程举例

例：利用 TIM7 实现一个微秒级延时函数。

1）使用 STM32CubeMX GPIOT 和 TIM7 工作模式

按表 9-17 设置 TIM7 参数，如图 9-29 所示。

表 9-17 主要参数设置

配置项	参数	值	说明
Mode	Activated	勾选	是否激活
Counter Settings	Prescaler	72-1	预分频系数。计数时钟频率=72MHz/72=1MHz，即 T=1μs
Counter Settings	Counter Mode	Up	上计数模式
Counter Settings	Counter Period	65535	计数周期，即预装载值
Counter Settings	auto_reload preload	Disable	禁止预装载功能

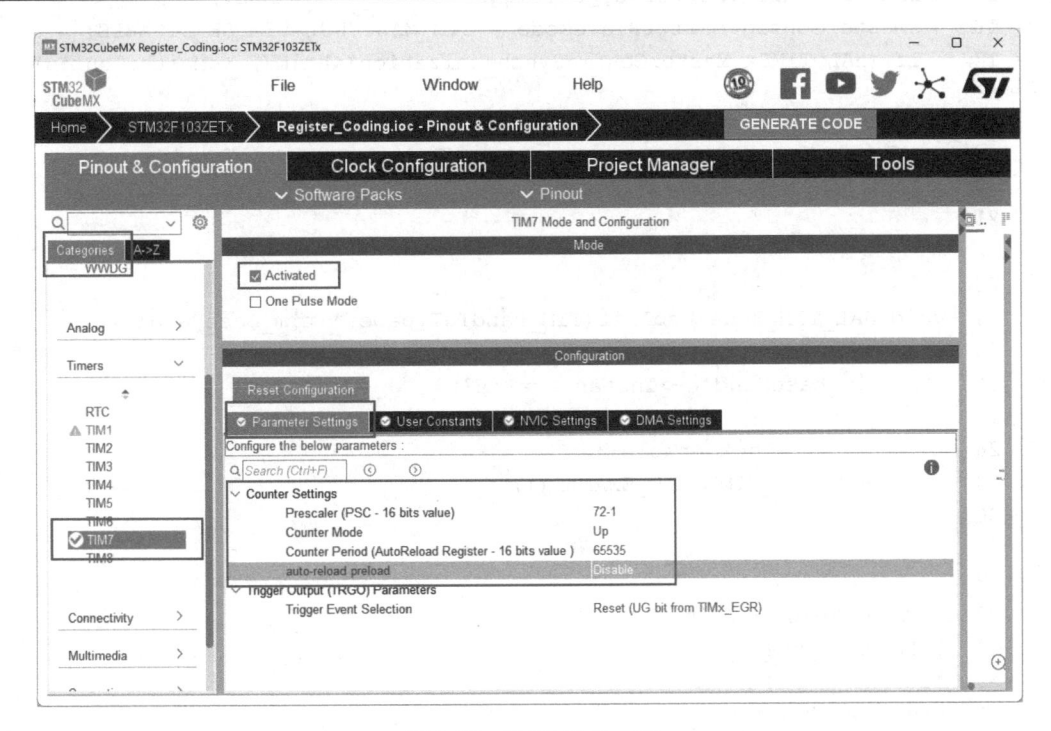

图 9-29 设置 TIM7 参数

2）使用 STM32CubeMX 生成初始化代码

配置完成后使用 STM32CubeMX 生成初始化代码，新生成的文件为 Core/Src/tim.c 和 Core/Inc/tim.h。

```
1    /*文件：Core/Src/tim.c */
2    void MX_TIM7_Init(void)
3    {
4
5        TIM_MasterConfigTypeDef sMasterConfig = {0};
6        htim7.Instance = TIM7;
```

```
 7      htim7.Init.Prescaler = 72-1;
 8      htim7.Init.CounterMode = TIM_COUNTERMODE_UP;
 9      htim7.Init.Period = 65535;
10      htim7.Init.AutoReloadPreload = TIM_AUTORELOAD_PRELOAD_DISABLE;
11      if (HAL_TIM_Base_Init(&htim7) != HAL_OK)
12      {
13        Error_Handler();
14      }
15      sMasterConfig.MasterOutputTrigger = TIM_TRGO_RESET;
16      sMasterConfig.MasterSlaveMode = TIM_MASTERSLAVEMODE_DISABLE;
17      if (HAL_TIMEx_MasterConfigSynchronization(&htim7, &sMasterConfig) != HAL_OK)
18      {
19        Error_Handler();
20      }
21
22    }
23
24    void HAL_TIM_Base_MspInit(TIM_HandleTypeDef* tim_baseHandle)
25    {
26      if(tim_baseHandle->Instance==TIM7)
27      {
28        /* TIM7 clock enable */
29        __HAL_RCC_TIM7_CLK_ENABLE();
30      }
31    }
32
33    /*文件: Core/Inc/tim.h */
34    #ifndef __TIM_H__
35    #define __TIM_H__
36    #include "main.h"
37    extern TIM_HandleTypeDef htim7;
38    void MX_TIM7_Init(void);
39    void HAL_TIM_MspPostInit(TIM_HandleTypeDef *htim);
40    #endif
```

说明如下。

MX_TIM7_Init()用于设置 TIM7 工作方式，并调用 HAL_TIM_Base_Init()进行初始化。HAL_TIM_Base_MspInit()用于初始化 TIM 使用的 GPIO 通道（本例未使用），开启 TIM 时钟，并使能中断、设置中断优先级。各函数调用关系为：

main()→MX_TIM7_Init()→HAL_TIM_Base_Init()→HAL_TIM_Base_MspInit()

3）在 main.c 中会生成 MX_TIM7_Init() 的调用代码

```
1   /*文件: Core/Src/main.c */
2   int main(void){
3     ......; //其他代码
4     /* Initialize all configured peripherals */
5     MX_GPIO_Init();
6     MX_USART1_UART_Init();
7     MX_TIM7_Init();   //调用 TIM1 初始化函数
8     ......; //其他代码
9   }
```

4）定义微秒级延时函数

新建文件 delay_us.c 和 delay_us.h，内容如下。

```
1   /*文件: delay_us.c */
2
3   #include "tim.h"
4
5   void delay_us(uint16_t us){
6      uint16_t pre_count; //前一次计数值
7      pre_count = __HAL_TIM_GET_COUNTER(&htim7);
8      while(__HAL_TIM_GET_COUNTER(&htim7) - pre_count < us);
9   }
10
11  void tim7_init(void){
12     HAL_TIM_Base_Start(&htim7); //启动 TIM7 开始定时
13  }
14
15
16  /*文件: delay_us.h*/
17  #ifndef __TIM7_H__
18  #define __TIM7_H__
19
20  void tim7_init(void);
21  void delay_us(uint16_t us); //us 延时函数，参数为微秒数
22
23  #endif
```

设计要点如下。

- 通过调用 __HAL_TIM_GET_COUNTER() 获取定时器当前计数值。
- 通过调用 HAL_TIM_Base_Start() 启动定时器。

用户可在 main() 中调用 tim7_init() 启动定时器。需要进行微秒延迟时，调用 delay_us() 函数。

9.14.2 高级定时器编程举例

例：使用 TIM1 生成 PWM 波形从通道 TIM1_CH1 输出，控制 LED 灯形成呼吸灯效果。

1）使用 STM32CubeMX 设置 GPIO 和 TIM1 时钟源与通道

按表 9-18 设置 GPIO 和 TIM1 参数，如图 9-30 所示。

表 9-18 主要参数设置

外设	参数	值	说明
PA8	工作方式	TIM1_CH1	定时器通道 1 输出引脚
TIM1	Clock Source	Internal Clock	时钟源为内部时钟
TIM1	Channel1	PWM Generation CH1	CH1 用作 PWM 通道

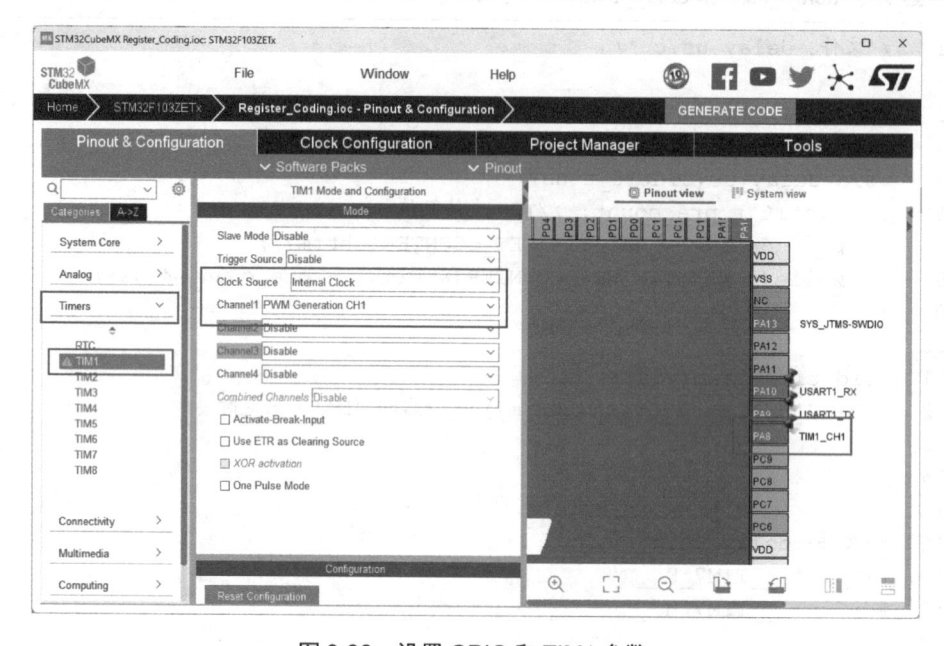

图 9-30 设置 GPIO 和 TIM1 参数

2）配置 TIM1 参数

按表 9-19 设置 TIM1 参数与 PWM 通道参数，如图 9-31 所示。

表 9-19 设置 TIM1 参数与 PWM 通道参数

配置项目	参数	值	说明
Counter Settings	Prescaler	72-1	预分频寄存器系数。 计数脉冲频率=72MHz/72 = 1MHz

续表

配置项目	参数	值	说明
Counter Settings	Counter Mode	Up	上计数
Counter Settings	Counter Period	50-1	计数器周期，即自动重装载寄存器。 PWM 周期=1MHz/50 =20kHz
Counter Settings	auto-reload preload	Disable	关闭自动重装载寄存器的影子寄存器功能。PWM 信号一般周期固定，因此不需要重装载
PWM Generation Channel 1	Mode	PWM mode 1	PWM1 模式。计数器值小于比较寄存器值时输出有效电平，否则输出无效电平
PWM Generation Channel 1	Pulse	0	脉冲占空比，此值将直接赋值给比较寄存器
PWM Generation Channel 1	Output compare preload	Enable	比较寄存器预装载功能。 因为要在每个 PWM 脉冲周期改变脉冲占空比，所以需要使能比较寄存器重装载
PWM Generation Channel 1	CH Polarity	High	有效电平极性
PWM Generation Channel 1	CH Idle State	*	随意。此项仅在开启刹车功能时有效

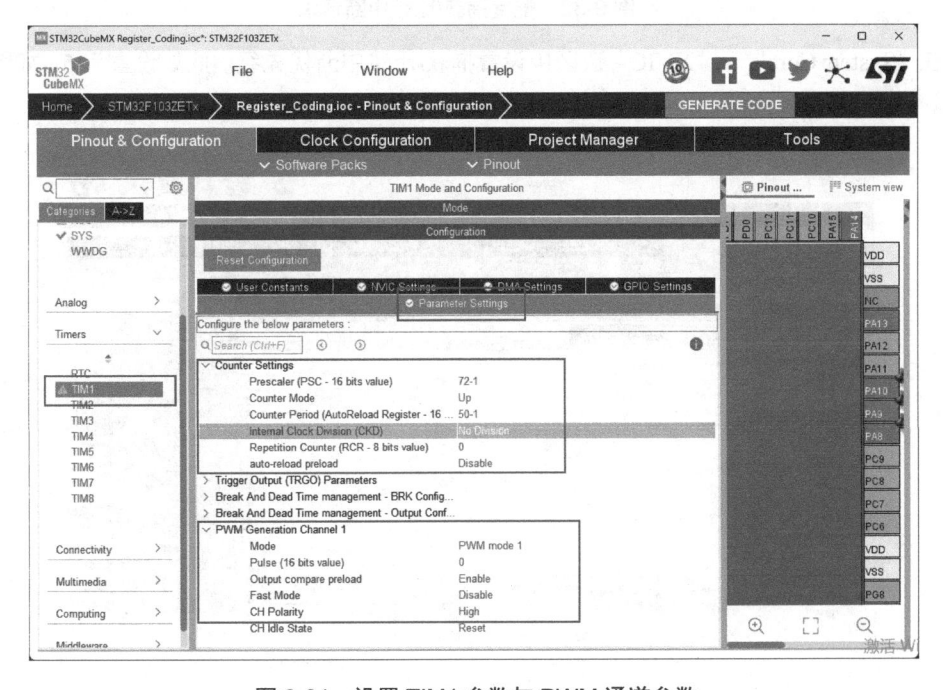

图 9-31 设置 TIM1 参数与 PWM 通道参数

3）配置比较事件中断请求

选择"NVIC Settings"选项卡，使能 TIM1 capture compare interrupt 中断，即捕获/比较中断请求，配置捕获/比较中断请求如图 9-32 所示。

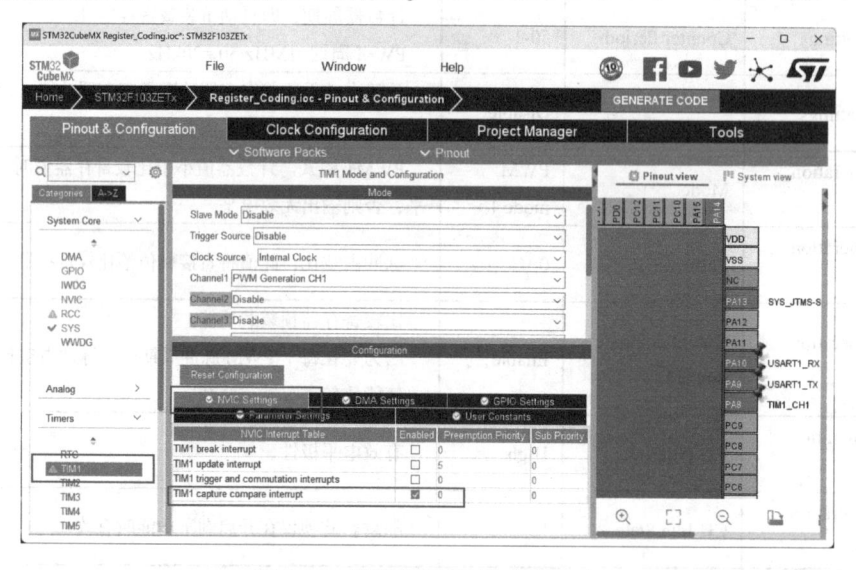

图 9-32　配置捕获/比较中断请求

在"System Core"→"NVIC"选区中设置捕获/比较中断优先级。此处设置为 5，如图 9-33 所示。

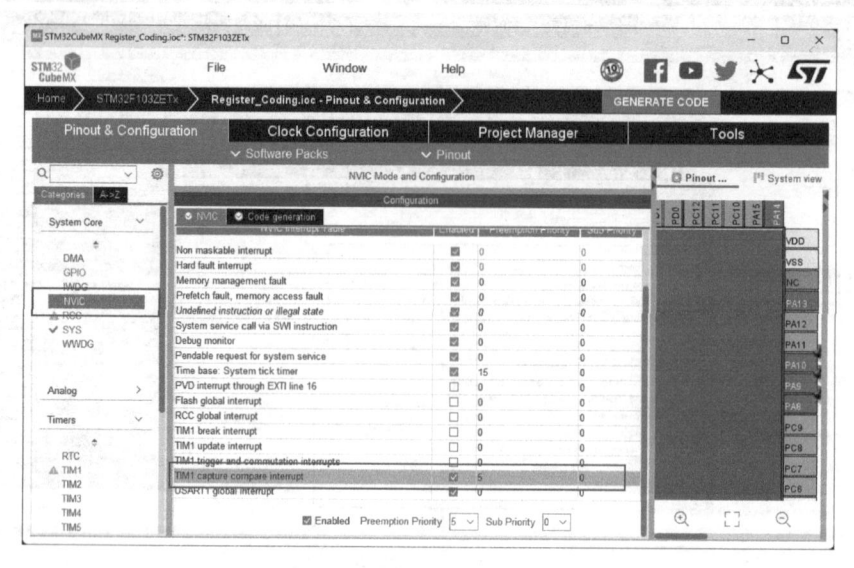

图 9-33　设置捕获/比较中断优先级

4）使用 STM32CubeMX 生成初始化代码

配置完成后使用 STM32CubeMX 生成初始化代码，新生成的文件为 Core/Src/tim.c 和 Core/Inc/tim.h。下面仅给出其中的 MX_TIM1_Init()函数源码。

```
1   /*文件：Core/Src/tim.c */
2   #include "tim.h"
3   TIM_HandleTypeDef htim1;
4   void MX_TIM1_Init(void)
5   {
6     TIM_ClockConfigTypeDef sClockSourceConfig = {0};
7     TIM_MasterConfigTypeDef sMasterConfig = {0};
8     TIM_OC_InitTypeDef sConfigOC = {0};
9     TIM_BreakDeadTimeConfigTypeDef sBreakDeadTimeConfig = {0};
10
11    htim1.Instance = TIM1;
12    htim1.Init.Prescaler = 72-1;
13    htim1.Init.CounterMode = TIM_COUNTERMODE_UP;
14    htim1.Init.Period = 50;
15    htim1.Init.ClockDivision = TIM_CLOCKDIVISION_DIV1;
16    htim1.Init.RepetitionCounter = 0;
17    htim1.Init.AutoReloadPreload = TIM_AUTORELOAD_PRELOAD_DISABLE;
18    if (HAL_TIM_Base_Init(&htim1) != HAL_OK)
19    {
20      Error_Handler();
21    }
22    sClockSourceConfig.ClockSource = TIM_CLOCKSOURCE_INTERNAL;
23    if (HAL_TIM_ConfigClockSource(&htim1, &sClockSourceConfig) != HAL_OK)
24    {
25      Error_Handler();
26    }
27    if (HAL_TIM_PWM_Init(&htim1) != HAL_OK)
28    {
29      Error_Handler();
30    }
31    sMasterConfig.MasterOutputTrigger = TIM_TRGO_UPDATE;
32    sMasterConfig.MasterSlaveMode = TIM_MASTERSLAVEMODE_DISABLE;
33    if (HAL_TIMEx_MasterConfigSynchronization(&htim1, &sMasterConfig) != HAL_OK)
34    {
35      Error_Handler();
36    }
37    sConfigOC.OCMode = TIM_OCMODE_PWM1;
38    sConfigOC.Pulse = 0;
```

```
39     sConfigOC.OCPolarity = TIM_OCPOLARITY_LOW;
40     sConfigOC.OCNPolarity = TIM_OCNPOLARITY_HIGH;
41     sConfigOC.OCFastMode = TIM_OCFAST_DISABLE;
42     sConfigOC.OCIdleState = TIM_OCIDLESTATE_RESET;
43     sConfigOC.OCNIdleState = TIM_OCNIDLESTATE_RESET;
44     if (HAL_TIM_PWM_ConfigChannel(&htim1, &sConfigOC, TIM_CHANNEL_1) != HAL_OK)
45     {
46       Error_Handler();
47     }
48     sBreakDeadTimeConfig.OffStateRunMode = TIM_OSSR_DISABLE;
49     sBreakDeadTimeConfig.OffStateIDLEMode = TIM_OSSI_DISABLE;
50     sBreakDeadTimeConfig.LockLevel = TIM_LOCKLEVEL_OFF;
51     sBreakDeadTimeConfig.DeadTime = 0;
52     sBreakDeadTimeConfig.BreakState = TIM_BREAK_DISABLE;
53     sBreakDeadTimeConfig.BreakPolarity = TIM_BREAKPOLARITY_HIGH;
54     sBreakDeadTimeConfig.AutomaticOutput = TIM_AUTOMATICOUTPUT_DISABLE;
55     if (HAL_TIMEx_ConfigBreakDeadTime(&htim1, &sBreakDeadTimeConfig) != HAL_OK)
56     {
57       Error_Handler();
58     }
59
60     HAL_TIM_MspPostInit(&htim1);
61
62   }
```

在 Core/Src/stm32f1xx_it.c 文件中会加入捕获/比较中断服务函数，代码如下。

```
1   /*文件: Core/Src/stm32f1xx_it.c */
2   void TIM1_CC_IRQHandler(void)
3   {
4     HAL_TIM_IRQHandler(&htim1);
5   }
```

注意：定时器中断处理函数 HAL_TIM_IRQHandler()会调用 PWM 回调函数 HAL_TIM_PWM_PulseFinishedCallback()。用户程序可以重写该回调函数。

5）PWM 信号生成代码

新建文件 pwm.c 和 pwm.h，用于产生 PWM 信号，内容如下。

```
1   /*文件: pwm.c */
2   #include "tim.h"
3   void HAL_TIM_PWM_PulseFinishedCallback(TIM_HandleTypeDef *htim){
4       static uint8_t dir = 0;
```

```
5       static uint16_t width = 0;  //脉冲占空比,即比较寄存器的值
6       static uint32_t count = 0;   //延时计数,用于调节呼吸频率
7       if(count++%600 != 0) return;
8       dir?width--:width++;   //调整脉冲占空比从而调节 LED 灯亮度
9       //脉冲占空比递增到计数周期值或递减到 0 时要反向
10      dir = (width>=__HAL_TIM_GET_AUTORELOAD(htim))||(width==0)?!dir:dir;
11      __HAL_TIM_SET_COMPARE(htim, TIM_CHANNEL_1, width);  //更新比较寄存器
12  }
13
14  void pwm_init(void){
15      HAL_TIM_PWM_Start_IT(&htim1, TIM_CHANNEL_1);
16  }
17
18  /*文件: pwm.h */
19  #ifndef __PWM_H__
20  #define __PWM_H__
21  void pwm_init(void);
22  #endif
```

设计要点如下。

- 使用 PMW 回调函数 HAL_TIM_PWM_PulseFinishedCallback()改变比较寄存器的值,从而改变脉冲占空比控制 LED 灯的灯光强弱,实现呼吸效果。
- HAL_TIM_PWM_Start_IT()函数会打开捕获/比较中断请求。

系统初始化时需要调用 pwm_init()以启动定时器。

9.15 项目实战——人体智慧检测

9.15.1 项目需求

在第 5 章的"人走关扇熄灯"项目中,使用了 HCSR501 传感器检测教室是否有人。但是,HCSR501 传感器有一个特性:当人体长时间静止不动时,HCSR501 传感器会输出低电平,造成误检。另外,HCSR501 传感器的感应角<100 锥度,如果教室中只安装一个探头,那么会存在感应死角。

为了避免误检问题,可以利用相对运动原理,使用步进电机带着红外探头旋转扫描,这同时解决了感应死角问题。

9.15.2 实验环境

本项目需要用到的设备如下。
- 步进电机。
- 人体红外检测传感器 HCSR501。
- LED。
- 直流电机。

本案例需要使用到步进电机，步进电机的驱动芯片为 ULN2003，提供 5V 电源，将 PA4～PA7 分别与步进电机驱动的 IN1～IN4 连接，对应步进电机的 A～D 相。电路原理图请参考第 2 章项目实战的相关内容。

9.15.3 步进电机的工作原理与工作方式

9.15.3.1 工作原理

步进电机机械部分由定子和转子两部分组成。线圈缠绕在定子的凸极上，转子为永磁体。

如图 9-34 所示，当 B 相通电时，转子 2、4 齿与 B 相轴线对齐；如果下一个时间段给 C 相同时通电，转子将顺时针转过一个角度，称为步进角；然后 B 相断电，C 相继续通电，转子将逆时针再转过一个角度，使 1、3 齿与 C 相轴线对齐；再给 A 相通电，如此反复，转子就按顺时针方向旋转起来。

如果按相反的顺序通电，那么转子将按逆时针方向旋转。

图 9-34 步进电机的工作原理

步进电机的步进角是固定的，因此，步进电机可以采用开环控制方式，即将旋转角度或步进距离转化为步进步数，而不需要设置位置传感器或角度传感器反馈是否运动到指定位置。

9.15.3.2 工作方式

28BYJ-48 型步进电机是四相五线制。其工作方式有三种，即单相四拍（各相轮流导通）、双相四拍（每两相同时导通）和单双相八拍（单双相交替导通）。八拍工作方式的步进角是四拍工作方式的一半，运动更加平滑。

本例采用单双相八拍工作方式，正转时各相导通顺序如表 9-20 所示（1 表示通电）。如果需要反转，则以相反顺序导通。

表 9-20 正转时各相导通顺序

步序	A 相	B 相	C 相	D 相	十六进制
1	1	0	0	0	0x8
2	1	1	0	0	0xC
3	0	1	0	0	0x4
4	0	1	1	0	0x6
5	0	0	1	0	0x2
6	0	0	1	1	0x3
7	0	0	0	1	0x1
8	1	0	0	1	0x9

9.15.4 系统分析

9.15.4.1 人体检测策略

如图 9-35 所示，人体红外探头默认位置在对准 0°方向，当检测输出为低电平时，为避免误检测，让探头先逆时针旋转 90°（反向扫描），然后顺时针旋转 180°（正向扫描），最后逆时针旋转回到 0°方向（复位）。

如果扫描一轮后检测输出仍然为低电平，可以确认教室没有人，此时才更新人体检测状态为无人状态。

在扫描过程的任一时刻，如果检测输出电平由低变高，说明有人在教室，则保持人体检测状态为有人状态。同时，让红外探头复位到 0°方向。

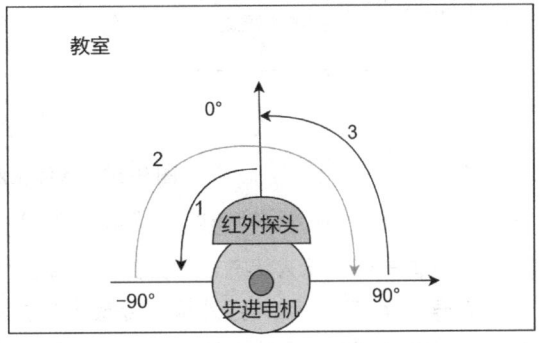

图 9-35 人体检测策略

9.15.4.2 步进电机开环控制与步序切换

步进电机的步进角是固定的，步进电机扫描过程可以采用开环控制方式，即不设置 0°、-90°与 90°位置传感器，而是将旋转角度转变为步进步数。

步进电机以恒定的转速旋转，其步序切换可以放在定时中断服务中进行。步序切换速度取决于定时周期，定时周期大小可以事先测试好，取毫秒级。

9.15.4.3 人体检测状态机

上述扫描过程的控制需要综合考虑人体红外检测的输出和步进电机所处的工作状态，控制复杂度比较高。

如果一个系统的下一个工作状态与当前的工作状态和外部条件有关，那么这个系统比较适合使用状态机进行建模分析。

根据对扫描过程的分析与描述，可以抓取到几个关键词：有人、没人、输出高电平、输出低电平、反向扫描、正向扫描、探头复位。根据这些关键词的排列组合，剔除冗余或不可能发生的情况，可以得到以下四种状态及其变迁条件，人体检测状态机分析模型如图9-36所示。

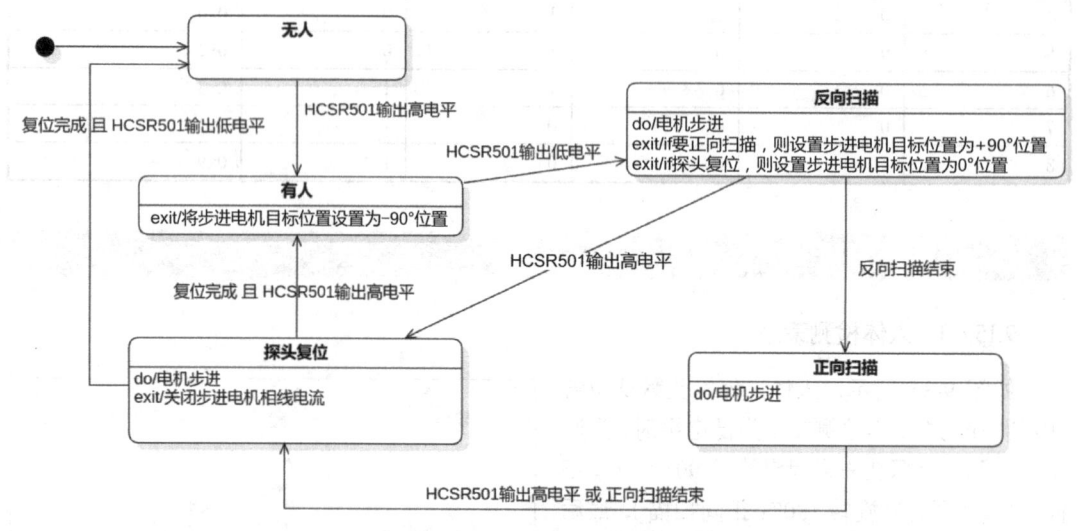

图 9-36　人体检测状态机分析模型

（do 表示处于该状态时需要执行的操作，exit 表示退出该状态时需要执行的操作）

系统首先处于无人状态，如果此时人体红外检测传感器输出高电平，则进入有人状态。

在有人状态下，人体红外检测传感器输出低电平，则转入反向扫描状态，并设置好步进电机目标位置为-90°，开始驱动步进电机反向扫描。

在反向扫描过程中，如果输出变为高电平，则进入探头复位状态；如果反向扫描结束输出仍为低电平，则将步进电机目标位置设置为+90°，系统进入正向扫描状态。

在正向扫描过程中，如果输出变为高电平，则进入探头复位状态；如果在正向扫描过程中，输出一直为低电平，则扫描结束后也进入探头复位状态。

无论何种原因进入探头复位状态，都要将步进电机目标位置设置为0°，即回到起点。

复位完成后，如果输出为高电平，则进入有人状态；否则进入无人状态，同时关闭步进电机。

状态机的实现职责归属有以下三种策略。

（1）由人体红外检测传感器的驱动对象负责。

（2）由步进电机的驱动对象负责。

（3）新建一个对象负责状态机的实现，协调人体红外检测传感器和步进电机的工作，并与上层应用交互。

本例采用第三种策略，这样做的好处是人体红外检测传感器和步进电机驱动对象的业务清晰，更利于复用与维护。

新建的对象可以放在应用层，也可以放在驱动层。本例将新建对象、人体红外检测传感器和步进电机视为一个整体，因此，将新建对象放在驱动层，取名为 Drv_Body_Detector。

9.15.4.4 人体检测状态机的推动

人体检测状态机的推动，即状态机函数的循环调用，可以有 4 种策略。

（1）在应用层的业务调度器中调度执行，也就是在 App.dispatch()中调用。

（2）在应用层的无人控制器 Nobody_Controller 中调度执行。

（3）在驱动层的业务调度器中调度执行，也就是在 Drivers.dispatch()中调用。

（4）在步序切换的定时中断服务中调度执行。

由于步进电机每次步进操作都可能使系统状态改变，因此，本例采用策略 3，即在定时中断服务中同时完成步进电机的步序切换与人体检测状态机的推动。

9.15.5 系统设计

9.15.5.1 系统类图

人体智慧检测系统类图——LiteOS+库函数编程如图 9-37 所示。

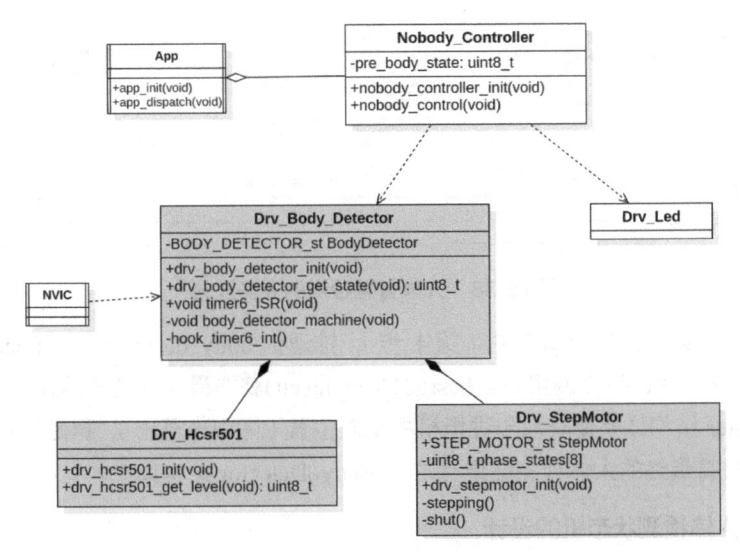

图 9-37　人体智慧检测系统类图——LiteOS+库函数编程

Drv_Body_Detector：人体检测业务对象。该对象由两个子对象聚合而成，分别为步进电机对象 Drv_StepMotor 和人体红外检测对象 Drv_Hcsr501。

为了利用面向对象编程的优点，在 Drv_Body_Detector 对象中，将人体检测状态和推理机的状态都封装在结构体 BodyDetector 中。

在 Drv_Body_Detector 对象中，设计了一个挂接定时服务操作 hoot_timer6_int()。本例演示直接挂接用户自定的中断服务函数，而不是采用 HAL 库提供的中断服务和回调函数。

time6_ISR()为 TIM6 的周期中断服务函数，推理机 body_detector_machine()在定时服务中进行。

为利用面向对象思想的优点，在 Drv_StepMotor 对象中也设计了一个结构体对象 StepMotor 来持有步进电机工作状态。与 Drv_Body_Detector 对象中的 BodyDetector 为私有属性不同，StepMotor 是公用属性，这是为了进一步增加 Drv_StepMotor 对象的可复用性。在 StepMotor 中利用了函数指针，使其他模块可以通过 StepMotor.stepping()和 StepMotor.shut()控制步进电机步进或关闭。

9.15.5.2 业务逻辑

人体智慧检测的业务逻辑如图 9-38 所示。

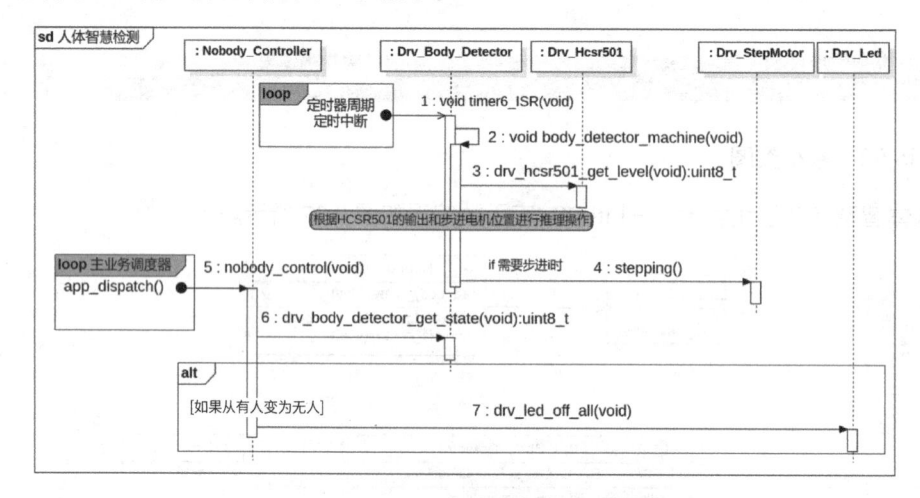

图 9-38 人体智慧检测的业务逻辑

在 TIM6 的周期定时中断服务中（第 1 步），推理机 body_detector_machine()被调用（第 2 步）。每次进行推理时，都会调用 drv_hcsr501_get_level()获得最新的红外检测输出（第 3 步），并通过 StepMotor 结构体变量获取步进电机的最新位置（图中未画出），据此进行扫描操作或保持原状。推理机将最终的人体检测结果存放在 Body_Detector 结构体中。

9.15.5.3 人体检测状态机的设计

根据类图可以设计出人体检测状态机的设计视图，如图 9-39 所示。

在设计视图中，给出了代码层面的状态符号和函数名称等。用户可直接用于代码实现。

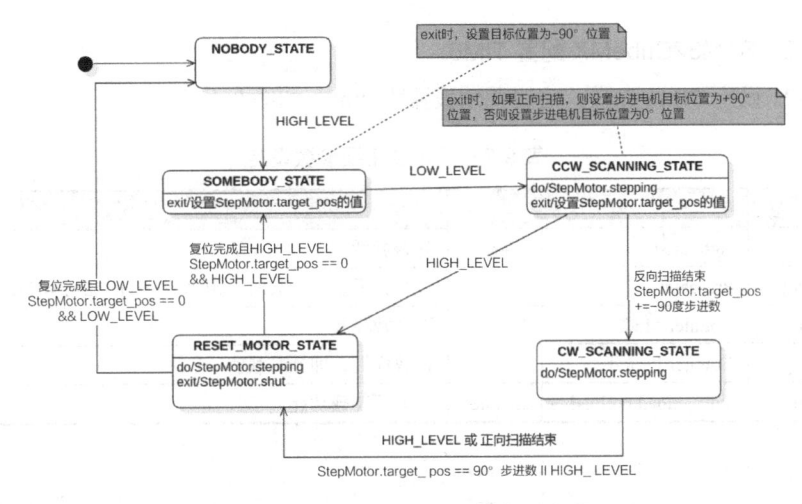

图 9-39　人体检测状态机的设计视图

9.15.6　系统实现

9.15.6.1　使用 STM32CubeMX 配置步进电机 GPIO 端口

选择 PA4～PA7 驱动步进电机相线电流的开/关，将其配置为 GPIO_Output、推挽输出方式。步进电机使用的 GPIO 引脚配置如图 9-40 所示。

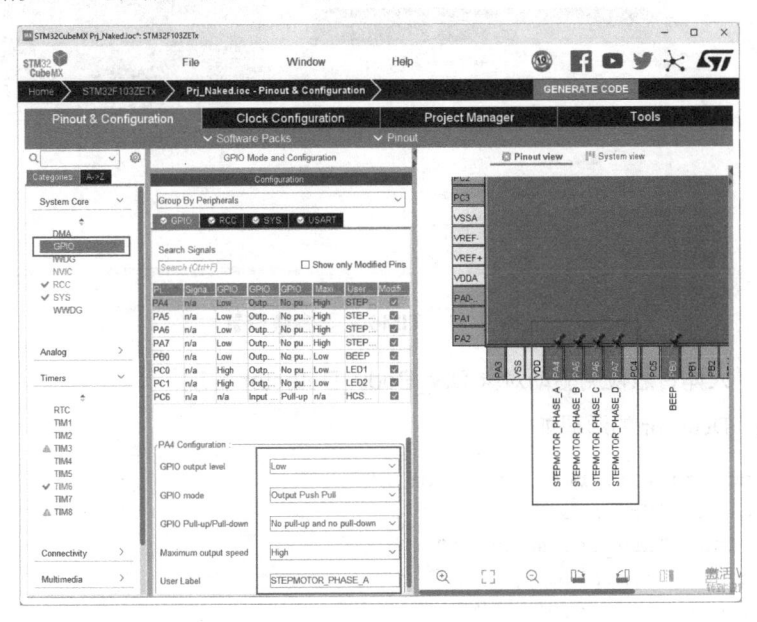

图 9-40　步进电机使用的 GPIO 引脚配置

9.15.6.2 STM32CubeMX 配置 TIM6

按表 9-21 设定 TIM6 参数，定时周期设置为 2ms，如图 9-41 所示。

表 9-21 TIM6 主要参数设定

配置项	参数	值	说明
Mode	Activated	勾选	是否激活
Counter Settings	Prescaler	72-1	预分频系统。计数时钟频率=72MHz/72=1MHz，即 $T=1\mu s$
Counter Settings	Counter Mode	Up	上计数模式
Counter Settings	Counter Period	2000-1	计数周期，即预装载值
Counter Settings	auto_reload preload	Enable	使能预装载功能

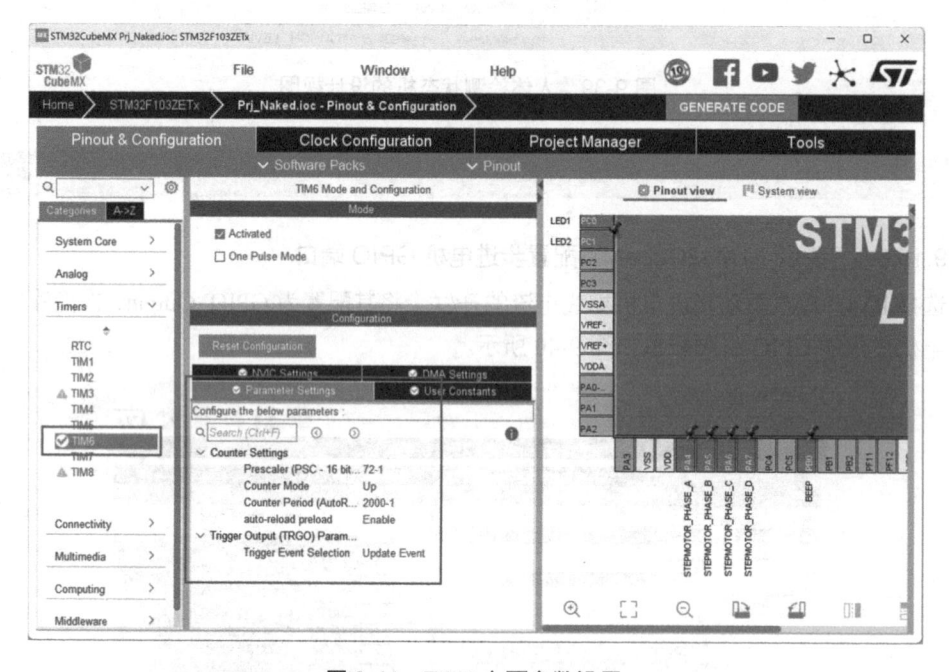

图 9-41 TIM6 主要参数设置

9.15.6.3 人体智慧检测驱动对象 Drv_Body_Detector 实现

Drv_Body_Detector 的源码如下。

```
1    l#include "drv_body_detector.h"
2    #include "drv_hcsr501.h"
3    #include "drv_stepmotor.h"
4    #include "tim.h"
5    #include "liteos.h"
```

```c
6    #include "main.h"
7
8    #define NOBODY_STATE        0
9    #define SOMEBODY_STATE      1
10   #define CCW_SCANNING_STATE  3
11   #define CW_SCANNING_STATE   4
12   #define RESET_MOTOR_STATE   5
13
14   #define ISNOBODY      0
15   #define ISSOMEBODY    1
16
17   typedef struct{
18       uint8_t machine_state;
19       uint8_t body_state;
20
21   }BODY_DETECTOR_st;
22
23   static BODY_DETECTOR_st BodyDetector;
24
25   uint8_t drv_body_detector_get_state(void){
26       return BodyDetector.body_state;
27   }
28   static void body_detector_machine(void){
29       uint8_t level;
30       level = !drv_hcsr501_get_level();
31       switch(BodyDetector.machine_state){
32           case NOBODY_STATE:
33               if(1 == level){
34                   BodyDetector.body_state = ISSOMEBODY;
35                   BodyDetector.machine_state = SOMEBODY_STATE;
36               }
37               break;
38           case SOMEBODY_STATE:
39               if(0 == level){
40                   BodyDetector.machine_state = CCW_SCANNING_STATE;
41                   StepMotor.target_pos = CCW_SCANNING_MAX_POS;
42               }
43               break;
44           case CCW_SCANNING_STATE:
45               if(1 == level){
46                   BodyDetector.machine_state = RESET_MOTOR_STATE;
47                   StepMotor.target_pos = ORIGINAL_POS;
```

```c
48              }else{
49                  if(CCW_SCANNING_MAX_POS == StepMotor.cur_pos){
50                      BodyDetector.machine_state = CW_SCANNING_STATE;
51                      StepMotor.target_pos = CW_SCANNING_MAX_POS;
52                  }
53              }
54              StepMotor.stepping();
55              break;
56          case CW_SCANNING_STATE:
57              if(1 == level){
58                  BodyDetector.machine_state = RESET_MOTOR_STATE;
59                  StepMotor.target_pos = ORIGINAL_POS;
60              }
61              if(CW_SCANNING_MAX_POS == StepMotor.cur_pos){
62                  BodyDetector.machine_state = RESET_MOTOR_STATE;
63                  StepMotor.target_pos = ORIGINAL_POS;
64              }
65              StepMotor.stepping();
66              break;
67          case RESET_MOTOR_STATE:
68              if(ORIGINAL_POS == StepMotor.cur_pos){
69                  if(1 == level){
70                      BodyDetector.machine_state = SOMEBODY_STATE;
71                      BodyDetector.body_state = ISSOMEBODY;
72                  }else{
73                      BodyDetector.machine_state = NOBODY_STATE;
74                      BodyDetector.body_state = ISNOBODY;
75                  }
76              }else{
77                  StepMotor.stepping();
78              }
79              break;
80      }
81  }
82
83  void timer6_ISR(void){
84      body_detector_machine();
85  }
86
87  void hook_timer6_int(void){
88      UINTPTR uvIntSave;
89      uvIntSave = LOS_IntLock();
```

```
 90         LOS_HwiCreate(TIM6_IRQn + 16, 10, !IRQF_SHARED, timer6_ISR, \
 91              NULL);//创建硬中断，多设备共享的中断方式要设置为 IRQF_SHARED
 92         LOS_IntRestore(uvIntSave);
 93     }
 94
 95     void drv_body_detector_init(void){
 96         uint8_t state;
 97         drv_stepmotor_init();
 98         state = drv_hcsr501_get_level() == 1?ISSOMEBODY:ISNOBODY;
 99         BodyDetector.body_state = state;
100         BodyDetector.machine_state =
                   (state == ISSOMEBODY)?SOMEBODY_STATE:NOBODY_STATE;
101         BodyDetector.state_machine = body_detector_machine;
102         hook_timer6_int();
103         HAL_TIM_Base_Start_IT(&htim6);   //启动定时器
104     }
105
```

设计要点如下。

（1）将变量与公有方法封装到结构体中，体现了面向对象的思想，更有利于软件维护与调试，且由于 BODY_DETECTOR_st 结构类型只在本对象中使用，所以在.c 文件中定义其类型（第 17~21 行）。

（2）结构体变量 BodyDetector 只在本文件中使用，使用 static 修饰（第 23 行）。

（3）复合对象的子对象可以放在父对象中初始化，因此，在初始化函数中对步进电机进行了初始化（第 97 行）。

（4）在初始化函数中对结构体进行初始化，以设置状态机初始状态和人体检测初始状态（第 98~101 行）。

（5）调用 LiteOS 接口 LOS_HwiCreate()挂接中断服务并开启中断（第 89~92 行），注意要加 16 偏移，因为向量表中的最前面有 16 个系统内核异常和保留的向量。

（6）由于人体检测非紧迫任务，所以优先级可以较低（第 90 行）。

（7）在定时中断服务 timer6_ISR()中没有清除中断挂起位，这是因为 CPU 响应 NVIC 中断时会自动将其中断挂起位清除。

（8）在状态机中，使用 switch()语句判断当前状态，使结构清晰。

9.15.6.4　步进电机驱动 Drv_StepMotor 对象实现

Drv_StepMotor 驱动的源码如下。

```
 1      /*文件: Drivers/drv_stepmotor.h */
 2      #ifndef __DRV_STEPMOTOR_H__
```

```c
3   #define __DRV_STEPMOTOR_H__
4   #include "stdint.h"
5   typedef struct{
6       int16_t target_pos;   //步进电机需要步进到的目标位置
7       int16_t cur_pos;      //步进电机当前所在位置
8       void (*stepping)(void);           //步进操作
9       void (*shut)(void);               //关闭相线电流
10  }STEP_MOTOR_st;
11
12  extern STEP_MOTOR_st StepMotor;
13  void drv_stepmotor_init(void);
14
15  #endif
16
17  /*文件: Drivers/drv_stepmotor.c */
18  #include "drv_stepmotor.h"
19  #include "main.h"
20
21  STEP_MOTOR_st StepMotor;
22
23  static uint8_t phase_states[8] = {0x08, 0x0C, 0x04, 0x06, 0x02, 0x03, 0x01, 0x09};
24
25  void stepping(void){
26      static uint8_t index = 0;
27      if(StepMotor.cur_pos == StepMotor.target_pos)   \
                return; //当前位置即目标位置则不需要步进
28      index = (StepMotor.target_pos > StepMotor.cur_pos)?index+1: \
                index-1; //更新相序索引
29      StepMotor.cur_pos = (StepMotor.target_pos > StepMotor.cur_pos)? \
30              StepMotor.cur_pos+1:StepMotor.cur_pos-1;  //更新位置
31      GPIOA->ODR = (GPIOA->ODR & ~(0xF<<4)) | \
                ((phase_states[index&0x07] & 0xF) << 4);
32  }
33
34  static void shut(void){
35      GPIOA->BRR = 0xF<<4;
36  }
37
38  void drv_stepmotor_init(void){
39      StepMotor.stepping = stepping;
40      StepMotor.shut = shut;
```

```
41        StepMotor.cur_pos = 0;
42        StepMotor.target_pos = 0;
43        StepMotor.shut();    //初始时关闭相线电流
44    }
```

设计要点如下。

（1）将变量与公有方法封装到结构体中，体现了面向对象的思想，更有利于软件维护与调试（第 5～10 行）。

（2）结构体变量在.c 文件中定义（第 21 行），为方便外部引用，在.h 文件中使用 extern 修饰词声明（第 12 行）。

（3）在初始化函数中对结构体进行初始化，包括函数指针的初始化（第 38～44 行）。

（4）通过目标位置与当前位置的大小对比即可知道步进方（第 28 行）。

（5）将步序组合在 1 字节中，并使用数组存放，方便代码处理。

（6）由于同时对多个位进行复位和置位操作，所以使用 GPIO_ODR 寄存器更为方便，且保证各引脚信号同时输出。

9.15.6.5 "人走关扇熄灯"控制对象 Nobody_Controlle 实现

Nobody_Controller 的源码如下。

```
1     /*文件：App/nobody_controller.h */
2     #ifndef __NOBODY_CONTROLLER_H__
3     #define __NOBODY_CONTROLLER_H__
4
5     #define NOBODY      0
6     #define SOMEBODY    1
7
8     void nobody_control(void);
9     void nobody_controller_init(void);
10
11    #endif
12
13
14    /*文件：App/nobody_controller.c */
15    #include "drivers.h"
16    #include "nobody_controller.h"
17
18    static uint8_t pre_body_state;
19
20    void nobody_control(void){
21        uint8_t body_state;
```

```
22      body_state = BodyDetector.body_state;
23      if(pre_body_state == SOMEBODY && body_state == NOBODY){
24          drv_led_off_all();
25      }
26      pre_body_state = body_state;
27  }
28
29  void nobody_controller_init(void){
30      pre_body_state = BodyDetector.body_state;
31  }
32  }
```

注意：代码中仅给出了关闭 LED 灯的操作，关闭风扇操作读者可自行补充。

设计要点如下。

（1）在初始化函数中，通过人体检测驱动对象的属性 BodyDetector.body_state 获取系统最初状态（第 30 行）。

（2）通过设计一个局部变量 pre_body_state 保存上一次的人体检测状态。

9.15.6.6 调度执行

在 drivers_init() 中调用 drv_body_detector_init() 对人体检测驱动对象初始化。在 app_dispatch() 中调用 nobody_control() 进行"人走关扇熄灯"控制。

9.16 习题

1．请阐述定时器的基本工作原理。

2．STM32F103ZET6 有哪些类型的定时器，其功能特点是什么？

3．定时器有哪些计数模式，可以触发哪些事件？

4．什么是 PWM，如何生成 PWM 信号？

5．什么是输入捕获和输出比较模式？

6．如何根据定时时间确定预分频值和自动重装载值？

7．编程，利用 TIM8 产生 PWM 信号，周期为 10kHz，PWM 占空比为 30%，从 TIM8_CH2 输出。

8．定时器的库函数接口有哪些类型？

第10章

FSMC 编程

在一些系统中，需要较大的存储器用于保存文件、图像和其他数据，嵌入式 MCU 提供的存储器容量可能不能满足系统需求，这时就需要外扩存储器。根据不同的应用需求，存储器的接口方式也多种多样。STM32 提供的 FSMC 接口的主要作用是扩展微控制器的存储能力，它支持多种类型的存储器，进而增强微控制器的功能。

10.1 学习目标

本章的学习目标如下。
- 熟悉 FSMC 的接口信号。
- 理解存储器的读/写时序。
- 熟悉 FSMC 库函数接口，掌握库函数编程方法。
- 掌握使用 STM32CubeMX 配置 FSMC 参数的方法。
- 熟悉利用 FSMC 读/写 IS62WV51216BLL 芯片的编程方法。

10.2 FSMC 控制概述

FSMC（Flexible Static Memory Controller），即灵活的静态存储器控制器，是 STM32F103 用于读/写采用标准三总线结构、按并行方式存取的存储器。

FSMC 支持的存储器类型有 ROM、SRAM、PSRAM（Pseudo Static Random Access Memory，

伪静态随机存储器）、NOR Flash、NAND Flash 和 PC 卡，支持对同步器件的突发模式（Burst，又称成组模式）访问，可以按 8 位、16 位或 32 位数据宽度访问。

FSMC 具有 FIFO 缓存，其大小为（16×32）bit。在写入较慢存储器时可以起到缓冲作用，从而不占用 AHB 太多时间。在开始新的 FSMC 操作前，应将 FIFO 中的数据清除。

本章主要介绍 FSMC 对 NOR/PSRAM（包括 SRAM）的访问控制。

10.3 FSMC 功能框图

FSMC 的功能组成如图 10-1 所示。FSMC 主要包含四个功能模块。

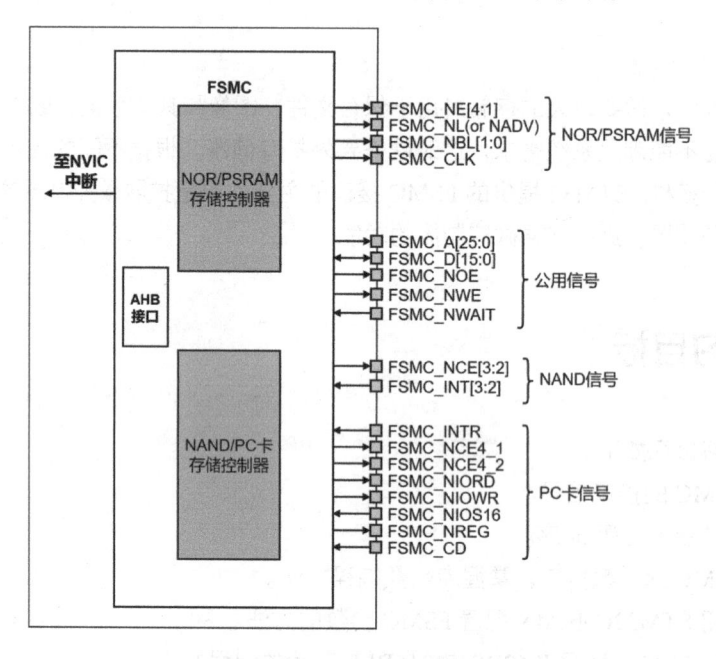

图 10-1　FSMC 的功能组成

- AHB 接口（包含 FSMC 配置寄存器），用于将 AHB 传输信号转换到适当的外设协议。
- NOR/PSRAM 存储控制器，用于与 NOR Flash 和 PSRAM 连接，产生需要的时序信号与读/写操作。
- NAND/PC 卡存储控制器，用于与 NAND Flash 和 PC 卡连接，产生需要的时序信号与读/写操作。
- 外设接口。

FSMC 与存储器的接口信号如表 10-1 所示。

表 10-1　FSMC 与存储器的接口信号

接口信号	信号方向	功能	适用存储器
CLK	输出	时钟线（同步突发模式使用）	NOR Flash、PSRAM、SRAM
A[25:16]	输出	地址总线[25:16]	NOR Flash、PSRAM、SRAM
A[15:0]	输出	地址总线[15:0]	NOR Flash、PSRAM、SRAM
	输出/输入	数据总线。此时地址与数据总线复用	NOR Flash（用于地址数据线复用场合）
D[15:0]	输出/输入	数据总线。仅在非复用时使用	NOR Flash、PSRAM、SRAM
NE[x]	输出	片选线，x=1,2,…,4。用于对 Bank1 四个存储区域进行片选	NOR Flash、PSRAM、SRAM
NOE	输出	输出使能，即读使能	NOR Flash、PSRAM、SRAM
NWE	输出	写使能	NOR Flash、PSRAM、SRAM
NWAIT	输出	等待信号	NOR Flash、PSRAM、SRAM
NL(=NADV)	输出	锁存使能（地址有效信号）	NOR Flash（用于地址数据线复用场合）、PSRAM、SRAM
NBL[1]	输出	高字节使能（存储器信号名为 NUB）	PSRAM、SRAM
NBL[0]	输出	低字节使能（存储器信号名为 NLB）	PSRAM、SRAM

10.4　各类存储器地址映射

FSMC 将存储器划分为 4 个容量均为 256MB 的存储块以连接不同类型的存储器，FSMC 存储块及外接存储器类型如表 10-2 所示。

表 10-2　FSMC 存储块及外接存储器类型

存储块	支持的存储器类型	内存容量/MB
FSMC Bank4	PC CARD	256
FSMC Bank3	NAND2	256
FSMC Bank2	NAND1	256
FSMC Bank1	NOR/PSRAM4	64
	NOR/PSRAM3	64
	NOR/PSRAM2	64
	NOR/PSRAM1	64

Bank1 分为四个区域，每一个 64MB，可以连接 4 个 NOR Flash、SRAM 或 PSRAM 存储设备。FSMC 对 Bank1 每个存储区域输出一个唯一的片选信号，分别为 NE1～NE4。

在同步方式中，FSMC 向选中的外设产生时钟（CLK）信号。

每个 Bank 都有专门的寄存器控制。

10.5 NOR Flash 和 PSRAM 控制器

10.5.1 支持的存储器类型

FSMC 的 NOR Flash 控制器可以控制下列类型的存储器。
（1）异步 SRAM 和 ROM，数据宽度可以是 8 位、16 位或 32 位。
（2）PSRAM，支持异步模式和突发模式（Burst Mode）。
（3）NOR Flash，支持异步模式、突发模式、复用模式或非复用模式。

10.5.2 读/写时序

FSMC 支持多种存储器读/写时序。与本章使用的 SRAM 芯片匹配的是模式 1，其读/写时序如图 10-2、图 10-3 所示。

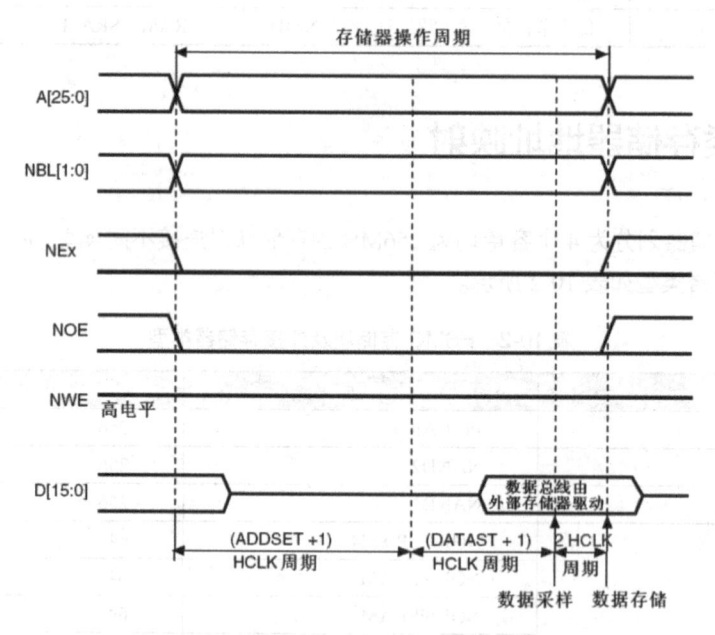

图 10-2　FSMC 模式 1 读时序（出自 STM32F103 参考手册）

读操作时，FSMC 会同时发出目标内存的地址信号、片选信号 NEx、读信号 NOE 和字节选择信号 NBL。从地址建立到开始数据采样需要[(ADDSET+1)+(DATAST+1)]个 HCLK 周期，采样期间数据需要保持 2HCLK 个周期。数据总线由外部存储器驱动。

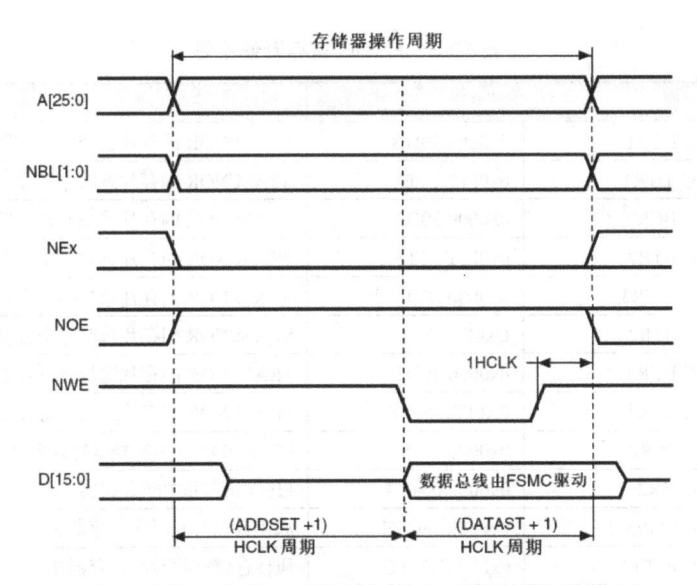

图 10-3 FSMC 模式 1 写时序（出自 STM32F103 参考手册）

写操作时，FSMC 先同时发出目标内存的地址信号、片选信号 NEx、字节选择信号 NBL 和写信号 NWE，在(ADDSET+1)个 HCLK 周期后 CPU 输出写信号 NWE，同时将数据放到数据总线上，经历 DATAST 时间后 NWE 信号被拉高，数据开始写入外部存储器。外部存储器要在(DATAST+1)个 HCLK 周期内将数据写入目标地址。

图中的 ADDSET、DATAST 分别为地址建立时间和数据建立时间。

10.6 FSMC NOR/PSRAM 控制器寄存器

FSMC NOR/PSRAM 控制器的每个存储块都有 3 个独立的寄存器，分别为控制寄存器 FSMC_BCR、时序寄存器 FSMC_BTR、写时序寄存器 FSMC_BWTR，如图 10-4 所示。

各寄存器的位域定义请参考芯片数据手册。

FSMC NOR/PSRAM控制器寄存器
FSMC_BCR1-4 //存储块控制R
FSMC_BTR1-4 //存储块时序R
FSMC_BWTR1-4 //存储块写时序R

图 10-4 FSMC NOR/PSRAM 控制器寄存器

10.7 寄存器映射

FSMC 寄存器的基地址为 0xA000 0000，其偏移量如表 10-3 所示。

表 10-3　FSMC 寄存器偏移量

偏移量	寄存器	复位值	说明
000h	FSMC BCR1	0x0000 30DB	SRAM/NOR 闪存片选控制寄存器 1
004h	FSMC_BTR1	0x0FFF FFFF	SRAM/NOR 闪存片选时序寄存器 1
008h	FSMC BCR2	0x0000 30D2	SRAM/NOR 闪存片选控制寄存器 2
00Ch	FSMC BTR2	0x0FFF FFFF	SRAM/NOR 闪存片选时序寄存器 2
010h	FSMC_BCR3	0x0000 30D2	SRAM/NOR 闪存片选控制寄存器 3
014h	FSMC BTR3	0x0FFF FFFF	SRAM/NOR 闪存片选时序寄存器 3
018h	FSMC BCR4	0x0000 30D2	SRAM/NOR 闪存片选控制寄存器 4
01Ch	FSMC BTR4	0X0FFF FFFF	SRAM/NOR 闪存片选时序寄存器 4
060h	FSMC PCR2	0x0000 0018	PC 卡/NAND 闪存控制寄存器 2
064h	FSMC_SR2	0x0000 0040	FIFO 状态和中断寄存器 2
068h	FSMC PMEM2	0xFCFC FCFC	通用存储空间时序寄存器 2
06Ch	FSMC PATT2	0xFCFC FCFC	属性存储空间时序寄存器 2
080h	FSMC PCR3	0x0000 0018	PC 卡/NAND 闪存控制寄存器 3
084h	FSMC_SR3	0x0000 0040	FIFO 状态和中断寄存器 3
088h	FSMC PMEM3	0xFCFC FCFC	通用存储空间时序寄存器 3
08Ch	FSMC PATT3	0xFCFC FCFC	属性存储空间时序寄存器 3
0A0h	FSMC PCR4	0x0000 0018	PC 卡/NAND 闪存控制寄存器 4
0A4h	FSMC SR4	0x0000 0040	FIFO 状态和中断寄存器 4
0A8h	FSMC PMEM4	0xFCFC FCFC	通用存储空间时序寄存器 4
0ACh	FSMC PATT4	0xFCFC FCFC	属性存储空间时序寄存器 4
0B0h	FSMC PIO4	0xFCFC FCFC	IO 存储空间时序寄存器 4
104h	FSMC BWTR1	0x0FFF FFFF	SRAM/NOR 闪存写时序寄存器 1
10Ch	FSMC BWTR2	0X0FFF FFFF	SRAM/NOR 闪存写时序寄存器 2
114h	FSMC BWTR3	0X0FFF FFFF	SRAM/NOR 闪存写时序寄存器 3
11Ch	FSMC BWTR4	0X0FFF FFFF	SRAM/NOR 闪存写时序寄存器 4

10.8　FSMC 编程方法

10.8.1　库函数接口

根据不同的存储器类型，HAL 库提供的 FSMC 库函数不同。图 10-5 所示为 FSMC 库函数接口，NOR Flash 和 NAND Flash 的库函数接口请参考 HAL 库。

```
┌─────────────────────────────┐      ┌─────────────────────────────┐
│    HAL_FSMC_POLLING         │      │      HAL_FSMC_DMA           │
├─────────────────────────────┤      ├─────────────────────────────┤
│ +HAL_SRAM_Read_8b()         │      │ +HAL_SRAM_Read_DMA()        │
│ +HAL_SRAM_Write_8b()        │      │ +HAL_SRAM_Write_DMA()       │
│ +HAL_SRAM_Read_16b()        │      └─────────────────────────────┘
│ +HAL_SRAM_Write_16b()                        │
│ +HAL_SRAM_Read_32b()                         ▼                     ┌─────────────────────────────────┐
│ +HAL_SRAM_Write_32b()        ┌──────────────────────────────────┐ │      HAL_DMA_IRQ_HANDLER        │
└─────────────────────────────┘│      HAL_FSMC_DMA_CALLBACK       │ ├─────────────────────────────────┤
                               ├──────────────────────────────────┤ │ +HAL_DMA_IRQHandler()           │
┌─────────────────────────────┐│ +HAL_SRAM_DMA_XferCpltCallback() │◄│ +HAL_DMA_RegisterCallback()     │
│      HAL_FSMC_COMM          ││ +HAL_SRAM_DMA_XferErrorCallback()│ └─────────────────────────────────┘
├─────────────────────────────┤│ -SRAM_DMACplt()                  │
│ +HAL_SRAM_WriteOperation_Enable() │ -SRAM_DMACpltProt()          │ ┌─────────────────────────────────┐
│ +HAL_SRAM_WriteOperation_Disable()│ -SRAM_DMAError()             │ │            NVIC                 │
└─────────────────────────────┘└──────────────────────────────────┘ ├─────────────────────────────────┤
                                                                     │ +DMAx_Channely_IRQHandler()     │
                                                                     └─────────────────────────────────┘
```

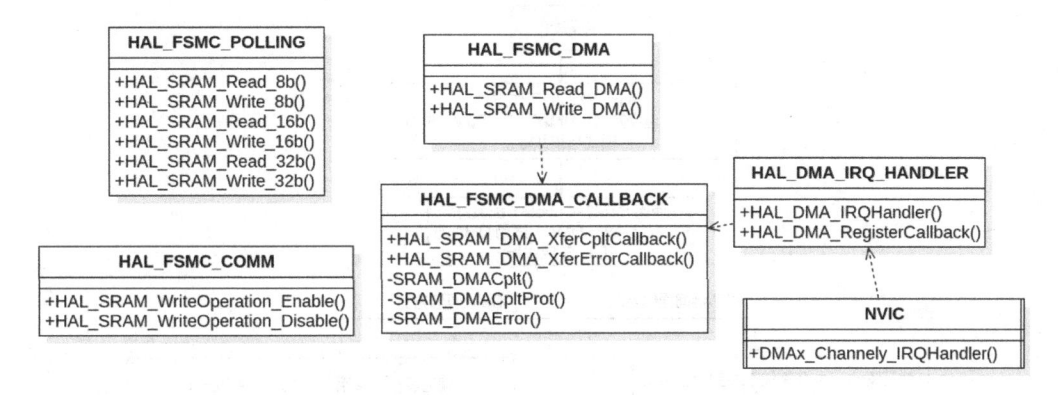

图 10-5　FSMC 库函数接口

HAL 库提供的 SRAM 接口有两种类型，即程序查询方式接口和 DMA 方式接口，说明如下。

- HAL_FSMC_POLLING：程序查询方式（阻塞方式）接口对象。
- HAL_FSMC_DMA：DMA 方式接口对象，是利用 DMA 快速进行读/写操作的非阻塞方式接口对象。
- HAL_FSMC_DMA_CALLBACK：DMA 中断回调函数接口对象，包括传输完成回调函数和 DMA 故障回调函数。
- NVIC：DMA 的 NVIC 中断服务接口对象。
- HAL_DMA_IRQ_HANDLER：DMA 中断处理接口对象。

当调用 DMA 接口（如 HAL_SRAM_Read_DMA()）进行读/写操作时，回调对象的私有函数 SRAM_DMA***()被注册为 DMA 传输完成或出错时的回调函数。在 DMA 操作完成时，私有回调函数进行必要的处理后会调用相应的公有回调函数（如 HAL_SRAM_DMA_XferCpltCallback()），如果用户注册了自己的回调函数，则改为调用用户注册的回调函数。

因此，中断处理及回调函数关系为（以传输完成为例）：

DMAx_Channely_IRQHandler() → HAL_DMA_IRQHandler() → SRAM_DMACplt() → HAL_SRAM_DMA_XferCpltCallback()

用户可以调用 HAL_SRAM_WriteOperation_Disable()禁止对 SRAM 进行写操作，也就是提供写保护。此时，在 DMA 完成后，调用的私有函数为 SRAM_DMACpltProt()，该函数再调用 HAL_SRAM_DMA_XferCpltCallback()。

编程时，用户只需要关注公用回调函数接口即可。

10.8.2　库函数编程方法

库函数编程的基本步骤如图 10-6 所示。

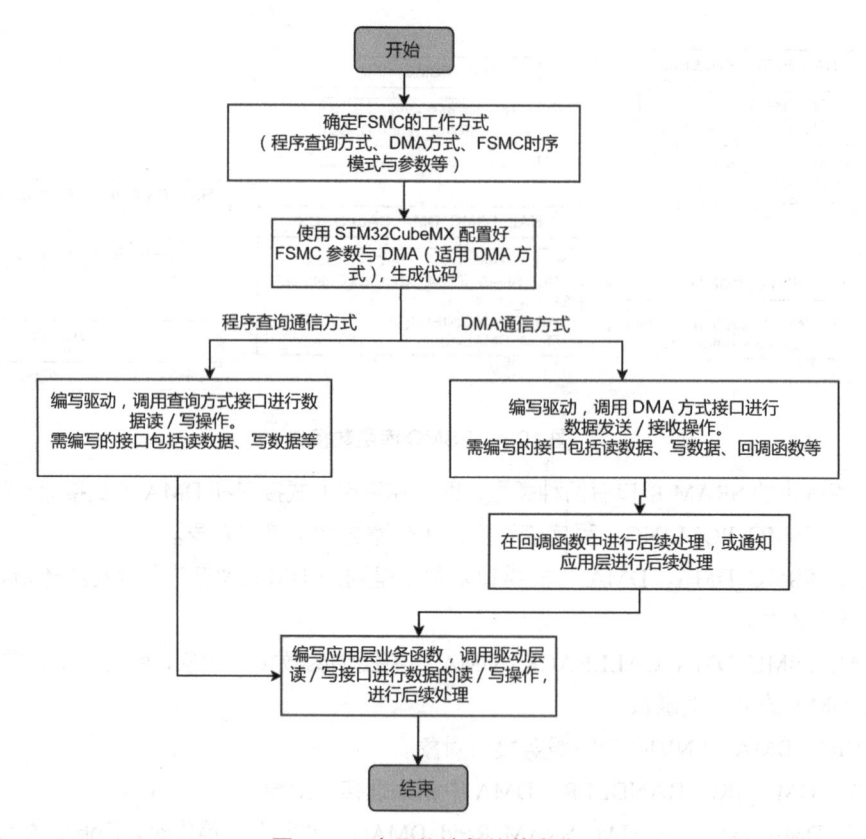

```
                    ┌──────┐
                    │ 开始 │
                    └──┬───┘
                       ▼
           ┌───────────────────────┐
           │   确定FSMC的工作方式    │
           │（程序查询方式、DMA方式、│
           │   FSMC时序模式与参数等）│
           └───────────┬───────────┘
                       ▼
           ┌───────────────────────┐
           │ 使用STM32CubeMX 配置好 │
           │ FSMC参数与DMA（适用DMA │
           │   方式），生成代码      │
           └───────────┬───────────┘
         程序查询通信方式 │ DMA通信方式
              ┌────────┴────────┐
              ▼                 ▼
```

图 10-6 库函数编程的基本步骤

  首先利用 STM32CubeMX 配置好 FSMC 参数，如果使用 DMA 传输，还要指定 DMA 通道和数据源地址、数据宽度等。

  在驱动层，根据通信类型（查询方式或 DMA 方式）完成驱动层读/写接口的开发。驱动层的接口函数利用 HAL 库函数对存储器进行读/写操作，例如，查询方式调用 HAL_SRAM_Read_32b()进行 32 位的存储器读操作；DMA 方式调用 HAL_SRAM_Write_DMA()对存储器进行写操作。

  如果采用 DMA 方式，数据传送完后在回调函数中进行后续处理，或通知应用层进行处理。

  在应用层，利用驱动层接口对存储器进行读/写操作。

10.9　FSMC 编程举例

  下面以查询方式读/写 IS62WV51216BLL SRAM 为例讲解 FSMC 库函数的编程方法。

10.9.1　IS62WV51216BLL 芯片介绍

IS62WV51216BLL 是一款常用的 512KB×16bit，即 1MB 容量的超低功耗高速 SRAM 芯片，其电路如图 10-7 所示。

图 10-7　IS62WV51216BLL 电路

IS62WV51216BLL 有两种读数据方式。

- 地址控制方式：此时，/CS、/OE、/WE、/UB、/LB 都直接连接到低电平。
- 控制线控制方式：此时，/CS、/OE、/WE、/UB、/LB 与 MCU 对应的控制信号相连。

与 FSMC 模式 1 读时序相配的是地址控制方式，其读操作时序如图 10-8 所示。

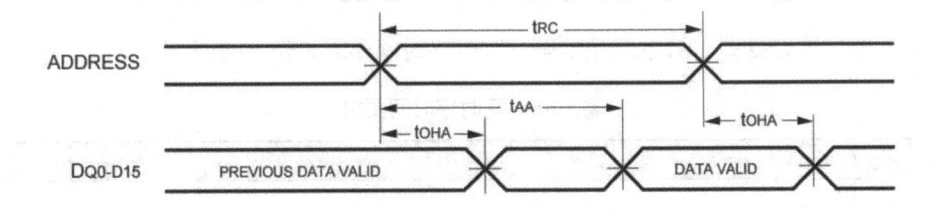

图 10-8　读操作时序（出自 IS62WV51216 手册）

读时序时间要求如表 10-4 所示。

表 10-4 读时序时间要求

符号	参数说明	最小值/ns	最大值/ns
tRC	读周期	55	—
tAA	地址访问时间	—	55
tOHA	输出保持时间	10	—

IS62WV51216BLL 有四种写数据时序方式。

- /CS1 受控写入。
- /WE 受控写入,写操作期间/OE 为高电平。
- /WE 受控写入,写操作期间/OE 为低电平。
- /UB、/LB 受控写入。

与 FSMC 模式 1 写时序相配的是/CS1 受控写入方式,其写入操作时序如图 10-9 所示。

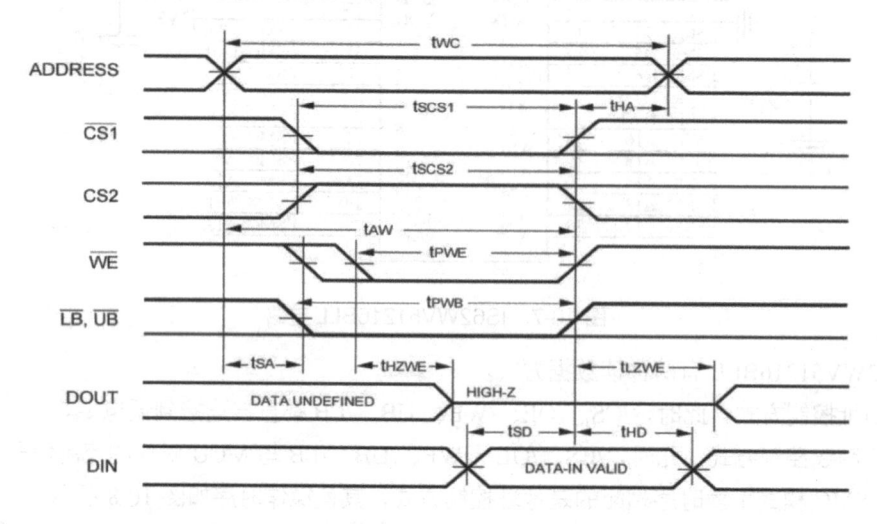

图 10-9 /CS1 受控写入操作时序(出自 IS62WV51216 手册)

注意:图中的 CS2 是 CS1 的反相信号。写时序时间要求如表 10-5 所示。

表 10-5 写时序时间要求

符号	参数说明	最小值/ns	最大值/ns
tWC	写周期	55	—
tSCS1/tSCS2	从/CS1 有效到写结束的时间	45	—
tAW	从地址建立到时定结束的时间	45	—
tHA	从写结束开始的地址保持时间	0	—
tSA	地址建立时间	0	—

续表

符号	参数说明	最小值/ns	最大值/ns
tPWB	从/LB、/UB 有效到写结束的时间	45	—
tPWE	/WE 信号的脉冲占空比	40	—
tSD	从数据建立到写结束的时间	25	—
tHD	从写结束开始的数据保持时间	0	—
tHZWE	/WE 信号从低电平变成高阻的时间	—	20
tLZWE	/WE 信号从高电平变成高阻的时间	5	—

10.9.2 利用库函数读/写 SRAM

1. 使用 STM32CubeMX 配置 FSMC 参数

1）FSMC Mode 配置如下

如图 10-10 所示，选择"Connectivity"→"FSMC"选项，展开 NOR Flash/PSRAM/SRAM/ROM/LCD 1"选区，配置第 1 块的参数。

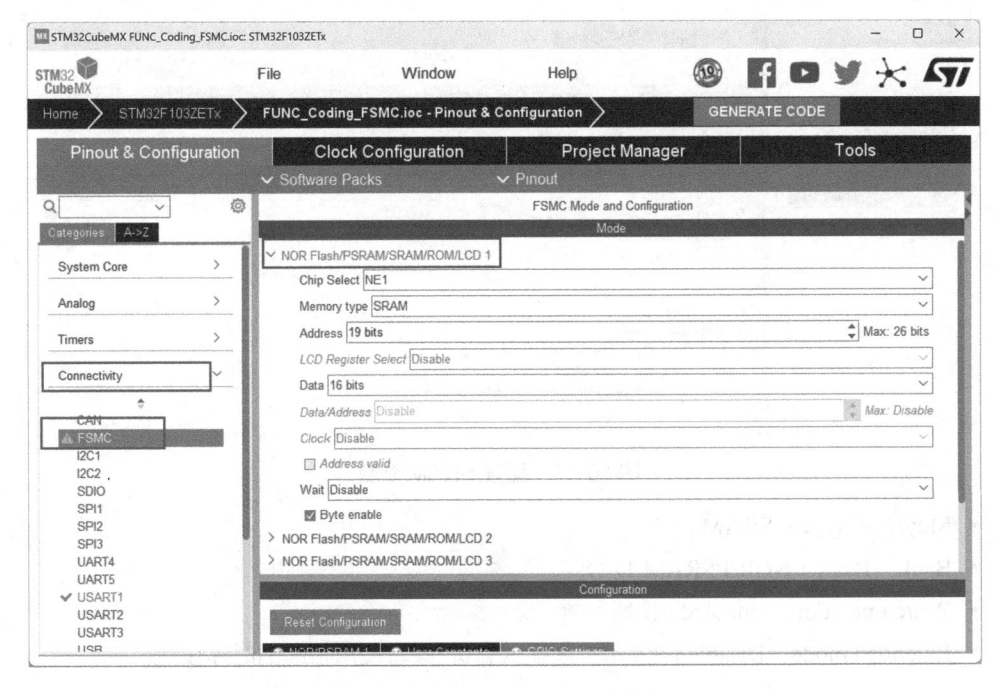

图 10-10　FSMC Mode 配置

- Chip Select：NE1 //SRAM 存储连接在 Bank1。

- Memory type：SRAM。
- Address：19bits //19 根地址线。
- Data：16bits //数据宽度为 16 位。
- Wait：Disable //禁用等待。
- Byte enable：勾选。

由于是 16 位数据宽度，1MB 的容量仅使用 19 根地址线，因此，需要使用 FSMC_NBL0 和 FSMC_NBL1 来区分是访问低字节、高字节还是两者同时存取（相当于有 20 根地址线）。

2）NOR/PSRAM1 配置

在 NOR/PSRAM 标签中配置 SRAM 参数，如图 10-11 所示。

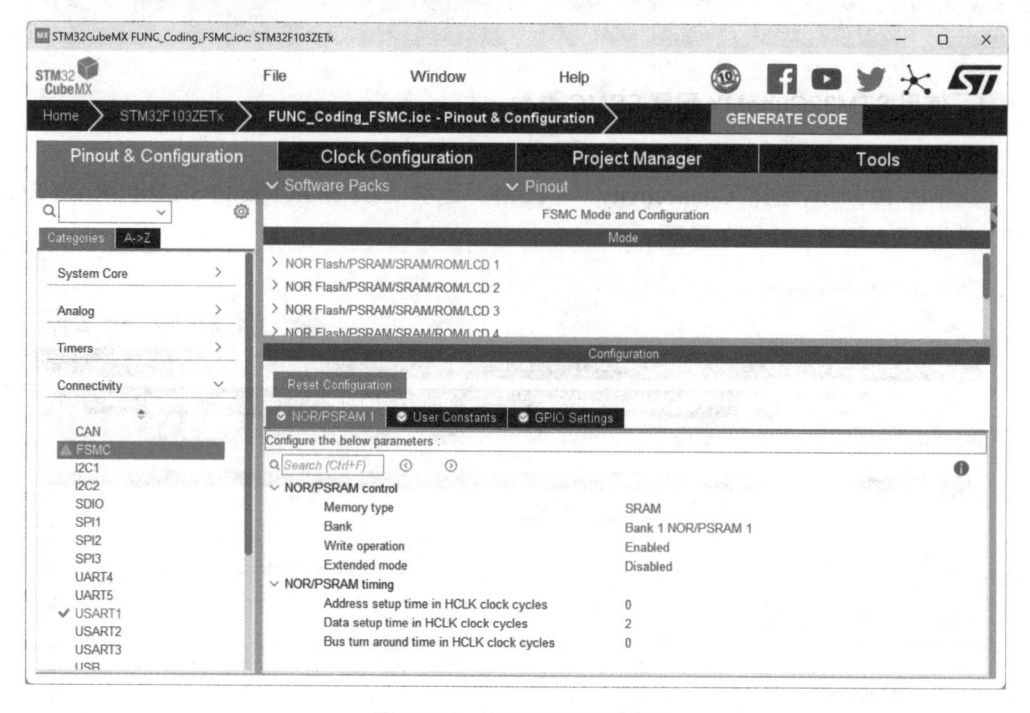

图 10-11　配置 SRAM 参数

- Meymory type：SRAM。
- Bank：Bank 1 NOR/PSRAM 1。
- Write operation：Enabled //使能写操作。
- Extended mode：Disabled //禁用扩展模式，即读/写使用相同的时序设置。

2. 使用 STM32CubeMX 生成代码

配置完成后单击"GENERATE CODE"按钮，工具会自动生成 Core/Src/fsmc.c 和

Core/Src/fsmc.h 文件，其初始化源码如下。

```c
1   /* 文件 Core/Src/fsmc.c */
2   #include "fsmc.h"
3   SRAM_HandleTypeDef hsram1;
4   void MX_FSMC_Init(void)
5   {
6     FSMC_NORSRAM_TimingTypeDef Timing = {0};
7     hsram1.Instance = FSMC_NORSRAM_DEVICE;
8     hsram1.Extended = FSMC_NORSRAM_EXTENDED_DEVICE;
9     /* hsram1.Init */
10    hsram1.Init.NSBank = FSMC_NORSRAM_BANK1;
11    hsram1.Init.DataAddressMux = FSMC_DATA_ADDRESS_MUX_DISABLE;
12    hsram1.Init.MemoryType = FSMC_MEMORY_TYPE_SRAM;
13    hsram1.Init.MemoryDataWidth = FSMC_NORSRAM_MEM_BUS_WIDTH_16;
14    hsram1.Init.BurstAccessMode = FSMC_BURST_ACCESS_MODE_DISABLE;
15    hsram1.Init.WaitSignalPolarity = FSMC_WAIT_SIGNAL_POLARITY_LOW;
16    hsram1.Init.WrapMode = FSMC_WRAP_MODE_DISABLE;
17    hsram1.Init.WaitSignalActive = FSMC_WAIT_TIMING_BEFORE_WS;
18    hsram1.Init.WriteOperation = FSMC_WRITE_OPERATION_ENABLE;
19    hsram1.Init.WaitSignal = FSMC_WAIT_SIGNAL_DISABLE;
20    hsram1.Init.ExtendedMode = FSMC_EXTENDED_MODE_DISABLE;
21    hsram1.Init.AsynchronousWait = FSMC_ASYNCHRONOUS_WAIT_DISABLE;
22    hsram1.Init.WriteBurst = FSMC_WRITE_BURST_DISABLE;
23    /* Timing */
24    Timing.AddressSetupTime = 0;
25    Timing.AddressHoldTime = 15;
26    Timing.DataSetupTime = 2;
27    Timing.BusTurnAroundDuration = 0;
28    Timing.CLKDivision = 16;
29    Timing.DataLatency = 17;
30    Timing.AccessMode = FSMC_ACCESS_MODE_A;
31    /* ExtTiming */
32    if (HAL_SRAM_Init(&hsram1, &Timing, NULL) != HAL_OK)
33    {
34      Error_Handler( );
35    }
36    __HAL_AFIO_FSMCNADV_DISCONNECTED();
37  }
38
39  static uint32_t FSMC_Initialized = 0;
40  static void HAL_FSMC_MspInit(void){
41    GPIO_InitTypeDef GPIO_InitStruct = {0};
```

```
42      if (FSMC_Initialized) {
43        return;
44      }
45      FSMC_Initialized = 1;
46      GPIO_InitStruct.Pin = GPIO_PIN_0|GPIO_PIN_1|GPIO_PIN_2|GPIO_PIN_3
47                            |GPIO_PIN_4|GPIO_PIN_5|GPIO_PIN_12|GPIO_PIN_13
48                            |GPIO_PIN_14|GPIO_PIN_15;
49      GPIO_InitStruct.Mode = GPIO_MODE_AF_PP;
50      GPIO_InitStruct.Speed = GPIO_SPEED_FREQ_HIGH;
51
52      HAL_GPIO_Init(GPIOF, &GPIO_InitStruct);
53
54      /* GPIO_InitStruct */
55      GPIO_InitStruct.Pin = GPIO_PIN_0|GPIO_PIN_1|GPIO_PIN_2|GPIO_PIN_3
56                            |GPIO_PIN_4|GPIO_PIN_5;
57      GPIO_InitStruct.Mode = GPIO_MODE_AF_PP;
58      GPIO_InitStruct.Speed = GPIO_SPEED_FREQ_HIGH;
59
60      HAL_GPIO_Init(GPIOG, &GPIO_InitStruct);
61
62      /* GPIO_InitStruct */
63      GPIO_InitStruct.Pin = GPIO_PIN_7|GPIO_PIN_8|GPIO_PIN_9|GPIO_PIN_10
64    |GPIO_PIN_11|GPIO_PIN_12|GPIO_PIN_13|GPIO_PIN_14
65                            |GPIO_PIN_15|GPIO_PIN_0|GPIO_PIN_1;
66      GPIO_InitStruct.Mode = GPIO_MODE_AF_PP;
67      GPIO_InitStruct.Speed = GPIO_SPEED_FREQ_HIGH;
68      HAL_GPIO_Init(GPIOE, &GPIO_InitStruct);
69      /* GPIO_InitStruct */
70      GPIO_InitStruct.Pin = GPIO_PIN_8|GPIO_PIN_9|GPIO_PIN_10|GPIO_PIN_11
71    |GPIO_PIN_12|GPIO_PIN_13|GPIO_PIN_14|GPIO_PIN_15
72                            |GPIO_PIN_0|GPIO_PIN_1|GPIO_PIN_4|GPIO_PIN_5
73                            |GPIO_PIN_7;
74      GPIO_InitStruct.Mode = GPIO_MODE_AF_PP;
75      GPIO_InitStruct.Speed = GPIO_SPEED_FREQ_HIGH;
76
77      HAL_GPIO_Init(GPIOD, &GPIO_InitStruct);
78    }
79
80    void HAL_SRAM_MspInit(SRAM_HandleTypeDef* sramHandle){
81      HAL_FSMC_MspInit();
82    }
```

```
83
84  /* 文件 Core/Src/fsmc.h */
85  #define __FSMC_H
86  #ifdef __cplusplus
87   extern "C" {
88  #endif
89  #include "main.h"
90  extern SRAM_HandleTypeDef hsram1;
91  void MX_FSMC_Init(void);
92  void HAL_SRAM_MspInit(SRAM_HandleTypeDef* hsram);
93  void HAL_SRAM_MspDeInit(SRAM_HandleTypeDef* hsram);
94  #ifdef __cplusplus
95  }
96  #endif
97  #endif /*__FSMC_H */
```

在 main.c 中会生成调用 MX_FSMC_Init() 的代码, 如下。

```
1   int main(void)
2   {
3    ......; //其他代码
4    /* Initialize all configured peripherals */
5    MX_GPIO_Init();
6    MX_FSMC_Init();
7    MX_USART1_UART_Init();
8    /* USER CODE BEGIN 2 */
9    ......; //其他代码
10  }
```

3. 读/写操作

下面是调用 HAL 库函数进行 SRAM 读/写的测试代码, 在 app_init() 中可以调用 fsmc_test() 进行测试。

```
1   /* 文件: App/fsmc_test.c */
2   #include "fsmc.h"
3   #include "string.h"
4   #define FSMC_ADD ((uint32_t *)(0x60000000 + (1<<20) - 64))
5   uint8_t *data1 = (uint8_t *)"abcdefgh";
6   uint16_t data2[] = {1,2,3,4};
7   uint8_t buf1[30];
8   uint16_t buf2[30];

9   void fsmc_test(void){
```

```
10    HAL_SRAM_Write_8b(&hsram1, FSMC_ADD, data1, strlen((char*)data1));
11    HAL_SRAM_Read_8b(&hsram1, FSMC_ADD, buf1, strlen((char*)data1));
12    HAL_SRAM_Write_16b(&hsram1, FSMC_ADD, data2,sizeof(data2)/2);
13    HAL_SRAM_Read_16b(&hsram1, FSMC_ADD, buf2, sizeof(buf2)/2);
}
```

10.10 习题

1. FSMC 有哪些接口信号，各是什么功能？
2. FSMC 支持哪些存储器类型？
3. FSMC 的 HAL 库函数接口有哪些？

第 11 章

I²C 编程

异步串行通信在传送每一个字符时都要发送一个起始信号来同步通信双方的时钟，其通信速率较低，不适用于需要批量数据传送的高通信速率场合。

I²C 是一种同步、半双工的串行通信方式，常用于集成块之间的通信，这种接口仅需要使用两根通信线，接口简单，而且通信速率较高，在嵌入式系统中有着广泛应用。

11.1 学习目标

本章的学习目标如下。
- 理解 I²C 的工作原理。
- 熟悉 I²C 的工作方式。
- 理解 I²C 通信事件，熟悉 I²C 发送/接收过程。
- 熟悉 I²C 库函数接口，掌握库函数编程的方法。
- 掌握使用 STM32CubeMX 配置 I²C 参数及其中断、DMA 的方法。
- 掌握采用程序查询、中断和 DMA 通信方式进行 I²C 编程的方法。
- 掌握基于面向对象思想，使用类图、序列图进行软件建模的方法。
- 熟悉 AT24C02 EEPROM 的工作原理与驱动编程方法。
- 熟悉温湿度传感器 AHT10 驱动的编程方法。

11.2 I²C 协议简介

I²C（Inter-Integrated Circuit）总线，即集成电路互联总线，是一种同步、半双工的两线制串行总线，用于集成块之间的数据通信。

I²C 只需要两根通信线就可以在器件之间传送信息，这两根通信线如下。

- SCL：串行时钟线，用于提供时钟信号。SCL 信号由主机产生。
- SDA：串行数据线，用于传送二进制数据信号。SDA 信号可以由主机或从机产生。

SDA 和 SCL 都是双向 I/O 线，接口电路为开漏输出，需通过上拉电阻接电源 Vcc。当总线空闲时，两根通信线都是高电平状态。

I²C 总线的通信模式有三种。

- 标准模式：最高速率可达 100kbit/s。
- 快速模式：最高速率可达 400kbit/s。
- 高速模式：最高速率可达 3.4Mbit/s。

11.2.1 I²C 网络

I²C 总线是一种多主机总线，多个 I²C 设备可以通过 I²C 总线构成一个通信网络，网络中可以有多个设备是主机设备，I²C 总线示意图如图 11-1 所示。

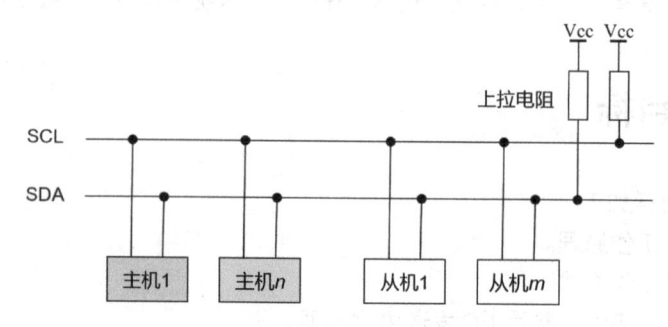

图 11-1 I²C 总线示意图

主机设备用于产生时钟信号，启动总线（发送开始信号）、关闭总线并控制数据传输过程。

I²C 总线上的任何设备既可以作为主机也可以作为从机。I²C 提供冲突检测与仲裁机制，它保证了在任何时刻只有一个主机设备取得总线控制权与其他从机设备通信，从而避免数据破坏。

每个连接到 I²C 总线上的器件都有唯一的地址，设备地址由软件设定，使用非常灵活。

11.2.2 I²C 总线信号与时序

如图 11-2 所示，在数据传送过程中，I²C 总线上有四种信号。

（1）开始信号：当 SCL 为高电平时，SDA 由高电平跳变为低电平，即表示数据传送开始。

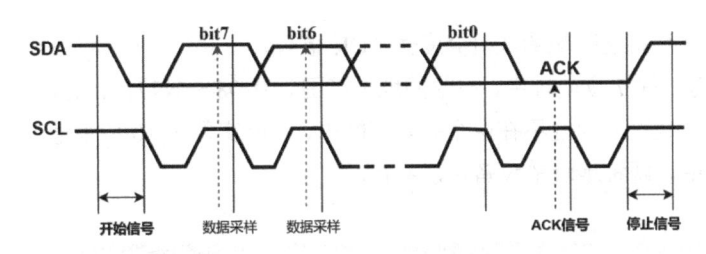

图 11-2 I²C 总线信号与时序示意图

（2）数据信号：开始信号发送完后即开始发送数据。每个 SCL 周期发送一位二进制数，SDA 必须在 SCL 为高电平时保持为低电平或高电平，用于表示二进制 0 或 1。

数据以字节（8 位）为单位发送，高位在前，低位在后。一次 I²C 传输的数据个数没有限制，最少为 1 字节。

（3）停止信号：当 SCL 为高电平时，SDA 由低电平跳变为高电平，即表示数据传送结束。

（4）应答信号/ACK 信号：当从机接收到 8 位数据后，向主机发送低电平（SCL 为高电平时），表示从机接收到了数据。

串行数据传送总是以起始条件开始并以停止条件结束的。在上述四种信号中，开始信号、停止信号由主机产生。数据信号根据传输方向，可以由主机或从机产生。

在一次 I²C 传输操作中，开始信号是必需的，结束信号和 ACK 信号不是必需的。当设定了从机需要发送 ACK 信号，而主机未接收到 ACK 信号时，主机将判定通信发生故障。

11.2.3　I²C 设备地址格式

I²C 设备地址有两种格式。

- 7 位地址：设备地址为 7 位时，最后一位，即 bit0 位为读/写方向位，如图 11-3 所示。bit0=0 时，主机为发送器，向从机写数据；bit0=1 时，主机为接收器，接收来自从机的数据。
- 10 位地址：如图 11-4 所示，设备地址为 10 位，分 2 字节传输。第 1 字节的 bit3~bit7 位为 10 位地址标识，固定为 11110，bit1、bit2 为 10 位地址的高 2 位，bit0 为读/写方向位。第 2 字节为 10 位地址的低 8 位。

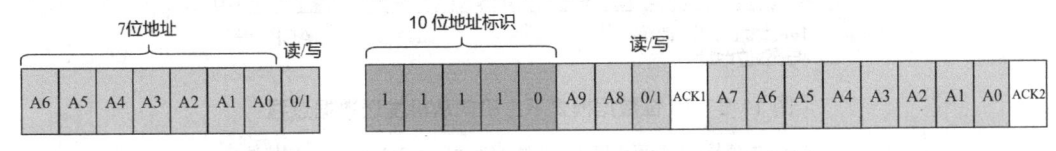

图 11-3　7 位地址示意图　　　　图 11-4　10 位地址示意图

在第 1 字节传送完成后，与地址 A8、A9 位匹配的从机都会发送一个 ACK 信号。第 2 字节发送完后，只有一个与之匹配的从机会发送 ACK 信号。

根据 I²C 规范，在 7 位地址中，有效的地址范围为 0x08～0x77，因此，以 10 位地址指示器开始的 7 位数据所表达的地址不在这个有效范围内，从而实现了 10 位地址与 7 位地址兼容，也就是在一个网络中，两种地址的设备可以共存。

11.2.4　I²C 数据传送过程

11.2.4.1　主机发送

主机要向从机发送数据。

（1）首先要发送开始信号。I²C 总线上的所有从机接收到该信号后就准备接收 1 字节的地址数据（包含方向位）。

（2）主机发送 7 位地址，并紧跟着发送方向位 0 表示写操作。

（3）从机接收到地址后与自己的地址相比较，如果相同则在下一个 SCL 周期向主机发送 ACK 信号；如果与自己的地址不匹配则不进行后续 I²C 通信操作。

（4）主机接收到 ACK 信号后开始发送数据。一次 I²C 传输可以发送多字节数据。

（5）根据配置，从机在接收到 1 字节的数据后发送或不发送 ACK 信号。

（6）主机发送停止信号通知从机结束此次通信操作。

主机向从机发送数据过程如图 11-5 和图 11-6 所示。其中，在 10 位数据模式下，地址分成 2 字节发送，第 1 字节包含 10 位地址标识、高 2 位地址和通信方向位，每个地址字节发送完后从机都要发送 ACK 信号应答主机。

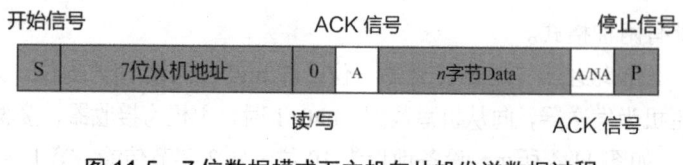

图 11-5　7 位数据模式下主机向从机发送数据过程

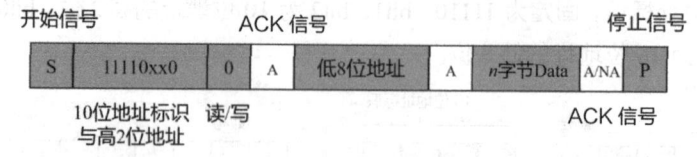

图 11-6　10 位数据模式下主机向从机发送数据过程

（S 为开始信号；P 为停止信号；A 为 ACK 信号；NA 为非 ACK 信号）

11.2.4.2　主机接收

主机接收数据过程如图 11-7 和图 11-8 所示。主机接收过程与发送过程类似，不同之处如下。

```
开始信号              ACK 信号           停止信号
  S   | 7位从机地址 | 1 | A |  n字节Data  | NA | P
                     读/写              ACK 信号
```

图 11-7　7 位数据模式下主机接收数据过程

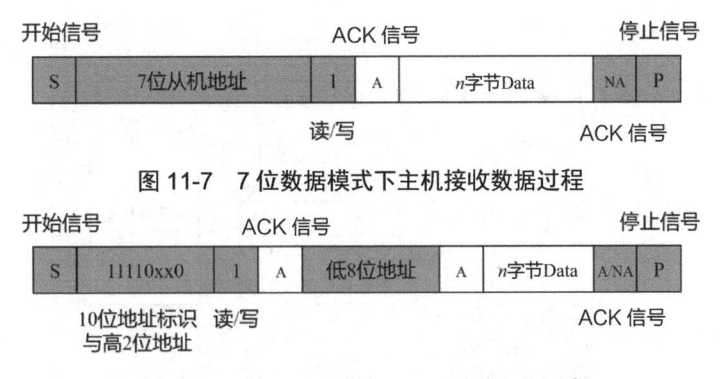

```
开始信号              ACK 信号                          停止信号
  S  | 11110xx0 | 1 | A | 低8位地址 | A | n字节Data | A/NA | P
     10位地址标识  读/写                              ACK 信号
     与高2位地址
```

图 11-8　10 位数据模式下主机接收数据过程

（S：开始信号；P：停止信号；A：Acknowledge，ACK 信号；NA：非 ACK 信号）

- 数据方向位为 1，表示读操作。
- 数据由从机准备好，并在主机发送的时钟信号 SCL 控制下，按位发送给主机。

11.3　STM32F103ZET6 I²C 的工作原理

11.3.1　主要特性

STM32F103ZET6 有两个 I²C 接口，其主要特性如下。
- 支持多主机功能，本模块既可做主设备也可做从设备。
- 支持双地址。
- 支持 7 位和 10 位地址。
- 支持两种通信速率，即标准速率（最高达 100kbit/s）和快速速率（最高达 400kbit/s）。
- 具有单字节缓冲器的 DMA。
- 信息包错误检测（Packet Error Checking，PEC）的产生或校验均可配置。
- 兼容 SMBus 和 SMBus 2.0。

11.3.2　功能结构

图 11-9 所示为 STM32F103ZET6 I²C 功能结构示意图。从图中可以看到，本模块支持两个地址，通过比较器判断当前通信目标是否为本设备。要发送的数据或接收的数据都保存在数据寄存器 I2C_DR 中。通过状态寄存器 I2C_SR1 和 I2C_SR2 反馈数据传送结果。

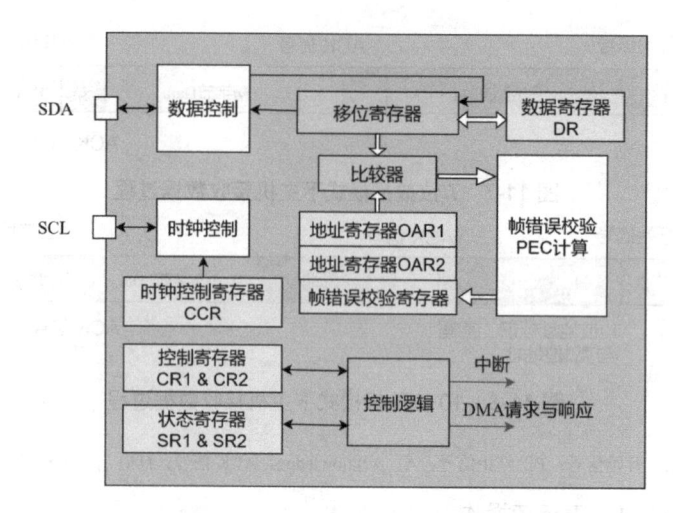

图 11-9　STM32F103ZET6 I²C 功能结构示意图

在数据传送完成或产生错误时可以发出中断请求。

本设备支持 DMA 传输。

11.3.3　工作方式

本模块既可以做主机，也可以做从机，并且支持多主机模式。本接口有以下 4 种工作模式。

- 主发送器模式：本模块为主机，向从机发送数据。
- 主接收器模式：本模块为主机，接收来自从机的数据。
- 从发送器模式：本模块为从机，向主机发送数据。
- 从接收器模式：本模块为从机，接收来自主机的数据。

主模式时，由本模块产生时钟信号启动数据传输，并在数据传输结束时发送停止信号。开始条件和停止条件都是在主模式下由软件控制产生的。

从模式时，I²C 接口能识别它自己的地址和广播呼叫地址。软件能够控制开启或禁止广播呼叫地址的识别。

本模块默认工作于从模式。接口在生成开始条件后自动地从从模式切换到主模式。当仲裁丢失或产生停止信号时，则从主模式切换到从模式。

11.3.3.1　事件

I²C 通信事件是指在 I²C 数据传输过程中完成了某一操作。这些操作的完成，即事件的发生通过触发一些标志位来反映（部分事件无标志位）。

不同的工作方式所触发的事件不同，I²C 通信事件触发时机与清除操作一览表如表 11-1 所示。

表 11-1　I²C 通信事件触发时机与清除操作一览表

事件名	工作模式	触发条件	说明
EV1	从发送器 从接收器	ADDR=1	当接收到的地址与本机匹配时，ADDR 置位。读 SR1，然后读 SR2 清零
EV2	从接收器	RxNE=1	接收数据寄存器非空时置位。 读 DR 清零
EV3-1	从发送器	TxE=1，移位寄存器为空，数据寄存器为空	数据寄存器为空时，TxE 置位。写 DR 清零
EV3	从发送器	TxE=1，移位寄存器非空，数据寄存器为空	写 DR 清零
EV3-2	从发送器	AF=1	应签失败事件，在没有接收到应签信号时触发
EV4	从接收器	STOPF=1	检测到停止条件时 STOPF 置位。读 SR1，然后写 CR1 清零
EV5	主发送器 主接收器	SB=1	开始条件已发送时 SB 置位。读 SR1，然后写 DR 清零
EV6	主发送器	ADDR=1	地址发送完成后 ADDR 置位。读 SR1，然后读 SR2 清零
EV6-1	主接收器	没有对应的事件标志，只适用于接收 1 字节的情况	恰好在 EV6 之后，要清除响应和停止条件的产生位
EV7	主接收器	RxNE=1	接收数据寄存器非空时置位。 读 DR 清零
EV7-1	主接收器	RxNE=1	用于设置 ACK=0 和 STOP 请求
EV8	主发送器	TxE=1，移位寄存器非空，数据寄存器为空	读 SR1 后再读或写 DR 清零
EV8-1	主发送器	TxE=1，移位寄存器为空，数据寄存器为空	写 DR 清零
EV8-2	主发送器	TxE=1，BTF=1	数据寄存器为空时 TxE 置位。字节发送完时 BTF 置位。用于请求设置停止位
EV9	主发送器 主接收器	ADDR10=1	在主设备将地址的第 1 字节发送出去时 ADDR10 置位。读 SR1，然后写入 DR 清零

11.3.3.2　主发送器模式

主发送器模式的时序如图 11-10 所示。

在此模式下，由本接口向从机发送数据。本接口操作步骤（以 7 位地址为例）如下。

- 发送开始信号。
- 开始信号发送完成后（SR1.SB 位置 1）触发 EV5 事件。
- 在 EV5 事件处理程序中向从机发送地址（EV5 事件同时清零）并等待从机 ACK 信号。

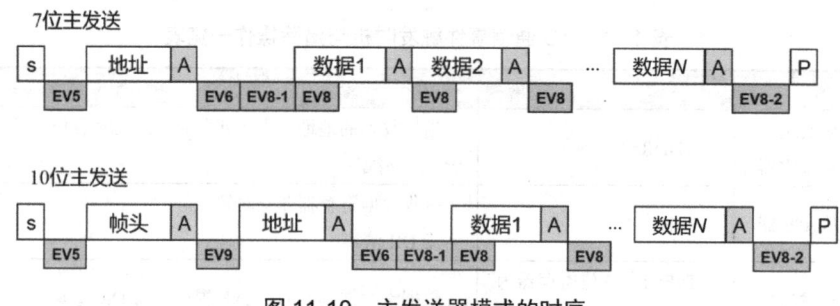

```
         7位主发送
    ┌─┬────┬─┬────┬─┬────┬─┬───┬────┬─┬─┐
    │s│ 地址│A│数据1│A│数据2│A│...│数据N│A│P│
    └─┴────┴─┴────┴─┴────┴─┴───┴────┴─┴─┘
     EV5    EV6 EV8-1 EV8  EV8        EV8-2

         10位主发送
    ┌─┬────┬─┬────┬─┬────┬─┬───┬────┬─┬─┐
    │s│ 帧头│A│ 地址│A│数据1│A│...│数据N│A│P│
    └─┴────┴─┴────┴─┴────┴─┴───┴────┴─┴─┘
     EV5    EV9    EV6 EV8-1 EV8       EV8-2
```

图 11-10 主发送器模式的时序

（s: 开始信号；A: ACK 信号；P: 停止信号；EVx: 事件 x）

- 接到从机 ACK 信号后触发 EV6 事件（SR1.ADDR 位置 1）。
- 如果数据寄存器为空（SR1.Tx 置 1），则相继触发 EV8-1、EV8 事件。
- 主机等待，直到在 EV8-1、EV8 事件中向数据寄存器 I2C_DR 中写数据将 TxE 标志清零，即清除 EV8-1 或 EV8 事件。发送数据前要清除 EV6 事件（即 SR1.ADDR 清堆零）。
- 在最后一个数据写入数据寄存器 I2C_DR 后触发事件 EV8-2 事件，可以设置 STOP 位产生停止条件。

在主发送器模式下，如果发送数据寄存器为空（TxE 被置位），并且在上一次数据发送结束之前没有写新的数据字节到数据寄存器 I2C_DR 中，则字节发送结束位 BTF 被硬件置位。在清除 BTF 之前 I²C 接口将保持 SCL 为低电平，读出状态寄存器 I2C_SR1 之后再写入数据寄存器 I2C_DR 将清除 BTF 位。

在产生了停止条件后，I²C 接口自动回到从模式（M/SL 位被清零）。

11.3.3.3 主接收器模式

主接收器模式的时序如图 11-11 所示。

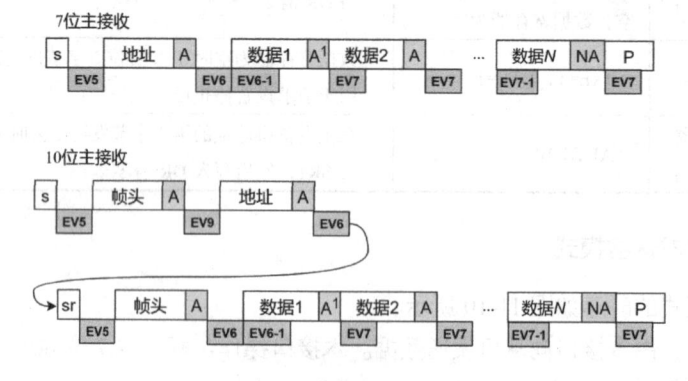

```
         7位主接收
    ┌─┬────┬─┬────┬──┬────┬─┬───┬────┬──┬─┐
    │s│ 地址│A│数据1│A¹│数据2│A│...│数据N│NA│P│
    └─┴────┴─┴────┴──┴────┴─┴───┴────┴──┴─┘
     EV5    EV6 EV6-1  EV7   EV7     EV7-1  EV7

         10位主接收
    ┌─┬────┬─┬────┐
    │s│ 帧头│A│ 地址│
    └─┴────┴─┴────┘
     EV5    EV9   EV6
                    │
    ┌──┬────┬─┬────┬──┬────┬─┬───┬────┬──┬─┐
    │sr│ 帧头│A│数据1│A¹│数据2│A│...│数据N│NA│P│
    └──┴────┴─┴────┴──┴────┴─┴───┴────┴──┴─┘
      EV5    EV6 EV6-1  EV7   EV7      EV7-1 EV7
```

图 11-11 主接收器模式的时序

（s: 开始信号；sr: 重复的开始信号；A: ACK 信号；NA: 非 ACK 信号；P: 停止信号；EVx: 事件 x；A¹: 只接收 1 字节时为 NA）

在此模式下，本接口接收来自从机的数据。本接口操作步骤（以 7 位地址为例）如下。

1）数据接收
- 发送开始信号。
- 开始信号发送完成后（SR1.SB 置位 1）触发 EV5 事件。
- 在 EV5 事件处理程序中向从机发送地址（EV5 事件同时清零）并等待从机 ACK 信号。
- 主机接收到从机 ACK 信号后触发 EV6 事件（SR1.ADDR 置位 1），并开始接收从机发来的数据。
- 如果 CR1.ACK=1，主机接收到数据后向从机发送 ACK 信号（最后 1 字节发送 NACK 信号），并触发 EV7 事件（SR1.RxNE 置位 1）。
- 在 EV7 事件处理程序中，主机读取数据寄存器 I2C_DR 获取数据，同时清除 EV7 事件（SR1.RxNE 位清零）。
- 继续接收下 1 字节数据。

如果接收数据寄存器非空（RxNE 被置位），并且在接收新数据结束前，数据寄存器 I2C_DR 中的数据没有被读走，硬件将设置字节发送结束位 BTF=1，在清除 BTF 之前 I²C 接口将保持 SCL 为低电平；读出状态寄存器 I2C_SR1 之后再读出数据寄存器 I2C_DR 将清除 BTF 位。

2）通信关闭

主设备在接收到从设备最后 1 字节后发送一个 NACK 脉冲。从设备接收到 NACK 脉冲后，释放对 SCL 和 SDA 的控制，主设备就可以发送一个停止/重开始条件。

- 为了在接收到最后 1 字节后产生一个 NACK 脉冲，在读倒数第 2 个数据字节之后必须清除 ACK 位。
- 为了产生一个停止/重开始条件，软件必须在读倒数第 2 个数据字节之后设置 STOP/START 位。
- 如果只接收 1 字节，EV6 事件后触发 EV6-1 事件，此时要将 CR1.ACK 清零以便不产生 ACK 信号。
- 可以通过设置 CR1.POS 位来控制 ACK 信号作用的位置。

在产生了停止条件后，I²C 接口自动回到从模式（M/SL 位被清零）。

11.3.3.4 从发送器模式

从发送器模式的时序如图 11-12 所示。

在此模式下，本接口工作在从模式，向主机发送数据，其操作步骤如下。

- 接收到开始信号与地址信号后，将接收到的地址与本机地址匹配，匹配成功发送 ACK 信号响应主机，并触发 EV1 事件（SR1.ADDR 置 1）。

- 如果数据寄存器为空（SR1.TxE 置位），根据移位寄存器为空或非空，触发 EV3-1 或 EV3 事件。
- 在 EV3-1 或 EV3 事件中，写数据到数据寄存器 I2C_DR 中清除该事件，写数据前要清除 EV1 事件（SR1.ADDR 清零）。

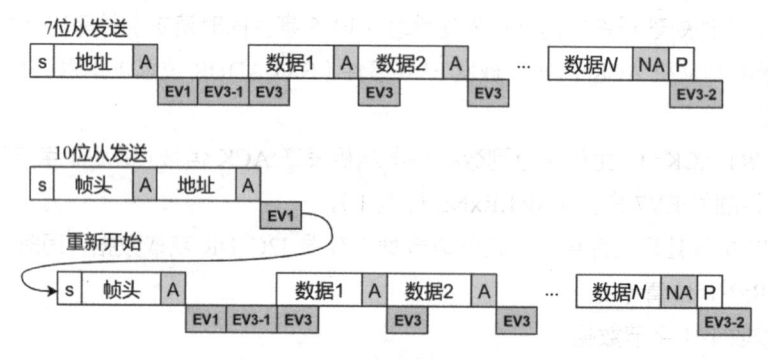

图 11-12　从发送器模式的时序

（s：开始信号；A：ACK 信号；NA：非 ACK 信号；P：停止信号；EVx：事件 x）

- 接收到主机的 ACK 信号后触发 EV3 事件。
- 在 EV3 事件中继续写下 1 字节数据。

在 EV1 事件后，从设备将保持 SCL 为低电平，直到 ADDR 位被清除并且待发送数据已写入数据寄存器 I2C_DR。

如果 SR1.TxE 位被置位，但在下一个数据发送结束之前没有新数据写入数据寄存器 I2C_DR，则 BTF 位被置位，在清除 BTF 之前 I²C 接口将保持 SCL 为低电平，读出状态寄存器 I2C_SR1 之后再写入数据寄存器 I2C_DR 将清除 BTF 位。

11.3.3.5　从接收器模式

从接收器模式的时序如图 11-13 所示。

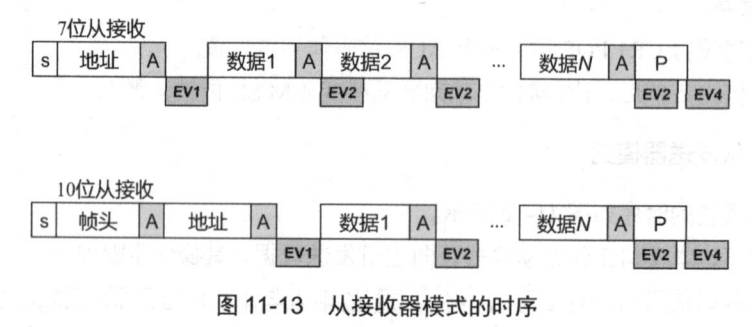

图 11-13　从接收器模式的时序

（s：开始信号；A：ACK 信号；NA：非 ACK 信号；P：停止信号；EVx：事件 x）

在此模式下，本接口工作在从模式，从主机接收数据。其操作步骤如下。

- 接收到开始信号与地址信号后，将接收到的地址与本机地址匹配，匹配成功发送 ACK 信号响应主机，并触发 EV1 事件（SR1.ADDR 置 1）。
- 在 EV1 事件处理程序中清除 EV1 事件（SR1.ADDR 清零）后开始接收数据。
- 接收到数据后，如果 CR1.ACK 位=1，则向主机发送 ACK 信号。
- ACK 信号发送完后 SR1.RxNE 置 1，触发 EV2 事件。
- 在 EV2 事件处理程序中读取数据寄存器 I2C_DR 获取数据，同时清除 EV2 事件继续接收下一个数据。
- 检测到停止信号（SR1.STOPF 置 1）触发 EV4 事件。
- 在 EV4 事件处理程序中读状态寄存器 I2C_SR1 后写控制寄存器 I2C_CR1 清除该事件（SR1.STOPF 清零），结束此次通信。

11.3.4 通信故障

在 I²C 通信过程中，可能发生以下四种通信故障。

（1）总线错误（Bus Error，BERR）：是指在地址或数据字节传输期间，I²C 接口检测到外部产生的停止信号或开始信号。

（2）应答错误（Acknowledge Failure，AF）：当接口没有检测到必需的应答信号时产生应答错误。

（3）仲裁丢失（Arbitration Lost，ARLO）：当 I²C 接口检测到仲裁丢失时产生仲裁丢失错误，I²C 接口回到从模式（M/SL 位被清零）。

（4）过载/欠载（Overflow，OVR）错误：在从模式下，当禁止时钟延长，I²C 接口正在接收数据时，如果数据寄存器 I2C_DR 中有数据未读出又接收到一个新的数据则发生过载错误，最后接收的数据被丢弃。

在从模式下，当禁止时钟延长，I²C 接口正在发送数据时，如果在下 1 字节的时钟到达之前，新的数据还未写入数据寄存器 I2C_DR（TxE=1），则发生欠载错误，数据寄存器 I2C_DR 中的前 1 字节将被重复发出。

11.3.5 SDA/SCL 控制

SCL 时钟信号是否被允许延长会影响 I²C 通信过程中的控制方式。

1）允许 SCL 时钟信号延长

（1）发送器模式。如果 TxE=1 且 BTF=1，那么此时缓冲器和移位寄存器都是空的，I²C 接口将保持 SCL 为低电平，等待软件读取 SR1 后写数据到数据寄存器 I2C_DR 中，使 TxE 和 BTF 都清零才开始发送数据。

（2）接收器模式。如果 RxNE=1 且 BTF=1，那么此时缓冲器和移位寄存器都是满的，I^2C 接口将保持 SCL 为低电平，等待软件读状态寄存器 I2C_SR1 后读数据寄存器 I2C_DR，使 RxNE 和 BTF 都清零才开始接收新的数据。

2）在从模式中禁止 SCL 时钟信号延长

（1）如果 RxNE=1，则在接收到新字节时数据寄存器 I2C_DR 还没有读出就会发生过载错误。过载时会丢失接收到的最后 1 字节。

（2）如果 TxE=1，则在必须发送下 1 字节之前没有新数据写入数据寄存器 I2C_DR 就会发生欠载错误。发生欠载时最后 1 字节会被重复发出。

11.3.6 中断

I^2C 可以向 CPU 发出两个中断请求信号。
- I2C_EV：事件中断。在事件产生时触发事件中断。
- I2C_ER：故障中断。在产生故障时触发故障中断。

11.4 I^2C 寄存器

I^2C 寄存器如图 11-14 所示，包括 2 个控制寄存器 I2Cx_CR，2 个自身地址寄存器 I2Cx_OAR，1 个数据寄存器 I2Cx_DR，2 个状态寄存器 I2Cx_SR，1 个时钟控制寄存器 I2Cx_CCR 和 1 个最大上升时间寄存器 I2Cx_TRISE。

各寄存器的位域定义请参考芯片数据手册。

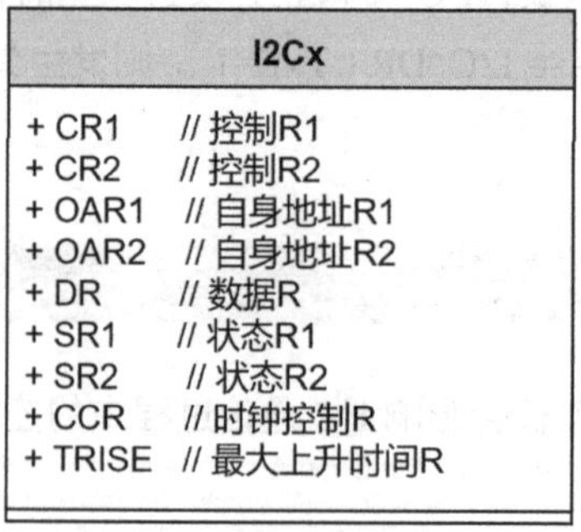

```
        I2Cx
+ CR1    // 控制R1
+ CR2    // 控制R2
+ OAR1   // 自身地址R1
+ OAR2   // 自身地址R2
+ DR     // 数据R
+ SR1    // 状态R1
+ SR2    // 状态R2
+ CCR    // 时钟控制R
+ TRISE  // 最大上升时间R
```

图 11-14 I^2C 寄存器

11.5 I²C 寄存器映射

I²C1 和 I²C2 寄存器的基地址分别为 0x4000 5400 和 0x4000 5800，相关寄存器与偏移量如表 11-2 所示。

表 11-2 相关寄存器与偏移

偏移量	寄存器	复位值
0x00	I2C_CR1	0x0000 0000
0x04	I2C_CR2	0x0000 0000
0x08	I2C_OAR1	0x0000 0000
0x0C	I2C_OAR2	0x0000 0000
0x10	I2C_DR	0x0000 0000
0x14	I2C_SR1	0x0000 0000
0x18	I2C_SR2	0x0000 0000
0x1C	I2C_CCR	0x0000 0000
0x20	I2C_TRISE	0x0000 0010

11.6 I²C 编程方法

11.6.1 库函数接口

I²C 库函数接口如图 11-15 所示。

根据 CPU 与 I²C 通信方式的不同，HAL 库提供的接口分为程序查询方式、中断方式和 DMA 方式三种类型。

- HAL_I2C_POLLING：程序查询方式（阻塞方式）接口对象。
- HAL_I2C_IT：中断方式接口对象。此对象提供主/从模式发送与接收接口，以及内存读/写接口。
- HAL_I2C_IT_SEQ：序列中断方式接口对象。此对象提供的接口采用序列发送/接收中断传输模式。在此模式下，当前发送/接收操作完成后，主机/从机希望占用总线继续发送/接收数据，此时不需要发送/接收 Stop 信号，而是重新启动总线，即发送/接收到 Restart 信号即可继续进行数据传输。

```
┌─────────────────────────────┐   ┌─────────────────────────────┐   ┌─────────────────────────────┐
│       HAL_I2C_POLLING       │   │         HAL_I2C_IT          │   │       HAL_I2C_IT_SEQ        │
├─────────────────────────────┤   ├─────────────────────────────┤   ├─────────────────────────────┤
│ +HAL_I2C_Master_Transmit()  │   │ +HAL_I2C_Master_Transmit_IT()│   │ +HAL_I2C_Master_Seq_Transmit_IT()│
│ +HAL_I2C_Master_Receive()   │   │ +HAL_I2C_Master_Receive_IT() │   │ +HAL_I2C_Master_Seq_Receive_IT() │
│ +HAL_I2C_Slave_Transmit()   │   │ +HAL_I2C_Slave_Transmit_IT() │   │ +HAL_I2C_Slave_Seq_Transmit_IT() │
│ +HAL_I2C_Slave_Receive()    │   │ +HAL_I2C_Slave_Receive_IT()  │   │ +HAL_I2C_Slave_Seq_Receive_IT()  │
│ +HAL_I2C_Mem_Write()        │   │ +HAL_I2C_Mem_Write_IT()      │   │ +HAL_I2C_EnableListen_IT()       │
│ +HAL_I2C_Mem_Read()         │   │ +HAL_I2C_Mem_Read_IT()       │   │ +HAL_I2C_DisableListen_IT()      │
│ +HAL_I2C_IsDeviceReady()    │   └─────────────────────────────┘   │ +HAL_I2C_Master_Abort_IT()       │
└─────────────────────────────┘                                     └─────────────────────────────┘
```

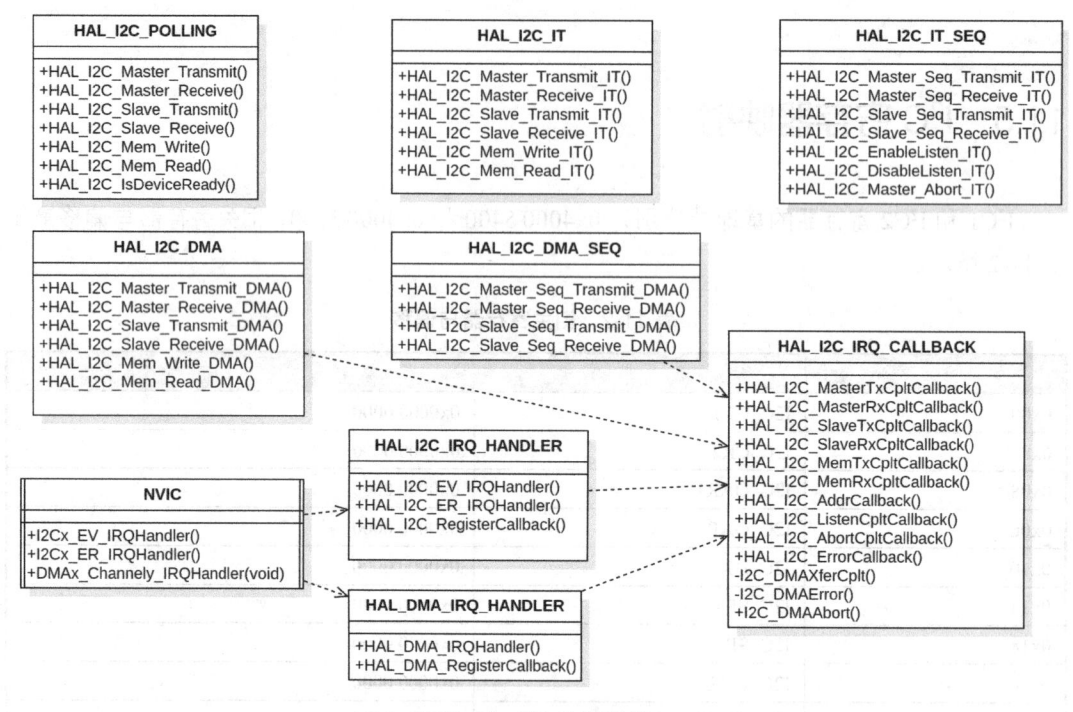

图 11-15　I²C 库函数接口

- HAL_I2C_DMA：主/从模式 DMA 发送/接收和内存 DMA 读/写接口对象。
- HAL_I2C_DMA_SEQ：参见 HAL_I2C_IT_SEQ 对象的描述。
- NVIC：I2C 相关的 NVIC 中断服务接口对象。
- HAL_DMA_IRQ_HANDLER：DMA 中断处理接口对象。在以 DMA 方式工作时需要使用到该对象接口。
- HAL_I2C_IRQ_HANDLER：I²C 中断处理接口对象。
- HAL_I2C_IRQ_CALLBACK：I²C 中断回调接口对象。

HAL_I2C_IRQ_HANDLER 中的 HAL_I2C_EV_IRQHandler() 和 HAL_I2C_ER_IRQHandler() 分别由 NVIC 对象的 I2Cx_EV_IRQHandler() 和 I2Cx_ER_IRQHandler() 调用，用于处理 I²C 事件中断和错误中断。

在以 DMA 方式启动 I²C 操作时，HAL_I2C_IRQ_CALLBACK 对象中的私有函数 I2C_DMA***() 被注册为 DMA 回调函数，被 HAL_DMA_IRQHandler() 调用。

如果是以 DMA 方式发送数据，在传送完要发送的数据后，I2C_DMAXferCplt() 将被调用，该函数会使能 I²C 中断，通过中断完成后续的 I²C 数据的发送操作，并在发送完后调用相应的公用回调函数。

如果是以 DMA 方式接收数据，在 I²C 接收到数据后将直接触发 DMA 中断，I2C_DMAXferCplt()

将被调用，该函数进行必要处理后直接调用相应的公用接收回调函数。

HAL_I2C_IRQ_CALLBACK 中给出的回调函数都是默认回调函数，用户也可以使用 HAL_I2C_RegisterCallback()注册自己的回调函数。

编程时，用户只需要关注公用回调函数接口即可。

11.6.2 库函数编程方法

库函数编程的基本步骤如图 11-16 所示。

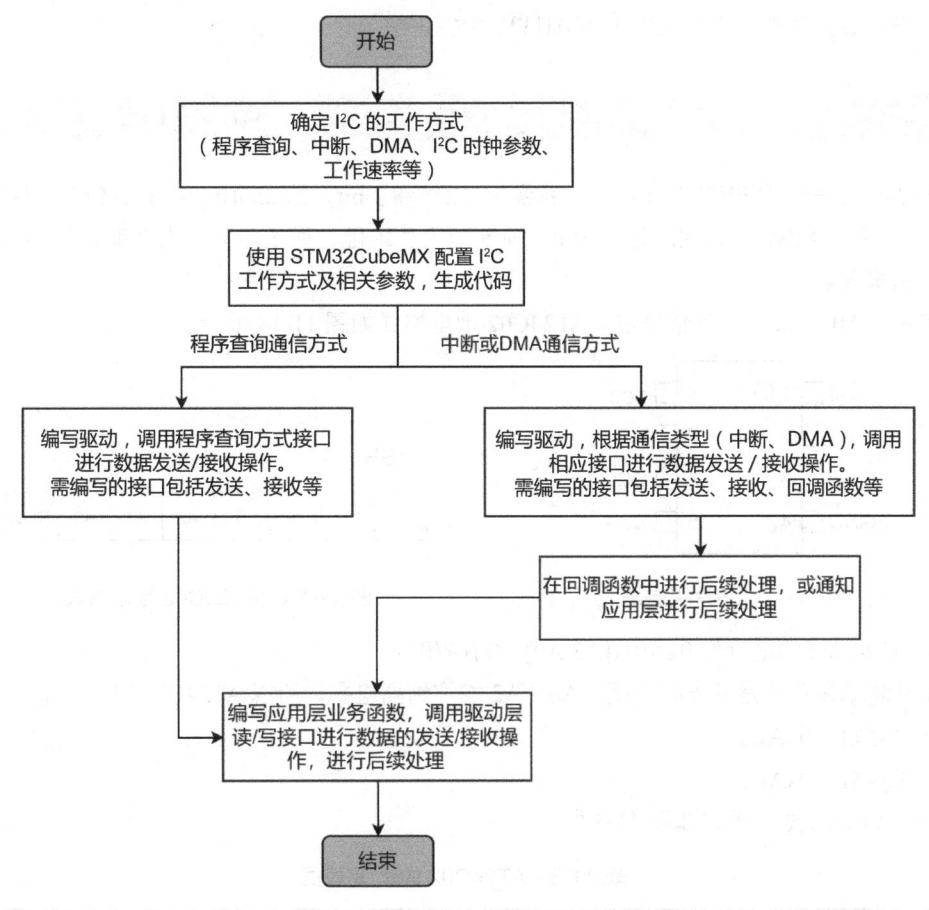

图 11-16 库函数编程的基本步骤

首先利用 STM32CubeMX 配置 I²C 参数并生成代码，I²C 参数包括主从收发模式、传送速率、时钟占空比、地址长度等。然后开发驱动和应用层业务功能。在驱动层，应根据通信方式的不同（程序查询、中断和 DMA），调用 HAL 库函数进行数据的发送/接收操作。例如，主机采用程序查询方式发送数据时，调用 HAL_I2C_Master_Transmit()；主机采用 DMA 方式发送数据时，调用 HAL_I2C_Master_Transmit_DMA()，接收数据调用 HAL_I2C_Master_Receive_DMA()。

数据传送完成后在回调函数中进行后续处理，或通知应用层进行后续处理。

11.7 I²C 编程举例

为避免不必要的重复，程序查询与中断通信方式以 AT24C02 为例，在本节中讲解，而 DMA 方法放在项目实战中以温湿度传感器 AHT10 为例讲解。

11.7.1 AT24C02 EEPROM 介绍

AT24C02 是一种 EEPROM 芯片，容量为（256×8）bit，即 256Byte。AT24C02 存储空间分成 32 页，每页 8Byte，访问地址为 8bit，前 5 位为页地址，后 3 位为页内地址。图 11-17 所示为芯片引脚图。

其中，A0～A2 为地址信号线。AT24C02 地址格式如图 11-18 所示。

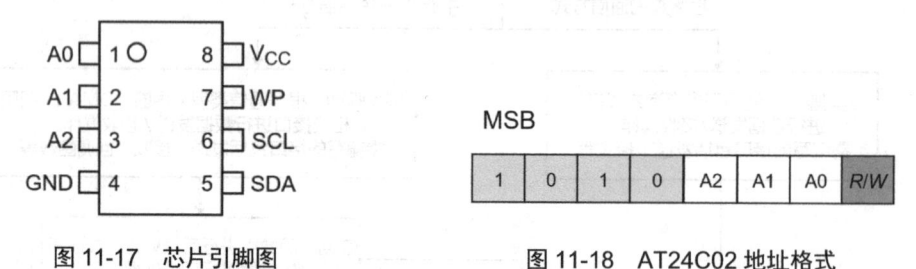

图 11-17　芯片引脚图

图 11-18　AT24C02 地址格式

即 AT24C02 的地址为 0xA0+([A2:A0]<<1)+R/W。

对于本书采用的是开发板电路，A0～A2 均拉到高电平，所以 AT24C02 的器件地址如下。

- 写地址：0xAE。
- 读地址：0xAF。

AT24C02 的读/写模式如表 11-3 所示。

表 11-3　AT24C02 的读/写模式

读/写模式	说明
字节写	一次 I²C 操作只向指定内存地址写 1 字节数据
页写	一次 I²C 操作向指定页写入多字节。每写 1 字节，地址自动加 1，到达页的边界时，地址自动回到页的首地址，新写入的数据将覆盖原数据

续表

读/写模式	说明
当前地址读	当前地址是指 EEPROM 的内部地址寄存器保留的上次访问时最后一个地址加 1 的值。 EEPROM 接收到器件的地址并发送 ACK 信号后,就将当前地址的数据随时钟发送给主机。主机接收到数据后发送 NACK,然后产生一个停止信号结束操作。EEPROM 将当前地址加 1,达到页的边界时自动回到该页的首地址
随机读	读出随机给定地址的数据。 要求先向 EEPROM 发送需要操作的内存地址,待 EEPROM 接收到 ACK 信号后产生一个重复的开始条件,然后发送读地址,等接收到 EEPROM 给出的 1 字节数据后,主机发送 NACK,然后产生一个停止信号结束操作
顺序读	顺序读出多字节的数据。 通过当前地址读或随机读启动读操作,主机每接收到 1 字节数据后发送 ACK 信号,EEPROM 接收到 ACK 信号后自动将下一个地址的数据发送给主机。 主机接收到最后一个数据时发送 NACK,然后发送停止信号结束操作
应答查询	等待 EEPROM 准备好。 主机向 EEPROM 发送读/写地址检测 EEPROM 的 ACK 信号。EEPROM 只有在写周期完成后(将数据从缓存写入内存后)才发送 ACK 信号。之后才能继续进行读/写操作

AT24C02 各读/写模式的 I^2C 操作时序如图 11-19 所示(阴影部分为 EEPROM 信号,非阴影部分为主机信号)。用户应根据时序要求对 AT24C02 进行正确的读/写操作。

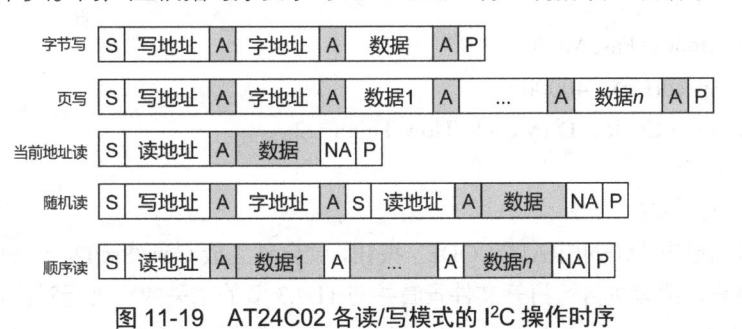

图 11-19 AT24C02 各读/写模式的 I^2C 操作时序

11.7.2 基于程序查询方式

1. 使用 STM32CubeMX 配置 I^2C 并生成初始化代码

设 AT24C02 使用 I^2C1 接口,GPOI 为 PB6 和 PB7。

在 STM32CubeMX 的"Connectivity"选区中,选择"I2C1"选项,将其"Mode"设置为"I2C"。选择"Parameter Settings"选项卡,如图 11-20 所示配置"Master Features"参数。

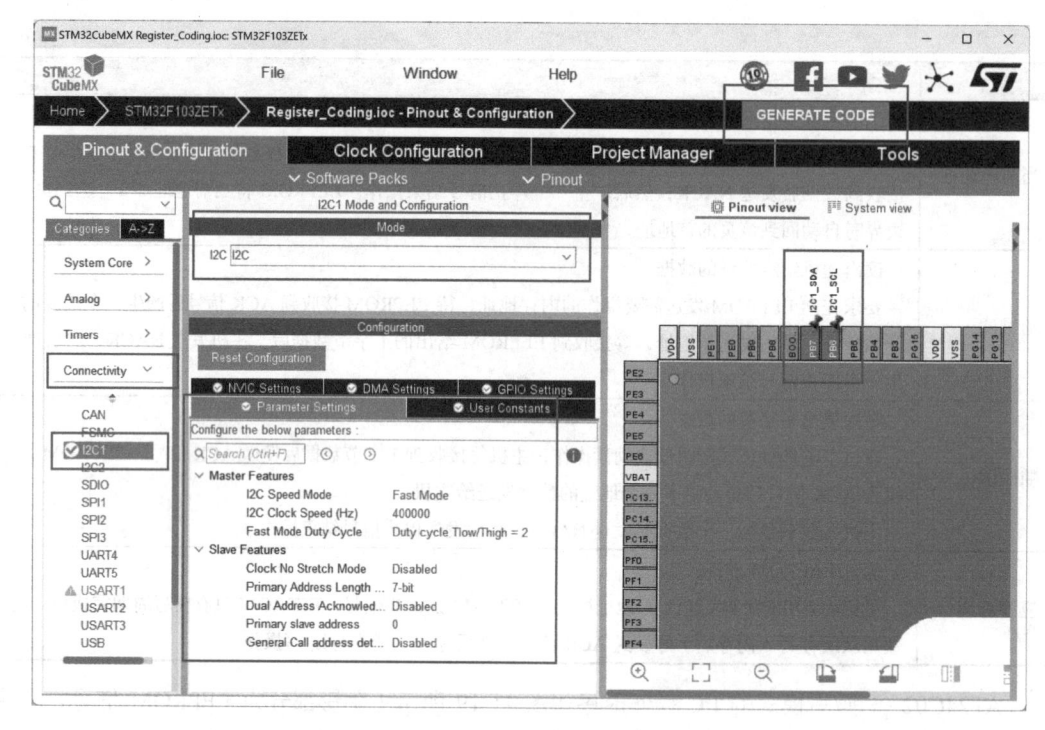

图 11-20 配置"Master Features"参数

I2C Speed Mode：Fast Mode。

I2C Clock Speed(Hz)：400000。

Fast Mode Duty Cycle：Duty cycle Tlow/Thigh = 2。

其他参数取默认值。

注意：不开启 NVIC 中断。

设置完成后单击"GENERATE CODE"按钮，会自动生成 Core/Src/i2c.c 和 Core/Inc/i2c.h 文件，为避免重复，读者可自行打开文件查看并与 11.7.3 节的相关内容进行对比，分析其异同。

2．AT24C02 驱动

本驱动提供 AT24C02 的字节读/写操作。

```
1    /* 文件：drv_at24c02.c */
2    //字节写，返回执行状态：HAL_OK、HAL_ERROR、HAL_BUSY、HAL_TIMEOUT
3    uint8_t drv_at24c02_write_byte(uint16_t addr, uint8_t *buf){
4        return HAL_I2C_Mem_Write(&hi2c1, AT24C02_ADDR_WRITE, addr,
    I2C_MEMADD_SIZE_8BIT, buf, 1, 0xFFFF);
5    }
6
7    //字节读，返回执行状态：HAL_OK、HAL_ERROR、HAL_BUSY、HAL_TIMEOUT
```

```
8     uint8_t drv_at24c02_read_byte(uint16_t addr, uint8_t *buf){
9         return HAL_I2C_Mem_Read(&hi2c1, AT24C02_ADDR_READ, addr,
I2C_MEMADD_SIZE_8BIT, buf, 1, 0xFFFF);
10    }
11
12    /* 文件: drv_at24c02.h */
13    #ifndef __DRV_AT24C02_H__
14    #define __DRV_AT24C02_H__
15    #include "stdint.h"
16    uint8_t drv_at24c02_write_byte(uint16_t addr, uint8_t *buf);
17    uint8_t drv_at24c02_read_byte(uint16_t addr, uint8_t *buf);
18    #endif
```

3. 读/写操作测试

下面的测试代码先将一个字符串写入 AT24C02，然后读出到缓冲区中并打印出来，以验证读/写操作的正确性。

```
1     #include "main.h"
2     #include "string.h"
3     #include "stdio.h"
4     #include "drv_at24c02.h"
5     //阻塞方式测试
6     static uint8_t buf[30];
7     static char *s1 = "for polling test\n";
8     static uint16_t addr = 0;
9     void at24c2_polling_test(void){
10        for(int i=0; i<strlen(s1); i++){
11            drv_at24c02_write_byte(i, (uint8_t*)(s1+i));
12            HAL_Delay(1);
13        }
14        addr = 0;
15        for(int i = 0; i<strlen(s1); i++){
16            drv_at24c02_read_byte(i, buf+i);
17            HAL_Delay(1);
18        }
19        buf[strlen(s1)] = '\0';
20        printf("at24c02 polling write test:\n");
21        printf("wite string: %s\n", s1);
22        printf("read back:%s\n", buf);
23    }
```

11.7.3 基于中断方式

1. 使用 STM32CubeMX 配置 I²C

1）配置 Parameter Settings

设 AT24C02 使用 I²C1 接口，GPOI 为 PB6 和 PB7。

基本参数配置与上例中的程序查询方式的配置相同。

2）配置 NVIC Settings

使能"I2C1 event interrupt"和"I2C1 error interrupt"，如图 11-21 所示。

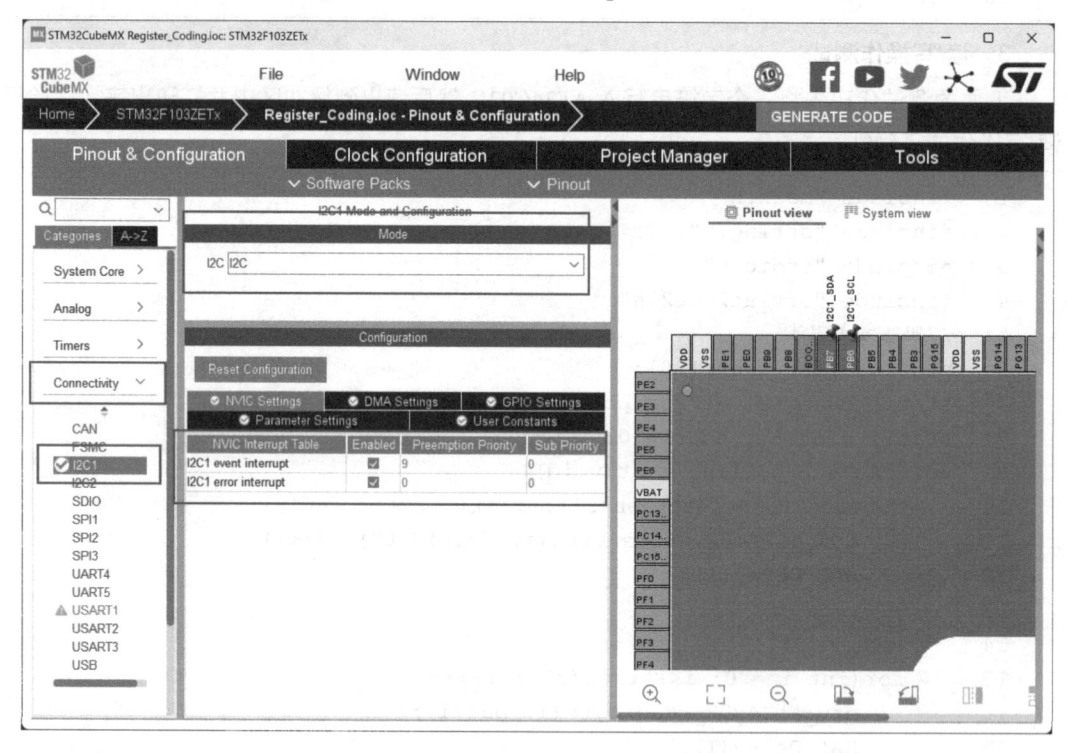

图 11-21　配置 NVIC Settings 示意图

3）配置中断优先级

选择"System Core"→"NVIC"选项，设置"I2C1 event interrupt"和"I2C1 error interrupt"的中断优先级，此例设计为 9，如图 11-22 所示。

使能生成相关中断请求与服务代码，如图 11-23 所示（默认是使能的）。

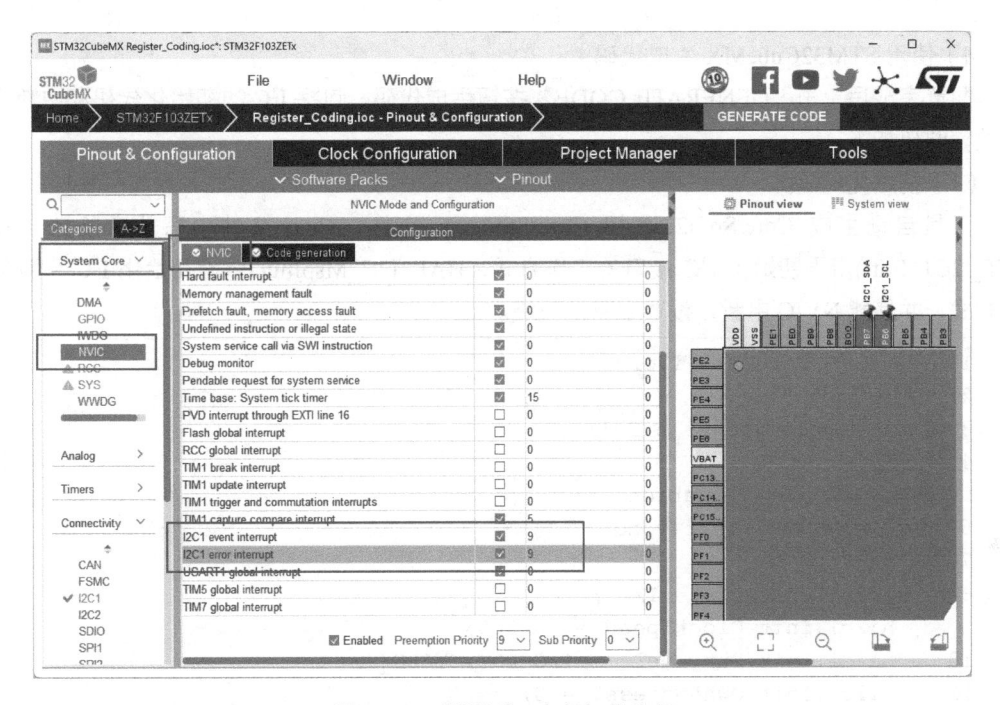

图 11-22 配置 I²C 中断与优先级

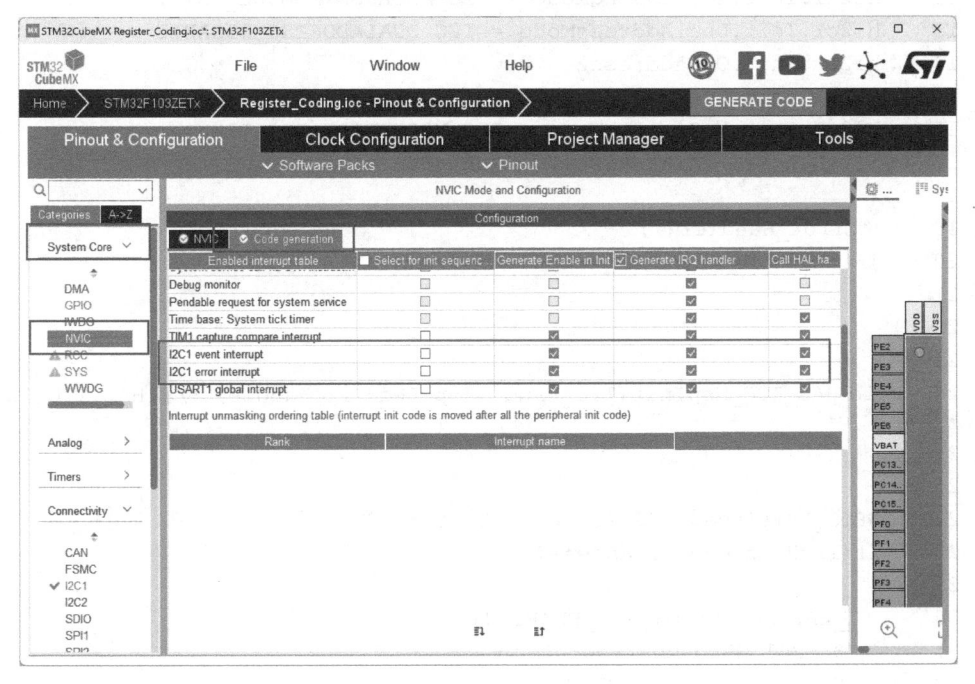

图 11-23 使能生成 I²C 中断服务源码

4)使用 STM32CubeMX 生成代码

配置完成后单击"GENERATE CODE"按钮生成代码,包括 I²C 的初始化代码和中断服务函数,源码如下。

(1)初始化代码。

工具自动生成 Core/Src/i2c.c 和 Core/Src/i2c.h 文件,i2c.c 文件中有两个函数,其中 MX_I2C1_Init()用于初始化 I²C 接口的工作方式,HAL_I2C_MspInit()用于初始化 I²C 引脚的工作方式,并使能 NVIC 中断,设置中断优先级。

```
1   /* 文件: Core/Src/i2c.c */
2   #include "i2c.h"
3   I2C_HandleTypeDef hi2c1;
4
5   /* I2C1 init function */
6   void MX_I2C1_Init(void)
7   {
8     hi2c1.Instance = I2C1;
9     hi2c1.Init.ClockSpeed = 400000;
10    hi2c1.Init.DutyCycle = I2C_DUTYCYCLE_2;
11    hi2c1.Init.OwnAddress1 = 0;
12    hi2c1.Init.AddressingMode = I2C_ADDRESSINGMODE_7BIT;
13    hi2c1.Init.DualAddressMode = I2C_DUALADDRESS_DISABLE;
14    hi2c1.Init.OwnAddress2 = 0;
15    hi2c1.Init.GeneralCallMode = I2C_GENERALCALL_DISABLE;
16    hi2c1.Init.NoStretchMode = I2C_NOSTRETCH_DISABLE;
17    if (HAL_I2C_Init(&hi2c1) != HAL_OK)
18    {
19      Error_Handler();
20    }
21
22  }
23
24  void HAL_I2C_MspInit(I2C_HandleTypeDef* i2cHandle)  //在 HAL_I2C_Init()中调用
25  {
26
27    GPIO_InitTypeDef GPIO_InitStruct = {0};
28    if(i2cHandle->Instance==I2C1)
29    {
30      __HAL_RCC_GPIOB_CLK_ENABLE();
31      /**I2C1 GPIO Configuration
32      PB6     ------> I2C1_SCL
```

```
33        PB7      ------> I2C1_SDA
34     */
35     GPIO_InitStruct.Pin = GPIO_PIN_6|GPIO_PIN_7;
36     GPIO_InitStruct.Mode = GPIO_MODE_AF_OD;
37     GPIO_InitStruct.Speed = GPIO_SPEED_FREQ_HIGH;
38     HAL_GPIO_Init(GPIOB, &GPIO_InitStruct);
39
40     /* I2C1 clock enable */
41     __HAL_RCC_I2C1_CLK_ENABLE();
42     /* I2C1 interrupt Init */
43     HAL_NVIC_SetPriority(I2C1_EV_IRQn, 9, 0);
44     HAL_NVIC_EnableIRQ(I2C1_EV_IRQn);
45     HAL_NVIC_SetPriority(I2C1_ER_IRQn, 9, 0);
46     HAL_NVIC_EnableIRQ(I2C1_ER_IRQn);
47   }
48 }
49
50 /* 文件: Core/Src/i2c.h */
51 #ifndef __I2C_H__
52 #define __I2C_H__
53 #ifdef __cplusplus
54 extern "C" {
55 #endif
56
57 #include "main.h"
58
59 extern I2C_HandleTypeDef hi2c1;
60
61 void MX_I2C1_Init(void);
62
63 #ifdef __cplusplus
64 }
65 #endif
66
67 #endif /* __I2C_H__ */
```

初始化函数的调用代码与程序查询方式的代码相同,在 Core/Src/main.c 中。

(2)中断服务函数。

在 Core/Src/stm32f1xx_it.c 中会生成两个 I²C 中断服务函数,分别为 I2C1_EV_IRQHandler() 和 I2C1_ER_IRQHandler(),后一个函数用于处理 I²C 通信错误中断请求。

```
1   ......;  //其他代码
2   void I2C1_EV_IRQHandler(void)
3   {
4     HAL_I2C_EV_IRQHandler(&hi2c1);
5   }
6
7   /**
8    * @brief This function handles I2C1 error interrupt.
9    */
10  void I2C1_ER_IRQHandler(void)
11  {
12    HAL_I2C_ER_IRQHandler(&hi2c1);
13  }
```

2. AT24C02 驱动

本驱动提供 AT24C02 的分页读/写操作。为了进行连续读/写，使用了 I²C 的内存读/写库函数。

```
1   /* 文件: drv_at24c02.c */
2   #include "stdint.h"
3   #include "main.h"
4   #include "i2c.h"
5   //中断方式
6   static uint8_t isWiteCplt = 0;
7   static uint8_t isReadCplt = 0;
8   uint8_t drv_at24c02_write_page_IT(uint16_t page_addr, uint8_t *buf, uint16_t size){
9       if(size>8) return 0;
10      isWiteCplt = 0;
11      return    HAL_I2C_Mem_Write_IT(&hi2c1,    AT24C02_ADDR_WRITE, (page_addr&0xF8), 8, buf, size);
12  }
13
14  uint8_t drv_at24c02_read_page_IT(uint16_t page_addr, uint8_t *buf, uint16_t size){
15      if(size>8) return 0;
16      isReadCplt = 0;
17      return    HAL_I2C_Mem_Read_IT(&hi2c1,    AT24C02_ADDR_WRITE, (page_addr&0xF8),8, buf, size);
18  }
19
20  //重写回调函数
21  void HAL_I2C_MemTxCpltCallback(I2C_HandleTypeDef *hi2c){
```

```
22       if(hi2c == &hi2c1){
23           isWiteCplt = 1;  //发送完成后通知应用层
24       }
25   }
26   void HAL_I2C_MemRxCpltCallback(I2C_HandleTypeDef *hi2c){
27       if(hi2c == &hi2c1){
28           isReadCplt = 1; //接收完成后通知应用层
29       }
30   }
31   uint8_t drv_at24c02_is_write_completed(void){
32       return isWiteCplt;
33   }
34   uint8_t drv_at24c02_is_read_completed(void){
35       return isReadCplt;
36   }
37
38   /* 文件: drv_at24c02.h */
39   #ifndef __DRV_AT24C02_H__
40   #define __DRV_AT24C02_H__
41
42   #include "stdint.h"
43
44   //中断方式按页读/写数据
45   uint8_t drv_at24c02_write_page_IT(uint16_t page_addr, uint8_t *buf, uint16_t size);
46   uint8_t drv_at24c02_read_page_IT(uint16_t page_addr, uint8_t *buf, uint16_t size);
47   uint8_t drv_at24c02_is_write_completed(void);
48   uint8_t drv_at24c02_is_read_completed(void);
49
50   #endif
```

设计要点如下。

（1）对于内存的读/写，中断方式调用 HAL_I2C_Mem_Read_IT()和 HAL_I2C_Mem_Write_IT() 启动读/写操作（第 11、17 行）。

（2）本例的中断服务程序和主函数之间使用标志位通信，因此，在读/写前将读/写完成标志位设置为 0（第 10、16 行），在回调函数中将读/写完成标志位设置为 1 通知主函数（第 23、28 行）。

（3）在非阻塞方式下，针对内存读/写时，所有 I^2C 外设读/写完成后都会调用回调函数 HAL_I2C_MemRxCpltCallback()和 HAL_I2C_MemTxCpltCallback()，因此，在使用 I^2C 外设访问内存时，需要判断本次回调是哪一个 I^2C 设备（第 22、27 行）。

3. 读/写操作测试

本测试代码通过调用 AT24C02 驱动接口 drv_at24c02_is_write_completed()循环检测是否完成了数据写操作，如果没有完成则等待，否则调用 drv_at24c02_read_page_IT()读出所有写入的数据并打印出来，以验证读/写的正确性。

```
1    #include "main.h"
2    #include "string.h"
3    #include "stdio.h"
4    #include "drv_at24c02.h"
5    static char *s2 = "for it test";
6    volatile uint8_t state;
7    void at24c02_IT_test(void){
8        printf("for IT test:\n");
9        printf("wite string: %s\n", s2);
10       state = drv_at24c02_write_page_IT(1<<3, (uint8_t*)s2, strlen(s2));  //第一页
11       while(!drv_at24c02_is_write_completed());
12       HAL_Delay(10);
13       state = drv_at24c02_read_page_IT(1<<3, buf, strlen(s2));
14       while(!drv_at24c02_is_read_completed());
15       buf[strlen(s2)] = '\0';
16       printf("read back: %s\n", buf);
17   }
```

11.8 项目实战——智慧教室：温度控制

11.8.1 项目需求

在智慧教室中，系统能够检测室内温度，在温度超过给定阈值时自动启动或关闭风扇，并根据温度的高低控制风扇的转速。

风扇转速大小可以使用定时器产生 PWM 信号控制，这在定时器章节中已给出例子，为简化，这里仅控制风扇的开/关。

11.8.2 实验环境

本项目需要用到的设备如下。
- 温湿度传感器 AHT10。

- 直流电机（风扇）。

本项目需要用到温湿度传感器 AHT10，其 SCL 和 SDA 引脚连接到 I²C1 的 PB6 和 PB7 引脚上，电路如图 11-24 所示。

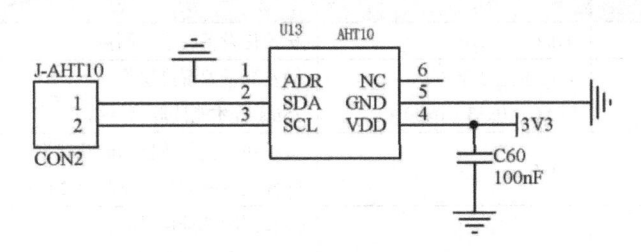

图 11-24 温湿度传感器 AHT10 的电路

11.8.3 AHT10 温湿度传感器简介

AHT10 是一种新一代温湿度传感器，广泛应用于暖通空调、除湿器、测试及检测设备、汽车、自动控制、家电、湿度调节、医疗及其他相关温度检测控制设备。

AHT10 具有如下特点。
- 完全标定。
- 采用 I²C 接口通信。
- 长期稳定性好。
- 响应迅速、抗干扰能力强。

AHT10 的性能指标如表 11-4 所示。

表 11-4 AHT10 的性能指标

参数	性能指标
供电电压	DC，1.8～3.6V，典型为 3.3V
温度测量范围	−40～+85°C
温度分辨率	0.01°C
温度测量精度	±0.3°C
湿度测量范围	0～100%RH
湿度分辨率	0.024%RH
湿度测量精度	±2%RH

AHT10 采用标准的 I²C 协议进行通信，其读/写地址分别为 0x71 和 0x70。

温湿度传感器上电后，最多需要 20ms 以达到空闲状态，即做好接收主机命令的准备。在发出初始化命令之后，MCU 必须等待测量完成才能读取测量数据。

AHT10 支持的命令如表 11-5 所示。

表 11-5　AHT10 支持的命令

命令功能	命令	说明
初始化	0xE1	初始化设备，准备测量
触发测量	顺序发送 3 字节： 0xAC、0x33、0x00	触发测量温湿度操作。 75ms 后才能读取测量结果
软件复位	0xBA	重新初始化传感器为默认状态。 软件复位所需时间不超过 20ms
读取结果	无命令字	接收到读地址信号后， 返回 6 字节的温湿度数据： 湿度数据在前，温度数据在后， 各占 20 位

AHT10 返回的温湿度数据共有 6Byte，湿度数据在前，温度数据在后，各占 20 位。

设返回的温度数据、湿度数据分别为 D_T 和 D_{RH}，其表示的真实温度 T 和湿度 RH 计算公式如下：

$$T = (D_T/2^{20}) \times 200 - 50 \text{ (单位：℃)}$$

$$RH = D_{RH}/2^{20} \times 100\% \text{ (单位：\%RH)}$$

11.8.4　系统分析

AHT10 需要先触发温度转换，延时一段时间后（最小 70ms）才能读取转换结果，获取转换结果后根据公式转换成实际温湿度值。在这个过程中，如果发现 AHT10 没有校正，则应将其复位。触发 AHT10 采集温度并读取结果流程如图 11-25 所示。

AHT10 通过 I²C 接口与 MCU 通信，如果采用寄存器编程，可以根据 I²C 通信协议特点，将产生 I²C 开始信号/停止信号、发送与接收数据/地址等功能都定义成函数以方便复用。采用库函数编程则根据通信方式直接调用相关库函数即可。

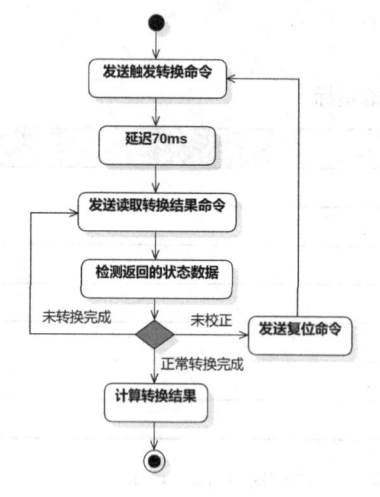

图 11-25　触发 AHT10 采集温度并读取结果流程

本项目使用库函数编程，采用 DMA 通信方式，通过调用 HAL_I2C_Master_Transmit_DMA() 发送初始化和触发温度测量命令，调用 HAL_I2C_Master_Receive_DMA() 读取温湿度测量结果。I²C 通信（发送或接收）完成后会产生中断请求，调用相应的回调函数，因此利用回调函数就可以向系统报告 AHT10 是否执行完相关命令。

在驱动层，将触发 AHT10 采集温度并读取结果的流程封装在一个函数中，该函数利用操作系统的信号量与中断回调函数通信，从而完成整个温湿度采集流程的控制。

11.8.5　系统设计

11.8.5.1　系统类图

本例采用 DMA 传输方式，温度自动控制系统类图如图 11-26 所示。

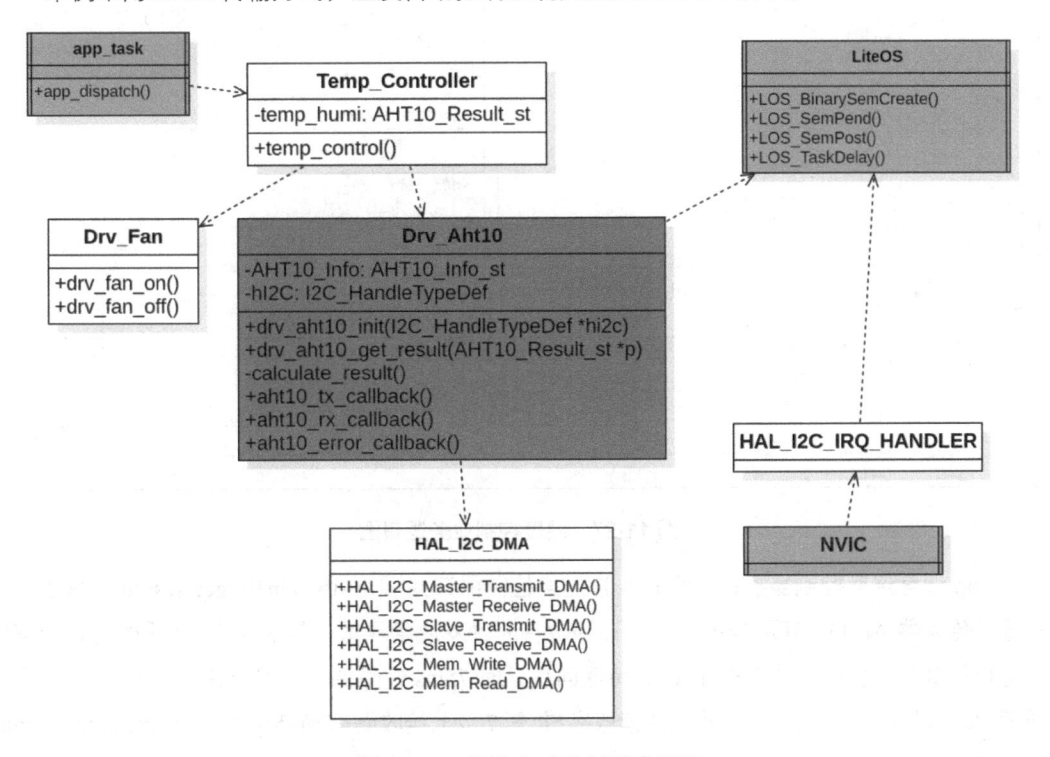

图 11-26　温度自动控制系统类图

Drv_Aht10 是温湿度传感器的驱动对象，它为上层提供了 drv_aht10_get_result() 接口以获取温湿度数据。数据发送和接收完成的中断回调处理函数分别为 aht10_tx_callback() 和

aht10_rx_callback()，这两个函数使用 LiteOS 提供的信号量与应用层同步（应用层调用 drv_aht10_get_result()接口）。

由于函数名基本表达了其职责，意义明确，所以函数说明此处略。

11.8.5.2 业务逻辑

温度控制业务逻辑图如图 11-27 所示。

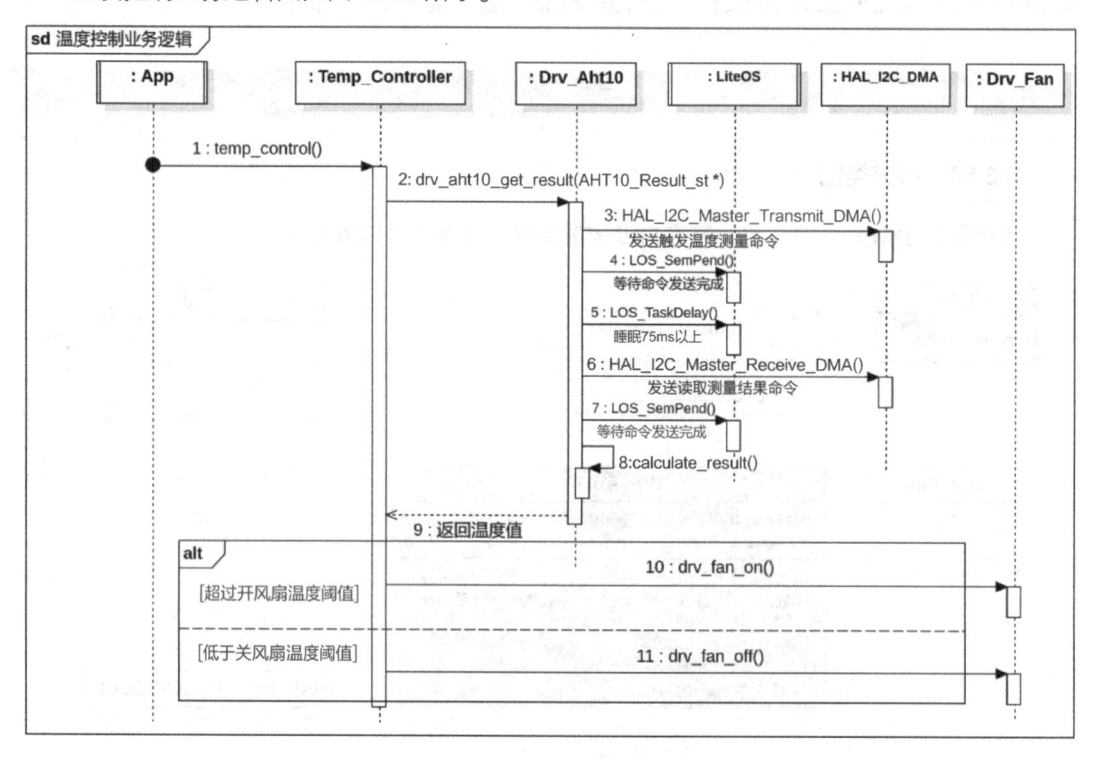

图 11-27 温度控制业务逻辑图

App 调度温度控制器执行（第 1 步）。温度控制器开始调用 drv_aht10_get_result()（第 2 步），从温度传感器 AHT10 获取当前温度。该函数首先触发温度测量（第 3 步），然后通过同步信号量等待测量命令发送完成（第 4 步），待返回后延时 75ms 保障温度转换结束（第 5 步）。然后发送读取转换结果命令（第 6 步）并等待读取完成（第 7 步）。接收到转换结果后调用 calculate_result() 计算实际的温度值（第 8 步）。

温度控制器获取到返回的温度后（第 9 步），根据设定的阈值控制风扇开/关（第 10、11 步），达到自动调温的效果。

I^2C 发送/接收完数据后，在 HAL 的回调函数 HAL_I2C_MasterTxCpltCallback()中（以发送为例）调用 AHT10 的回调处理函数 ath10_tx_callback()，该函数调用 LiteOS 的 LOS_SemPost() 通知发送者，如图 11-28 所示。

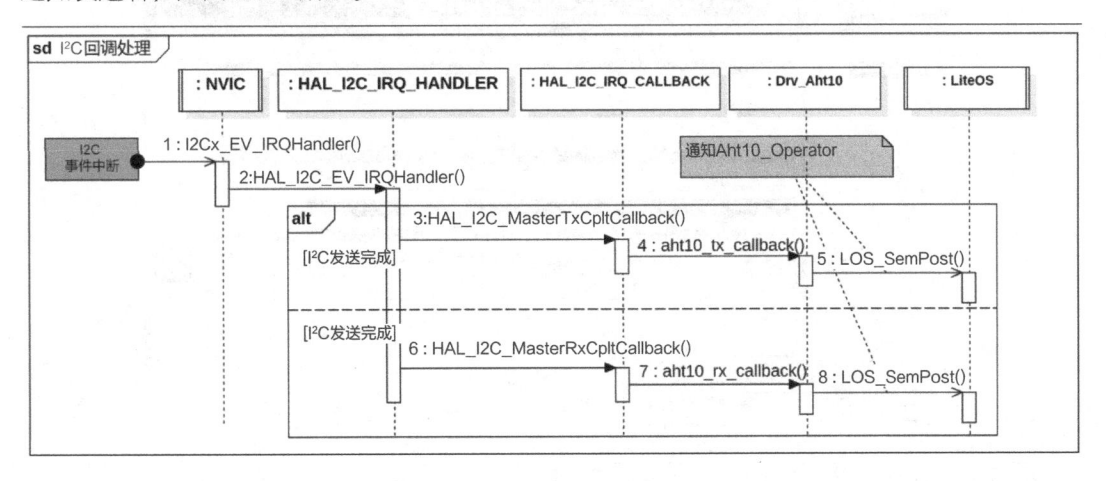

图 11-28　I^2C 回调处理业务逻辑图

11.8.6　系统实现

1. 使用 STM32CubeMX 配置 I^2C 并生成初始化代码

1）配置 Parameter Settings

配置方法参考 11.7.3 节。注意将 I^2C "Speed Mode" 配置为 "Fast Mode"，将 I^2C "Clock Speed(Hz)" 配置为 40kHz 即可。

2）配置 NVIC Settings

配置方法参考 11.7.3 节。

3）配置 DMA Settings

DMA 的配置如图 11-29 所示。

4）生成代码

配置完后生成代码，系统会自动生成 Core/Src/i2c.c 和 Core/Inc/i2c.h、Core/Src/dma.c 和 Core/Src/dma.h 文件，用于初始化 I^2C 和 DMA，其源码请参考随书配套的资料，此处略。

系统还会在 Core/Src/stm32f1xx_it.c 文件中自动增加 I^2C 事件、故障、DMA 中断服务函数，如下。

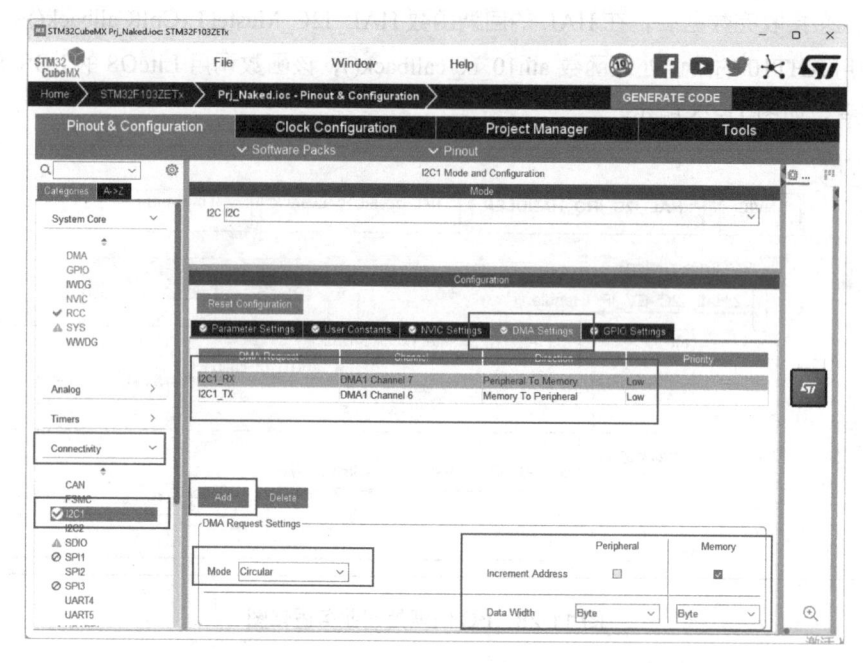

图 11-29 DMA 的配置

```
1    /* 文件 Core/Src/stm32f1xx_it.c */
2    void DMA1_Channel6_IRQHandler(void)
3    {
4      HAL_DMA_IRQHandler(&hdma_i2c1_tx);
5    }
6
7    void DMA1_Channel7_IRQHandler(void)
8    {
9      HAL_DMA_IRQHandler(&hdma_i2c1_rx);
10   }
11
12   void I2C1_EV_IRQHandler(void)
13   {
14     HAL_I2C_EV_IRQHandler(&hi2c1);
15   }
16   void I2C1_ER_IRQHandler(void)
17   {
18     HAL_I2C_ER_IRQHandler(&hi2c1);
19   }
```

说明：I²C 的各类中断回调函数都由 HAL_I2C_EV_IRQHandler()调用。

2. AHT10 驱动对象的实现

为管理方便，将 Drv_Aht10、Aht10_Operator、Aht10_Callback_HandlerDrv_Aht10 三个对象的源码放在同一个文件中，如下。

```
1   /* 文件：MyDrivers/drv_aht10.c  */
2   #include "drv_aht10.h"
3   #include "i2c.h"
4   #include "main.h"
5
6   #define AHT10_CMD_INIT       0xE1   //初始化命令
7   #define AHT10_CMD_RESET      0xBA   // 软件复位命令
8   #define AHT10_CMD_TRIGER     0xAC   //温湿度测量触发命令
9
10  #define CALIBRATION_FLAG    (1 << 3)   // 是否校正标志，1-已校正，0-未校正
11
12  #define I2C_OK    0
13  #define I2C_ERROR    1
14
15  typedef struct{
16      volatile uint8_t state;
17      uint8_t buf[7];
18      AHT10_Result_st result;
19  }AHT10_Info_st;
20
21  AHT10_Info_st AHT10_Info;
22
23  typedef struct{
24      uint8_t init;
25      uint8_t reset;
26      uint8_t trigger[3];
27  }AHT10_CMD_st;
28
29  static const AHT10_CMD_st aht10_cmds = {
30      .init = AHT10_CMD_INIT,
31      .reset = AHT10_CMD_RESET,
32      .trigger = {AHT10_CMD_TRIGER, 0x33, 0x00}
33  };
34
35  static I2C_HandleTypeDef *hI2C;
36  static UINT32 semi_id;  //中断回调与应用层的同步信号量id
37
38  static void error_process(void){
```

```c
39      MX_I2C1_Init(); //重新初始化 I²C1
40      HAL_I2C_Master_Transmit(hI2C,    AHT10_ADDR_WRITE,    (uint8_t    *)
&aht10_cmds.init, 1, 0xFFF);
41      LOS_TaskDelay(20); // 初始化需要时间不超过20ms
42  }
43
44  static void calculate_result(uint8_t *buf, AHT10_Result_st *p){
45      int32_t temp, humi;
46      humi = (buf[2] >> 4) | (buf[1] << 4) | (buf[0] << 12);
47      temp = buf[4] | (buf[3] << 8) | ((buf[2] & 0x0f) << 16);
48      p->temp = temp * 200.0/(1 << 20) - 50.0;
49      p->humi = humi * 100.0/(1 << 20);
50  }
51
52  //返回值：0 表示正确，采集到了温湿度；-1 表示出错
53  int32_t drv_aht10_get_result(AHT10_Result_st *p){
54      int32_t result = -1;   //-1 表示I²C通信错误或是此次转换错误，
55
56      //触发测量
57      HAL_I2C_Master_Transmit_DMA(hI2C, AHT10_ADDR_WRITE, \
58          (uint8_t *)aht10_cmds.trigger, sizeof(aht10_cmds.trigger));
59      LOS_SemPend(semi_id, LOS_WAIT_FOREVER); //等待命令发送完成
60      if(AHT10_Info.state != I2C_OK){
61          error_process();
62          goto exit;
63      }
64      LOS_TaskDelay(80); //75ms后才能读取转换结果
65
66      HAL_I2C_Master_Receive_DMA(hI2C, AHT10_ADDR_READ, \
67          AHT10_Info.buf, 7);
68      LOS_SemPend(semi_id, LOS_WAIT_FOREVER); //等待命令发送完成
69      if(AHT10_Info.state != I2C_OK){
70          error_process();
71          goto exit;
72      }
73      if(!(AHT10_Info.buf[0] & CALIBRATION_FLAG)){
74          //未校正则复位AHT10以重新校正，丢弃此次数据
75          HAL_I2C_Master_Transmit_DMA(hI2C, AHT10_ADDR_WRITE,
                (uint8_t *)&aht10_cmds.reset, 1);
76          LOS_SemPend(semi_id, LOS_WAIT_FOREVER); //等待命令发送完成
77          LOS_TaskDelay(30);  //复位在22ms 内
78          goto exit;
79      }else{
```

```c
80          calculate_result(AHT10_Info.buf+1, &AHT10_Info.result);
81          p->temp = AHT10_Info.result.temp;
82          p->humi = AHT10_Info.result.humi;
83          result = 0;
84      }
85  exit:
86      return result;
87  }
88
89  extern DMA_HandleTypeDef hdma_i2c1_rx;
90  extern DMA_HandleTypeDef hdma_i2c1_tx;
91  void aht10_tx_callback(I2C_HandleTypeDef *hi2c){
92
93      hdma_i2c1_tx.State = HAL_DMA_STATE_READY;
94      AHT10_Info.state = I2C_OK;
95      LOS_SemPost(semi_id);
96  }
97
98  void aht10_rx_callback(I2C_HandleTypeDef *hi2c){
99      hdma_i2c1_rx.State = HAL_DMA_STATE_READY;
100     AHT10_Info.state = I2C_OK;
101
102     LOS_SemPost(semi_id);
103 }
104
105 void aht10_error_callback(I2C_HandleTypeDef *hi2c){
106      hdma_i2c1_tx.State = HAL_DMA_STATE_READY;
107     hdma_i2c1_rx.State = HAL_DMA_STATE_READY;
108     AHT10_Info.state = I2C_ERROR;
109     LOS_SemPost(semi_id);
110 }
111 extern void DMA1_Channel6_IRQHandler(void);
112 extern void DMA1_Channel7_IRQHandler(void);
113 extern void I2C1_ER_IRQHandler(void);
114 extern void I2C1_EV_IRQHandler(void);
115 void drv_aht10_init(I2C_HandleTypeDef *hi2c){
116     UINTPTR uvIntSave;
117     hI2C = hi2c;
118     HAL_I2C_Master_Transmit(hI2C, AHT10_ADDR_WRITE,
            (uint8_t *)&aht10_cmds.init, 1, 0xFFF);
119     LOS_TaskDelay(20); // 初始化时间不超过20ms
120     LOS_BinarySemCreate(0,&semi_id);   //创建同步信号量
121     uvIntSave = LOS_IntLock();
```

```
122       LOS_HwiCreate(DMA1_Channel6_IRQn + 16, 3, !IRQF_SHARED, \
123            DMA1_Channel6_IRQHandler, NULL);
124       LOS_HwiCreate(DMA1_Channel7_IRQn + 16, 3, !IRQF_SHARED, \
125            DMA1_Channel7_IRQHandler, NULL);
126       LOS_HwiCreate(I2C1_ER_IRQn + 16, 3, !IRQF_SHARED, \
127            I2C1_ER_IRQHandler, NULL);
128       LOS_HwiCreate(I2C1_EV_IRQn + 16, 3, !IRQF_SHARED, \
129            I2C1_EV_IRQHandler, NULL);
130       LOS_IntRestore(uvIntSave);
131   }
132
133   /* 文件: MyDrivers/drv_aht10.h  */
134   #ifndef __DRV_AHT10_H__
135   #define __DRV_AHT10_H__
136   #include "i2c.h"
137
138   #define AHT10_ADDR_WRITE     0x70
139   #define AHT10_ADDR_READ      0x71
140
141   typedef struct{
142       float temp;
143       float humi;
144   }AHT10_Result_st;
145
146   void drv_aht10_init(I2C_HandleTypeDef *i2c);
147   int32_t drv_aht10_get_result(AHT10_Result_st *p);
148
149   #endif
```

设计要点如下。

（1）将 AHT10 的控制字、状态定义成符号，方便维护（第 6~10 行）。

（2）使用结构体持有数据，包括状态数据，更易于维护，且更符合面向对象思想（第 15~27 行）。

（3）使用 const 修饰符将常量数据定位到 Flash 中以节省 SRAM 空间（第 29 行）。

（4）使用 I²C 的 DMA 接口进行发送与接收，以提高数据传送速度（第 57、66 行等）。

（5）C 语言一般不建议使用 goto 命令，但在一些场合使用 goto 命令可以使流程控制更方便或逻辑更清晰。

（6）主程序与中断服务程序利用 LiteOS 的信号量实现同步，同时通过共享全局变量交换消息，此处为 AHT10_Info.state。

（7）调用 LOS_HwiCreate() 创建中断时，直接将中断服务函数指定为 STM32CubeMX 生成的 NVIC 中断服务函数（第 122～129 行），并通过 extern 修饰符引用（第 111～114 行）。

（8）由于此信号量只用于同步，因此调用 LOS_BinarySemCreate()创建的是二值信号量。

（9）在回调处理函数中，要将 DMA 的状态设置为就绪态（第 93、99、106、107 行）。

3. 编写 HAL 中断回调函数

所有 I²C 通信的设备使用相同的 HAL 回调函数，为便于管理，将回调函数统一放在 Drivers/drivers.c 文件中，在其中增加如下回调函数代码。

```
1    /* 文件: Drivers/drivers.c */
2    ......; //其他代码
3    extern void aht10_tx_callback(I2C_HandleTypeDef *hi2c);
4    extern void aht10_rx_callback(I2C_HandleTypeDef *hi2c);
5    void HAL_I2C_MasterTxCpltCallback(I2C_HandleTypeDef *hi2c){
6        if(hi2c == &hi2c1){
7            aht10_tx_callback(hi2c);
8        }
9    }
10   void HAL_I2C_MasterRxCpltCallback(I2C_HandleTypeDef *hi2c){
11       if(hi2c == &hi2c1){
12           aht10_rx_callback(hi2c);
13       }
14   }
15
16   extern void aht10_error_callback(I2C_HandleTypeDef *hi2c);
17   void HAL_I2C_ErrorCallback(I2C_HandleTypeDef *hi2c){
18       if(hi2c == &hi2c1){
19           aht10_error_callback(hi2c);
20       }
21   }
```

设计要点如下。

（1）使用 extern 直接引用外部函数（第 3、4 行）。

（2）由于系统中可能存在多个 I²C 通信设备，因此在回调函数中，要判断是否本功能模块用到的 I²C 中断（第 6、11、18 行）。

4. 风扇驱动对象 Drv_Fan 实现

Drv_Fan 对象的源码如下。

```
1    /* 文件: Drivers/drv_fan.c */
2    #include "main.h"
3    void drv_fan_on(void){
```

```
  4      HAL_GPIO_WritePin(FAN1_GPIO_Port,      FAN1_Pin      |      FAN2_Pin,
GPIO_PIN_SET);
  5    }
  6    void drv_fan_off(void){
  7      HAL_GPIO_WritePin(FAN1_GPIO_Port,      FAN1_Pin      |      FAN2_Pin,
GPIO_PIN_RESET);
  8    }
  9    /* 文件: Drivers/drv_fan.h */
 10    #ifndef __DRV_FAN_H__
 11    #define __DRV_FAN_H__
 12
 13    void drv_fan_on(void);
 14    void drv_fan_off(void);
 15
 16    #endif
```

5. 温度控制器对象 Temp_Controller 实现

Temp_Controller 对象的源码如下。

```
  1    /* 文件: App/temp_controller.c */
  2    #include "config.h"
  3    #include "drivers.h"
  4
  5    static AHT10_Result_st temp_humi;
  6
  7    void temp_control(void){
  8        drv_aht10_get_result(&temp_humi);
  9        if(temp_humi.temp > FAN_ON_TEMP){
 10            drv_fan_on();
 11        }else if(temp_humi.temp < FAN_OFF_TEMP){
 12            drv_fan_off();
 13        }
 14    }
 15    /*get_temp_humi()接口函数在第12章中使用
 16    AHT10_Result_st *get_temp_humi(void){
 17        return &temp_humi;
 18    };
 19
 20    /* 文件: App/temp_controller.h */
 21    #ifndef __TEMP_CONTROLLER_H__
 22    #define __TEMP_CONTROLLER_H__
 23
 24
```

```
25    void temp_control(void);
26    AHT10_Result_st *get_temp_humi(void);
27
28    #endif
29
30    #ifndef __CONFIG_H__
31    #define __CONFIG_H__
32
33    /* 文件：App/config.h */
34    //智慧教室温度控制参数
35    #define FAN_ON_TEMP      29.0   //开启风扇的温度
36    #define FAN_OFF_TEMP     27.0   //关闭风扇的温度
37
38    #endif
```

设计要点如下。

（1）static 修饰符使全局变量成为私有变量（第 5 行）。

（2）在头文件中定义温度阈值，方便维护（第 35、36 行）。

6．调度执行

在 drivers.h 文件中包含 drv_aht10.h 头文件。app_dispatch()调用 temp_control()进行温度控制，源码从略。

11.9　习题

1．请阐述 I²C 通信的用途与特点。
2．I²C 有哪几种通信速率？
3．I²C 总线信号有哪几种？
4．I²C 设备地址格式是怎样的？
5．I²C 通信过程中有哪些事件？
6．请阐述主发送模式的发送过程。
7．请说明 I²C 时钟配置方法。
8．请阐述 I²C 库函数接口的类型。
9．编程，使用中断通信方式，基于 LiteOS+库函数编程，利用 AHT10 实现教室温度的自动控制。

第 12 章

串行外设接口 SPI

SPI 是一种串行、同步通信方式,与 I²C 不同的是它既支持半双工通信,又支持全双工通信,还支持 CRC 校验。因此,与 I²C 协议相比,SPI 能提供更高速率的、可靠的全双工通信,被广泛应用于单片机与外设间的高速同步双向数据传送。

12.1 学习目标

本章的学习目标如下。
- 理解 SPI 的工作原理。
- 熟悉 SPI 的工作模式。
- 熟悉 SPI 库函数接口,掌握库函数编程方法。
- 掌握使用 STM32CubeMX 配置 SPI 参数及其中断、DMA 的方法。
- 掌握程序查询、中断和 DMA 通信方式的编程方法。
- 熟悉 OLED SSD1306 的应用编程方法。

12.2 SPI 的功能及主要特性

SPI(Serial Peripheral Interface),即串行外设接口,用于 MCU 与外设之间的高速、同步、串行通信。

STM32F103ZET6 SPI 可以配置为支持 SPI 协议或者支持 I2S 音频协议。本章仅介绍 SPI 协议，SPI 的主要特性如下。
- 支持半双工、全双工同步传输。
- 支持 8 位或 16 位传输帧格式选择。
- 支持多主机模式，支持主机或从机模式操作，支持主/从操作模式的动态改变。
- 通信波特率可编程，最高为 $f_{PCLK}/2$。
- 支持可编程的时钟极性、时钟相位、数据顺序。
- 支持可靠通信的硬件 CRC。
- 可触发中断的主机模式故障、过载及 CRC 错误标志。
- 支持 DMA 发送与接收，缓冲器为 1 字节。

12.3 SPI 的工作原理

12.3.1 SPI 功能框图

SPI 功能逻辑如图 12-1 所示。

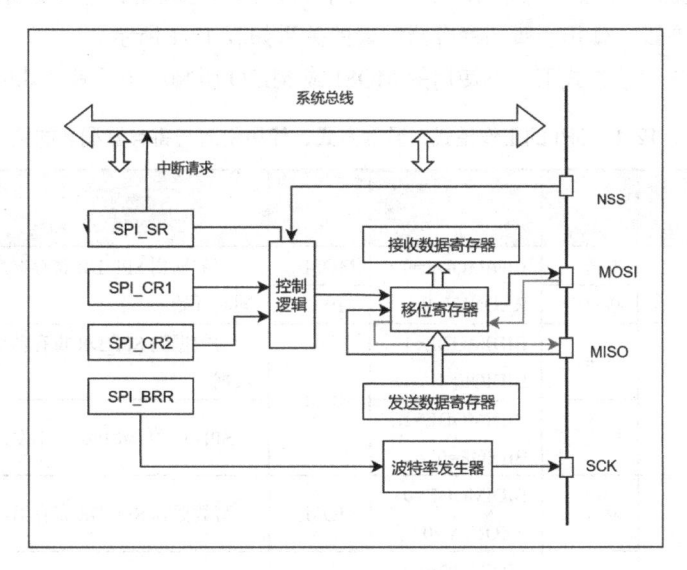

图 12-1 SPI 功能逻辑

SPI 通过 4 个引脚与外部器件相连。
- MISO：主设备输入/从设备输出引脚，即如果是主设备，则该引脚用于接收数据；如果是从设备，则该引脚用于发送数据。

- **MOSI**：主设备输出/从设备输入引脚，即如果是主设备，则该引脚用于发送数据；如果是从设备，则该引脚用于接收数据。
- **SCK**：串口时钟。主设备输出时钟信号，从设备接收时钟信号。
- **NSS**：从设备选择。这个引脚根据需要选用，用于选择主/从设备，低电平有效。

NSS 引脚有两种控制方式。

（1）软件控制：在这种模式下，通过设置 SPI_CR1 中的内部从设备选择位 SSI 将 NSS 引脚拉低，与其连接的 SPI 设备将处于从机模式。当 SPI 不需要工作时，NSS 引脚可用于其他用途。

（2）硬件控制：当 MSTR=1，即设置为主设备时，将从设备选择输出使能位 SSOE 置 1，会从 NSS 引脚输出低电平，与其相连的采用硬件控制 NSS 方式的主设备将自动进入从设备状态。如果此时 NSS 拉低失败，表明有另一个主设备在通信，则会产生一个硬件失败故障。如果 SSOE 为 0，则不会输出低电平的 NSS 信号，如果此时检测到 NSS 是低电平，表明有另一个主设备意图控制总线，则本设备进入主设备失败，会自动切换到从设备，即 MSTR=0。

12.3.2 SPI 的工作模式

SPI 的工作模式包括全双工、半双工、单工，可以用作主设备，也可以用作从设备。SPI 的工作模式、通信方式、使用引脚与寄存器配置的关系如表 12-1 所示。

在双向或单向通信方式下，不使用的 MOSI 或 MISO 引脚可用于其他功能。

表 12-1 SPI 的工作模式、通信方式、使用引脚与寄存器配置的关系

工作模式	通信方式	通信方向	寄存器配置	数据引脚	发送/接收过程的启动
主机模式	全双工	发送	BIDIMODE=0	MOSI	写数据到 SPI_DR 寄存器后传输开始，接收也同时开始
		接收	RXONLY=0	MISO	
	双向（半双工）	发送	BIDIMODE=1 BIDIOE=1	MOSI	写数据到 SPI_DR 寄存器后传输开始，不接收数据
		接收	BIDIMODE=1 BIDIOE=0		SPI=1 时传输开始，不发送数据
	单向（单工）	发送	BIDIMODE=0 RXONLY=0	MOSI	写数据到 SPI_DR 寄存器后传输开始
		接收	BIDIMODE=0 RXONLY=1	MISO	SPI=1 时传输开始
从机模式	全双工	发送	BIDIMODE=0	MISO	接收到时钟信号，且第一个数据位出现在 MOSI 引脚上时接收开始，发送也同时开始
		接收	RXONLY=0	MOSI	

续表

工作模式	通信方式	通信方向	寄存器配置	数据引脚	发送/接收过程的启动
从机模式	双向（半双工）	发送	BIDIMODE=1 BIDIOE=1	MISO	接收到时钟信号，且发送缓冲器中的第一个数据位被传送到 MISO 引脚时数据传输开始，不接收数据
		接收	BIDIMODE=1 BIDIOE=0		接收到时钟信号，且第一个数据位出现在它的 MOSI 引脚上时，数据传输开始
	单向（单工）	发送	BIDIMODE=0 RXONLY=0	MISO	接收到时钟信号，且发送缓冲器中的第一个数据位被传送到 MISO 引脚时，数据传输开始
		接收	BIDIMODE=0 RXONLY=1	MOSI	接收到时钟信号，且第一个数据位出现在它的 MOSI 引脚上时，数据传输开始

12.3.3 SPI 用作主设备

SPI 用作为主设备时，一旦向 SPI_DR 寄存器写入数据立即启动发送过程，数据被并行写入移位寄存器，并串行地移出到 MOSI 引脚上。数据写入移位寄存器后，TXE 标志将被置位。

全双工时，发送数据的同时开始接收数据。单工或半双工且开启接收功能，使能 SPI 时就开始接收。在接收完一个数据字后，该数据将从移位寄存器写入 SPI_DR 寄存器，SPI_SR 的 RXNE 标志被置位。

12.3.4 SPI 用作从设备

在从机模式下，时钟信号 SCK 由主设备提供，从设备接收主设备发来的时钟信号，因此，对从设备设置的波特率参数是无效的。

SPI 用作从设备发送数据时，首先向数据寄存器 SPI_DR 写入数据字。当接收到主设备发来的时钟信号时，发送过程才真正开始。数据将从数据寄存器装入到移位寄存器中并依次发送出去。数据字被装入到移位寄存器中后，SPI_SR 的 TXE 标志被置位。

SPI 用作从设备接收数据，当接收到主设备发来的时钟信号就开始接收。数据接收完成后将其从接收移位寄存器传输到数据寄存器 SPI_DR 中，SPI_SR 的 RXNE 标志被置位。

12.3.5 状态标志

SPI 通信过程有 7 个状态标志。
- TXE：发送缓冲器空闲。

- **RXNE**：接收缓冲器非空。接收到数据时该标志置 1。
- **Busy**：总线忙，表明 SPI 处于通信状态。在软件要关闭 SPI 模块之前，必须使用 BSY 标志检测传输是否结束，这样可以避免破坏最后一次传输。
- **OVR**：上溢标志。接收缓冲区的数据未读出时又接收到新的数据就会发生上溢错误。
- **UDR**：下溢标志。在从发送模式下，如果数据传输的第一个时钟边沿到达时，新的数据仍然没有写入 SPI_DR 寄存器，会发生下溢错误。
- **MODF**：主机模式失效错误。在硬件管理 NSS 引脚模式下，主设备的 NSS 引脚被拉低；或者在软件管理 NSS 引脚模式下，SSI 位被设置为 0 时，MODF 位被自动置位。
- **CRCERR**：CRC 校验错误。

12.3.6　DMA 传输

SPI 通信常用于需要高速数据传输的场合，为了在发送/接收数据时能够及时向/从缓冲区 SPI_DR 中写入/读取数据，需要借助 DMA 功能。

数据发送和数据接收使用不同的 DMA 通道：发送时，每当 TXE 被设置为 1 时，发出 DMA 请求，由 DMA 控制器从数据源内存地址读出数据写入 SPI_DR；接收时，每当 RXNE 被设置为 1 时，发出 DMA 请求，由 DMA 控制器将数据从 SPI_DR 读入目标内存地址。

12.4　寄存器

SPI 寄存器如图 12-2 所示，包括两个控制器寄存器 SPI*x*_CR1 和 SPI*x*_CR2、一个状态寄存器 SPI*x*_SR、一个数据寄存器 SPI*x*_DR、一个 CRC 多项式寄存器 SPI*x*_CRCPR、一个接收 CRC 寄存器 SPI*x*_RXCRCR 和一个发送 CRC 寄存器 SPI*x*_TXCRCR。

```
              SPIx
+CR1     //控制R1
+CR2     //控制R2
+SR      //状态R
+DR      //数据R
+CRCPR   //CRC多项式R
+RXCRCR  //接收CRC寄存器
+TXCRCR  //发送CRC寄存器
```

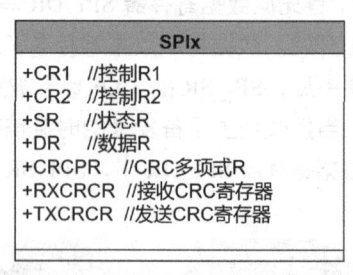

图 12-2　SPI 寄存器

寄存器的位域定义请参考芯片数据手册。

12.5 寄存器映射

SPI1～SPI3 寄存器的基地址分别为 0x4001 3000、0x4000 3800 和 0x4000 3C00，SPI 寄存器与偏移量如表 12-2 所示。

表 12-2 SPI 寄存器与偏移量

偏移量	寄存器	复位值
00H	SPI_CR1	0x0000 0000
04H	SPI_CR2	0x0000 0000
08H	SPI_SR	0x0000 0000
0CH	SPI_DR	0x0000 0000
10H	SPI_CRCPR	0x0000 0000
14H	SPI_RXCRCR	0x0000 0000
18H	SPI_TXCRCR	0x0000 0000
1CH	SPI_I2SCFGR	0x0000 0000
20H	SPI_I2SPR	0x0000 0000

12.6 SPI 编程方法

12.6.1 库函数接口

SPI 库函数接口如图 12-3 所示，HAL 库提供的 SPI 接口有三种类型，即程序查询方式接口、中断方式接口和 DMA 方式接口，各对象说明如下。
- HAL_SPI_POLLING：程序查询方式（阻塞方式）接口对象。
- HAL_SPI_IT：中断方式接口对象。
- HAL_SPI_DMA：DMA 方式接口对象，是利用 DMA 快速进行读/写操作的非阻塞方式接口对象。
- NVIC：SPI 相关的 NVIC 中断服务接口对象。
- HAL_DMA_IRQ_HANDLER：DMA 中断处理接口对象。在以 DMA 方式工作时需要使用到该对象接口。
- HAL_SPI_IRQ_HANDLER：SPI 中断处理接口对象。
- HAL_SPI_IRQ_CALLBACK：SPI 中断回调接口对象。

- HAL_SPI_COMM：公用接口对象，用于使能/关闭 SPI 中断、获取中断源等操作。

```
HAL_SPI_POLLING
+HAL_SPI_Transmit()
+HAL_SPI_Receive()
+HAL_SPI_TransmitReceive()

HAL_SPI_IT
+HAL_SPI_Transmit_IT()
+HAL_SPI_Receive_IT()
+HAL_SPI_TransmitReceive_IT()

HAL_SPI_DMA
+HAL_SPI_Transmit_DMA()
+HAL_SPI_Receive_DMA()
+HAL_SPI_TransmitReceive_DMA()

HAL_SPI_COMM
+HAL_SPI_Init()
+__HAL_SPI_ENABLE_IT()
+__HAL_SPI_DISABLE_IT()
+__HAL_SPI_GET_IT_SOURCE()
+__HAL_SPI_GET_FLAG()
+__HAL_SPI_ENABLE()
+__HAL_SPI_DISABLE()

HAL_SIP_IRQ_CALLBACK
+HAL_SPI_TxCpltCallback()
+HAL_SPI_RxCpltCallback()
+HAL_SPI_TxRxCpltCallback()
+HAL_SPI_TxHalfCpltCallback()
+HAL_SPI_RxHalfCpltCallback()
+HAL_SPI_TxRxHalfCpltCallback()
+HAL_SPI_ErrorCallback()
-SPI_DMATransmitCplt()
-SPI_DMAHalfTransmitCplt()
-SPI_DMAReceiveCplt()
-SPI_DMAHalfReceiveCplt()
-SPI_DMATransmitReceiveCplt()
-SPI_DMAHalfTransmitReceiveCplt()
-SPI_DMAError()

NVIC
+SPIx_IRQHandler()
+DMAx_Channely_IRQHandler(void)

HAL_SPI_IRQ_HANDLER
+HAL_SPI_IRQHandler()
+HAL_SPI_RegisterCallback()

HAL_DMA_IRQ_HANDLER
+HAL_DMA_IRQHandler()
+HAL_DMA_RegisterCallback()
```

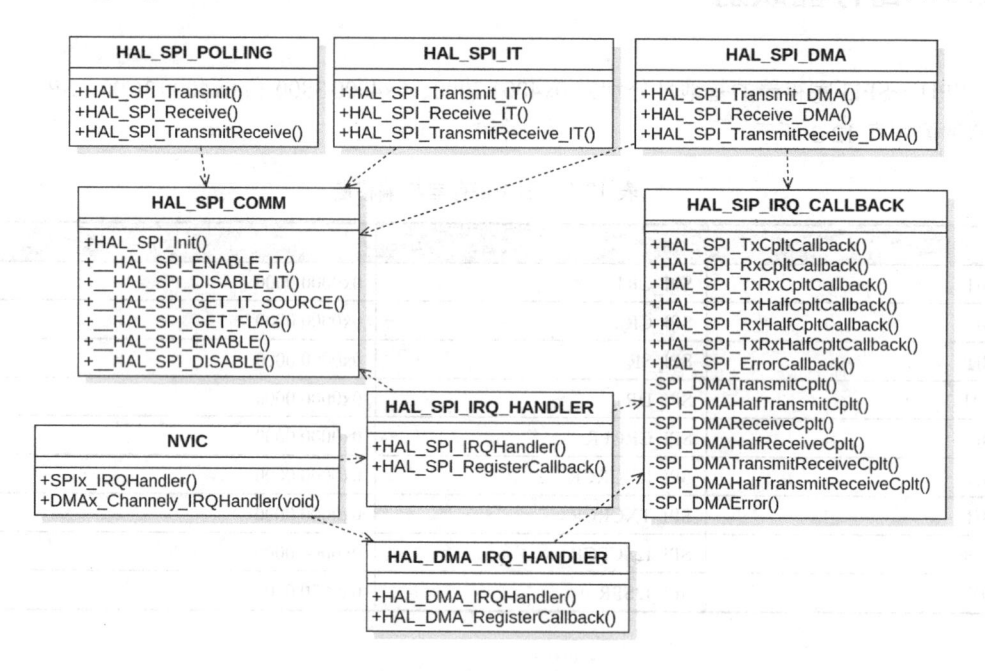

图 12-3　SPI 库函数接口

当调用 DMA 接口（如调用 HAL_SPI_Transmit_DMA()）进行发送/接收操作时，回调接口对象的私有函数 SPI_DMA***()将被注册为 DMA 传输完成或出错时的回调函数。在 DMA 操作完成时，这些私有回调函数进行必要的处理后会调用相应的公有回调函数（如 HAL_SPI_TxCpltCallback()），如果用户注册了自己的回调函数，则改为调用用户注册的回调函数。

因此，在 DMA 方式下，中断处理及回调函数关系为（以发送完成为例）：

DMAx_Channely_IRQHandler() → HAL_DMA_IRQHandler() → SPI_DMATransmitCplt() → HAL_SPI_TxCpltCallback()

在中断方式下，中断处理及回调函数关系为（以发送完成为例）：

SPIx_IRQHandler()→HAL_SPI_IRQHandler()→HAL_SPI_TxCpltCallback()

编程时，用户只需要关注公用回调函数接口即可。

12.6.2　库函数编程方法

库函数编程的基本步骤如图 12-4 所示。

首先根据 SPI 的工作方式，使用 STM32CubeMX 配置 SPI 参数。在开发 SPI 外设驱动时，要根据通信方式调用相应的接口进行数据的发送或接收。例如，对于数据发送，如果采用程序查询方式，则调用 HAL_SPI_Transmit()；如果采用 DMA 方式，则调用 HAL_SPI_Transmit_DMA()。

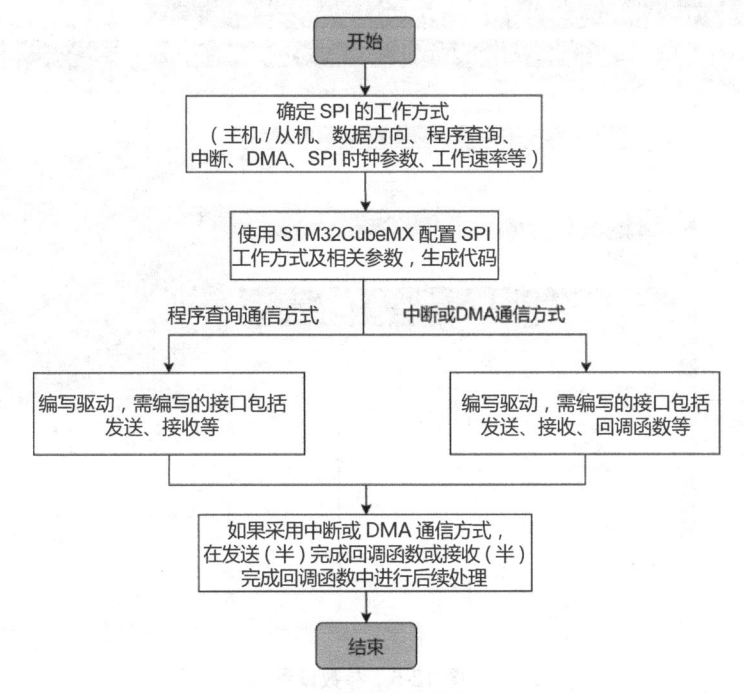

图 12-4 库函数编程的基本步骤

如果采用中断或 DMA 通信方法，则需要编写中断回调函数，在回调函数中进行后续处理。

12.7 SPI 编程举例

本节仅举例说明 SPI 参数的配置方法。

使用 STM32CubeMX 配置 SPI1 的工作方式：DMA 全双工主机，时钟极性为高电平，在时钟脉冲的第 1 个边沿采样，时钟频率最高为 3MHz，8 位数据宽度，高位在前，硬件控制 NSS。

如图 12-5 所示，选择"Connectivity"→"SPI1"选项，设置参数如下。

- Mode: Full-Duplex Master //主机模式，仅发送数据。
- Hardware NSS Signal：Hardware NSS Output Signal //硬件输出 NSS 信号。
- Prescaler：32 //预分频。
- Clock Polarity：Low //时钟极性为低电平。
- Clock Phase：1 Edge //相位：在时钟脉冲的第 1 个边沿采样。

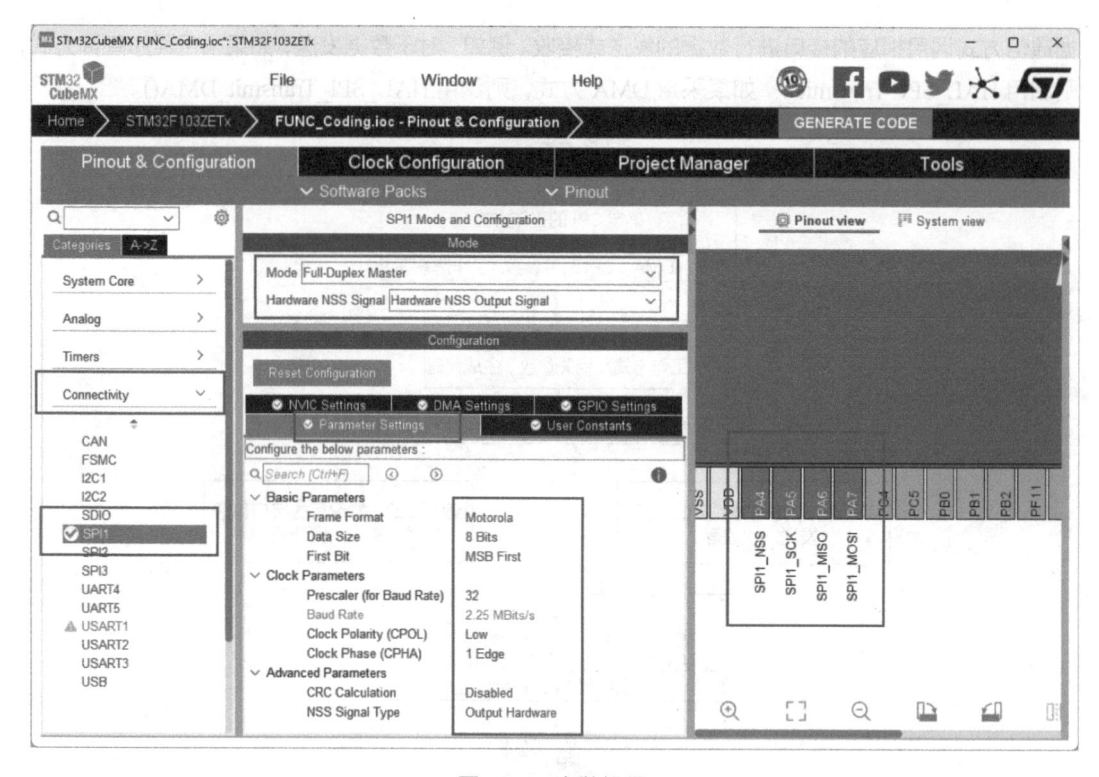

图 12-5 参数设置

12.8 项目实战——智慧教室：OLED 显示教室温湿度

12.8.1 项目需求

OLED 因其轻薄、省电、色彩艳丽饱满、响应速度快、支持指纹技术等特点，在嵌入式系统中被广泛应用。

在智慧教室系统终端中，配置了一个 OLED 显示当前温湿度和系统参数信息。

12.8.2 实验环境

本项目需要用到的设备如下。
- 温湿度传感器 AHT10。
- 直流电机（驱动风扇）。

- OLED SSD1306。

OLED SSD1306 与 MCU 接口的电路如图 12-6 所示。OLED_RESET 与 PF10 相连。D0 为 SPI 时钟信号，与 PB13_SPI2_SCK 相连。D1 为数据线，与 PB15_SPI2_MOSI 相连。CS#为片选线，与 PB12_SPI2_CS 相连。D/C#为数据/命令模式引脚，连接 PB14_SPI_MISO。

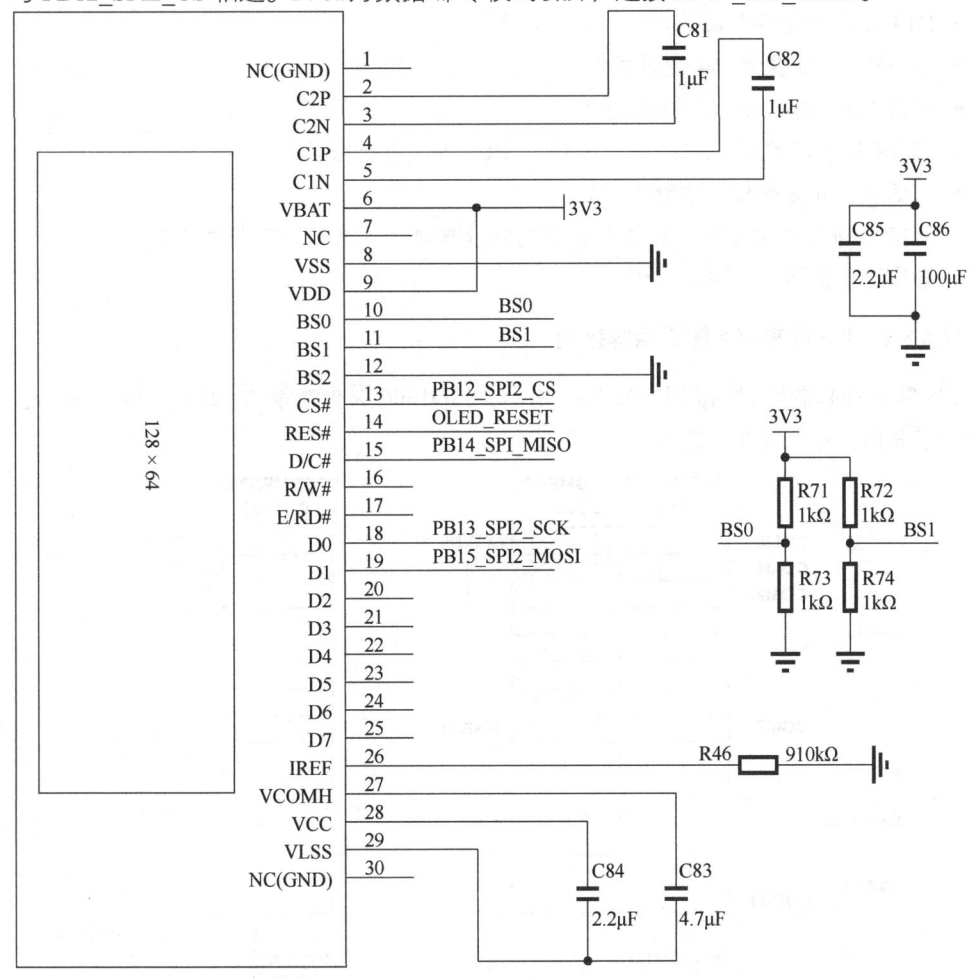

图 12-6　OLED SSD1306 与 MCU 接口的电路

12.8.3　OLED SSD1306 介绍

SSD1306 是一款单片 CMOS OLED/PLED 驱动器，它由 128 段和 64 个公共引脚组成。SSD1306 采用共阴极型 OLED 面板设计。

SSD1306 内置显示 RAM、内部振荡器和对比度控制器，有 256 级亮度控制，适用于许多紧凑型便携式设备，如 MP3 播放器、计算器和其他嵌入式终端等。

12.8.3.1 主要特性

SSD1306 的主要特性如下。
- 分辨率：128 像素×64 像素点阵。
- 内置 128×64bit SRAM 显示缓存。
- 与 MCU 接口类型：SPI（3 或 4 线）、I²C、8 位并行线。
- 可编程的帧速率和多路复用比。
- 支持行/列重映射（文字在显示屏中的显示方向上下对调、左右对调）。
- 操作温度范围广：-40~85℃。

12.8.3.2 128 像素×64 像素点阵排列

128 像素×64 像素点阵排列如图 12-7 所示。SSD1306 面板像素由 128 列、64 行构成。64 行像素分成 8 页，每一页 8 行像素。

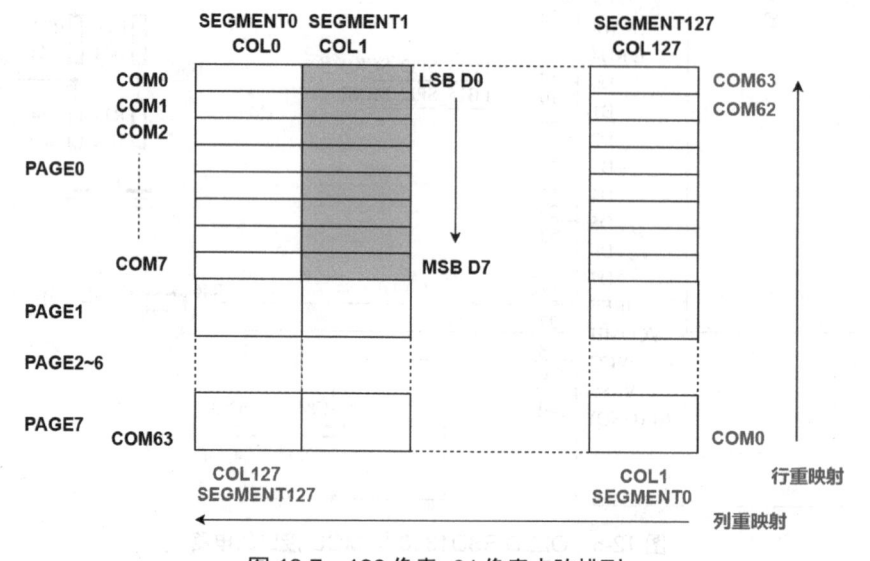

```
          SEGMENT0 SEGMENT1                    SEGMENT127
          COL0     COL1                        COL127
     COM0 ┌────────┬────────┐  LSB D0     ┌────────┐ COM63  ↑
     COM1 │        │▓▓▓▓▓▓▓▓│             │        │ COM62
     COM2 │        │▓▓▓▓▓▓▓▓│             │        │
PAGE0     │        │▓▓▓▓▓▓▓▓│             │        │
          │        │▓▓▓▓▓▓▓▓│   ↓         │        │
          │        │▓▓▓▓▓▓▓▓│             │        │
     COM7 └────────┴────────┘  MSB D7     └────────┘

PAGE1

PAGE2~6

PAGE7    COM63                                      COM0
                                                         行重映射
         COL127                             COL1
         SEGMENT127                         SEGMENT0
         ←─────────────────────────────────────────── 列重映射
```

图 12-7　128 像素×64 像素点阵排列

与像素点对应的有 128bit×64bit SRAM 显示缓存。缓存数据通过（列号、页号）寻址，例如，当向地址（1，0）写入数据 0x0F 时，数据被写入 PAGE0 的 COL1 列 SRAM，对应位置的 COM0~COM3 像素被关闭，而 COM4~COM7 像素被点亮。

行线和列线可以在命令的控制下进行翻转映射（重映射），实现显示内容的左右镜像或上下镜像，从而使 OLED 能适应不同的线路布局，增加硬件的灵活性。

12.8.3.3 寻址模式

SSD1306 有三种寻址模式：页面寻址、水平寻址、垂直寻址。SSD1306 三种寻址模式的说明如表 12-3 所示。

表 12-3 SSD1306 三种寻址模式的说明

寻址模式	特点	相关命令/参数与说明	
页面寻址	每次读/写操作完成后，列地址自动加 1；到达结束地址时重新设置为列起始地址，而页地址不改变	0xB0~B7	设置页面地址（命令低 3 位为页面编号）
		0x20/2	设置寻址模式为页面模式
		0x00~0x0F	设置起始列的低半字节（命令的低 4 位）
		0x10~0x1F	设置起始列的高半字节（命令的高 4 位）
水平寻址	每次读/写操作完成后，列地址自动加 1；到达结束地址时重新设置为列起始地址，且页地址自动加 1。页地址到达结束地址时重新设置为页起始地址	0x22/A,B	数据 A、B 低 3 位分别设置页面的起始地址和结束地址
		0x21/A,B	数据 A、B 低 7 位分别设置列的起始地址和结束地址
		0x20/0	设置寻址模式为水平模式
垂直寻址	每次读/写操作完成后，页地址自动加 1；到达结束地址时重新设置为页起始地址，且列地址自动加 1。列地址到达结束地址时重新设置为列起始地址	0x22/A,B	数据 A、B 低 3 位分别设置页面的起始地址和结束地址
		0x21/A,B	数据 A、B 低 7 位分别设置列的起始地址和结束地址
		0x20/1	设置寻址模式为垂直模式

12.8.3.4 帧刷新频率

SSD1306 内部有一个振荡器，OLED 屏的帧刷新频率与振荡器的振荡频率之间的关系如下。

$$F_{FRM} = F_{OSC} / (D \times K \times M)$$

式中，F_{FRM} 为帧刷新频率；F_{OSC} 为振荡器频率，在默认设置下，振荡器频率的典型值为 370kHz；D：分频因子，可以由命令设置；K：显示一行需要的时钟数，复位值为 54；M：多路复用比+1。帧刷新频率越高，显示质量越好，但功耗越高。

12.8.3.5 SPI 接口时序

SSD1306 提供了 SPI（3 或 4 线）、I²C、8 位并行线等多种接口方式。本例使用 4 线 SPI 接口与 STM32F103ZET6 通信。

4 线 SPI 接口时序如图 12-8 所示。空闲时 SCLK 可以是高电平，也可以是低电平。SSD1306 在 SCLK 信号的上升沿对数据线采样，并将采样到的数据锁存在寄存器中。

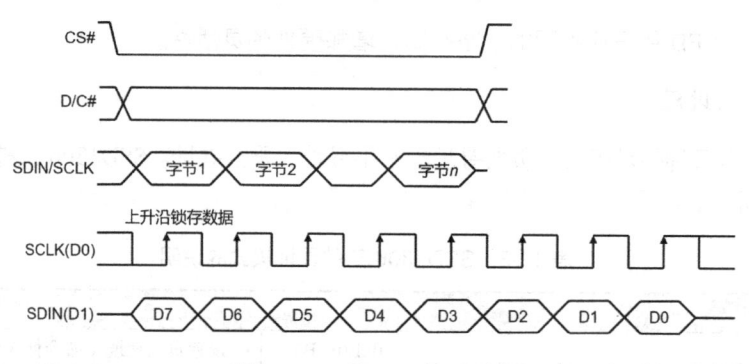

图 12-8 4 线 SPI 接口时序

12.8.3.6 字符点阵

文字符号需要转换成点阵图案才能正确显示。

下面是 ASCII 字符的 6×8 点阵的编码。其中每一个数据元素为 1 字节，在 OLED 中显示为一页中的 1 列，即 8 行。每一位代表一个像素点，为 0 时表示该像素点不发光，为 1 时表示该像素点发光。

```
1   const unsigned char F6x8[][6] = {
2   {0x00, 0x00, 0x00, 0x00, 0x00, 0x00},// sp
3   {0x00, 0x00, 0x00, 0x2f, 0x00, 0x00},// !
4   {0x00, 0x00, 0x07, 0x00, 0x07, 0x00},// "
5   {0x00, 0x14, 0x7f, 0x14, 0x7f, 0x14},// #
6       ......;   //其他字符点阵
7   }
```

12.8.4 系统分析

SSD1306 仅接收数据，因此 STM32F103ZET6 SPI 可以工作在单向主发送模式。根据 SSD1306 的时序，时钟信号极性与相位可以设置为高电平和第 2 个时钟采样。

文字符号的显示与字体点阵大小有关系，ASCII 码和汉字占用的字节数不同，需要为其提供不同的显示接口。

为简化程序设计，本项目 CPU 与 SPI 采用程序查询方式通信。

12.8.5 系统设计

12.8.5.1 系统类图

本例采用 SPI HAL 库函数的 POLLING 接口，如图 12-9 所示。

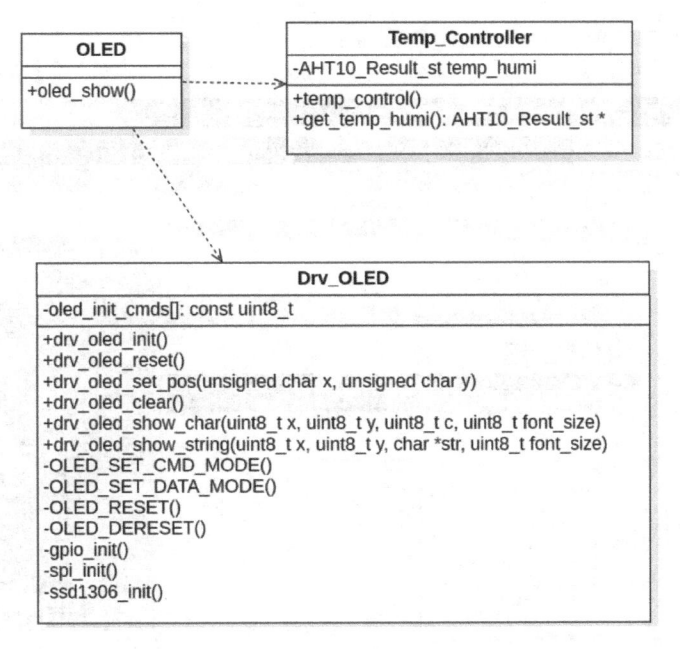

```
          OLED                    Temp_Controller
  +oled_show()            -AHT10_Result_st temp_humi
                          +temp_control()
                          +get_temp_humi(): AHT10_Result_st *

                              Drv_OLED
                -oled_init_cmds[]: const uint8_t
                +drv_oled_init()
                +drv_oled_reset()
                +drv_oled_set_pos(unsigned char x, unsigned char y)
                +drv_oled_clear()
                +drv_oled_show_char(uint8_t x, uint8_t y, uint8_t c, uint8_t font_size)
                +drv_oled_show_string(uint8_t x, uint8_t y, char *str, uint8_t font_size)
                -OLED_SET_CMD_MODE()
                -OLED_SET_DATA_MODE()
                -OLED_RESET()
                -OLED_DERESET()
                -gpio_init()
                -spi_init()
                -ssd1306_init()
```

图 12-9　库函数的 POLLING 接口

OLED 是负责从 OLED 显示系统信息的应用层对象。Drv_OLED 是 OLED 的驱动对象，提供了 OLED 初始化、复位、清屏、设置光标位置、写命令和数据等基本操作，还提供了显示字符和字符串的操作。OLED 硬件驱动 SSD1306 的初始化命令放在一个私有常量属性 oled_init_cmds 中，ssd1306_init()使用这些参数初始化 SSD1306。

12.8.5.2　业务逻辑

为了显示温度信息，OLED 调用温度控制器 Temp_Controller 的 get_temp_humi()获取温度值，然后调用 Drv_OLED 提供的接口 drv_oled_show_string()将其显示在 OLED 上。drv_oled_show_string()需要调用 HAL_GPIO 接口切换 OLED 命令/数据工作状态、调用 SPI 的库函数接口向 OLED 发送命令/数据。

12.8.6　系统实现

1. 使用 STM32CubeMX 配置 SPI 并生成初始化代码

1）配置 SPI2

选择"Connectivity"→"SPI2"选项，设置参数，如图 12-10 所示，参数说明如下。

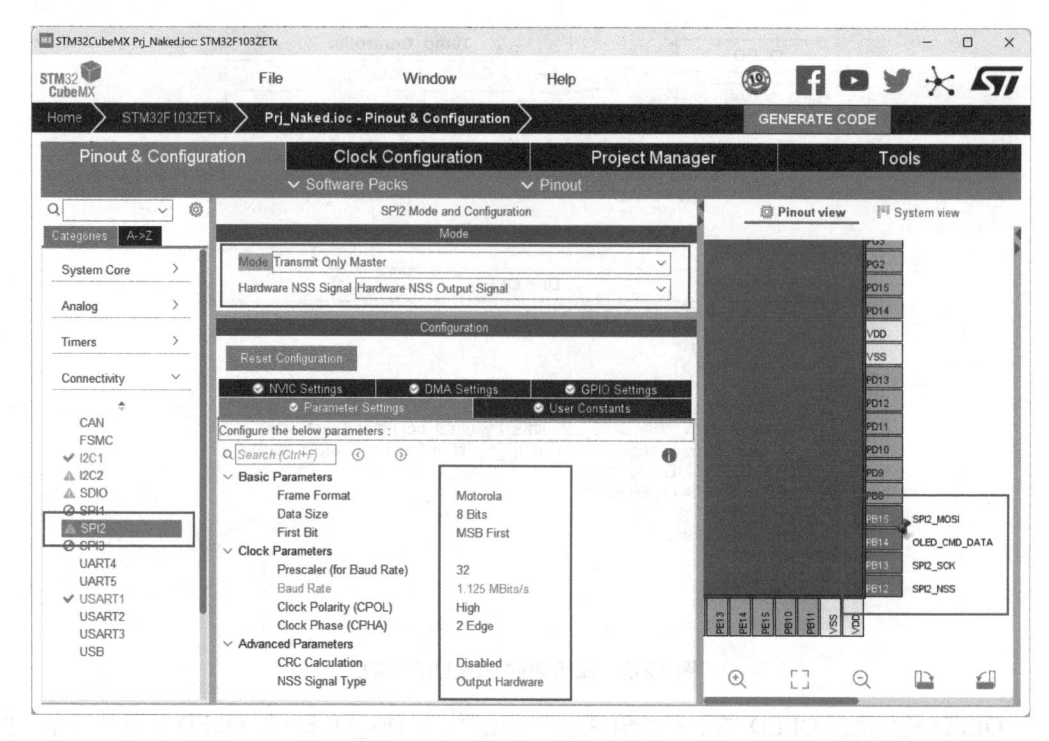

图 12-10　配置 SPI2

- Mode：Transmit Only Master //主机模式，仅发送。
- Hardware NSS Signal：Hardware NSS Output Signal //硬件输出 NSS 信号。
- Prescaler（for Baud Rate）：32 //预分频。
- Clock Polarity(CPOL)：High //时钟极性为高电平。
- Clock Phase(CPHA)：2 Edge //相位，在第 2 个边沿采样。

2）配置 GPIO

将 PB14 和 PF10 设置为 GPIO Output 引脚，选择"System Core"→"GPIO"选项，设置参数，如表 12-4 和图 12-11 所示。

表 12-4　配置 OLED GPIO 引脚

参数	PB14	PF10
GPIO output level	Low，上电输出低电平	High，上电输出高电平
GPIO mode	Output Push Pull，推挽输出方式	Output Push Pull，推挽输出方式
Maximum outpu speed	High，最大输出速率为 50MHz	High，最大输出速率为 50MHz
User Label	OLED_CMD_DATA	OLED_RESET

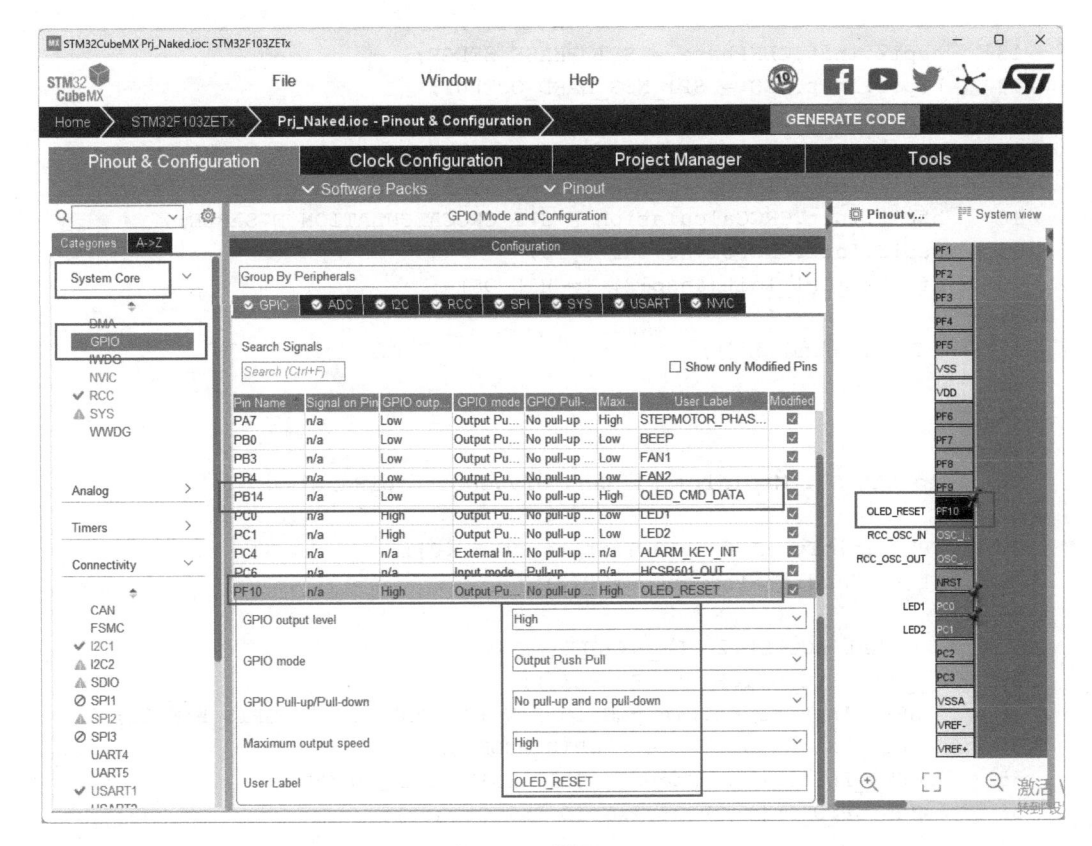

图 12-11 配置 GPIO

3）生成的代码

配置完成后生成代码，系统会自动生成 SPI 初始化代码，放在 Core/Src/spi.c 和 Core/Inc/spi.h 文件中，源码如下。

```
1    /* 文件：Core/Src/spi.c */
2
3    #include "spi.h"
4    SPI_HandleTypeDef hspi2;
5
6    void MX_SPI2_Init(void)
7    {
8      hspi2.Instance = SPI2;
9      hspi2.Init.Mode = SPI_MODE_MASTER;
10     hspi2.Init.Direction = SPI_DIRECTION_2LINES;
11     hspi2.Init.DataSize = SPI_DATASIZE_8BIT;
12     hspi2.Init.CLKPolarity = SPI_POLARITY_HIGH;
```

```
13      hspi2.Init.CLKPhase = SPI_PHASE_2EDGE;
14      hspi2.Init.NSS = SPI_NSS_HARD_OUTPUT;
15      hspi2.Init.BaudRatePrescaler = SPI_BAUDRATEPRESCALER_32;
16      hspi2.Init.FirstBit = SPI_FIRSTBIT_MSB;
17      hspi2.Init.TIMode = SPI_TIMODE_DISABLE;
18      hspi2.Init.CRCCalculation = SPI_CRCCALCULATION_DISABLE;
19      hspi2.Init.CRCPolynomial = 10;
20      if (HAL_SPI_Init(&hspi2) != HAL_OK)
21      {
22        Error_Handler();
23      }
24    }
25
26    void HAL_SPI_MspInit(SPI_HandleTypeDef* spiHandle)
27    {
28      GPIO_InitTypeDef GPIO_InitStruct = {0};
29      if(spiHandle->Instance==SPI2)
30      {
31        __HAL_RCC_SPI2_CLK_ENABLE();
32        __HAL_RCC_GPIOB_CLK_ENABLE();
33        GPIO_InitStruct.Pin = GPIO_PIN_12|GPIO_PIN_13|GPIO_PIN_15;
34        GPIO_InitStruct.Mode = GPIO_MODE_AF_PP;
35        GPIO_InitStruct.Speed = GPIO_SPEED_FREQ_HIGH;
36        HAL_GPIO_Init(GPIOB, &GPIO_InitStruct);
37      }
38    }
39
40    /* 文件: Core/Inc/spi.h */
41    #ifndef __SPI_H__
42    #define __SPI_H__
43
44    #ifdef __cplusplus
45    extern "C" {
46    #endif
47
48    #include "main.h"
49
50    extern SPI_HandleTypeDef hspi2;
51    void MX_SPI2_Init(void);
52    #ifdef __cplusplus
53    }
54    #endif
55
```

```
56  #endif /* __SPI_H__ */
```

在main.h中，会生成配置的GPIO引脚符号，如下。

```
1   /* 文件: Core/Inc/main.h */
2   #ifndef __MAIN_H
3   #define __MAIN_H
4
5   #ifdef __cplusplus
6   extern "C" {
7   #endif
8
9   #include "stm32f1xx_hal.h"
10  void Error_Handler(void);
11  void _Error_Handler(char *, int);
12
13  #define OLED_RESET_Pin GPIO_PIN_10
14  #define OLED_RESET_GPIO_Port GPIOF
15  #define OLED_CMD_DATA_Pin GPIO_PIN_14
16  #define OLED_CMD_DATA_GPIO_Port GPIOB
17  ......  //其他引脚符号定义
18
19
20  #ifdef __cplusplus
21  }
22  #endif
23
24  #endif /* __MAIN_H */
```

2. OLED驱动对象Drv_OLED实现

Drv_OLED驱动源码文件drv_oled.c如下。

```
1   /*文件: Drivers/drv_oled.c */
2   #include "drv_oled.h"
3   #include "drv_oled_font.h"
4   #include "main.h"
5
6   //OLED初始化命令
7   const uint8_t oled_init_cmds[] = {
8       0xAE,   //关闭显示
9       0x20,   //设置寻址方式为水平寻址
10      0x02,   //仅低2位有效。00: Horizontal Addressing Mode;
                //01: Vertical Addressing Mode;10: Page Addressing Mode (RESET)
```

```
11      0xB0,       //设置页面寻址方式的当前页面地址,低3位有效,取值为0~7
12      0x00,       //设置页面寻址方式下的列起始地址的低4位(等于命令的低4位)
13      0X10,       //页面寻址方式下的列起始地址的高4位(等于命令的高4位)
14      0x40,       //设置面板起始线为COM0
15      0x81,       //设置对比度
16      0xFF,       //取值范围为0~255,值越大越亮
17      0xA1,       //设置列扫描方向为COLUMN0~COLUMN127,即列重映射(左右对调)
18      0xC8,       //设置行扫描方向为COM0~COM63,即行重映射(上下对调)
19      0xA6,       //设置显示模式为正常显示,反相显示为0xA7
20      0xA8,       //设置多路复用比例,取值为16~64
21      0x3F,       //多路复用比例为64,仅低6位有效,3F即64
22      0xA4,       //仅显示缓存中的内容
23      0xD3,       //设置显示偏移量
24      0x00,       //显示偏移量0
25      0xD5,       //设置显示时钟分频器分频值和振荡器频率
                    //刷新频率=帧频率=FOSC/(D*K*MUX)
26      0xF0,       //分频值,bit3:0+1,振荡器频率,bit7:4+1
                    //刷新频率越高,功耗越大,显示效果越好
27      0xD9,       //设置预充电周期
28      0x22,       //第一阶段预充周期:(bit3:0+1)个DCOCK,
                    //第二阶段预充周期:(bit7:4+1)个DCLOCK,
29      0xDA,       //设置COM引脚的硬件配置以适应SSD1306不同的硬件布局
                    //需根据硬件布局设置
30      0x12,       //bit4,0:顺序扫描;1:交替扫描。bit5,0:左右不对调;1:左右对调
31      0xDB,       //设置COM信号引脚的电压水平
                    //其目的是用于调整对比度和亮度以适应不同的光照条件与观看角度
32      0x20,       //0.77xVcc
33      0x8D,       //充电泵控制
34      0x14,       //bit2,0:禁用电荷泵;1:启用电荷泵
35      0xAF,       //点亮屏幕
36  };
37
38  static SPI_HandleTypeDef *phspi;
39
40  void drv_oled_write_cmd(uint8_t *buf, uint8_t size){
41      HAL_GPIO_WritePin(OLED_CMD_DATA_GPIO_Port,
                //OLED_CMD_DATA_Pin, GPIO_PIN_RESET);
42      HAL_SPI_Transmit(phspi, buf, size, 0xff);
43  }
44
45  void drv_oled_write_data(uint8_t *buf, uint8_t size){
46      HAL_GPIO_WritePin(OLED_CMD_DATA_GPIO_Port,
```

```c
                    //OLED_CMD_DATA_Pin, GPIO_PIN_SET);
47      HAL_SPI_Transmit(phspi, buf, size, 0xff);
48  }
49
50  void drv_oled_set_pos(unsigned char x, unsigned char y) {
51      uint8_t args[3];
52      args[0] = 0xB0+y;              //y 为页地址
53      args[1] = 0x00 + (x & 0x0F);   //列地址的低 4 位
54      args[2] = 0x10+(x>>4 & 0x0F);  //列地址的高 4 位
55      drv_oled_write_cmd(args, sizeof(args));
56  }
57
58  void drv_oled_clear(void){
59      uint8_t data = 0;
60      for(uint8_t i = 0; i < 8; i++)
61      {
62          drv_oled_set_pos(0, i);
63          for(uint8_t n = 0; n < 128; n++){
64              drv_oled_write_data(&data, 1); //write 0x00;
65          }
66      }
67  }
68
69  void drv_oled_reset(void){
70      HAL_GPIO_WritePin(OLED_RESET_GPIO_Port,     OLED_RESET_Pin, GPIO_PIN_RESET);
71      LOS_TaskDelay(20);
72      HAL_GPIO_WritePin(OLED_RESET_GPIO_Port,     OLED_RESET_Pin, GPIO_PIN_SET);
73  }
74
75  void drv_oled_show_char(uint8_t x, uint8_t y, uint8_t c, uint8_t font_size){
76      int ind = c-' ';     //得到偏移后的值
77      if(x+font_size > OLED_COLUMNS-1){  //判断是否能在一行显示
78          x = 0;                          //显示不下，在下一页显示
79          y = (font_size == FONT_SIZE_8)? y+1:y+2;
80      }
81      if(font_size == FONT_SIZE_16){
82          drv_oled_set_pos(x, y);
83          drv_oled_write_data((uint8_t *)&F8x16[ind][0], font_size);
84          drv_oled_set_pos(x, y+1);
```

```
 85              drv_oled_write_data((uint8_t *)&F8x16[ind][8], font_size);
 86         }else{
 87              drv_oled_set_pos(x,  y);
 88              drv_oled_write_data((uint8_t *)&F6x8[ind][0] , font_size);
 89         }
 90     }
 91
 92  void drv_oled_show_string(uint8_t x, uint8_t y, char *str, uint8_t font_size){
 93      while(*str != '\0'){
 94          if(x+font_size > OLED_COLUMNS-1){
 95              y = font_size == FONT_SIZE_8? y+1:y+2;
 96              x = 0;
 97          }
 98          drv_oled_show_char(x, y, *str++, font_size);
 99          x += 8;
100      }
101  }
102
103  static void ssd1306_init(void){
104      drv_oled_write_cmd((uint8_t *)oled_init_cmds, sizeof(oled_init_cmds));
105  }
106
107  void drv_oled_init(SPI_HandleTypeDef *hspi){
108      phspi = hspi;
109      drv_oled_reset();
110      ssd1306_init();
111      drv_oled_clear();
112  }
113
```

设计要点如下。

（1）为增加可移植性，定义了一个私有 SPI 指针变量，通过指针操作 SPI 实例，并用作初始化的参数（第 38、108 行）。

（2）程序查询方式的单向发送使用 HAL_SPI_Transmit() 接口。

（3）由于要用到定义的 GPIO 引脚符号，因此包含了 main.h（第 4 行）。

3. 温度控制器 Temp_Controller 对象的实现

温度控制器源码请参考第 11 章。

4. OLED 显示器 OLED_Showor 对象的实现

OLED_Showor 对象的源码如下。

```
1   /*文件: App/oled_showor.c */
2
3   #include "drivers.h"
4   #include "app.h"
5
6   void oled_show(void){
7       AHT10_Result_st *p;
8       char str[18];
9       p = get_temp_humi();
10      snprintf(str, sizeof(str), "Temp: %3.1f", p->temp);
11      drv_oled_show_string(10, 1, str, FONT_SIZE_16);
12      snprintf(str, sizeof(str), "Humi: %3.1f%%", p->humi);
13      drv_oled_show_string(10, 3, str, FONT_SIZE_16);
14  }
15
16
17  /*文件: App/oled_showor.h */
18  #ifndef __OLED_SHOWOR_H__
19  #define __OLED_SHOWOR_H__
20
21  void oled_show(void);
22
23  #endif
```

设计要点如下。

使用 snprintf() 函数将要输出的字符串格式化到缓冲区中。

5. 调度执行

在 app_dispatch() 中调用 oled_show(),如下。

```
1   /*文件: App/app.c */
2   void app_dispatch(void){
3       // nobody_control();
4       // key_alarm();
5       // hmi();
6       // temp_control();  //温度控制
7       // light_intensity_control();
8       oled_show();
9       LOS_TaskDelay(10);
10  }
```

12.9　习题

1. 请阐述 SPI 的功能与主要特性。
2. SPI 接口信号线有哪些?
3. 按通信方向，SPI 有哪些工作模式?
4. 阐述 SPI 主机全双工通信过程。
5. 请阐述 SPI 库函数接口的类型。
6. 使用序列图，描述 OLED_Showor、Temp_Controller 和 Drv_OLED 对象之间的交互过程。

第 13 章

模数转换器 ADC

有一类信号，其值在时间和幅度上连续变化，这类信号称为模拟信号，如大气温度、光线强度、声音等。计算机不能直接存储、处理模拟信号，需要利用模数转换器，即 ADC 将模拟信号离散化，转变为数字信号才能进行存储和处理。

13.1 学习目标

本章的学习目标如下。
- 理解 ADC 的工作原理。
- 理解规则序列和注入序列的概念。
- 熟悉 ADC 的工作方式。
- 熟悉 ADC 库函数接口，掌握库函数编程方法。
- 掌握使用 STM32CubeMX 配置 ADC 参数及其中断、DMA 的方法。
- 掌握程序查询、中断和 DMA 通信方式的编程方法。
- 掌握基于面向对象思想，使用类图、序列图、状态图进行软件设计的方法。
- 熟悉光敏电阻的工作特性，掌握光敏电阻的阻值换算方法、光照强度与光敏电阻阻值的拟合方法。

13.2 ADC 的主要特性

ADC，即模数转换器（Analog to Digital Converter），用于将模拟信号转换为计算机可以存储与处理的数字信号。根据工作原理的不同，ADC 可以分为逐次逼近型、积分型、并行比较型、压频变换型等多种类型。

STM32F103ZET6 有 3 个 12 位的逐次逼近型 ADC，多达 18 个通道，可测量 16 个外部信号源和 2 个内部信号源。各通道的 A/D 转换能够以单次、连续、扫描或间断等多种模式执行。模拟看门狗特性允许应用程序检测输入电压是否超出用户定义的高/低阈值。

ADC 的主要特性如下。

- 具有 12 位分辨率。
- 支持多种工作方式，包括单次转换、连续转换、扫描模式、间断模式。
- 支持两种转换序列：规则序列和注入序列。
- 支持多种转换触发方式：软件触发、内部定时器事件触发、外部信号触发。
- 具有自动校准功能。
- 支持中断和 DMA 通信方式。
- ADC 最少转换时间为 1.17μs。

13.3　ADC 的功能结构与基本概念

ADC 的功能逻辑如图 13-1 所示。ADC 可以对来自 GPIO 引脚的模拟信号（多达 16 个）、内部温度传感器和 V_{REFINT} 的 1 个或多个模拟信号依次进行 A/D 转换。这些通道被组织在规则序列或注入序列中，转换后的结果分别保存在 ADC_DR 寄存器和 ADC_JDRx 寄存器中。转换结束后可以产生中断请求或触发 DMA，将数据从数据寄存器传输到内存中。

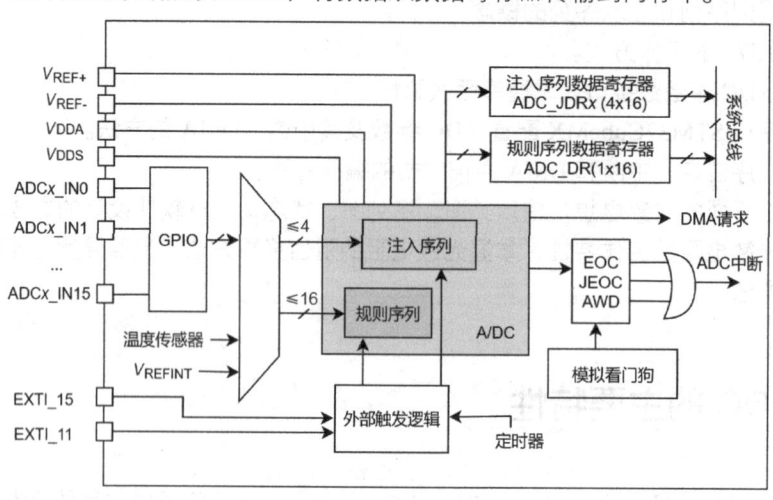

图 13-1　ADC 的功能逻辑

电压转换范围为 $V_{REF-} \leq V_{IN} \leq V_{REF+}$。其中，$V_{REF-}$ 和 V_{REF+} 分别为参考地和参考电源。V_{REF-} 必须连接到模拟地 VDDS 上。VDDA 为模拟电源。

STM32F103 的 ADC 还有一个模拟看门狗，当指定通道的值超出设置的阈值时，将产生 AWD（模拟看门狗，Anolog Watch Dog）中断请求。

13.3.1 ADC 转换的触发方式

ADC 转换有三种触发方式。
- 通过外部信号 EXTI_11、EXTI_15 触发。
- 内部定时器事件触发。
- CPU 指令，即通过软件触发。

13.3.2 模拟信号输入通道

模拟信号输入通道共有 18 个，分别如下。
- 16 个外部信号源，从 GPIO 引脚输入，分别连接在 ADC_IN0、ADC_IN1、…、ADC_IN15 上，即 GPIO_PINx 引脚连接在 ADC_INx 上（$x=0,1,\cdots,15$）。
- 片上温度传感器，连接在 ADC_IN16 上。
- 内部参考电压 V_{REFINT}，连接在 ADC_IN17 上。

13.3.3 通道序列/通道分组

一个 ADC 同一时刻只能对一个通道进行转换，但是，一次启动，可以连续对来自多个通道的模拟信号依次进行转换。这些按顺序排列的转换通道称为通道序列（Channel Sequence），或通道分组（Channel Group）。

通道序列中的通道顺序是任意的，可以由用户通过序列配置寄存器自由定义。例如，ADC_IN15、ADC_IN3、ADC_IN16、ADC_IN0 可以构成一个转换序列。

13.3.4 规则序列与注入序列

根据应用场合的不同，通道序列有两种类型，即规则序列和注入序列，其本质差别如下。

注入序列具有更高的优先级，即在规则序列转换过程中，如果再次触发 A/D 转换或者触发注入序列转换，则规则序列的转换过程将被立即强行中止，转而进行注入序列中的通道 A/D 转换。注入序列转换完成后，才继续对未完成转换的规则序列中的通道进行转换。注入序列的这种启动方式称为触发注入。

因此，对于时间同步要求比较严格的通道，可以定义在注入序列中，以保证其时间精度。

13.3.5 自动注入

自动注入是指当规则序列转换结束后，自动启动注入序列的转换工作。

自动注入可以应用于通道数多于规则序列能定义的最大通道数（16 个）的场合，这时可以在注入序列中指定剩余的通道。

13.3.6 序列的定义与转换结果的保存

规则序列通过 ADC_SQRx 寄存器定义，序列中最多可以有 16 个通道。

规则序列的所有通道共用一个 ADC_DR 寄存器存储转换结果，因此，在转换结束后需要及时（比如通过 DMA）将转换后的结果读出以避免溢出。

注入序列通过 ADC_JSQRx 寄存器定义，序列中最多可以定义 4 个通道。

注入序列的每个通道都有一个单独的 ADC_JDRx（$x=1,2,\cdots,4$）寄存器存放转换结果。

13.4 ADC 的工作方式

ADC 的工作方式有 5 种。

（1）单次转换：是指一个序列中的所有通道依次转换完后就停止转换。

（2）连续转换：是指一个序列中的所有通道转换完后不会停止，会从第一个通道开始继续转换。一个序列转换完成后会产生 EOC 中断（EOCIE 或 JEOCIE 置位）或触发 DMA 传输。

（3）扫描模式：对规则序列和注入序列中的通道依次转换，可以是单次转换，也可以是连续转换。如果设置了 DMA，一次转换完成（EOC）后，会将转换结果传送到用户指定的 SRAM 中。

（4）间断模式：是指对一个长度为 N 的通道序列分多次触发转换，每一次触发只转换 n 个通道，直到序列中的所有通道被转换完。转换完后，再次触发才会从第一个通道重新开始新一轮的间断转换过程。

注意：

- 规则序列与注入序列都可以采用间断模式进行转换，但是不能同时指定为间断模式。
- 不能同时使用自动注入和间断模式。

例如，设间断转换数 DISCNUM=3，规则通道序列=0,1,3,5,7,2,10,5。

第一次触发，转换的序列为 0,1,3。
第二次触发，转换的序列为 5,7,2。
第三次触发，转换的序列为 10,5。
第四次触发，转换的序列为 0,1,3。

（5）双 ADC 模式

当 MCU 有 2 个或 2 个以上 ADC 模块时，可以使用双 ADC 模式。

在双 ADC 模式下，转换启动可以是以 ADC1 为主和以 ADC2 为从的交替触发或同步触发，共有 6 种可能的工作模式，即同步注入模式、同步规则模式、快速交叉模式、慢速交叉模式、交替触发模式、独立模式。

每种模式的具体工作原理请参考芯片手册。

13.5 注入序列转换的启动方式

启动注入序列转换有如下两种方式。

（1）自动注入：设置 JAUTO 位为 1 启用自动注入功能。当规则序列转换完成后将自动启动注入序列的转换。如果除 JAUTO 位外还设置了 CONT 位，那么规则通道至注入通道的转换序列被连续执行。自动注入模式下需要禁止注入通道的外部触发。

（2）触发注入：清除 JAUTO 位，并且设置 SCAN 位（启动扫描模式），将启用触发注入功能。在规则序列转换期间产生一个外部注入触发事件，将暂停规则序列的转换，转而启动注入序列转换，注入序列转换完成后再继续规则序列转换。

规则组和注入组转换结束后都能产生中断。

13.6 中断和 DMA

在 ADC 转换结束、注入转换结束和发生模拟看门狗事件时都能产生中断请求。

规则序列在转换结束后还可以请求 DMA 传输。

因为规则通道转换的值储存在仅有的 ADC_DR 寄存器中，所以当转换多个规则通道时必须使用 DMA 将转换后的结果从 ADC_DR 寄存器中及时读出到用户指定的存储器中。

只有 ADC1 和 ADC3 拥有 DMA 功能。由 ADC2 转化的数据可以通过双 ADC 模式，利用 ADC1 的 DMA 功能传输。

注入序列没有 DMA 功能。

13.7 ADC 的时钟与采样时间

ADC 的时钟与采样时间如图 13-2 所示,ADC 的时钟 ADCCLK 由 PCLK2 经预分频后产生,ADC 预分频寄存器分频系数由 RCC_CFGR.ADCPRE 指定,默认值为 0,即 2 分频。

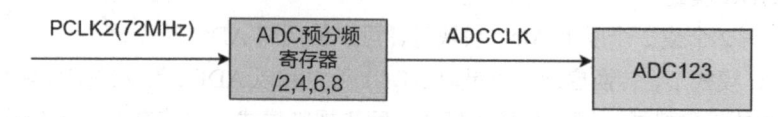

图 13-2 ADC 的时钟与采样时间

ADCCLK 的时钟频率要求不得大于 14MHz,裸机工程初始化时将预分频值 ADC_CFGR.ADCPRE 设置为 2,即 6 分频,此时 ADCCLK=12MHz。

ADC 进行 A/D 转换时需要一定的采样保持时间,这个时间通常使用采样周期数表示。每个通道的采样周期数可以独立配置。

总转换时间 T_{CONV} 计算如下:

$$T_{CONV} = 采样保持时间 + 12.5 个周期$$

例如,如果 ADCCLK=12MHz,采样保持时间配置为 41.5 个 ADC 时钟周期,则

$$T_{CONV}=51.5+12.5 个 ADC 时钟周期=54/12=4.5\mu s$$

13.8 ADC 的触发

要触发 ADC 进行 A/D 转换,可以通过两种方式。

1)通过程序启动转换

利用软件,将 ADC_CR2.ADON 位置 1 可以启动转换操作。

当第一次设置 ADC_CR2.ADON 位时,将给 ADC 上电,即将 ADC 从断电状态下唤醒。ADC 上电后需要一段稳定时间(t_{STAB})。

ADC 上电稳定后,再次设置 ADON 位时开始进行转换。转换结束后 EOC 标志被置位,如图 13-3 所示。

通过清除 ADON 位可以停止转换,并将 ADC 置于断电模式。

2)硬件触发

硬件触发是最常用的触发方式,其触发源包括片内定时器和片外设备。规则序列与注入序列可以独立地配置硬件触发源,在触发信号的上升沿启动转换。

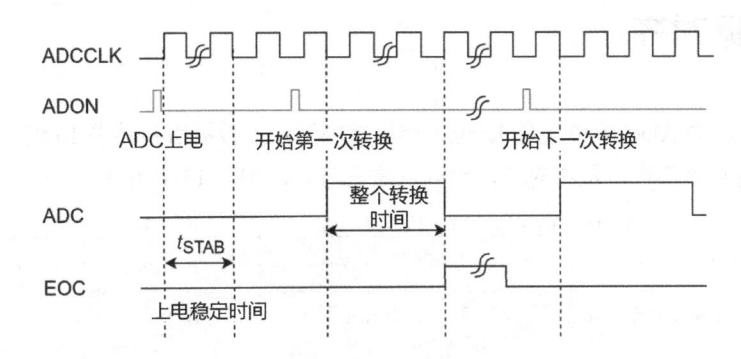

图 13-3 通过程序启动转换

不同 ADC 和不同的通道类型可配置的外部触发源不同，ADC 外部硬件触发源如表 13-1 所示。

表 13-1 ADC 外部硬件触发源

通道	外部触发源	通道	外部触发源
ADC1、ADC2 规则通道	TIM1_CC1 事件	ADC3 规则通道	TIM3_CC1 事件
	TIM1_CC2 事件		TIM2_CC3 事件
	TIM1_CC3 事件		TIM1_CC3 事件
	TIM2_CC2 事件		TIM8_CC1 事件
	TIM3_TRGO 事件		TIM8_TRGO 事件
	TIM4_CC4 事件		TIM5_CC1 事件
	EXTI 线 11/TIM8_TRGO 事件		TIM5_CC3 事件
	SWSTART		SWSTART
ADC1、ADC2 注入通道	TIM1_TRGO 事件	ADC3 注入通道	TIM1_TRGO 事件
	TIM1_CC4 事件		TIM1_CC4 事件
	TIM2_TRGO 事件		TIM4_CC3 事件
	TIM2_CC1 事件		TIM8_CC2 事件
	TIM3_CC4 事件		TIM8_CC4 事件
	TIM4_TRGO 事件		TIM5_TRGO 事件
	EXTI 线 15/TIM8_CC4 事件		TIM5_CC4 事件
	JSWSTART		JSWSTART

表中的 EXTI 线 11/TIM8_TRGO、EXTI 线 15/TIM8_CC4 需要通过 GPIO 的替换功能控制寄存器 AFIO_MAPR 进行重映射。

表中的 SWSTART 和 JSWSTART 是指通过软件分别触发规则通道和注入通道的转换。

13.9 数据对齐

STM32F103 的 ADC 的精度是 12 位，存储转换结果的数据寄存器是 16 位。12 位有效数据在 16 位数据寄存器中可以是右对齐，也可以是左对齐，如图 13-4 所示。

数据位	15	14	13	12	11	10	9	8	7	6	5	4	3	2	1	0
规则组右对齐	0	0	0	0	D	D	D	D	D	D	D	D	D	D	D	D
规则组左对齐	D	D	D	D	D	D	D	D	D	D	D	D	0	0	0	0
注入组右对齐	S	SE	SE	SE	D	D	D	D	D	D	D	D	D	D	D	D
注入组左对齐	S	D	D	D	D	D	D	D	D	D	D	D	0	0	0	0

图 13-4 ADC 转换结果的数据对齐方式

（S 表示符号位，SE 表示符号扩展位）

由于注入序列中的每个通道的转换结果都可以定义一个偏移量，数据寄存器中存储的数据是减去偏移量后的值，因此可能出现负数，其最高位（bit11 位）是符号位。如果是右对齐，则将对符号位进行扩展。规则序列不存在符号位扩展问题。

13.10 校准

ADC 具有自校准功能，可以大幅减小因内部电容器组的变化而造成的转换精度误差。

在校准期间，在每个电容器上都会计算出一个误差修正码（数字值），这个码用于消除在随后的转换中每个电容器上产生的误差。校准结束后，校准码储存在 ADC_DR 寄存器中，系统会自动使用该值修正转换结果，用户不必关心该值。

建议在上电时执行一次 ADC 校准。启动校准前，ADC 必须处于断电状态（ADON=0），超过至少两个 ADC 时钟周期。

13.11 模拟看门狗

利用模拟看门狗（AWD），可以将 ADC 转换后的模拟电压与给定的阈值进行比较，当低于或高于所给阈值时将产生中断请求，进而让用户做出进一步处理。

存储阈值的寄存器有如下两个。

- ADC_HTR：高阈值寄存器。当模拟电压高于该寄存器中的值时产生 AWD 中断。
- ADC_LTR：低阈值寄存器。当模拟电压低于该寄存器中的值时产生 AWD 中断。

模拟看门狗可以作用于 1 个或多个通道。

13.12 转换结果

为了提高转换的精确度，ADC 使用一个独立的电源供电，过滤和屏蔽来自印刷电路板上的毛刺干扰。
- ADC 的电源引脚为 VDDA。
- 独立的电源地为 VSSA。

如果有 VREF-引脚（根据封装而定），那么它必须连接到 VSSA 上。

对于 100 引脚和 144 引脚封装的芯片，为了确保输入为低电压时获得更好精度，用户可以连接一个独立的外部参考电压到 VREF+和 VREF-引脚上（要求 2.4V≤VREF+≤VDDA）。64 引脚或更少封装的芯片没有 VREF+和 VREF-引脚，它们在芯片内部与 ADC 的电源（VDDA）和地（VSSA）连接。

13.13 ADC 寄存器

ADC 相关寄存器如图 13-5 所示，包括一个状态寄存器 ADC_SR、两个控制寄存器 ADC_CR1/2、两个采样时间寄存器 ADC_SMPR1/2、四个注入通道数据偏移寄存器 ADC_JOFRx、三个规则序列定义寄存器 ADC_SQRx、一个注入序列定义寄存器 ADC_JSQR、四个注入序列数据寄存器 ADC_JDRx、一个规则序列数据寄存器 ADC_DR 和两个模拟看门狗阈值寄存器 ADC_HTR/ADC_LTR。

各寄存器的位域定义请参考芯片手册。

ADC
+ ADC_SR   // 状态R
+ ADC_CR1   // 控制R1
+ ADC_CR2   // 控制R2
+ ADC_SMPR1 // 采样时间R1
+ ADC_SMPR2 // 采样时间R2
+ ADC_JOFRx // 注入通道数据偏移Rx(x=1,2,…,4)
+ ADC_HTR   // 模拟看门狗高阈值 R
+ ADC_LTR   // 模拟看门狗低阈值 R
+ ADC_SQRx // 规则序列定义Rx(x=1,2,3)
+ ADC_JSQR // 注入序列定义R
+ ADC_JDRx // 注入序列数据Rx(x=1,2,…,4)
+ ADC_DR   // 规则序列数据R

图 13-5 ADC 相关寄存器

13.14 ADC 寄存器映射

ADC 寄存器的起始地址为 0x4001 0000，ADC 各寄存器偏移量如表 13-2 所示。

表 13-2 ADC 各寄存器偏移量

地址偏移量	寄存器	复位值
0x00	ADC_SR	0x0000 0000
0x04	ADC_CR1	0x0000 0000
0x08	ADC_CR2	0x0000 0000
0x0C	ADC_SMPR1	0x0000 0000
0x10	ADC_SMPR2	0x0000 0000
0x14	ADC_JOFR1	0x0000 0000
0x18	ADC_JOFR2	0x0000 0000
0x1C	ADC_JOFR3	0x0000 0000
0x20	ADC_JOFR4	0x0000 0000
0x24	ADC_HTR	0x0000 0000
0x28	ADC_LTR	0x0000 0000
0x2C	ADC_SQR1	0x0000 0000
0x30	ADC_SQR2	0x0000 0000
0x34	ADC_SQR3	0x0000 0000
0x38	ADC_JSQR	0x0000 0000
0x3C	ADC_JDR1	0x0000 0000
0x40	ADC_JDR2	0x0000 0000
0x44	ADC_JDR3	0x0000 0000
0x48	ADC_JDR4	0x0000 0000
0x4C	ADC_DR	0x0000 0000

13.15 ADC 编程方法

13.15.1 库函数接口

ADC 库函数接口如图 13-6 所示，HAL 库提供的 ADC 接口有三种类型，即程序查询方式接口、中断方式接口和 DMA 方式接口，各接口对象说明如下。

- HAL_ADC_POLLING：程序查询方式（阻塞方式）接口对象。
- HAL_ADC_IT：中断方式接口对象。
- HAL_ADC_DMA：DMA 方式接口对象，是利用 DMA 快速进行读/写操作的非阻塞方式接口对象。

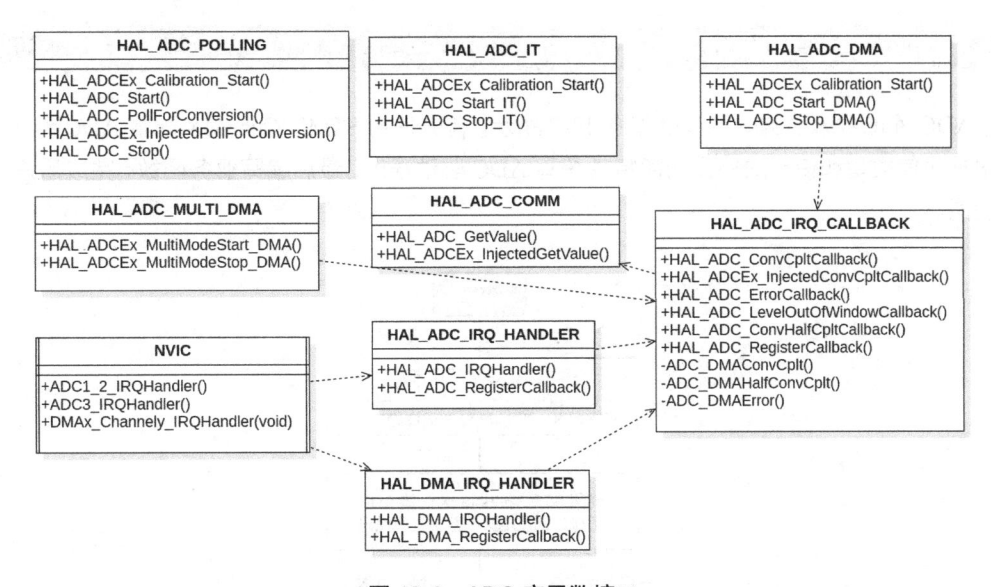

```
┌─────────────────────────────────────┐  ┌─────────────────────────────────────┐  ┌─────────────────────────────────────┐
│         HAL_ADC_POLLING             │  │           HAL_ADC_IT                │  │          HAL_ADC_DMA                │
├─────────────────────────────────────┤  ├─────────────────────────────────────┤  ├─────────────────────────────────────┤
│ +HAL_ADCEx_Calibration_Start()      │  │ +HAL_ADCEx_Calibration_Start()      │  │ +HAL_ADCEx_Calibration_Start()      │
│ +HAL_ADC_Start()                    │  │ +HAL_ADC_Start_IT()                 │  │ +HAL_ADC_Start_DMA()                │
│ +HAL_ADC_PollForConversion()        │  │ +HAL_ADC_Stop_IT()                  │  │ +HAL_ADC_Stop_DMA()                 │
│ +HAL_ADCEx_InjectedPollForConversion│  └─────────────────────────────────────┘  └─────────────────────────────────────┘
│ +HAL_ADC_Stop()                     │
└─────────────────────────────────────┘
```

图 13-6 ADC 库函数接口

- HAL_ADC_MULTI_DMA：双 ADC 的 DMA 方式接口对象。一个 ADC 工作在主模式，另一个 ADC 工作在从模式。
- NVIC：ADC 相关的 NVIC 中断服务接口对象。
- HAL_DMA_IRQ_HANDLER：DMA 中断处理接口对象。在以 DMA 方式工作时需要使用到该对象接口。
- HAL_ADC_IRQ_HANDLER：ADC 中断处理接口对象。
- HAL_ADC_IRQ_CALLBACK：ADC 中断回调接口对象。
- HAL_ADC_COMM：公用接口对象，用于获取 ADC 的转换结果。

当调用 DMA 接口（如调用 HAL_ADC_Start_DMA()）进行 ADC 操作时，回调接口对象的私有函数 ADC_DMA***()将被注册为 DMA 传输完成或出错时的回调函数。在 DMA 操作完成时，私有回调函数进行必要的处理后会调用相应的公有回调函数（如 HAL_ADC_ConvCpltCallback()）。如果用户注册了自己的回调函数，则改为调用用户注册的回调函数。

因此，在 DMA 方式下，中断处理及回调函数关系为：

DMAx_Channely_IRQHandler() → HAL_DMA_IRQHandler() → ADC_DMAConvCplt() → HAL_ADC_ConvCpltCallback()

在中断方式下，中断处理及回调函数关系为：

ADCx_IRQHardler()→HAL_ADC_IRQHandler()→HAL_ADC_ConvCpltCallback()

编程时，用户只需要关注公用回调函数接口即可。

13.15.2 库函数编程方法

ADC 库函数编程的基本步骤如图 13-7 所示。首先使用 STM32CubeMX 配置 ADC 参数。然后根据通信类型和使用的外设功能特性编写 ADC 驱动程序，最后编写业务函数，完成用户需要的功能。

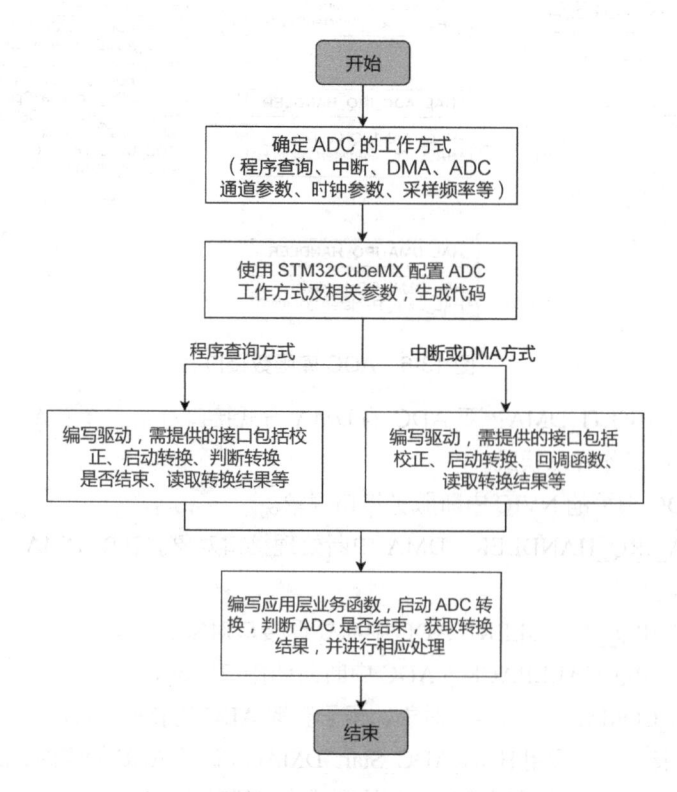

图 13-7 ADC 库函数编程的基本步骤

如果采用中断和 DMA 方式，驱动层需要编写回调函数。在回调函数中对 ADC 转换结果进一步处理并通知应用层，或是直接通知应用层进行后续处理。

13.16 ADC 编程举例

有一个电位器输出的模拟信号连接在 PA1 引脚上，利用 ADC1 以 5Hz 的频率对信号进行采样。A/D 转换操作通过软件触发，采用中断通信方式与 ADC1 通信。

13.16.1 使用 STM32CubeMX 配置 ADC

1. 配置 ADC 参数

配置 ADC 参数，如图 13-8 所示。

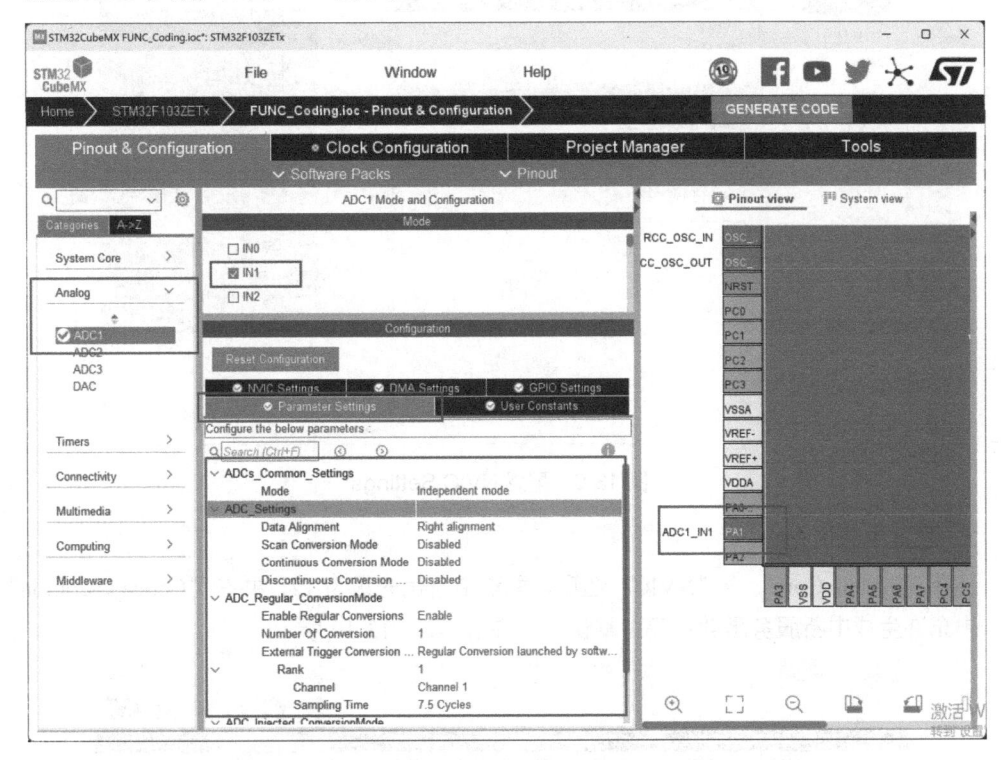

图 13-8 配置 ADC 参数

- Data Alignment：Right alignment //数据右对齐。
- Enable Regular Conversions：Enable //使能规则转换。
- External Trigger Conversions：Regular Conversion launched by software //通过软件触发转换。
- Number of Conversion：1 //规则序列通道数为 1 个。
- Rank：1 //转换序列中的每一个通道。
- Channel：Channel 1 //通道 1。
- Sampling Time：7.5 Cycles //7.5 个 ADC 时钟周期。

2. 配置 NVIC Settings

选择"NVIC Settings"选项卡，使能 ADC1 全局中断，如图 13-9 所示。

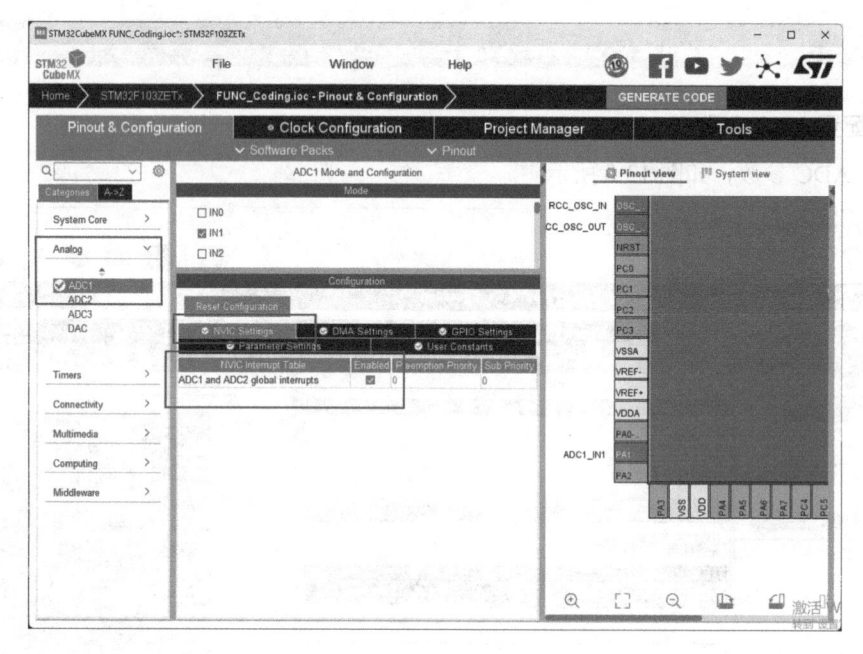

图 13-9 配置 NVIC Settings

3. 配置中断优先级

选择"System Core"→"NVIC"选项，配置中断优先级为 12，并在"Code generation"选项卡中允许生成中断服务函数代码（默认为允许），如图 13-10 所示。

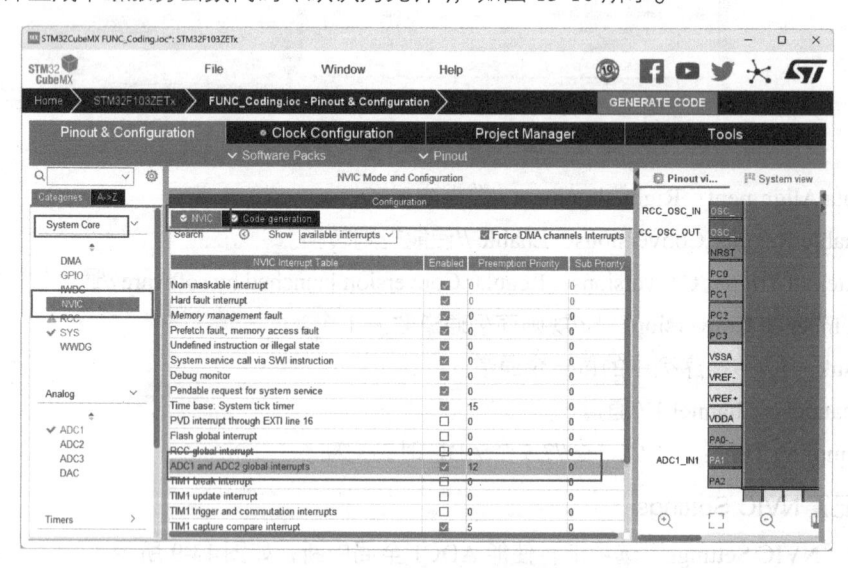

图 13-10 配置中断优先级

13.16.2 使用 STM32CubeMX 生成代码

配置好后单击"GENERATE CODE"按钮生成代码。

1. 初始化代码

工具自动生成 Core/Src/adc.c 和 Core/Inc/adc.h 文件，代码如下。

```
1   /*文件: Core/Src/adc.c */
2   #include "adc.h"
3
4   ADC_HandleTypeDef hadc1;
5
6   /* ADC1 init function */
7   void MX_ADC1_Init(void)
8   {
9
10    ADC_ChannelConfTypeDef sConfig = {0};
11    hadc1.Instance = ADC1;
12    hadc1.Init.ScanConvMode = ADC_SCAN_DISABLE;
13    hadc1.Init.ContinuousConvMode = DISABLE;
14    hadc1.Init.DiscontinuousConvMode = DISABLE;
15    hadc1.Init.ExternalTrigConv = ADC_SOFTWARE_START;
16    hadc1.Init.DataAlign = ADC_DATAALIGN_RIGHT;
17    hadc1.Init.NbrOfConversion = 1;
18    if (HAL_ADC_Init(&hadc1) != HAL_OK)
19    {
20      Error_Handler();
21    }
22
23    sConfig.Channel = ADC_CHANNEL_1;
24    sConfig.Rank = ADC_REGULAR_RANK_1;
25    sConfig.SamplingTime = ADC_SAMPLETIME_7CYCLES_5;
26    if (HAL_ADC_ConfigChannel(&hadc1, &sConfig) != HAL_OK)
27    {
28      Error_Handler();
29    }
30
31  }
32
33  void HAL_ADC_MspInit(ADC_HandleTypeDef* adcHandle)   //HAL_ADC_Init()中调用
34  {
```

```
35
36      GPIO_InitTypeDef GPIO_InitStruct = {0};
37      if(adcHandle->Instance==ADC1)
38      {
39        /* ADC1 clock enable */
40        __HAL_RCC_ADC1_CLK_ENABLE();
41
42        __HAL_RCC_GPIOA_CLK_ENABLE();
43
44        GPIO_InitStruct.Pin = GPIO_PIN_1;
45        GPIO_InitStruct.Mode = GPIO_MODE_ANALOG;
46        HAL_GPIO_Init(GPIOA, &GPIO_InitStruct);
47
48        /* ADC1 interrupt Init */
49        HAL_NVIC_SetPriority(ADC1_2_IRQn, 12, 0);
50        HAL_NVIC_EnableIRQ(ADC1_2_IRQn);
51      }
52    }
53
54
55    /*文件: Core/Inc/adc.h */
56    #ifndef __ADC_H__
57    #define __ADC_H__
58
59    #ifdef __cplusplus
60    extern "C" {
61    #endif
62
63    /* Includes ------------------------------------------------------------*/
64    #include "main.h"
65
66    extern ADC_HandleTypeDef hadc1;
67
68    void MX_ADC1_Init(void);
69
70    #ifdef __cplusplus
71    }
72    #endif
73
74    #endif /* __ADC_H__ */
75
```

注意：

(1) HAL_ADC_MspInit()由 HAL_ADC_Init()调用。

(2) 头文件 adc.h 中声明了 ADC 外设句柄 hadc1，该句柄在 adc.c 中定义。

2. ADC 初始化函数调用代码

在 Core/Src/main.c 文件中会自动加入初始化函数调用代码，如下。

```
1    int main(void)
2    {
3      ......; //其他硬件初始化代码
4
5      /* Initialize all configured peripherals */
6      ......; //其他生成的外设初始化代码
7      MX_ADC1_Init();
8      ......; //其他代码
9    }
```

3. 中断服务代码

在 Core/Src/stm32f1xx_it.c 文件中自动加入 ADC 中断服务函数，代码如下。

```
1    ......; //其他中断服务函数
2    void ADC1_2_IRQHandler(void)
3    {
4      HAL_ADC_IRQHandler(&hadc1);
5    }
```

中断服务函数 HAL_ADC_IRQHandler()会调用 ADC 转换完成回调函数 HAL_ADC_ConvCpltCallback()，以便用户取得控制权。

13.16.3 电位器驱动

电位器驱动源码 drv_potentiometer.c 和 drv_potentiometer.h 如下。

```
1    /*文件: drv_potentiometer.c */
2    #include "stdint.h"
3    #include "stm32f1xx_hal.h"
4    #include "adc.h"
5    static uint8_t isFinished = 0;
6    static float voltage;
7    void HAL_ADC_ConvCpltCallback(ADC_HandleTypeDef* hadc){
8      uint32_t result;
9      if(hadc == &hadc1){
```

```
10          result = HAL_ADC_GetValue(hadc);
11          voltage = 3.3*result/4096;
12          isFinished = 1;
13      }
14  }
15
16  float drv_potentiometer_get_voltage(void){
17      isFinished = 0;
18      HAL_ADC_Start_IT(&hadc1);
19      while(!isFinished);
20      return voltage;
21  }
22
23  void drv_potentiometer_init(void){
24      HAL_ADCEx_Calibration_Start(&hadc1);    //初始化时校正ADC
25  }
26
27  /*文件：drv_potentiometer.h */
28  #ifndef __DRV_POTENTIOMETER_H__
29  #define __DRV_POTENTIOMETER_H__
30
31  #include "stdint.h"
32
33  void drv_potentiometer_init(void);
34  float drv_potentiometer_get_voltage(void);
35  #endif
```

设计要点如下。

（1）初始化时对ADC进行校正（第24行）。

（2）中断方式启动ADC转换需要调用HAL_ADC_Start_IT()接口（第18行）。本例存放在驱动层调用，也可以根据需要放在应用层调用。

（3）转换结束后，系统会调用回调函数HAL_ADC_ConvCpltCallback()，在其中进行后续处理，如读取并保存转换结果、设置转换完成标志、回调应用层处理函数等（第10、11行）。

（4）在非阻塞方式下，所有ADC外设转换完成后都会调用回调函数HAL_ADC_ConvCpltCallback()，因此，如果使用了多个ADC设备，那么需要判断本次是哪一个ADC的回调（第9行）。

（5）在转换前，将标志isFinished复位（第17行）。启动转换后通过循环检测isFinished是否为1，判断ADC转换是否结束（第19行）。如果结束，则读取转换结果并返回。

（6）应用层可以通过调用drv_potentiometer_get_voltage()获取转换结果。

13.17 项目实践——智慧教室：光照强度控制

13.17.1 项目需求

在智慧教室中，需要根据光线强弱控制灯的开/关数量。当光线很暗时，打开全部灯光；当光线较暗时，打开部分灯光。

13.17.2 实验环境

本项目需要用到的设备如下。
- 光敏电阻。
- LED。

利用光敏电阻测量光照强度的电路原理图如图 13-11 所示。光敏电阻 R3 的输出 LUM_AO 通过杜邦线连接到 PA1 引脚（ADC1_IN1 通道）上。

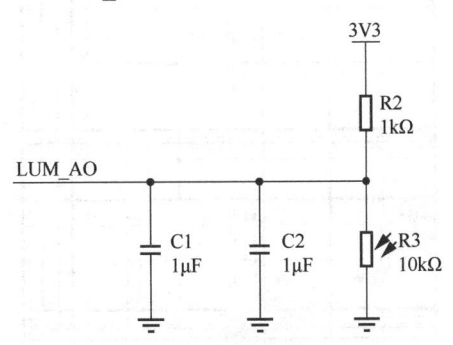

图 13-11 利用光敏电阻测量光照强度的电路原理图

13.17.3 光照强度传感器——光敏电阻特性

13.17.3.1 光敏电阻与 ADC 转换结果之间的关系

ADC 的分辨率为 12 位，最大转换值 $2^{12}-1=4095$，对应电压为 3.3V。设 LUM_AO 的电压为 u，光敏电阻的阻值为 r，ADC 转换后的值为 v，则其关系为

$$u/r = 3.3/(1000+r)$$

$$u/v = 3.3/4095$$

则光敏电阻的阻值为

$$r = 1000v/(4095-v) \tag{13-1}$$

13.17.3.2 光敏电阻与光照强度之间的关系

光敏电阻与光照强度之间不是线性关系，需要根据手册数据拟合出关系曲线。
本例使用的光敏电阻 GL5516 的基本特性如表 13-3 所示。

表 13-3 光敏电阻 GL5516 的基本特性

型号	最大电压/V	最大功耗/mW	环境温度/°C	光谱峰值/nm	亮电阻（10lux）/kΩ	暗电阻/MΩ	γ^{100}_{10}	回应时间/ms 上升	回应时间/ms 下降
GL5516	150	90	−30～+70	540	5～10	0.5	0.5	30	30

根据表 13-3，10 lux 时电阻在 5～10kΩ 波动。取 R10=6kΩ。

又有 $\gamma^{100}10 = \lg(R10/R100) = 0.5$，当 R10= 6kΩ 时可以计算得到 R100=1.897kΩ。

GL5516 的电阻与光照强度之间的关系如图 13-12 所示。

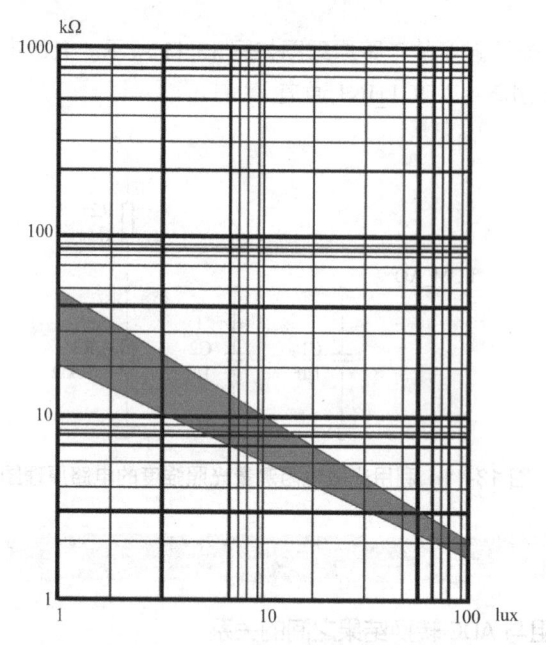

图 13-12 GL5516 的电阻与光照强度之间的关系

1lux 取电阻值为 25kΩ。这样可以得到以下三个坐标点：

(1,25000), (10,6000), (100,1897)

利用 WPS 的表格数据拟合功能（散点图），采用幂函数拟合，可以得到图 13-13 所示的曲线与公式。

该拟合曲线的公式为

$$y = 23878x^{-0.56} \tag{13-2}$$

光照强度 /lux	热敏电阻值 /Ω
1	25000
10	6000
100	1897

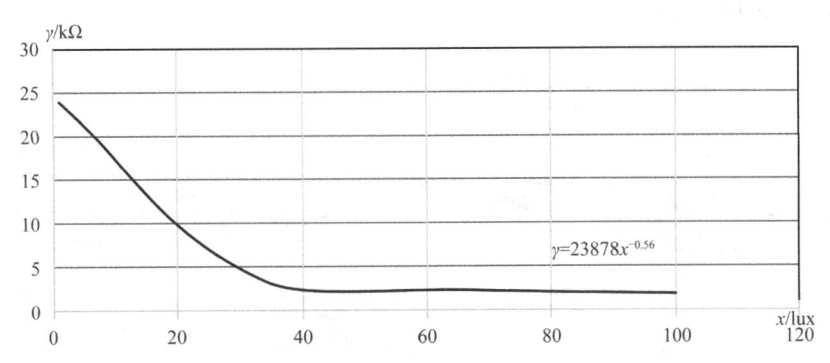

图 13-13 光照强度与电阻关系数据拟合曲线与公式

根据前述公式可以计算出在不同的光照强度取值下对应的电阻值。

常见场所的光照强度如表 13-4 所示。

表 13-4 常见场所的光照强度

场所	光照强度/lux	场所	光照强度/lux
晴天室内	100～1000	办公室/教室	300～500
阴天室内	5～50	餐厅	10～30
月圆夜室外	0.2	距 60W 台灯 60cm	300

13.17.4 系统分析

光照强度控制的难点在于光敏传感器输出的电压经 A/D 转换后，如何将其转换成光照强度值。

利用式（13-2），可以通过列举光照强度值计算出对应的电阻值，并将结果存放在一个常量数组中，即所谓的电阻-光照强度映射表。在获得 ADC 转换的结果 v 后，首先利用式（13-1）求得对应的电阻值 r，然后通过二分法查电阻-光照强度映射表就可以快速得到对应的光照强度值。

根据光照强度与电阻关系曲线可以看到，在光照强度小于 38lux 时光敏电阻值的变化率很大，因此，在此范围列举光照强度的序列密度应该较大，如每 2lux 取一个值。而大于 38lux 时可以取较大间距，如以 10lux 为间距。

考虑到光敏电阻精度不高，电阻值可以忽略个位数。

在应用层设计一个光照强度控制器，通过光照强度传感器获取当前光照强度，并根据光照强度与相应阈值控制灯的开/关。

灯的开/关操作会影响室内光照强度，下面使用状态机描述在不同光照强度时灯的控制过程。

根据灯的开/关情况，将系统分为三个状态：灯全关、部分灯开、灯全开。系统状态之间的切换条件如图 13-14 所示。

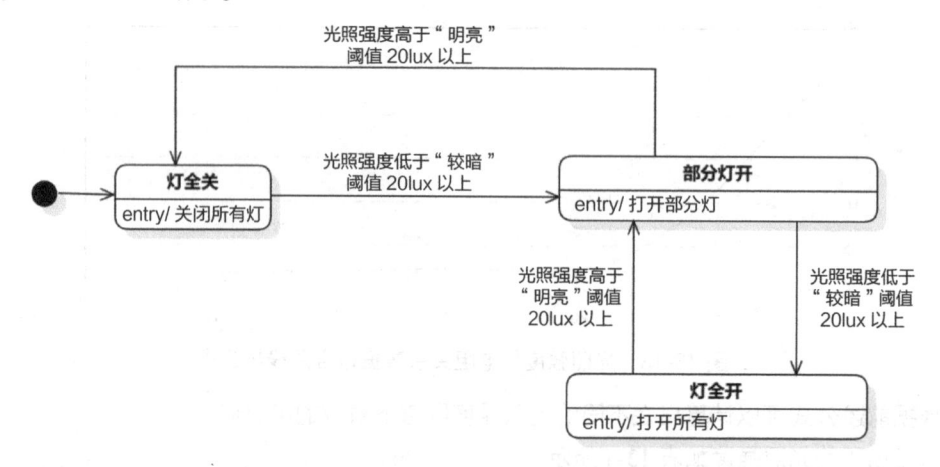

图 13-14　系统状态之间的切换条件

由于灯的控制实时性要求不高，这里的状态机可以每 20s 推理一次。

模拟信号往往会存在噪声。为了提高采样精度，可以利用超采样技术。所谓超采样，是指先对同一个通道连续多次采样，然后对采样结果进行滤波以便去除噪声。根据信号噪声特性的不同，滤波方法也有多种。均值滤波是其中一种广泛应用的方法，是指对采集到的样本进行平均。ADC 连续采样需要使用 DMA 传输方式才能将采集到的数据及时提取出来。

13.17.5　系统设计

13.17.5.1　系统类图

本例采用 DMA 传输方式，其类图如图 13-15 所示。

光敏电阻 Drv_Photoresistor 对象由定时器对象 HAL_TIM_BASE_POLLING 和回调处理对象 Photoresistor_Callback_Handler 复合而成。在 Photoresistor_Callback_Handler 中，定义了一个缓冲区私有变量 buf，用于缓存连续转换后的结果（对同一个通道连续转换 7 次）。除了回调处理接口 drv_photoresistor_dma_complete_callback()，还增加了均值滤波函数 mean_filtering()。经滤波并转换后的光照强度值保存在 Drv_Photoresistor 的私有变量 lux 中，应用层的光照强度控制器 Light_Intensity_Controller 通过调用 Drv_Photoresistor 的接口函数 drv_photoresistor_get_result() 获取光照强度值。

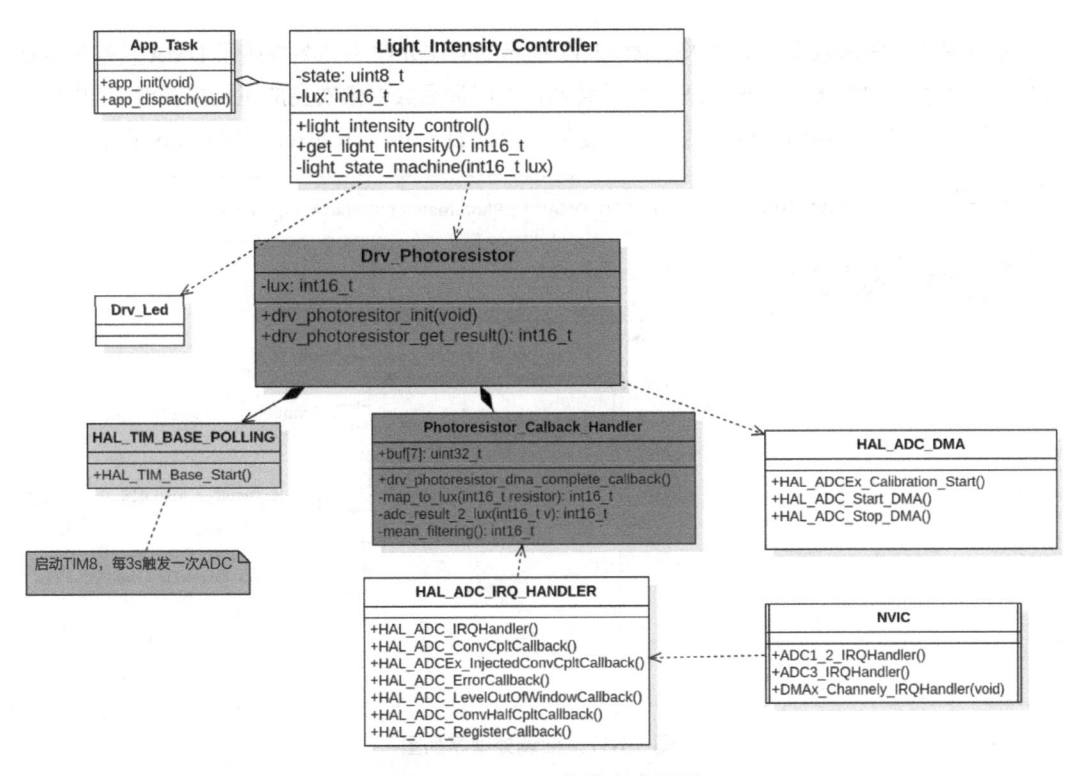

图 13-15 DMA 传输方式类图

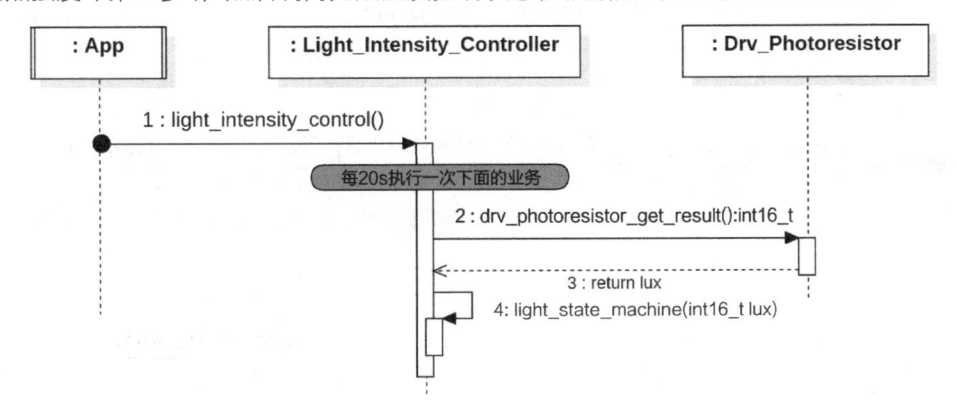

13.17.5.2 光照强度控制业务逻辑

光照强度控制业务逻辑如图 13-16 所示，App 调度器每 20s 调度一次光照强度控制业务函数 light_intensity_control() 执行（第 1 步）。该函数首先调用 drv_photoresister_get_result() 获得当前光照强度（第 2 步），然后调用光照强度控制状态机根据光线强弱控制灯的开/关。

图 13-16 光照强度控制业务逻辑

系统采用定时器触发 A/D 采样，图 13-17 所示的回调处理序列图描述了 DMA 传输完 ADC 的转换结果后的中断服务过程。从中可以看到，在回调函数中依次完成了均值滤波、电阻值换算和光照强度映射等操作。得到的光照强度值保存到 Drv_Photoresistor 对象的 lux 变量中。

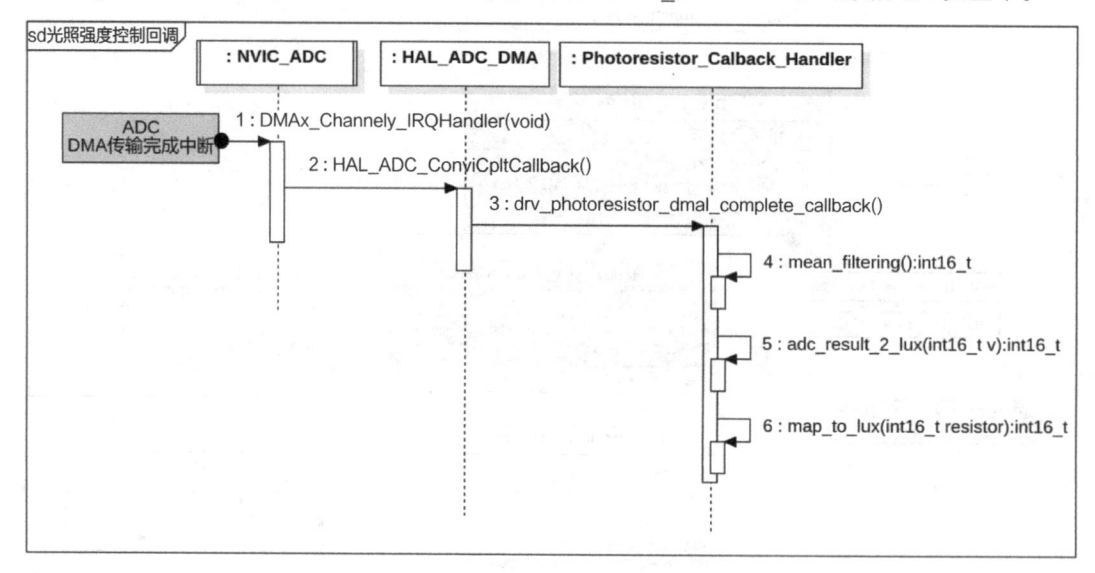

图 13-17　回调处理序列图

13.17.5.3　光照强度控制状态机

根据类图可以设计出光照强度控制状态机（light_control_machine()）的设计视图，如图 13-18 所示。图中给出了代码级别的状态符号、状态间的转换条件、进入特定状态时需要执行的函数等信息。

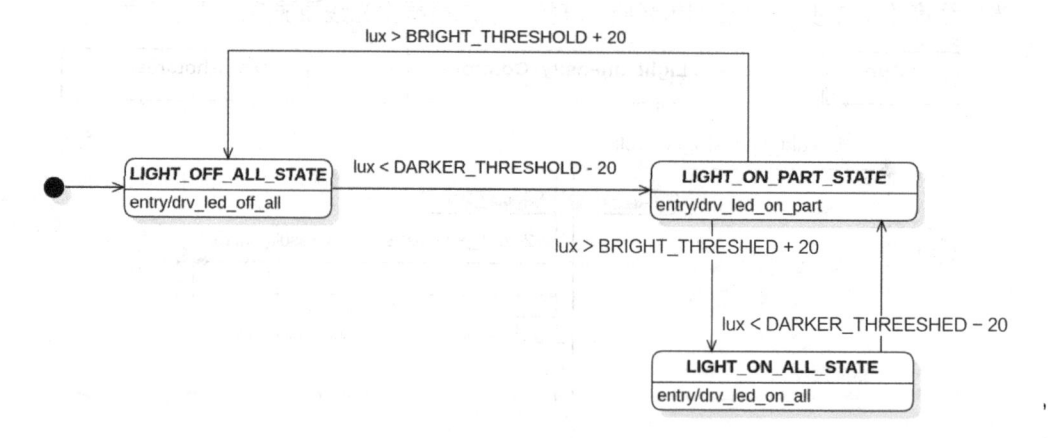

图 13-18　光照强度控制状态机设计视图

13.17.6 系统实现

1. 使用 STM32CubeMX 配置 ADC 并生成初始化代码

1）Parameter Settings 配置

ADC 基本参数配置如图 13-19 所示，说明如下。

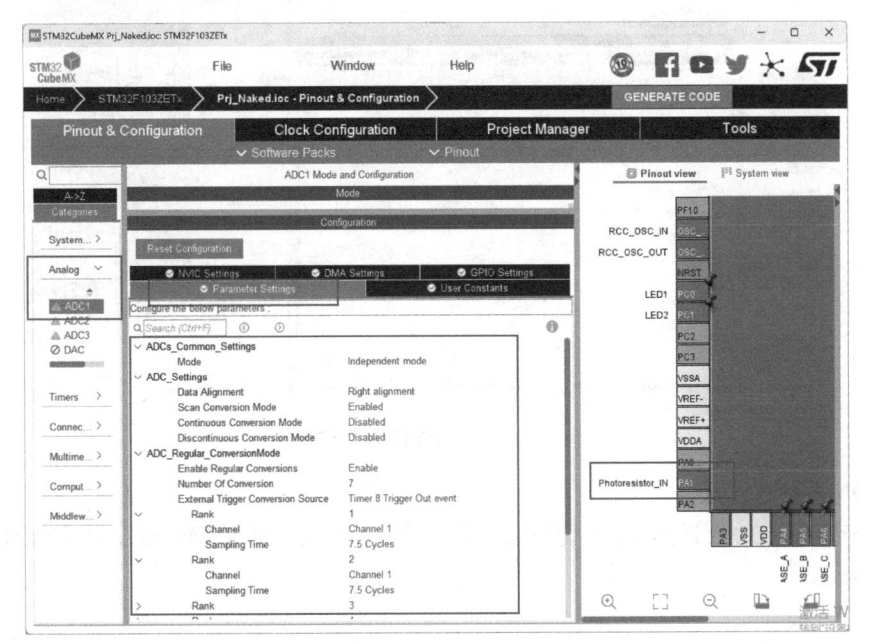

图 13-19 ADC 基本参数配置

- Data Alignment：Right alignment //数据右对齐。
- Scan Conversion Mode：Enabled //使能扫描模式。
- Enable Regular Conversions：Enable //使能规则转换。
- Number Of Conversion：7 //规则序列通道数为 7 个。
- External Trigger Conversion Source：Timer 8 Trigger Out event //由 TIM8 的触发输出事件触发 A/D 转换。

序列中的所有 Rank 的通道都设置为通道 1，采样时间为 7.5 个周期。

- Rank：1 //转换序列中的每一个通道。
- Channel：Channel 1 //通道 1。
- Sampling Time：7.5 Cycles //7.5 个 ADC 时钟周期。

2）GPIO 配置

将"User Label"设置为"Photoresistor_IN"，如图 13-20 所示（此步不是必须）。

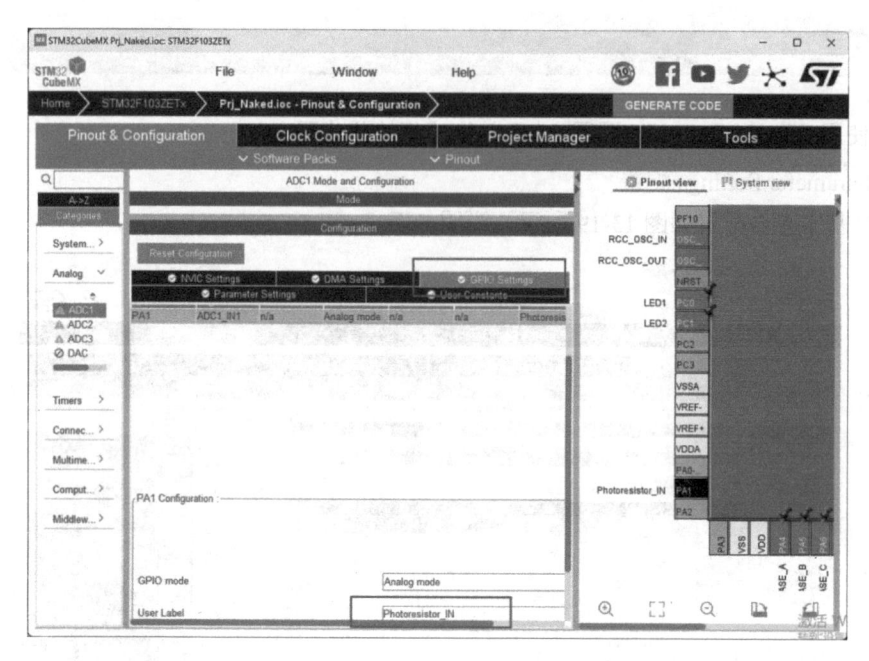

图 13-20 GPIO 设置引脚标签

3）DMA 参数设置

DMA 参数：DMA 通道 1，高优先级，循环模式，数据宽度为"Word"，内存地址自增，如图 13-21 所示。

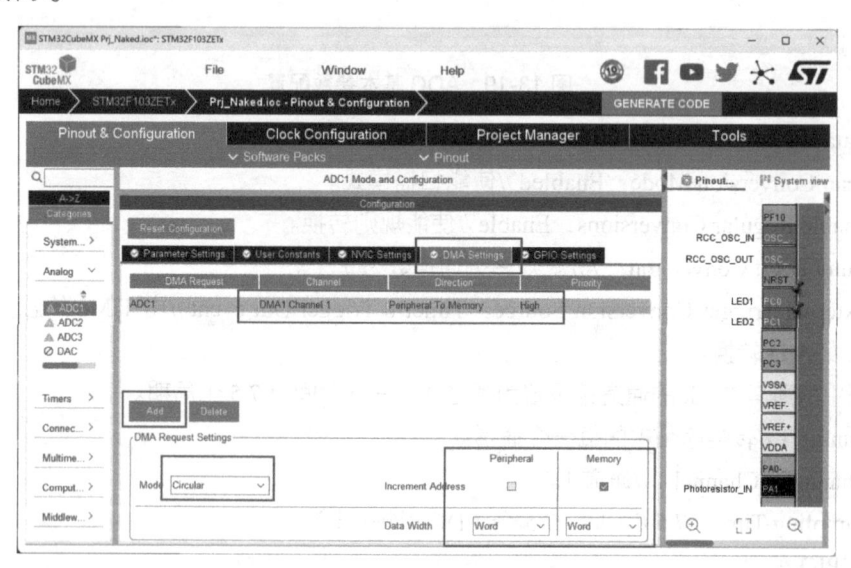

图 13-21 DMA 参数设置

4）NVIC 设置

不需要使能 ADC 全局中断。DMA 中断必须开启（默认），如图 13-22 所示。

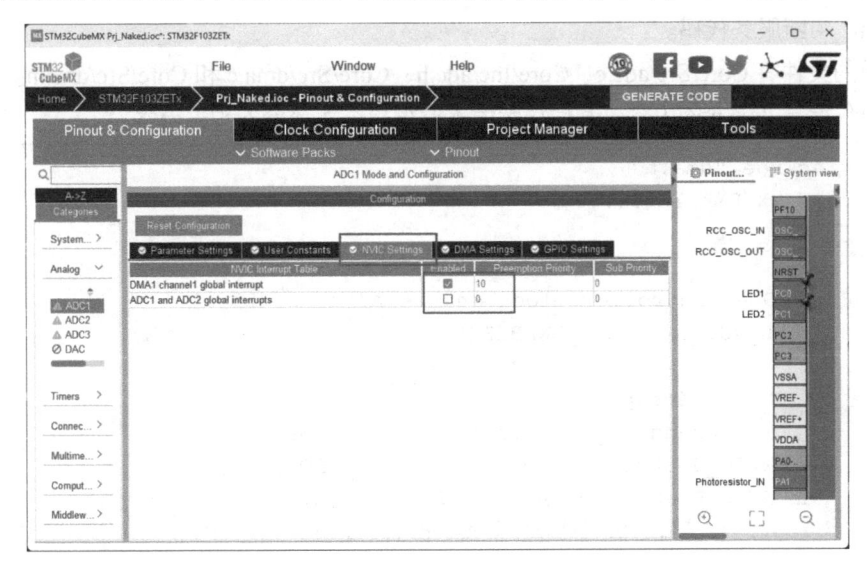

图 13-22 NVIC 设置

5）设置 DMA 中断优先级

DMA 中断优先级可以设置得低一些，此处设置为 10，如图 13-23 所示。

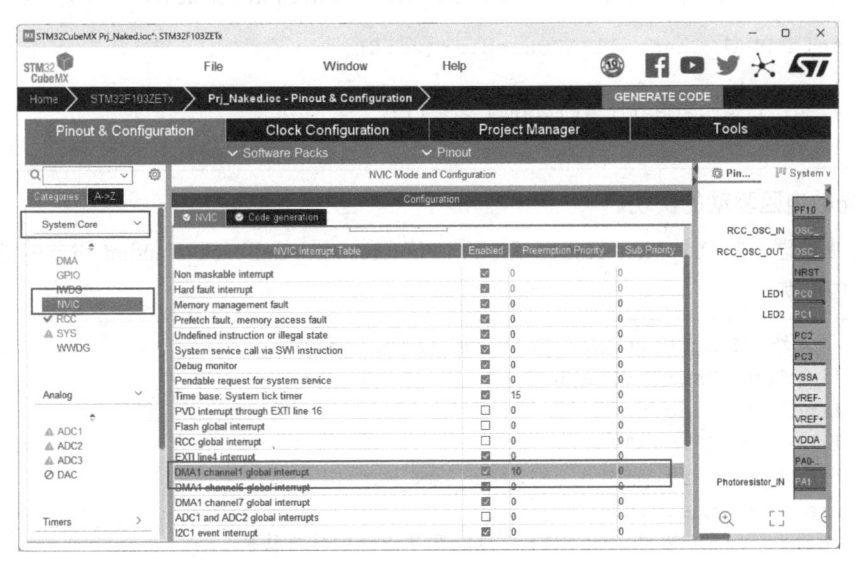

图 13-23 设置 DMA 中断优先级

6）生成代码

设置完后单击"GENERATE CODE"按钮生成代码，包括 GPIO、ADC、DMA 的初始化代码和 NVIC 中断服务代码。

生成的文件有 Core/Src/adc.c、Core/Inc/adc.h、Core/Src/dma.c 和 Core/Src/dma.h。

下面仅给出 dma.h 的内容，其他请参考本章编程举例部分的相关内容。

```
1   #include "dma.h"
2   void MX_DMA_Init(void)
3   {
4
5     /* DMA controller clock enable */
6     __HAL_RCC_DMA1_CLK_ENABLE();
7
8     /* DMA interrupt init */
9     /* DMA1_Channel1_IRQn interrupt configuration */
10    HAL_NVIC_SetPriority(DMA1_Channel1_IRQn, 10, 0);
11    HAL_NVIC_EnableIRQ(DMA1_Channel1_IRQn);
12    ……;  //其他 DMA 通道的优先级与中断使能代码
13
14  }
```

在 Core/Src/stm32f1xx_it.c 文件中会自动加入 DMA 通道 1 的中断服务函数，源码如下。该函数最终将调用 ADC 转换完成回调函数 HAL_ADC_ConvCpltCallback()。

```
1   void DMA1_Channel1_IRQHandler(void)
2   {
3     HAL_DMA_IRQHandler(&hdma_adc1);
4   }
```

2．光敏电阻驱动的实现

为方便管理，将 Drv_Photoresister 对象和 Photoresister_Callback_Handler 对象的源码放在同一个文件中，如下。

```
1   /*文件: MyDrivers/drv_photoresitor.c */
2   #include "stm32f1xx_hal.h"
3   #include "adc.h"
4   #include "tim.h"
5   #include "drv_photoresistor_lux_map.h"
6   #include "main.h"
7   static uint32_t buf[7];    //缓存 7 点连续转换结果
8   static int16_t lux;         //光照强度
9
```

```c
10    //将电阻值映射为光照强度值
11    int16_t map_to_lux(int16_t resistor){
12        uint16_t up = 0;
13        uint16_t down = sizeof(lux2resistor)/4;  //搜索范围内的上部和下部索引值
14        uint16_t mid;
15        uint8_t isFound = 0;
16        int16_t lux;   //光照
17        while(down-up > 1){   //折半查找
18            mid = up+(down-up)/2;   //计算中间索引
19            if(lux2resistor[mid][1] == resistor){
20                isFound = 1;   //找到则跳出循环
21                break;
22            }else{
23                if(lux2resistor[mid][1] > resistor){
24                    up = mid;  //在下部查找需要调整的上部索引
25                }else{
26                    down = mid;  //在上部查找需要调整的下部索引
27                }
28            }
29        }
30        lux = isFound?lux2resistor[mid][0]:lux2resistor[up][0];  //不需要很精确
                                      //没有找到相等阻值时取邻近的上部值
31        return lux;
32    }
33
34    //均值滤波器
35    static int16_t mean_filtering(void){
36        uint32_t s = 0;
37        for(int i = 0; i < 7; i++){
38            s += buf[i] & 0xFFF;   //只有12位有效
39        }
40        return s/7;
41    }
42
43    //将ADC转换后的值根据式(13-1)转换为光照强度值
44    static int16_t adc_result_2_lux(int16_t v){
45        return 1000*v/(4096-v);
46    }
47
48    //DMA传输完成回调
49    void drv_photoresistor_dma_complete_callback(void){
50        int16_t resistor;
```

```
51        resistor = adc_result_2_lux(mean_filtering());  //根据式(13-1)
                                                //将滤波后的ADC结果换算为光敏电阻值
52        lux = map_to_lux(resistor);  //将光敏电阻值映射为光照强度
53    }
54
55    int16_t drv_photoresistor_get_result(void){
56        return lux;
57    }
58
59    extern void DMA1_Channel1_IRQHandler(void);
60    //采用DMA方式，ADC由TIM8触发
61    void drv_photoresitor_init(void){
62        UINTPTR uvIntSave;
63        uvIntSave = LOS_IntLock();
64        LOS_HwiCreate(DMA1_Channel1_IRQn + 16, 3, !IRQF_SHARED, \
65                DMA1_Channel1_IRQHandler, NULL);//创建硬中断
                                            //多设备共享的中断方式要设置为IRQF_SHARED
66        LOS_IntRestore(uvIntSave);
67
68        HAL_ADCEx_Calibration_Start(&hadc1);  //校正ADC
69        HAL_TIM_Base_Start(&htim8);  //启动定时器
70        HAL_ADC_Start_DMA(&hadc1,buf, 7);  //以DMA方式启动ADC转换
71    }
72
73
74    /*文件: MyDrivers/drv_photoresitor.c */
75
76    #ifndef __DRV_PHOTORESISTOR_H__
77    #define __DRV_PHOTORESISTOR_H__
78
79    #include "stdint.h"
80
81    void drv_photoresitor_init(void);
82    int16_t drv_photoresistor_get_result(void);  //获取转换结果
83
84    #endif
```

设计要点如下。

（1）在LiteOS环境下，初始化时要注册中断服务函数（第63～66行）。

（2）初始化时先对ADC进行一次校准操作（第68行），然后启动定时器（第69行）。

（3）DMA方式的ADC转换通过HAL_ADC_Start_DMA()接口启动（第70行）。

（4）使用 extern 修饰符引用其他文件中定义的函数（第 59 行）。

（5）在回调函数中，在计算量较小的情况下，可以对 ADC 的转换结果进行处理，如本例中的均值滤波、电阻值转换、光照强度值映射等，数据处理的结果直接存储在内存中（第 51、52 行）。如果计算量大，则可以发送信号或设置标志位，通知应用层处理。

3．编写 HAL 库的 ADC 中断回调函数

由于所有 ADC 设备使用相同的 HAL 回调函数，为了便于管理，将回调函数统一放在 Drivers/drivers.c 文件中，在其中增加如下回调函数代码。

```
1   /* 文件：Drivers/drivers.c */
2   extern void drv_photoresistor_dma_complete_callback(void);
3   void HAL_ADC_ConvCpltCallback(ADC_HandleTypeDef* hadc){
4       if(hadc == &hadc1){
5           drv_photoresistor_dma_complete_callback();
6       }
7   }
```

4．Drv_Led 对象实现

在本项目中，要加入打开部分灯光的控制接口 drv_led_on_part()，源码如下。

```
1   /*文件：MyDrivers/drv_led.c */
2   void drv_led_on_part(void){
3       drv_led_off(LED1);    //关闭一些灯光，这里以 LED1 为例
4       drv_led_on(LED2);     //打开一些灯光，这里以 LED2 为例
5   }
6
7   /*文件：MyDrivers/drv_led.h */
8
9   #ifndef __DRV_LED_H__
10  #define __DRV_LED_H__
11  #include <stdint.h>
12
13  #define LED1    0    //LED1 在 PC0
14  #define LED2    1    //LED1 在 PC1
15  ......;  //其他接口
16  void drv_led_on_part(void);
17
18  #endif
```

5．Light_Intensity_Controller 对象实现

Light_Intensity_Controller 对象的源码如下。

```
1   /*文件：App/light_intensity_controller.c */
```

```c
#include "light_intensity_controller.h"
#include "main.h"
#include "drivers.h"

#define LIGHT_OFF_ALL_STATE    0
#define LIGHT_ON_PART_STATE    1
#define LIGHT_ON_ALL_STATE     2

static int16_t lux;   //光照强度
static uint8_t state;

static void light_state_machine(int16_t lux){
    switch(state){
        case LIGHT_OFF_ALL_STATE:
            if(lux < DARKER_THRESHOLD - 20){ //光照强度低于"较暗"阈值20lux
                                             //以上时打开部分灯
                state = LIGHT_ON_PART_STATE;
                drv_led_on_part();
            }
            break;
        case LIGHT_ON_PART_STATE:
            if(lux > BRIGHT_THRESHOLD + 20){  //光照强度高于"明亮"阈值
                                              //20lux 以上时关闭所有灯
                state = LIGHT_OFF_ALL_STATE;
                drv_led_off_all();
            }else if(lux < DARKER_THRESHOLD - 20){ //光照强度低于"较暗"
                                                   //阈值20lux 以上时打开所有灯
                drv_led_on_all();
            }
            break;
        case LIGHT_ON_ALL_STATE:
            if(lux > BRIGHT_THRESHOLD + 20){ //光照强度高于"明亮"阈值20lux
                                             //以上时打开部分灯
                state = LIGHT_ON_PART_STATE;
                drv_led_on_part();
            }
            break;
    }
}
void light_intensity_control(void){
    static uint32_t preticks = 0;
    uint32_t ticks;
    ticks = LOS_TickCountGet();
```

```
41         if(ticks - preticks < 20000) return;  //每20s执行一次控制,测试时可以
改为3s
42         preticks = ticks;
43         lux = drv_photoresistor_get_result();
44         light_state_machine(lux);
45     }
46
47     int16_t get_light_intensity(void){
48         return lux;
49     }
50
51
52     /*文件: App/light_intensity_controller.h */
53     #ifndef __LIGHT_INTENSITY_CONTROLLER_H__
54     #define __LIGHT_INTENSITY_CONTROLLER_H__
55
56     #include "stdint.h"
57
58     #define VERY_DARK_THRESHOLD    300   //很暗
59     #define DARKER_THRESHOLD       340   //较暗
60     #define BRIGHT_THRESHOLD       400   //明亮
61
62     void light_intensity_control(void);
63     int16_t get_light_intensity(void);
64     #endif
```

设计要点如下。

（1）根据业务逻辑状态图定义好状态。由于这些状态符号仅在本对象中使用，因此放在.c 文件中定义（第6~8行）。

（2）利用 HAL 库函数 LOS_TickCountGet()获得当前系统时钟（从上电开始系统经历的数毫秒），可以控制任务的执行周期，本例为每3s执行一次（第15~17行）。

（3）光照强度阈值需要经过测试才能确定，将明暗阈值放在.h 文件中定义方便修改维护（第55~57行）。

6．调度执行

1）使用 Drivers 对象管理驱动对象

在 drivers.h 文件中包含 Drv_Adc 和 Drv_Photoresistor 的头文件，方便其他对象引用。

```
1     #ifndef __DRIVERS_H__
2     #define __DRIVERS_H__
3     ......;  //其他头文件
4     #include "drv_adc.h"
5     #include "drv_photoresistor.h"
```

```
6
7    void drivers_init(void);
8
9    #endif
```

在 drivers_init()中调用初始化函数。

```
1    #include "drivers.h"
2
3    void drivers_init(void){
4        ......;  //其他设备初始化
5        drv_photoresistor_init(MYADC1);
6    }
```

2）使用 App 对象调度业务

在 App.app_dispatch()中调用 light_intensity_control()进行光照强度自动控制的业务操作。

```
1    /* 文件：app/app.h */
2    #ifndef __APP_H__
3    #define __APP_H__
4
5    #include <stdio.h>
6    ......;  //其他头文件
7    #include "light_intensity_controller.h"
8    ......;  //其他代码
9    #endif
10
11   /* 文件：app/app.c */
12   void app_dispatch(void){
13       ......;  //其他业务
14       light_intensity_control();
15       HAL_Delay(30);
16   }
```

13.18 习题

1．ADC 有哪些工作方式？
2．什么是规则序列？什么是注入序列？
3．ADC 库函数编程的一般过程是什么？
4．简要说明 ADC 库函数接口类型。编程，采集并打印电位器输出电压。